高等职业教育精品教材

"互联网+"创新型教材

高等应用数学

主　编　汪子莲

副主编　李彦刚　王晓燕

北京邮电大学出版社

www. buptpress. com

内 容 简 介

本书是高职高专公共基础课教材，由高等数学、线性代数、概率论与数理统计三部分组成。具体内容包括：函数的极限与连续性，函数的微分及其应用，函数的积分及其应用，常微分方程，无穷级数，行列式，矩阵，线性方程组，随机事件及其概率，随机变量的分布及数字特征，数理统计初步，数学建模初步及 Mathematica 软件等，其中带“*”的内容可根据具体教学情况节选学习。

本教材可作为高等专科学校、高等职业学校、成人高等学校及本科院校举办的二级职业技术学院工科类各专业的数学教材，也可供经济管理类专业选用，还可作为工程技术人员的数学知识更新教材。

图书在版编目(CIP)数据

高等应用数学/汪子莲主编. —北京：北京邮电大学出版社，2012.1(2021.9 重印)

ISBN 978-7-5635-2865-3

Ⅰ.①高… Ⅱ.①汪… Ⅲ.①应用数学—高等学校—教材 Ⅳ.①O29

中国版本图书馆 CIP 数据核字(2011)第 272043 号

书　　名：高等应用数学
主　　编：汪子莲
责任编辑：李　娟
出版发行：北京邮电大学出版社
社　　址：北京市海淀区西土城路 10 号(邮编：100876)
发 行 部：010-62282185(电话)　010-62283578(传真)
E-mail：publish@bupt.edu.cn
经　　销：各地新华书店
印　　刷：三河市骏杰印刷有限公司
开　　本：787 mm×960 mm　1/16
印　　张：20
字　　数：381 千字
版　　次：2012 年 1 月第 1 版　2021 年 9 月第 6 次印刷

ISBN 978-7-5635-2865-3　　定　价：45.00 元

· 如有印装质量问题，请与北京邮电大学出版社发行部联系 ·

联系电话：010—88433760

出版说明

高职高专教育作为我国高等教育的重要组成部分，承担着培养高素质技术、技能型人才的重任。近年来，在国家和社会的支持下，我国的高职高专教育取得了不小的成就，但随着我国经济的腾飞，高技能人才的缺乏越来越成为影响我国经济进一步快速健康发展的瓶颈。这一现状对于我国高职高专教育的改革和发展而言，既是挑战，更是机遇。

要加快高职高专教育改革和发展的步伐，就必须对课程体系和教学模式等问题进行探索。在这个过程中，教材的建设与改革无疑起着至关重要的基础性作用，高质量的教材是培养高素质人才的保证。高职高专教材作为体现高职高专教育特色的知识载体和教学的基本工具，直接关系到高职高专教育能否为社会培养并输送符合要求的高技能人才。

为促进高职高专教育的发展，加强教材建设，教育部在《关于全面提高高等职业教育教学质量的若干意见》中，提出了"重点建设好3 000种左右国家规划教材"的建议和要求，并对高职高专教材的修订提出了一定的标准。为了顺应当前我国高职高专教育的发展潮流，推动高职高专教材的建设，我们精心组织了一批具有丰富教学和科研经验的人员成立了编审委员会。

编审委员会依据教育部制定的《高职高专教育基础课程教学基本要求》和《高职高专教育专业人才培养目标及规格》，调研了百余所具有代表性的高等职业技术学院和高等专科学校，广泛而深入地了解了高职高专的专业和课程设置，系统地研究了课程的体系结构，同时充分汲取各院校在探索培养应用型人才方面取得的成功经验，并在教材出版的各个环节设置专业的审定人员进行严格审查，从而确保了整套教材"突出行业需求，突出职业的核心能力"的特色。

本套教材的编写遵循以下原则：

(1) 成立教材编审委员会，由编审委员会进行教材的规划与评审。

(2) 按照人才培养方案以及教学大纲的需要，严格遵循高职高专院校各学科的专业规范，同时最大程度地体现高职高专教育的特点及时代发展的要求。因此，本套教材非常注重培养学生的实践技能，力避传统教材"全而深"的教学模式，将"教、学、做"有机地融为一体，在教给学生知识的同时，强化了对学生实际操作能力的培养。

(3) 教材的定位更加强调“以就业为导向”,因此也更为科学。教育部对我国的高职高专教育提出了“以应用为目的,以必需、够用为度”的原则。根据这一原则,本套教材在编写过程中,力求从实际应用的需要出发,尽量减少枯燥、实用性不强的理论灌输,充分体现出“以行业为向导,以能力为本,以学生为中心”的风格,从而使本套教材更具实用性和前瞻性,与就业市场结合也更为紧密。

(4) 采用“以案例导入教学”的编写模式。本套教材力图突破陈旧的教育理念,在讲解的过程中,援引大量鲜明实用的案例进行分析,紧密结合实际,以达到编写实训教材的目标。这些精心设计的案例不但可以方便教师授课,同时又可以启发学生思考,加快对学生实践能力的培养,改革人才的培养模式。

本套教材涵盖了公共基础课系列、财经管理系列、物流管理系列、电子商务系列、计算机系列、电子信息系列、机械系列、汽车系列和化学化工系列的主要课程。

对于教材出版及使用过程中遇到的各种问题,欢迎您通过电子邮件及时与我们取得联系。同时,我们希望有更多经验丰富的教师加入到我们的行列当中,编写出更多符合高职高专教学需要的高质量教材,为我国的高职高专教育做出积极的贡献。

编审委员会

前　言

高等数学的思想和方法越来越多地应用于各个学科和领域。作为高职高专院校各类专业的基础课程和工具课程，如何快速掌握其基本内涵和蕴含的思想、方法是相关教育部门和各个教学单位应认真思考、仔细研究、积极应对的课题。本书应我国培养高等职业技能人才的需要，在总结高职高专院校各专业高等数学课程教学改革的经验，分析、研究借鉴国内外同类优秀教材编写特色的基础上，依据教育部组织制定的《高职高专教育基础课程教学基本要求》和《高职高专教育专业人才培养目标及规格》，由长期从事高职高专院校数学教学的一线教师执笔编写而成。

为满足高职高专学生系统学习的需要，本教材在内容编排上涵盖了高等数学、线性代数、数学建模初步、Mathematica 数学软件及概率论与数理统计的相关内容，强化了教材的实用性、科学性、针对性，实现了知识结构的整体优化。与同类教材相比较，本书在编写中重点突出了以下特色。

1. 遵循“教学内容科学性，教学过程序进性”的教学原则，对教材内容及有关知识的顺序作了适当调整。在高等数学部分中，将一元函数的极限、连续、导数、微分及积分与多元函数的相关内容相揉合，从思想和方法上体现了知识间的内在关联与区别，适于学生整体把握知识；同时，对概率论部分中多元随机变量的相关知识作了删减；为了培养学生的数学应用意识及应用数学知识解决实际问题的能力，编入了高等数学在经济学中的应用与数学建模初步等内容。

2. 落实“以必需、够用为度”的教学原则，对定理的证明及理论性过强的内容作了适当的淡化处理，通过几何图形、物理意义及实例加以直观说明，降低知识的难度，有利于学生对理论知识的掌握。

3. 注重基础知识、基本方法和基本技能的训练，每节配有适量的习题，安排上由易到难、由浅入深，以便巩固和灵活掌握相应知识点，同时培养学生的运算能力和综合运用所学知识分析问题、解决问题的能力；章末配有复习题，方便学生复习巩固本章知识的学习效果，并在本书后附有参考答案。

4. 为培养学生应用计算机及相关数学软件求解数学问题的能力，结合具体教学内容，每章（除第六章）安排了利用数学软件Mathematica解决相应问题的软件实验，方便检验习题结果的正确性，通过图形绘制，直观地了解某些函数及其性质，结合软件也可对某些问题作进一步更深入的讨论和研究。

本教材由汪子莲副教授任主编，李彦刚、王晓燕任副主编。其中一、二、四章由汪子莲编写；三、六、八章由李彦刚编写；五、七章由王晓燕编写。习题答案及插图绘制由丁珂完成。全书框架结构、统稿、定稿、教学大纲及配套的多媒体课件由汪子莲完成。祁忠斌教授担任主审。

限于编者水平有限及时间仓促，书中难免存在纰漏、错误和不足之处，请各位专家、同行和广大读者批评指正。

编　者

目　　录

第一章　函数的极限与连续性

函数是现代数学每一分支的主要研究对象.微积分的一些基本概念、性质及运算都要用极限理论来表述,因而极限概念是高等数学中最重要、最基本的概念之一.本章首先复习已学习过的一元函数及其性质,进而给出基本初等函数、复合函数、初等函数及多元函数的定义,然后主要研究极限的概念、性质及函数的连续性.

第一节　函　　数

一、函数及其性质

(一) 函数的概念

定义 1.1　设 x 和 y 是两个变量,D 是给定的非空数集,如果变量 x 在 D 内任取一个确定的数值时,变量 y 按照一定的法则 f 都有确定的数值与之对应,则称变量 y 是变量 x 的**函数**,记做

$$y = f(x), x \in D,$$

其中变量 x 称为**自变量**,变量 y 称为**因变量**(或函数),数集 D 称为函数的**定义域**,f 称为函数的**对应法则**.

如果自变量 x 在定义域 D 内任取一个确定的数值时,只有唯一的函数值与之对应,则称该函数为**单值函数**;否则,如果有多个函数值与之对应,则称该函数为**多值函数**.如 $y = x^2 + 1$ 是单值函数;而 $x^2 + y^2 = 4$ 是多值函数.如果没有特别说明,本书所讨论的函数都是单值函数.

当 x 取确定数值 $x_0 \in D$ 时,通过法则 f,函数有唯一确定的值 y_0 与之相对应,称 y_0 为函数 $y = f(x)$ 在 x_0 处的**函数值**,记做

$$y_0 = y|_{x=x_0} = f(x_0).$$

由全体函数值构成的集合称为函数的**值域**,记做 M,即 $M = \{y \mid y = f(x), x \in D\}$.

由函数的定义知,函数是由定义域和对应法则确定的,因此把函数的对应法则和定义域称为函数的两个要素.若两个函数具有相同的定义域和对应法则,则称它们是相等的.函数的表示方法常用的有三种:**表格法**、**图像法**、**公式法**(或解析法).

例 1 设 $f(x)=\frac{1}{1-x}$，求 $f(2)$，$f\left(\frac{1}{x}\right)$，$f[f(x)]$.

解 分别用 $2,\frac{1}{x},f(x)$ 代替 $f(x)=\frac{1}{1-x}$ 中的 x，得

$$f(2)=\frac{1}{1-2}=-1,$$

$$f\left(\frac{1}{x}\right)=\frac{1}{1-\frac{1}{x}}=\frac{x}{x-1}(x\neq 1,x\neq 0),$$

$$f[f(x)]=\frac{1}{1-f(x)}=\frac{1}{1-\frac{1}{1-x}}=\frac{x-1}{x}(x\neq 0,x\neq 1).$$

例 2 下列各组函数是否相等，为什么？

(1) $y=|x|$ 与 $u=\sqrt{v^2}$； (2) $y=1$ 与 $y=\sin^2x+\cos^2x$；

(3) $y=x+1$ 与 $y=\frac{x^2-1}{x-1}$； (4) $y=\ln x^2$ 与 $y=2\ln x$；

(5) $y=\cos x$ 与 $y=\sqrt{1-\sin^2x}$； (6) $y=\ln 5x$ 与 $y=\ln 5\cdot\ln x$.

解 因为(1) 与(2) 中两函数的两要素分别相同，所以是相同的函数；(3) 与(4) 中两函数的定义域不同，所以是不同的函数；(5) 与(6) 中两函数的对应法则不同，所以是不同的函数.

(二) 函数的定义域

函数的定义域通常分为以下两种情况：

(1) 对于实际问题，根据问题的实际意义确定.

例如，自由落体运动过程中位移随时间变化的函数关系为 $s(t)=\frac{1}{2}gt^2$，定义域为 $[0,T]$，其中 T 为落地时间；圆面积 S 是圆半径 x 的函数 $S=\pi x^2$，定义域为 $(0,+\infty)$.

(2) 由解析式表示的函数，其定义域就是使表达式有意义的一切实数组成的集合.

例 3 求函数 $y=\frac{1}{\sqrt{3-x^2}}+\arcsin\left(\frac{x}{2}-1\right)$ 的定义域.

解 由所给函数可知，要使函数有意义，必须有

$$\begin{cases}3-x^2>0,\\ \left|\frac{x}{2}-1\right|\leqslant 1\end{cases}\Rightarrow\begin{cases}-\sqrt{3}<x<\sqrt{3},\\ 0\leqslant x\leqslant 4,\end{cases}$$

即 $0\leqslant x<\sqrt{3}$. 因此，所给函数的定义域为 $[0,\sqrt{3})$.

(三) 函数的几种特性

设函数 $y=f(x)$ 在区间 I 上有定义(区间 I 为函数 $f(x)$ 的整个定义域或其定义域的一部分),则函数一般具有下列几种特性.

1. 有界性

如果存在正数 M,使对任意的 $x\in I$,恒有 $|f(x)|\leqslant M$,则称函数 $y=f(x)$ 在区间 I 上**有界**,否则称 $f(x)$ 在区间 I 上**无界**.

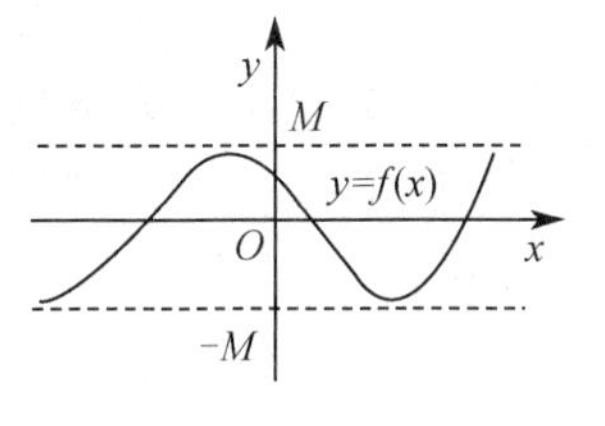

图 1-1

从图形上看,有界函数的图像介于两条直线 $y=-M$ 与 $y=M$ 之间(见图 1-1). 例如,函数 $y=\sin x$ 在 $(-\infty,+\infty)$ 上有界,因为对任意的 $x\in(-\infty,+\infty)$,恒有 $|\sin x|\leqslant 1$,而函数 $f(x)=\dfrac{1}{x}$ 在区间 $(0,1)$ 内无界,但在区间 $(1,2)$ 内有界.

注意　讨论函数有界或无界,必须先指明自变量 x 所在的区间.

2. 单调性

若对任意的 $x_1,x_2\in I$,当 $x_1<x_2$ 时,恒有 $f(x_1)<f(x_2)$(或 $f(x_1)>f(x_2)$),则称函数 $y=f(x)$ 在区间 I 上**单调增加**(或**单调减少**). 区间 I 称为**单调增区间**(或**单调减区间**);单调增加函数和单调减少函数统称为**单调函数**;单调增区间和单调减区间统称为**单调区间**.

一般地,单调增加函数的图像为沿 x 轴正向单调上升的曲线,如图 1-2 所示;单调减少函数的图像为沿 x 轴正向单调下降的曲线,如图 1-3 所示.

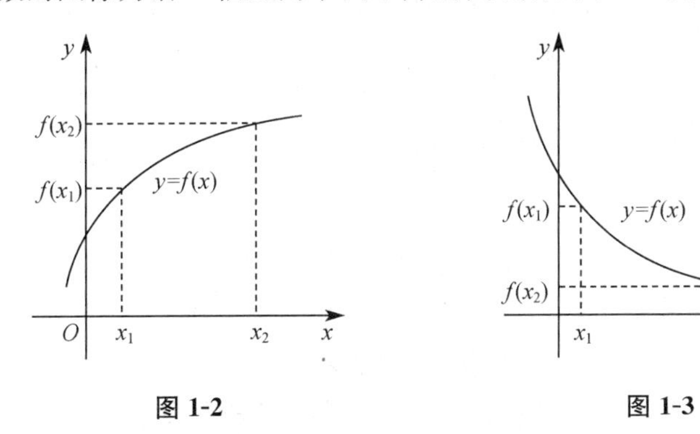

图 1-2　　图 1-3

例如,$y=x^3$ 在 $(-\infty,+\infty)$ 内是单调增加函数;$y=x^2$ 在 $(-\infty,0]$ 内单调减少,在 $[0,+\infty)$ 内单调增加,在 $(-\infty,+\infty)$ 内函数 $y=x^2$ 不是单调函数.

注意　讨论函数的单调性,必须先指明自变量 x 所在的区间.

随堂测试

3. 奇偶性

设函数 $f(x)$ 的定义区间 I 关于原点对称，若对任意的 $x\in I$，都有 $f(-x)=f(x)$，则称函数 $f(x)$ 是区间 I 上的**偶函数**；若对任意的 $x\in I$，都有 $f(-x)=-f(x)$，则称函数 $f(x)$ 是区间 I 上的**奇函数**；若函数既不是奇函数也不是偶函数，则称为**非奇非偶函数**.

偶函数 $f(x)$ 的图像关于 y 轴对称（见图 1-4）；奇函数的图像关于原点对称（见图 1-5）.

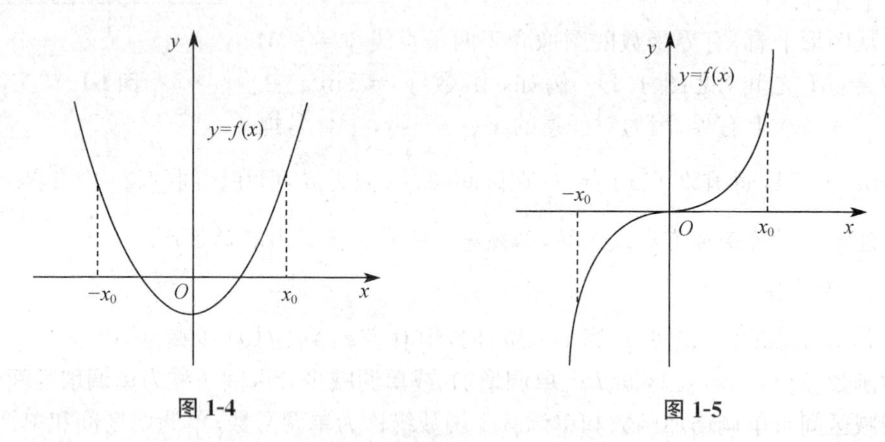

图 1-4　　图 1-5

例如，$y=x^3+\sin x$ 为奇函数；$y=\cos x$ 为偶函数；而 $y=x^2+x$ 为非奇非偶函数.

4. 周期性

如果存在不为零的实数 T，使得对于任意的 $x\in I$，$x+T\in I$，都有 $f(x+T)=f(x)$，则称函数 $y=f(x)$ 是**周期函数**，T 是 $y=f(x)$ 的一个**周期**. 通常所说的周期函数的周期是指它的最小正周期.

例如，$y=\cos x$ 是以 2π 为周期的周期函数；$y=\tan x$ 是以 π 为周期的周期函数.

(四) 分段函数

在定义域的不同范围具有不同的表达式的函数称为**分段函数**，其定义域为各部分定义域的并集. 分段函数是整个定义域上的一个函数，不能理解为多个函数. 一般来说，分段函数需要分段求值，分段作图，分段表示.

例 4　王先生到郊外去观景，以 2 km/h 的速度匀速步行 1 h 后，他发现一骑车人的自行车坏了，便花了 1 h 帮人把车修好，随后加快速度，以 3 km/h 的速度匀速步行 1 h 后到达终点，然后立即以匀速折返，耗时 2 h 返回到出发点. 请把王先生离家的距离关于时间的函数用图像法描绘出来.

解　王先生离家的距离 y 是时间 x 的函数，图形如图 1-6 所示. 用解析法表示为

$$y=\begin{cases}2x, & 0\leqslant x\leqslant 1,\\ 2, & 1<x\leqslant 2,\\ 3x-4, & 2<x\leqslant 3,\\ -\frac{5}{2}x+\frac{25}{2}, & 3<x\leqslant 5.\end{cases}$$

该函数为分段函数，其函数定义域为$[0,5]$.

(五) 反函数

定义 1.2　设函数 $y=f(x)$ 的定义域为 D，值域为 M. 如果对于 M 中的每个数 y，在 D 中都有唯一确定的数 x 与之对应，且使 $y=f(x)$ 成立，则确定了一个以 y 为自变量，x 为因变量的函数，称为函数 $y=f(x)$ 的**反函数**，记做 $x=f^{-1}(y)$，其定义域为 M，值域为 D.

由于习惯上用 x 表示自变量，用 y 表示因变量，因此将反函数中 x 与 y 互换位置，即记做$y=f^{-1}(x)$，$x\in M$，并称函数 $y=f^{-1}(x)$ 是函数 $y=f(x)$ 的反函数. 函数 $y=f(x)$ 与其反函数 $y=f^{-1}(x)$ 的图像关于直线 $y=x$ 对称(见图 1-7).

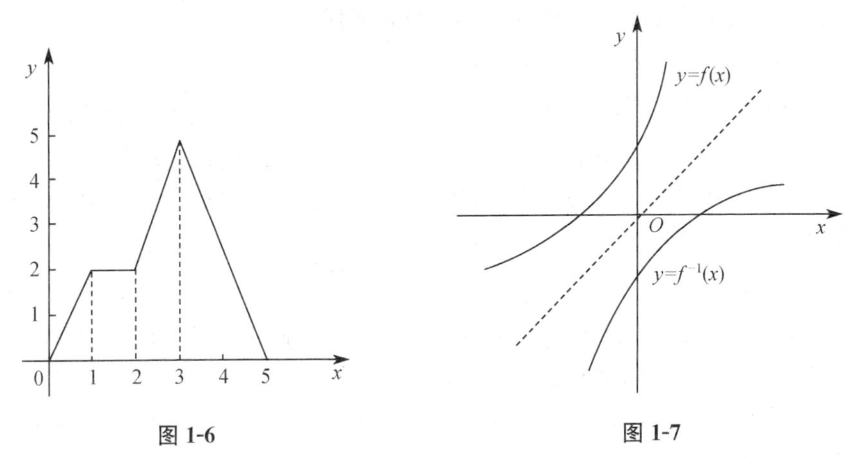

图 1-6　　　　图 1-7

注意　只有单调函数才有反函数，且其反函数也单调.

二、初等函数

1. 基本初等函数

常值函数　$y=C$(C 为常数)；

幂函数　$y=x^{\mu}$(μ 为实数)；

指数函数　$y=a^{x}$($a>0$，且 $a\neq 1$，a 为常数)；

对数函数　$y=\log_{a}x$($a>0$，且 $a\neq 1$，a 为常数)；

三角函数　$y=\sin x$，$y=\cos x$，$y=\tan x$，$y=\cot x$，$y=\sec x$，$y=\csc x$；

反三角函数　$y=\arcsin x, y=\arccos x, y=\arctan x, y=\operatorname{arccot} x$.

以上六类函数统称为**基本初等函数**. 它们的性质、图像在中学已经学过，这里不再赘述.

2. 复合函数

定义 1.3　设 $y=f(u)$，其中 $u=\varphi(x)$，且函数 $u=\varphi(x)$ 的值域包含在函数 $y=f(u)$ 的定义域内，则称 $y=f[\varphi(x)]$ 为由 $y=f(u)$ 与 $u=\varphi(x)$ 复合而成的**复合函数**，其中 u 叫做中间变量.

关于复合函数有如下几点说明：

(1) 复合函数的定义可以推广到多个中间变量的情形.

(2) 将一个较复杂的函数分解为若干个简单函数时，一定要分清层次，由外到内，逐层分解.

(3) 并不是任意两个函数都能构成复合函数. 例如，$y=\arcsin u$ 和 $u=x^2+5$ 就不能构成复合函数. 因为当 $x\in(-\infty,+\infty)$ 时，$u=x^2+5\geqslant 5$，此时 $y=\arcsin u$ 无定义.

例 5　指出下列函数由哪些简单函数复合而成?

(1) $y=\sqrt[3]{(1+2x)^2}$；　(2) $y=3^{\tan^2 x}$.

解　(1) $y=\sqrt[3]{(1+2x)^2}$ 可以看做由 $y=u^{\frac{2}{3}}, u=1+2x$ 复合而成.

(2) $y=3^{\tan^2 x}$ 可以看做由 $y=3^u, u=v^2, v=\tan x$ 复合而成.

注意　能否正确分析复合函数的构成直接决定了是否能熟练掌握微积分的方法和技巧.

3. 初等函数

由基本初等函数经过有限次四则运算和复合运算而得到的，并且可以用一个解析式表示的函数，称为**初等函数**. 例如 $f(x)=x\sin x, f(x)=\ln(x+\sqrt{x^2+1})$, $f(x)=\mathrm{e}^{5x+1}\sin x$ 等都是初等函数；但分段函数一般不是初等函数，如函数 $f(x)=\begin{cases}x+1, & x\geqslant 0,\\ -x, & x<0\end{cases}$ 不能用一个解析式表示，故不是初等函数.

三、多元函数的定义

前面讨论的都是只有一个自变量的函数，称为一元函数. 而在自然科学和工程技术中所涉及的函数，往往依赖于两个或更多个自变量，这就是多元函数. 由于多元函数是一元函数的推广和发展，它们有着许多类似之处，但有些地方存在较大差异. 从一元推广到二元时会产生许多新问题，但二元以上的函数有着相似的性质. 因此本书重点讨论二元函数及其有关的知识.

定义 1.4　设有三个变量 x, y 和 z，如果当变量 x, y 在它们的变化范围 D 中任意取定一对值时，按照一定的对应规则 f，变量 z 都有唯一确定的值与它们对应，则称变量 z 为变量 x,y 的**二元函数**，记做 $z=f(x,y)$，其中 x 和 y 称为**自变量**，z 称为**因变量**. 自变量 x 与 y 的变化范围 D 称为该函数的**定义域**，数集 $\{z \mid z=f(x,y),(x,y)\in D\}$ 称为该函数的**值域**.

一元函数的定义域一般来说是一个或几个区间，而二元函数的定义域通常是由平面上一条或几条光滑曲线所围成的平面区域. 围成区域的曲线称为区域的**边界**，边界上的点称为**边界点**，包括边界在内的区域称为**闭区域**，不包括边界在内的区域称为**开区域**.

如果一个区域 D 内任意两点之间的距离都不超过某一常数 M，则称区域 D 为**有界区域**，否则称区域 D 为**无界区域**.

圆域 $\{(x,y)\mid(x-x_0)^2+(y-y_0)^2<\delta^2,\delta>0\}$ 称为平面上点 $P_0(x_0,y_0)$ 的 δ **邻域**，记做 $U(P_0,\delta)$. 而称不包含点 P_0 的邻域为**去心邻域**，记做 $\mathring{U}(P_0,\delta)$.

二元函数定义域的求法与一元函数类似，就是找出使函数表达式有意义的自变量的范围，不过画出定义域的图形要复杂一些.

例 6　求二元函数 $z=\sqrt{a^2-x^2-y^2}\,(a>0)$ 的定义域.

解　该函数的定义域为满足 $x^2+y^2\leqslant a^2$ 的 x,y，即定义域为

$$D=\{(x,y)\mid x^2+y^2\leqslant a^2\}.$$

D 表示 xOy 面上以原点为圆心，a 为半径的圆域，它为有界闭区域(见图 1-8).

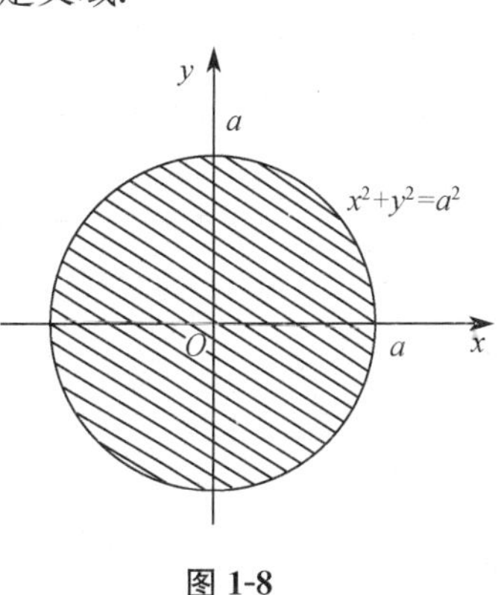

图 1-8

二元函数的概念及平面区域的概念可以类似地推广到三元函数及空间区域上去. 有三个自变量的函数称为三元函数. 如 $u=f(x,y,z)$，三元函数的定义域通常是一个空间区域. 一般地，还可定义 n 元函数 $u=f(x_1,x_2,\cdots,x_n)$，它的定义域是 n 维空间的区域. 自变量多元的函数称为**多元函数**.

习题 1-1

1. 下列各组函数是否是相同的函数？

(1) $y=\sin x$ 与 $y=\sqrt{1-\cos^2 x}$；

(2) $y=\ln\dfrac{1+x}{1-x}$ 与 $y=\ln(1+x)-\ln(1-x)$；

(3) $y=\dfrac{x^3-1}{x-1}$ 与 $y=x^2+x+1$；

(4) $y=\dfrac{\pi}{2}$ 与 $y=\arcsin x+\arccos x$.

2. 求下列函数的定义域.

(1) $y=\arcsin\dfrac{x-2}{3}$；　(2) $y=\sqrt{x-1}+\dfrac{1}{x-2}+\lg(4-x)$；

(3) $f(x)=\begin{cases}-x, & -1\leqslant x\leqslant 0,\\ \sqrt{3-x}, & 0<x<2.\end{cases}$

3. 已知函数 $f(x)=\begin{cases}\sin x, & -2<x<0,\\ 0, & 0\leqslant x<2,\end{cases}$ 求 $f(-\dfrac{\pi}{4})$，$f(\dfrac{\pi}{2})$.

4. 试作出函数 $f(x)=\begin{cases}3x, & |x|>1,\\ x^2, & |x|<1,\\ 3, & |x|=1\end{cases}$ 的图像.

5. 判断下列函数的奇偶性.

(1) $y=\dfrac{1}{2}(e^x+e^{-x})$；　(2) $y=\lg\dfrac{1+x}{1-x}$；

(3) $y=x^2-x^3$；　(4) $y=x\sin\dfrac{1}{x}$.

6. 求下列函数的反函数.

(1) $y=2x-3$；　(2) $y=\ln(x-1)+1$；　(3) $y=\sqrt[3]{x+1}$.

7. 下列函数中，哪些是周期函数？对于周期函数，求出它的最小正周期.

(1) $y=|\sin x|$；　(2) $y=x\cos x$；　(3) $y=\sin x+\cos\dfrac{x}{2}$.

8. 下列函数是由哪些简单函数复合而成的？

(1) $y=\sqrt{1+\sin^2 x}$；　(2) $y=\ln(1+\sqrt{x^2+1})$；

(3) $y=\cos^2(\sqrt{x}+1)$；　(4) $y=\arctan(\ln x)$.

9. 求下列函数的定义域，并画出定义域的图形.

(1) $f(x,y)=\sqrt{4-x^2-y^2}\ln(x^2+y^2-1)$；

(2) $f(x,y)=\sqrt{x-\sqrt{y}}$；

(3) $f(x,y)=\sqrt{1-x^2}+\sqrt{y^2-1}$；

(4) $f(x,y)=\ln(y-x)+\arcsin\dfrac{y}{x}$.

第二节　极　　限

图文

极限发展史

极限是深入研究函数变化性态最基本的一个概念，极限方法是数学中最重要的一种思想方法. 它是由求某些实际问题的精确解而产生的，是微积分学的基础. 为了了解极限是怎样的理论，又是怎样从实践中产生的，先看一个具体的实例.

为了求出圆的面积和圆周率，我国著名的数学家刘徽创造了割圆术，成功地推算出了圆周率和圆的面积. 其基本思想为：

对于一个单位圆，先作圆内接正六边形，其面积记为 A_1；再作圆内接正十二边形,其面积记为 A_2;循此下去,每次边数加倍,把内接正 $6\times 2^{n-1}$ 边形面积记为 $A_n(n=1,2,\cdots)$. 这样,就得到一系列单位圆的内接正多边形的面积 $A_1,A_2,A_3,\cdots,A_n,\cdots$. 显然,$n$ 越大对应的圆内接正多边形的面积就越接近于圆的面积,但无论 n 多大,A_n 始终只是圆面积的近似值. 因此设想,如果 n 无限增大时(记做 $n\to\infty$,读做 n 趋于无穷大),A_n 无限接近某个确定的数 A,则该确定的数 A 称为数列 $A_1,A_2,\cdots,A_n,\cdots$ 当 $n\to\infty$ 时的极限,该极限就是圆面积的精确值.

一、数列的极限

1. 数列极限的概念

定义 1.5　对于数列 $\{u_n\}$,若当 n 无限增大时,通项 u_n 无限接近于某个确定的常数 a,则常数 a 称为数列 $\{u_n\}$ 的**极限**,此时也称数列 $\{u_n\}$ 收敛于 a,记做 $\lim\limits_{n\to\infty} u_n=a$ 或 $u_n\to a(n\to\infty)$. 若数列 $\{u_n\}$ 的极限不存在,则称数列 $\{u_n\}$ **发散**.

例 1　观察下列数列的极限.

(1) $\{u_n\}=\left\{\dfrac{n+1}{n}\right\}:2,\dfrac{3}{2},\dfrac{4}{3},\dfrac{5}{4},\dfrac{6}{5},\cdots,\dfrac{n+1}{n},\cdots$;

(2) $\{u_n\}=\left\{\dfrac{1}{3^n}\right\}:\dfrac{1}{3},\dfrac{1}{9},\dfrac{1}{27},\dfrac{1}{81},\cdots,\dfrac{1}{3^n},\cdots$;

(3) $\{u_n\}=\{2n+1\}:3,5,7,\cdots,2n+1,\cdots$;

(4) $\{u_n\}=\{(-1)^n\}:-1,1,-1,1,\cdots,(-1)^n,\cdots$.

解　当 $n\to\infty$ 时,数列(1)的通项 $u_n=\dfrac{n+1}{n}$ 越来越接近于常数 1;而数列(2)的通项 $u_n=\dfrac{1}{3^n}$ 越来越接近于常数 0;数列(3)的通项 $u_n=2n+1$ 趋于无穷大;数列(4)的通项 $u_n=\{(-1)^n\}$ 在 -1 与 1 之间交替出现而不趋于任何确定的常数,所以得

(1) $\lim\limits_{n\to\infty}\dfrac{n+1}{n}=1$;　　(2) $\lim\limits_{n\to\infty}\dfrac{1}{3^n}=0$;

(3) $\lim\limits_{n\to\infty}(2n+1)=\infty$(极限不存在);　　(4) $\lim\limits_{n\to\infty}(-1)^n$ 不存在.

2. 数列收敛的判断准则

为了进一步考察数列是否有极限,先介绍两个概念:数列的单调性和有界性.

定义 1.6　对于数列 $\{u_n\}$,若对任何正整数 n,都有 $u_n\leqslant u_{n+1}$(或 $u_n\geqslant u_{n+1}$)成立,则称数列 $\{u_n\}$ 为**单调递增数列**(或**单调递减数列**),单调递增数列和单调递减数列统称为**单调数列**.

例如,数列 $\{3^n\}$ 为单调递增数列;数列 $\left\{\dfrac{1}{2^n}\right\}$ 为单调递减数列.

定义 1.7　对于数列 $\{u_n\}$,如果存在正数 M,使得对于任何正整数 n,都有

$|u_n| \leqslant M$ 成立,则称数列 $\{u_n\}$ 为**有界数列**;否则称该数列为**无界数列**.

例如,数列 $\left\{\frac{1}{2^n}\right\}$ 为有界数列,因为对任何正整数 n,都有 $|u_n| \leqslant \frac{1}{2}$;数列 $\{3^n\}$ 为无界数列.

定理 1.1(数列收敛判断定理) 单调有界数列必有极限.

二、函数的极限

若在自变量的某个变化过程中,函数 $f(x)$ 无限接近于一个确定的常数 A,则称 A 为函数 $f(x)$ 在该变化过程中的极限. 下面就自变量的不同变化趋势,分别介绍函数的极限.

1. $x \to \infty$ 时函数 $f(x)$ 的极限

定义 1.8 设函数 $y = f(x)$ 在 $(-\infty, +\infty)$ 内有定义,若当 $|x|$ 无限增大时,相应的函数值 $f(x)$ 无限接近于某一确定的常数 A,则 A 称为函数 $f(x)$ 当 $x \to \infty$ 时的**极限**,记做

$$\lim_{x\to\infty} f(x) = A \text{ 或 } f(x) \to A(x \to \infty).$$

其中,"$x \to \infty$"表示 x 既可取正值且无限增大,也可取负值且绝对值无限增大. 但有时 x 只能或只需取这两种变化中的一种情形,同理可得 $x \to +\infty$ 或 $x \to -\infty$ 时函数 $f(x)$ 的极限定义.

定义 1.9 设函数 $y = f(x)$ 在 $[a, +\infty)$(a 为某个实数)内有定义. 如果当自变量 x 取正值且无限增大时,相应的函数值 $f(x)$ 无限接近于某一确定的常数 A,则称 A 为函数 $f(x)$ 当 $x \to +\infty$(读做"x 趋于正无穷大")时的极限,记做

$$\lim_{x\to+\infty} f(x) = A \text{ 或 } f(x) \to A(x \to +\infty).$$

定义 1.10 设函数 $y = f(x)$ 在 $(-\infty, a]$(a 为某个实数)内有定义. 如果当自变量 x 取负值且无限减小(或 $-x$ 无限增大)时,相应的函数值 $f(x)$ 无限接近于某一确定的常数 A,则称 A 为函数 $f(x)$ 当 $x \to -\infty$(读做"x 趋于负无穷大")时的极限,记做

$$\lim_{x\to-\infty} f(x) = A \text{ 或 } f(x) \to A(x \to -\infty).$$

上述定义从直观上描述了函数当自变量 $x \to \infty$, $x \to +\infty$ 或 $x \to -\infty$ 时的变化趋势,通常借助函数的图像去理解是比较容易的. 因此,在求函数的极限时,做出函数的图像是必要的.

不难证明,函数 $f(x)$ 当 $x \to \infty$ 时的极限与在 $x \to +\infty$, $x \to -\infty$ 时的极限有如下关系.

定理 1.2 极限 $\lim\limits_{x\to\infty} f(x) = A$ 的充分必要条件是 $\lim\limits_{x\to-\infty} f(x) = \lim\limits_{x\to+\infty} f(x) = A$.

例 2 讨论下列极限是否存在.

(1) $\lim\limits_{x\to\infty}\arctan x$；　(2) $\lim\limits_{x\to\infty}\mathrm{e}^{\frac{1}{x}}$.

解　(1) 由图 1-9 知，

$$\lim_{x\to+\infty}\arctan x=\frac{\pi}{2},\ \lim_{x\to-\infty}\arctan x=-\frac{\pi}{2},$$

由定理 1.2 知，$\lim\limits_{x\to\infty}\arctan x$ 不存在.

(2) 由图 1-10 知，$\lim\limits_{x\to+\infty}\mathrm{e}^{\frac{1}{x}}=1$，$\lim\limits_{x\to-\infty}\mathrm{e}^{\frac{1}{x}}=1$，所以$\lim\limits_{x\to\infty}\mathrm{e}^{\frac{1}{x}}=1$.

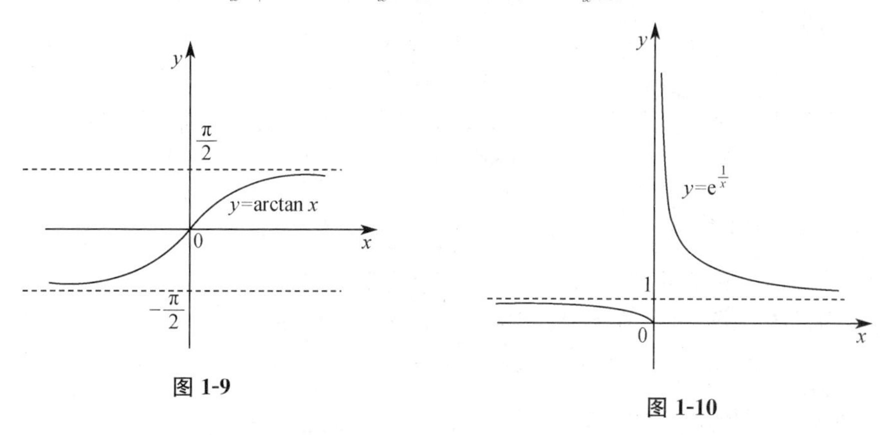

图 1-9　　　　图 1-10

2. $x\to x_0$ 时函数 $f(x)$ 的极限

首先介绍邻域的概念.

设 $x_0,\delta\in\mathbf{R}$ 且 $\delta>0$，实数集合 $\{x\mid |x-x_0|<\delta,\delta>0\}$ 称为点 x_0 的 δ 邻域，记做 $U(x_0,\delta)$. 由于不等式 $|x-x_0|<\delta\Leftrightarrow x_0-\delta<x<x_0+\delta\Leftrightarrow x\in(x_0-\delta,x_0+\delta)$，所以邻域 $U(x_0,\delta)$ 实质上表示以点 x_0 为中心，长度为 2δ 的开区间(见图 1-11)，即

$$U(x_0,\delta)=\{x\mid |x-x_0|<\delta,\delta>0\}=(x_0-\delta,x_0+\delta).$$

其中 x_0 称为**邻域中心**，δ 称为**邻域半径**. 有时还要用到去掉中心的邻域，叫做**去心邻域**. 点 x_0 的去心 δ 邻域记做 $\mathring{U}(x_0,\delta)$，即

$$\mathring{U}(x_0,\delta)=\{x\mid 0<|x-x_0|<\delta,\delta>0\}=(x_0-\delta,x_0)\cup(x_0,x_0+\delta).$$

δ　δ

$x_0-\delta$　x_0　$x_0+\delta$　x

图 1-11

定义 1.11　设函数 $f(x)$ 在点 x_0 的某去心邻域 $\mathring{U}(x_0,\delta)$ 内有定义. 若当自变量 x 在该邻域内无限接近于 x_0 时，函数 $f(x)$ 无限接近于某一确定的常数 A，则称 A 为函数 $f(x)$ 当 $x\to x_0$(读做"x 趋近于 x_0")时的**极限**，记做

$$\lim_{x \to x_0} f(x) = A \text{ 或 } f(x) \to A(x \to x_0).$$

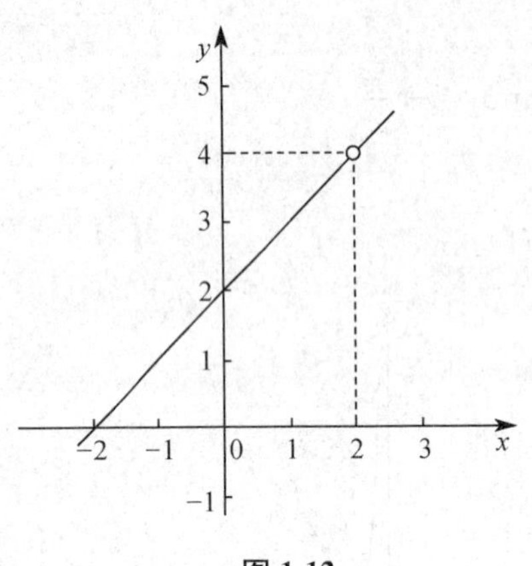

图 1-12

例 3 设函数 $f(x) = \dfrac{x^2-4}{x-2}$. 当 $x \neq 2$ 时，$f(x) = x + 2$. 当自变量 $x \neq 2$ 且无限接近于 2 时，对应的函数值无限接近于常数 4（见图 1-12）.

注意 (1) 当 $x \to x_0$ 时，函数 $f(x)$ 的极限是否存在与函数在 $x = x_0$ 处是否有定义无关.

(2) 在函数极限的定义中，$x \to x_0$ 的方式是任意的，即同时从 x_0 的左右两侧无限接近 x_0.

但有时只需或只能考虑自变量 x 从 x_0 的某一侧无限接近于 x_0 的情况，就有下列单侧极限的定义.

定义 1.12 设函数 $f(x)$ 在点 x_0 的某左半邻域 $(x_0 - \delta, x_0)$ 内有定义，当 x 从 x_0 的左侧趋于 x_0 时（记做 $x \to x_0^-$），函数 $f(x)$ 以常数 A 为极限，则称 A 为函数 $f(x)$ 在点 x_0 处的**左极限**，记做

$$\lim_{x \to x_0^-} f(x) = A, f(x) \to A(x \to x_0^-) \text{ 或 } f(x_0 - 0) = A.$$

类似地可以给出函数 $f(x)$ 在点 x_0 处的右极限定义，右极限记做

$$\lim_{x \to x_0^+} f(x) = A, f(x) \to A(x \to x_0^+) \text{ 或 } f(x_0 + 0) = A.$$

函数的右极限和左极限统称为**单侧极限**. 而相应地将 $\lim\limits_{x \to x_0} f(x)$ 称为**双侧极限**，简称**极限**.

由上述定义可知，单侧极限与双侧极限之间存在如下关系.

定理 1.3 极限 $\lim\limits_{x \to x_0} f(x) = A$ 的充分必要条件是 $\lim\limits_{x \to x_0^-} f(x) = \lim\limits_{x \to x_0^+} f(x) = A$.

例 4 设 $f(x) = \begin{cases} -x, & x < 0, \\ 1, & x = 0, \\ x, & x > 0, \end{cases}$ 讨论 $\lim\limits_{x \to 0^-} f(x)$，$\lim\limits_{x \to 0^+} f(x)$，$\lim\limits_{x \to 0} f(x)$ 是否存在.

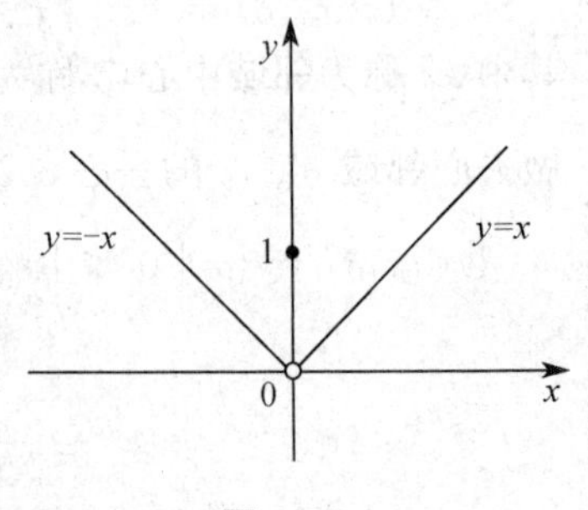

图 1-13

解 由图 1-13 知，$\lim\limits_{x \to 0^-} f(x) = \lim\limits_{x \to 0^-} (-x) = 0$，$\lim\limits_{x \to 0^+} f(x) = \lim\limits_{x \to 0^+} x = 0$，所以 $\lim\limits_{x \to 0} f(x) = 0$.

三、极限的性质

数列极限是函数极限的特殊情形，都可归结为在自变量的某一变化过程中，函数值无限接近于某一确定的常数，因而它们具有共同的性质. 下面以 $x \to x_0$ 的情形

为例来叙述.

性质1(唯一性)　若$\lim\limits_{x\to x_0}f(x)$存在,则极限值唯一.

性质2(有界性)　若$\lim\limits_{x\to x_0}f(x)$存在,则在$x_0$的某一去心邻域内函数$f(x)$有界.

性质3(保号性)　若$\lim\limits_{x\to x_0}f(x)=A$,且$A>0$(或$A<0$),则必存在$x_0$的某一去心邻域,使得在该邻域内,函数$f(x)>0$(或$f(x)<0$).

推论　若$\lim\limits_{x\to x_0}f(x)=A$且在$x_0$的某一去心邻域内,函数$f(x)\geqslant 0$(或$f(x)\leqslant 0$),则$A\geqslant 0$(或$A\leqslant 0$).

四、无穷小

1. 无穷小的定义

定义1.13　若在自变量x的某一变化趋势下,函数$f(x)$的极限为零,则称函数$f(x)$为自变量x在该变化趋势下的**无穷小量**,简称**无穷小**.

例如,函数$f(x)=2x-4$是$x\to 2$时的无穷小;函数$f(x)=\dfrac{1}{x-1}$是$x\to\infty$时的无穷小.

注意　(1) 无穷小是一个以零为极限的变量.它表达的是量的变化状态,而不是量的大小,一个量无论多么小都不是无穷小,0是唯一可看成无穷小的常数.

随堂测试

(2) 无穷小与自变量的变化趋势有关.称一个函数是无穷小,必须明确指出自变量的变化趋势,因为对于同一个函数,在自变量的不同变化趋势下,其极限值不同.例如,当$x\to 0$时,函数$\sin x$是无穷小;但当$x\to 1$时,函数$\sin x$不是无穷小.

2. 函数、极限与无穷小的关系

设$\lim\limits_{x\to x_0}f(x)=A$,即$x\to x_0$时,$f(x)-A\to 0$.若记$\alpha=f(x)-A$,则当$x\to x_0$时,$\alpha$为无穷小,且$f(x)=A+\alpha$,于是得到有极限的函数与无穷小的关系.

定理1.4　$\lim\limits_{x\to x_0}f(x)=A$的充分必要条件是$f(x)=A+\alpha$(其中$\lim\limits_{x\to x_0}\alpha=0$).

定理1.4中自变量x的变化过程换成其他任何一种情形($x\to x_0^-$,$x\to x_0^+$,$x\to\infty$,$x\to-\infty$,$x\to+\infty$)后结论仍然成立.

3. 无穷小的运算性质

性质1　有限个无穷小的代数和仍为无穷小.

性质2　有界函数与无穷小的乘积是无穷小.

推论1　常数与无穷小的乘积仍是无穷小.

推论 2 有限个无穷小的乘积仍是无穷小.

例 5 求$\lim\limits_{x\to 0} x^3 \cdot \sin\dfrac{1}{x}$.

解 因为$\left|\sin\dfrac{1}{x}\right| \leqslant 1$,又$\lim\limits_{x\to 0} x^3 = 0$,所以$\lim\limits_{x\to 0} x^3 \cdot \sin\dfrac{1}{x} = 0$.

例 6 计算$\lim\limits_{n\to\infty}\left(\dfrac{1}{n^2}+\dfrac{2}{n^2}+\cdots+\dfrac{n}{n^2}\right)$.

解 由于
$$\lim_{n\to\infty}\left(\frac{1}{n^2}+\frac{2}{n^2}+\cdots+\frac{n}{n^2}\right)=\lim_{n\to\infty}\frac{1+2+\cdots+n}{n^2}=\lim_{n\to\infty}\frac{\frac{1}{2}n(n+1)}{n^2}$$
$$=\lim_{n\to\infty}\frac{n+1}{2n}=\frac{1}{2}.$$

此例说明无穷多个无穷小之和不一定是无穷小.

五、无穷大

1. 无穷大的定义

定义 1.14 在自变量x的某一变化趋势下,若函数的绝对值$|f(x)|$无限增大,则称函数$f(x)$为自变量x在该变化趋势下的**无穷大量**,简称**无穷大**. $f(x)$为$x\to x_0$的无穷大,记做$\lim\limits_{x\to x_0} f(x)=\infty$.

例如,当$x\to 1$时,$\dfrac{1}{x-1}$的绝对值无限增大,故$\dfrac{1}{x-1}$是当$x\to 1$时的无穷大,即$\lim\limits_{x\to 1}\dfrac{1}{x-1}=\infty$;当$x\to 0^+$时,$\ln x$取负值但其绝对值无限增大,故$\ln x$为$x\to 0^+$时的负无穷大,即$\lim\limits_{x\to 0^+}\ln x=-\infty$.

注意 (1) 无穷大是一个绝对值无限增大的变量,而不是绝对值很大的常量.

(2) 无穷大不趋向于任何确定的常数,所以无穷大的极限不存在. $\lim\limits_{x\to()} f(x)=\infty$只是一种记号,表示当$x\to(\quad)$时,$|f(x)|$无限增大($x\to(\quad)$指自变量的任何一种变化趋势).

2. 无穷大与无穷小的关系

定理 1.5 在自变量的同一变化过程中,

(1) 如果函数$f(x)$是无穷小,且$f(x)\neq 0$,则$\dfrac{1}{f(x)}$是无穷大;

(2) 如果函数$f(x)$是无穷大,则$\dfrac{1}{f(x)}$是无穷小.

六、二元函数的极限

函数的极限是研究当自变量变化时,函数的变化趋势. 由于二元函数$z=f(x,y)$

的自变量有两个,所以自变量的变化过程要比一元函数复杂得多.因为在 xOy 面上,点 (x,y) 趋向于点 (x_0,y_0) 的方式可以是多种多样的.

定义 1.15　设二元函数 $z=f(x,y)$ 在点 (x_0,y_0) 的某去心邻域内有定义,点 (x,y) 为该去心邻域内异于 (x_0,y_0) 的任意一点,若当点 (x,y) 以任意方式趋向点 (x_0,y_0) 时,对应的函数值 $f(x,y)$ 总趋向于一个确定的常数 A,则称 A 是二元函数 $z=f(x,y)$ 当 $(x,y)\to(x_0,y_0)$ 时的**极限**,记做

$$\lim_{(x,y)\to(x_0,y_0)} f(x,y)=A \text{ 或} \lim_{\substack{x\to x_0\\ y\to y_0}} f(x,y)=A.$$

由二元函数极限的定义知,只有当动点 (x,y) 以任意方式趋向点 (x_0,y_0) 时,对应的函数值 $f(x,y)$ 总趋向于一个确定的常数 A,才能说二元函数 $f(x,y)$ 当 $(x,y)\to(x_0,y_0)$ 时的极限是 A.如果当动点 (x,y) 以几种特殊的方式和路径趋向点 (x_0,y_0) 时,对应的函数值 $f(x,y)$ 都趋向于同一个常数 A 还不能断定函数 $f(x,y)$ 有极限.但是,如果当动点 (x,y) 以几种不同的方式和路径趋向于点 (x_0,y_0) 时,对应的函数值 $f(x,y)$ 趋向于不同的常数,则可断定函数 $f(x,y)$ 的极限不存在.

例 7　设 $f(x,y)=\begin{cases}\dfrac{xy}{x^2+y^2}, & (x,y)\neq(0,0),\\ 0, & (x,y)=(0,0),\end{cases}$ 讨论 $\lim\limits_{\substack{x\to0\\ y\to0}} f(x,y)$ 是否存在.

解　当点 (x,y) 沿直线 $y=kx$ 趋向于 $(0,0)$ 点时,极限

$$\lim_{\substack{x\to0\\ y\to0}} f(x,y)=\lim_{\substack{x\to0\\ y=kx\to0}}\frac{kx^2}{x^2+k^2x^2}=\frac{k}{1+k^2}.$$

显然,此极限值随 k 值的不同而不同,故 $\lim\limits_{\substack{x\to0\\ y\to0}} f(x,y)$ 不存在.

习题 1-2

1. 观察下列数列的变化趋势,写出它们的极限.

(1) $u_n=\dfrac{n+(-1)^n}{n}$;　　(2) $u_n=\dfrac{3n-1}{2n+1}$;

(3) $u_n=2+\dfrac{1}{2^n}$;　　(4) $u_n=(-1)^n\dfrac{1}{n+1}$.

2. 利用函数的图形,求下列极限.

(1) $\lim\limits_{x\to0}\tan x$;　(2) $\lim\limits_{x\to0}\cos x$;　(3) $\lim\limits_{x\to-\infty}\operatorname{arccot} x$;　(4) $\lim\limits_{x\to+\infty}\operatorname{arccot} x$.

3. 设函数 $f(x)=\begin{cases}x^2+1, & x<0,\\ x, & x>0,\end{cases}$ 画出其图像,求极限 $\lim\limits_{x\to0^-} f(x)$ 及 $\lim\limits_{x\to0^+} f(x)$,并判定极限 $\lim\limits_{x\to0} f(x)$ 是否存在.

4. 证明:极限 $\lim\limits_{x\to\infty}\dfrac{e^x-1}{e^x+1}$ 不存在.

5. 指出下列各题中，哪些是无穷小？哪些是无穷大？

(1) $y=\cot x$，当 $x\to 0$ 时；　　(2) $y=e^{-x}$，当 $x\to +\infty$ 时；

(3) $y=\ln|x|$，当 $x\to 0$ 时；　　(4) $y=\dfrac{1}{2^{\frac{1}{x}}-1}$，当 $x\to\infty$ 时.

6. 指出下列函数在什么情况下是无穷小？在什么情况下是无穷大？

(1) $y=\dfrac{x+2}{x-1}$；　　(2) $y=\lg x$；　　(3) $y=\dfrac{x+3}{x^2-1}$.

7. 求下列极限.

(1) $\lim\limits_{x\to 0}\sin x\cos\dfrac{1}{x}$；　　(2) $\lim\limits_{x\to\infty}\dfrac{\sin x}{x}$；　　(3) $\lim\limits_{x\to\infty}\left(\tan\dfrac{1}{x}\cdot\arctan x\right)$.

第三节　极限的运算

极限的求法是本课程的基本运算之一，本节重点介绍极限的四则运算和两个重要极限，同时给出无穷小的比较.

一、极限的四则运算

定理 1.6（极限四则运算法则）　设在自变量 x 的同一变化过程中，极限 $\lim f(x)$ 及 $\lim g(x)$ 都存在，则有

(1) $\lim[f(x)\pm g(x)]=\lim f(x)\pm\lim g(x)$；

(2) $\lim[f(x)\cdot g(x)]=\lim f(x)\cdot\lim g(x)$；

(3) $\lim\dfrac{f(x)}{g(x)}=\dfrac{\lim f(x)}{\lim g(x)}(\lim g(x)\neq 0)$.

法则(1) 和法则(2) 均可推广到有限个函数的情形，并有如下推论.

推论 1　$\lim[Cf(x)]=C\lim f(x)$　（C 为常数）.

推论 2　$\lim[f(x)]^n=[\lim f(x)]^n$　（n 为正整数）.

例 1　求极限 $\lim\limits_{x\to 2}(x^2+3x-2)$.

解 $\lim\limits_{x\to 2}(x^2+3x-2)=\lim\limits_{x\to 2}x^2+\lim\limits_{x\to 2}3x-\lim\limits_{x\to 2}2=(\lim\limits_{x\to 2}x)^2+3\lim\limits_{x\to 2}x-2$

$=2^2+3\times 2-2=8.$

一般地，若 $f(x)$ 为多项式函数，则对任意 $x_0\in(-\infty,+\infty)$，都有 $\lim\limits_{x\to x_0}f(x)=f(x_0)$.

例 2　求下列极限.

(1) $\lim\limits_{x\to 2}\dfrac{x^3+2}{x^2-9}$；　　(2) $\lim\limits_{x\to -2}\dfrac{2x+1}{x^2-x-6}$；　　(3) $\lim\limits_{x\to 3}\dfrac{x-3}{x^2-5x+6}$.

解　(1) 因为 $\lim\limits_{x\to 2}(x^2-9)=-5\neq 0$，所以

$$\lim_{x\to 2}\frac{x^3+2}{x^2-9}=\frac{\lim\limits_{x\to 2}(x^3+2)}{\lim\limits_{x\to 2}(x^2-9)}=\frac{2^3+2}{2^2-9}=-2.$$

(2) 因为$\lim\limits_{x\to -2}(x^2-x-6)=0$，$\lim\limits_{x\to -2}(2x+1)=-3\neq 0$，商的极限运算法则失效，但

$$\lim_{x\to -2}\frac{x^2-x-6}{2x+1}=\frac{\lim\limits_{x\to -2}(x^2-x-6)}{\lim\limits_{x\to -2}(2x+1)}=\frac{0}{-3}=0,$$

由无穷小与无穷大的关系得$\lim\limits_{x\to -2}\dfrac{2x+1}{x^2-x-6}=\infty$.

(3) 当 $x\to 3$ 时分子和分母的极限均为零，但可约去公因子 $x-3\neq 0$，即

$$\lim_{x\to 3}\frac{x-3}{x^2-5x+6}=\lim_{x\to 3}\frac{x-3}{(x-3)(x-2)}=\lim_{x\to 3}\frac{1}{x-2}=1.$$

一般地，设 $P(x)$，$Q(x)$ 都是多项式函数，则称$\dfrac{P(x)}{Q(x)}$为有理分式函数. 有如下结论：

$$\lim_{x\to x_0}\frac{P(x)}{Q(x)}=\begin{cases}\dfrac{P(x_0)}{Q(x_0)}, & \text{当 } Q(x_0)\neq 0 \text{ 时},\\ \infty, & \text{当 } P(x_0)\neq 0, Q(x_0)=0 \text{ 时},\\ \text{约去零因子}, & \text{当 } P(x_0)=0, Q(x_0)=0 \text{ 时}.\end{cases}$$

例 3　求下列函数的极限.

(1) $\lim\limits_{x\to\infty}\dfrac{2x^5-8x^2+1}{4x^5+x}$；　(2) $\lim\limits_{x\to\infty}\dfrac{2x^2+x-1}{7x^3+3}$；　(3) $\lim\limits_{x\to\infty}\dfrac{x^4+x+1}{5x^2-1}$.

解　(1) 当 $x\to\infty$ 时，分子分母的极限均不存在，为无穷大，不能直接应用运算法则. 将分子分母同除以 x 的最高次幂 x^5，得

$$\lim_{x\to\infty}\frac{2x^5-3x^2+1}{4x^5+2x}=\lim_{x\to\infty}\frac{2-\dfrac{3}{x^3}+\dfrac{1}{x^5}}{4+\dfrac{2}{x^4}}=\frac{\lim\limits_{x\to\infty}\left(2-\dfrac{3}{x^3}+\dfrac{1}{x^5}\right)}{\lim\limits_{x\to\infty}\left(4+\dfrac{2}{x^4}\right)}=\frac{2}{4}=\frac{1}{2}.$$

(2) 分子分母同除以 x 的最高次幂 x^3，得

$$\lim_{x\to\infty}\frac{2x^2+x-1}{7x^3+3}=\lim_{x\to\infty}\frac{\dfrac{2}{x}+\dfrac{1}{x^2}-\dfrac{1}{x^3}}{7+\dfrac{3}{x^3}}=\frac{\lim\limits_{x\to\infty}\left(\dfrac{2}{x}+\dfrac{1}{x^2}-\dfrac{1}{x^3}\right)}{\lim\limits_{x\to\infty}\left(7+\dfrac{3}{x^3}\right)}=\frac{0}{7}=0.$$

(3) 分子分母同除以 x 的最高次幂 x^4，得

$$\lim_{x\to\infty}\frac{x^4+x+1}{5x^2-1}=\lim_{x\to\infty}\frac{1+\dfrac{1}{x^3}+\dfrac{1}{x^4}}{\dfrac{5}{x^2}-\dfrac{1}{x^4}},$$

由于分子极限为 1,分母极限为 0,所以

$$\lim_{x\to\infty}\frac{x^4+x+1}{5x^2-1}=\infty.$$

一般地,当 $a_0\neq 0, b_0\neq 0, m, n$ 为非负整数时,有

$$\lim_{x\to\infty}\frac{a_0x^m+a_1x^{m-1}+\cdots+a_m}{b_0x^n+b_1x^{n-1}+\cdots+b_n}=\begin{cases}\frac{a_0}{b_0}, & \text{当 } n=m \text{ 时},\\ 0, & \text{当 } n>m \text{ 时},\\ \infty, & \text{当 } n<m \text{ 时}.\end{cases}$$

注意 (1) 运用极限法则时,必须注意只有各项极限都存在(对商,还要求分母的极限不为零)才能使用极限的四则运算法则.

(2) 若所求极限呈现"$\frac{0}{0}$","$\frac{\infty}{\infty}$","$\infty-\infty$"等形式不能直接应用极限法则,必须先对原式进行恒等变形(约分、通分、有理化、变量代换、分子与分母同除以分子与分母的最高次幂),然后再利用极限法则求极限.

微课
两个重要函数极限

二、两个重要极限

在科学技术中,经常要用到重要极限 $\lim\limits_{x\to 0}\frac{\sin x}{x}$ 和 $\lim\limits_{x\to\infty}\left(1+\frac{1}{x}\right)^x$,下面分别介绍它们的极限值.

1. $\lim\limits_{x\to 0}\frac{\sin x}{x}=1$

关于该极限不做理论推导,只通过列出 $\frac{\sin x}{x}$ 的数值表(见表 1-1),以观察其变化趋势.

表 1-1

x/rad	-1.3	-1.0	-0.7	-0.4	-0.1	-0.01	-0.001
x/rad	1.3	1.0	0.7	0.4	0.1	0.01	0.001
$\frac{\sin x}{x}$	0.741 2	0.841 5	0.920 3	0.973 5	0.998 3	0.999 983	0.999 999 8

从表 1-1 看出,当 x 无限接近于 0 时,函数 $\frac{\sin x}{x}$ 无限接近于 1,理论上可以证明

$$\lim_{x\to 0}\frac{\sin x}{x}=1.$$

注意 这个重要极限是"$\frac{0}{0}$"型,为了强调其结构特点,把它形象地写成

$$\lim_{\square\to 0}\frac{\sin\square}{\square}=1(\square\text{ 代表同一变量}).$$

例 4　求下列函数的极限.

(1) $\lim\limits_{x\to 0}\frac{\tan x}{x}$；　(2) $\lim\limits_{x\to 0}\frac{1-\cos x}{\frac{1}{2}x^2}$；　(3) $\lim\limits_{x\to 0}\frac{\sin 3x}{\sin 5x}$.

解　(1) $\lim\limits_{x\to 0}\frac{\tan x}{x}=\lim\limits_{x\to 0}\frac{\sin x}{x}\cdot\frac{1}{\cos x}=\lim\limits_{x\to 0}\frac{\sin x}{x}\cdot\lim\limits_{x\to 0}\frac{1}{\cos x}=1.$

(2) $\lim\limits_{x\to 0}\frac{1-\cos x}{\frac{1}{2}x^2}=\lim\limits_{x\to 0}\frac{2\sin^2\frac{x}{2}}{\frac{1}{2}x^2}=\lim\limits_{x\to 0}\left(\frac{\sin\frac{x}{2}}{\frac{x}{2}}\right)^2=\left(\lim\limits_{x\to 0}\frac{\sin\frac{x}{2}}{\frac{x}{2}}\right)^2=1.$

(3) $\lim\limits_{x\to 0}\frac{\sin 3x}{\sin 5x}=\lim\limits_{x\to 0}\frac{\sin 3x}{3x}\cdot\frac{3x}{5x}\cdot\frac{5x}{\sin 5x}=\frac{3}{5}\lim\limits_{x\to 0}\frac{\sin 3x}{3x}\cdot\lim\limits_{x\to 0}\frac{5x}{\sin 5x}=\frac{3}{5}.$

2. $\lim\limits_{x\to\infty}\left(1+\frac{1}{x}\right)^x=e$

关于该极限也不做理论推导，只通过列出$\left(1+\frac{1}{x}\right)^x$的数值表（见表 1-2）来观察其变化趋势.

表 1-2

x	1	2	3	4	5	10	100	1 000	10 000	…
$(1+\frac{1}{x})^x$	2	2.250	2.370	2.441	2.488	2.594	2.705	2.717	2.718	…

从表 1-2 看出，当 x 增大时，函数$\left(1+\frac{1}{x}\right)^x$变化的大致趋势，可以证明当 $x\to\infty$ 时，函数$\left(1+\frac{1}{x}\right)^x$的极限确实存在，并且是一个无理数，其值为 $e=2.718\ 281\ 828\cdots$，即

$$\lim_{x\to\infty}\left(1+\frac{1}{x}\right)^x=e.$$

为了准确地用好这个极限，我们指出它的两个特征：

(1) 它是“1^∞”型的极限，只有满足此类型才可考虑用该重要极限.

(2) 该极限可形象地表示为

$$\lim_{\square\to\infty}\left(1+\frac{1}{\square}\right)^{\square}=e(\square\text{ 代表同一变量}).$$

(3) 在公式$\lim\limits_{x\to\infty}\left(1+\frac{1}{x}\right)^x=e$中，若令 $t=\frac{1}{x}$，则当 $x\to\infty$ 时，$t\to 0$，于是又可

得

$$\lim_{t\to0}(1+t)^{\frac{1}{t}}=\mathrm{e}\text{或}\lim_{x\to0}(1+x)^{\frac{1}{x}}=\mathrm{e}.$$

例 5 求下列函数的极限.

(1) $\lim\limits_{x\to\infty}\left(1+\dfrac{3}{x}\right)^{x}$；(2) $\lim\limits_{x\to\infty}\left(\dfrac{x}{1+x}\right)^{2x}$；(3) $\lim\limits_{x\to\infty}\left(\dfrac{2-x}{3-x}\right)^{x}$.

解 (1) $\lim\limits_{x\to\infty}\left(1+\dfrac{3}{x}\right)^{x}=\lim\limits_{x\to\infty}\left(1+\dfrac{3}{x}\right)^{\frac{x}{3}\cdot3}=\left[\lim\limits_{x\to\infty}\left(1+\dfrac{3}{x}\right)^{\frac{x}{3}}\right]^{3}=\mathrm{e}^{3}$.

(2) $\lim\limits_{x\to\infty}\left(\dfrac{x}{1+x}\right)^{2x}=\lim\limits_{x\to\infty}\left(\dfrac{x+1}{x}\right)^{-2x}=\lim\limits_{x\to\infty}\left(1+\dfrac{1}{x}\right)^{-2x}=\left[\lim\limits_{x\to\infty}\left(1+\dfrac{1}{x}\right)^{x}\right]^{-2}=\mathrm{e}^{-2}$.

(3)
$$\begin{aligned}\lim_{x\to\infty}\left(\frac{2-x}{3-x}\right)^{x}&=\lim_{x\to\infty}\left(1+\frac{1}{x-3}\right)^{x-3+3}\\&=\lim_{x\to\infty}\left(1+\frac{1}{x-3}\right)^{x-3}\cdot\lim_{x\to\infty}\left(1+\frac{1}{x-3}\right)^{3}=\mathrm{e}.\end{aligned}$$

微课

无穷小量介的比较

三、无穷小的比较

前面讨论了两个无穷小的和、差、积仍然是无穷小，而两个无穷小的商不一定是无穷小. 商的极限出现几种不同情况，反映了无穷小趋于 0 的速度的差异. 为了比较无穷小趋于 0 的快慢，引入如下概念.

定义 1.16 设 α 与 β 是自变量的同一变化过程中的两个无穷小，

(1) 如果 $\lim\dfrac{\beta}{\alpha}=0$，则称 β 是比 α 高阶的无穷小，记做 $\beta=o(\alpha)$.

(2) 如果 $\lim\dfrac{\beta}{\alpha}=\infty$，则称 β 是比 α 低阶的无穷小.

(3) 如果 $\lim\dfrac{\beta}{\alpha}=c(c\neq0)$，则称 β 与 α 是同阶无穷小.

(4) 如果 $\lim\dfrac{\beta}{\alpha}=1$，则称 β 与 α 是等价无穷小，记做 $\alpha\sim\beta$.

例如，因为 $\lim\limits_{x\to0}\dfrac{x^2}{x}=0$，$\lim\limits_{x\to0}\dfrac{x}{x^2}=\infty$，$\lim\limits_{x\to0}\dfrac{5x}{x}=5$，$\lim\limits_{x\to0}\dfrac{\sin x}{x}=1$，所以当 $x\to0$ 时，$x^2=o(x)$，x 是比 x^2 低阶的无穷小，$5x$ 与 x 是同阶无穷小，$\sin x\sim x$.

等价无穷小在求两个无穷小之比的极限时，具有重要的作用，对此有如下定理.

定理1.7 设在自变量的同一变化过程中，$\alpha\sim\alpha'$，$\beta\sim\beta'$，且 $\lim\dfrac{\alpha'}{\beta'}=A$(或$\infty$)，则

$$\lim\frac{\alpha}{\beta}=\lim\frac{\alpha'}{\beta'}=A(\text{或}\infty).$$

定理指出，在计算函数极限时，无穷小因子可用其等价无穷小代换，而极限不改变.

可以证明：当 $x \to 0$ 时，有如下常见的几个等价无穷小量，应熟记.

$$\sin x \sim x, \tan x \sim x, \arcsin x \sim x, \arctan x \sim x,$$

$$1-\cos x \sim \frac{1}{2}x^2, \ln(1+x) \sim x, \mathrm{e}^x - 1 \sim x, \sqrt[n]{1+x} - 1 \sim \frac{1}{n}x.$$

例 6　求下列极限.

(1) $\lim\limits_{x\to 0}\frac{\tan 5x}{\sin 3x}$；(2) $\lim\limits_{x\to 0}\frac{1-\cos x}{3x^2}$；(3) $\lim\limits_{x\to 0}\frac{\tan x-\sin x}{\sin^3 x}$.

解　(1) 因为 $x\to 0$ 时，$\tan 5x \sim 5x$，$\sin 3x \sim 3x$，所以 $\lim\limits_{x\to 0}\frac{\tan 5x}{\sin 3x} = \lim\limits_{x\to 0}\frac{5x}{3x} = \frac{5}{3}$.

(2) 因为 $x \to 0$ 时，$1-\cos x \sim \frac{1}{2}x^2$，所以 $\lim\limits_{x\to 0}\frac{1-\cos x}{3x^2} = \lim\limits_{x\to 0}\frac{\frac{1}{2}x^2}{3x^2} = \frac{1}{6}$.

(3) 因为 $x \to 0$ 时，$\sin x \sim x$，$\tan x \sim x$，$1-\cos x \sim \frac{1}{2}x^2$，所以

$$\lim_{x\to 0}\frac{\tan x-\sin x}{\sin^3 x} = \lim_{x\to 0}\frac{\tan x(1-\cos x)}{\sin^3 x} = \lim_{x\to 0}\frac{x\cdot\frac{1}{2}x^2}{x^3} = \frac{1}{2}.$$

注意　等价无穷小代换只能对分子或分母中的因式进行代换. 若极限式中分子或分母中的无穷小是以和或差的形式出现，则不能代换，否则导致错误的结果.

习题 1-3

1. 求下列极限.

(1) $\lim\limits_{x\to 1}(x^3+2x^2-x-1)$；　　(2) $\lim\limits_{x\to 2}\frac{x^2+4}{x+2}$；

(3) $\lim\limits_{x\to 1}\frac{\mathrm{e}^x}{x-1}$；　　(4) $\lim\limits_{x\to 4}\frac{x^2-16}{x-4}$；

(5) $\lim\limits_{h\to 0}\frac{(x+h)^2-x^2}{h}$；　　(6) $\lim\limits_{x\to 1}\left(\frac{2}{1-x^2}-\frac{1}{1-x}\right)$；

(7) $\lim\limits_{x\to 0}\frac{\sqrt{1+x}-\sqrt{1-x}}{x}$；　　(8) $\lim\limits_{x\to +\infty}\frac{3x^3-4x^2+2}{1+x^3}$；

(9) $\lim\limits_{x\to \infty}\frac{x^4+2x-3}{x^3-x^2+1}$；　　(10) $\lim\limits_{n\to \infty}\left(1+\frac{1}{2}+\frac{1}{4}+\cdots+\frac{1}{2^n}\right)$.

2. 求 a 的值，使函数 $f(x)=\begin{cases}\frac{1}{2}x^2-2a, & x<0,\\ x^2-a+1, & x\geqslant 0\end{cases}$ 在 $x=0$ 处的极限存在.

3. 求下列极限.

(1) $\lim\limits_{x\to 0}\dfrac{1-\cos 2x}{x\sin x}$；　　(2) $\lim\limits_{x\to 0}\dfrac{\tan 3x}{\sin x}$；

(3) $\lim\limits_{x\to \pi}\dfrac{\sin x}{x-\pi}$；　　(4) $\lim\limits_{n\to \infty}2^n\sin\dfrac{x}{2^n}$（$x$ 为非零实数）；

(5) $\lim\limits_{x\to 0}(1-x)^{\frac{3}{x}}$；　　(6) $\lim\limits_{x\to \infty}\left(\dfrac{x+2}{x}\right)^{x+3}$；

(7) $\lim\limits_{x\to \infty}\left(\dfrac{2x+3}{2x+1}\right)^{x+1}$.

4. 证明：当 $x\to 0$ 时，x^3+2x^2 是比 x 高阶的无穷小.

5. 利用等价无穷小的性质，求下列极限.

(1) $\lim\limits_{x\to 0}\dfrac{1-\cos 2x}{\sin x\cdot\tan x}$；　(2) $\lim\limits_{x\to 0}\dfrac{\ln(1+2x)\arctan x}{x\sin 2x}$；　(3) $\lim\limits_{x\to 0}\dfrac{x}{\sqrt[4]{1+2x}-1}$.

第四节　函数的连续性和间断性

为了深入地研究函数的微分和积分，需要引入性质更好的一类函数——连续函数. 什么是“连续”，从字面上不难理解，如液体的流动、身高的增长及气温的变化等都是连续变化的，这种连续变化的现象反映在数学函数关系上，就是函数的连续性.

一、一元函数的连续性

(一) 函数连续性的概念

微课
函数在一点的连续性

1. 函数在一点处的连续性

为了建立函数连续性的定义，首先引入增量的概念.

设函数 $y=f(x)$ 在点 x_0 的某个邻域内有定义，给自变量 x 一个增量 Δx，当自变量 x 由 x_0 变到 $x_0+\Delta x$（$x_0+\Delta x$ 仍在该邻域内）时，函数 y 相应由 $f(x_0)$ 变到 $f(x_0+\Delta x)$，因此相应的函数增量为 $\Delta y=f(x_0+\Delta x)-f(x_0)$（见图 1-14）.

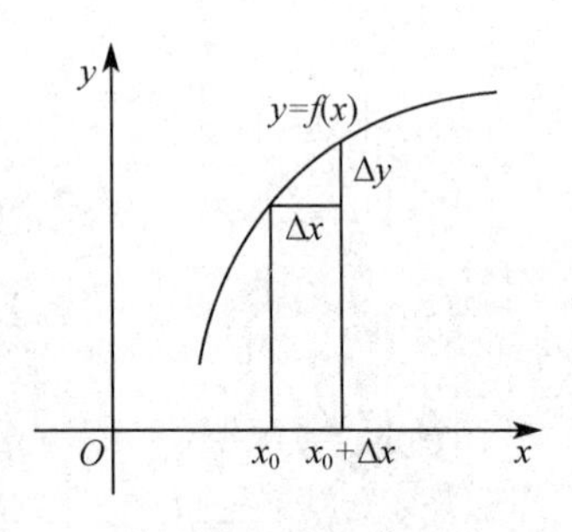

图 1-14

定义 1.17　设函数 $y=f(x)$ 在点 x_0 的某个邻域内有定义，若当自变量的增量 $\Delta x=x-x_0$ 趋于零时，对应的函数增量也趋于零，即

$$\lim_{\Delta x\to 0}\Delta y=\lim_{\Delta x\to 0}[f(x_0+\Delta x)-f(x_0)]=0.$$

则称函数 $y=f(x)$ 在 x_0 处**连续**，x_0 称为函数 $f(x)$ 的**连续点**.

若令 $x_0+\Delta x=x$，当 $\Delta x\to 0$ 时，$x\to x_0$，则有

$$\lim_{\Delta x\to 0}[f(x_0+\Delta x)-f(x_0)]=\lim_{x\to x_0}[f(x)-f(x_0)]=0.$$

即$\lim\limits_{x\to x_0}f(x)=f(x_0)$. 于是，函数 $y=f(x)$ 在点 x_0 处连续的定义又可叙述为如下定义.

定义 1.18　设函数 $f(x)$ 在点 x_0 的某个邻域内有定义，如果$\lim\limits_{x\to x_0}f(x)=f(x_0)$，则称函数 $f(x)$ 在点 x_0 处**连续**.

如果 $\lim\limits_{x\to x_0^-}f(x)=f(x_0)$，则称函数 $f(x)$ 在点 x_0 处**左连续**；如果 $\lim\limits_{x\to x_0^+}f(x)=f(x_0)$，则称函数 $f(x)$ 在点 x_0 处**右连续**. 显然，函数 $f(x)$ 在点 x_0 处连续的充分必要条件是它在点 x_0 既左连续，又右连续.

由函数连续的定义可知，函数 $f(x)$ 在点 x_0 处连续，必须同时满足以下三个条件：

(1) 函数 $f(x)$ 在点 x_0 的某个邻域内有定义；

(2) 函数 $f(x)$ 的极限$\lim\limits_{x\to x_0}f(x)$ 存在；

(3) $\lim\limits_{x\to x_0}f(x)=f(x_0)$.

例 1　讨论函数 $y=|x|=\begin{cases}-x, & x<0,\\ x, & x\geqslant 0\end{cases}$ 在 $x=0$ 处的连续性.

解　由图 1-15 知，$\lim\limits_{x\to 0^-}f(x)=\lim\limits_{x\to 0^-}(-x)=0=f(0)$，

$$\lim_{x\to 0^+}f(x)=\lim_{x\to 0^+}x=0=f(0),$$

即$\lim\limits_{x\to 0}f(x)=f(0)$. 所以函数 $f(x)$ 在点 $x=0$ 处连续.

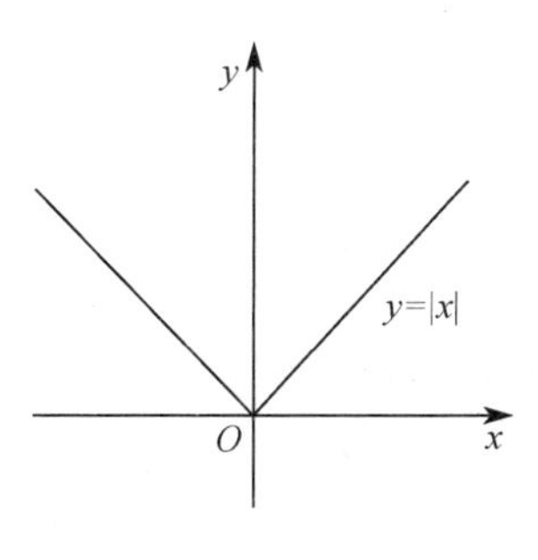

图 1-15

2. 函数在区间内的连续性

定义 1.19　若函数 $f(x)$ 在区间(a,b) 内的每一点都连续，则称函数 $f(x)$ 在区间(a,b) 内**连续**，或称 $f(x)$ 是区间(a,b) 内的**连续函数**；若函数 $f(x)$ 在区间(a,b) 内连续，且在左端点 a 处右连续，在右端点 b 处左连续，则称函数 $f(x)$ 在闭区间$[a,b]$

上**连续**,此时也称 $f(x)$ 是闭区间$[a,b]$上的**连续函数**.

(二) 初等函数的连续性

由函数在一点处连续的定义及函数极限的四则运算法则,可得以下定理.

定理 1.8 两个连续函数的和、差、积、商(分母不为零) 仍为连续函数.

定理 1.9 若函数 $y = f(x)$ 在区间 I_x 上单调增加(或单调减少) 且连续,则它的反函数$x = \varphi(y)$ 在对应区间 $I_y = \{y \mid y = f(x), x \in I_x\}$ 上也单调增加(或单调减少) 且连续.

定理 1.10 若函数 $y = f(u)$ 在点 $u = u_0$ 处连续,函数 $u = \varphi(x)$ 在点 $x = x_0$ 处连续,且 $u_0 = \varphi(x_0)$,则复合函数 $y = f[\varphi(x)]$ 在点 $x = x_0$ 处连续.

这表明在函数 $y = f(u)$ 和 $u = \varphi(x)$ 都连续的条件下,求复合函数 $f[\varphi(x)]$ 的极限时,极限符号和函数符号可以交换次序.

由上所述定理及初等函数的定义可得如下重要结论.

定理 1.11 一切初等函数在其定义区间内均连续.

此定理表明:

(1) 求初等函数的连续区间,其实质就是求出它的定义区间;

(2) 对分段函数,除考虑每一段函数的连续性外,还必须讨论分段点处的连续性;

(3) 由初等函数的连续性知,若 $f(x)$ 是初等函数,定义区间为 D,则对任何 $x_0 \in D$ 都有

$$\lim_{x \to x_0} f(x) = f(x_0).$$

例 2 求极限$\lim\limits_{x \to 2} \dfrac{x^2 + \sin x}{e^x \sqrt{1 + x^2}}$.

解 因为 $f(x) = \dfrac{x^2 + \sin x}{e^x \sqrt{1 + x^2}}$ 是初等函数,且在 $x = 2$ 处有定义,所以

$$\lim_{x \to 2} \frac{x^2 + \sin x}{e^x \sqrt{1 + x^2}} = \frac{2^2 + \sin 2}{e^2 \sqrt{1 + 2^2}} = \frac{4 + \sin 2}{e^2 \sqrt{5}}.$$

例 3 当 a, b 分别为何值时,函数

$$f(x) = \begin{cases} \dfrac{\sin x}{x} + a, & x < 0, \\ b, & x = 0, \\ \dfrac{x}{\sqrt{1 + x} - 1}, & x > 0 \end{cases}$$

在$(-\infty, +\infty)$上连续.

解　因为 $f(x)$ 在 $(-\infty,0)$ 与 $(0,+\infty)$ 上都是初等函数，由初等函数的连续性知，$f(x)$ 在 $(-\infty,0)$ 与 $(0,+\infty)$ 上都连续. 在分段点 $x=0$ 处，$f(0)=b$，又

$$f(0-0)=\lim_{x\to 0^-}\left(\frac{\sin x}{x}+a\right)=a+1, f(0+0)=\lim_{x\to 0^+}\frac{x}{\sqrt{x+1}-1}=2.$$

由于当 $f(0-0)=f(0+0)=f(0)$ 时，函数 $f(x)$ 在 $x=0$ 处连续，故得 $a+1=2=b$，即 $a=1,b=2$.

综上所述，当 $a=1,b=2$ 时，函数 $f(x)$ 在 $(-\infty,+\infty)$ 上连续.

(三) 闭区间上连续函数的性质

在闭区间上的连续函数有许多重要的性质，这些性质的证明涉及严密的实数理论，因此这里不予证明，仅作必要的几何解释.

定理 1.12(最值定理)　闭区间上的连续函数在该区间上一定存在最大值和最小值.

设 $f(x)$ 在 $[a,b]$ 上连续，它的最大值为 M，最小值为 m，则对任何 $x\in[a,b]$，都有 $m\leqslant f(x)\leqslant M$. 若取 $K=\max\{|m|,|M|\}$，则对任意的 $x\in[a,b]$，都有 $|f(x)|\leqslant K$，即 $f(x)$ 在 $[a,b]$ 上有界，于是得以下定理.

定理 1.13(有界性定理)　闭区间上的连续函数在该区间上一定有界.

定理 1.14(介值定理)　设 $f(x)$ 在闭区间 $[a,b]$ 上连续，且 $f(a)\neq f(b)$，μ 为介于 $f(a)$ 与 $f(b)$ 之间的任何数，则至少存在一点 $\xi\in(a,b)$，使得 $f(\xi)=\mu$.

介质定理的几何意义是明显的. 当 $f(a)\neq f(b)$ 且 μ 介于 $f(a)$ 与 $f(b)$ 之间时，连续曲线 $y=f(x)$ 的两端点 $A(a,f(a))$ 与 $B(b,f(b))$ 位于水平线 $y=\mu$ 的两侧，因此曲线 $y=f(x)$ 与直线 $y=\mu$ 必有交点(见图 1-16).

推论(零点定理)　设 $f(x)$ 在闭区间 $[a,b]$ 上连续，且 $f(a)\cdot f(b)<0$，则至少存在一点 $\xi\in(a,b)$，使得 $f(\xi)=0$(见图 1-17).

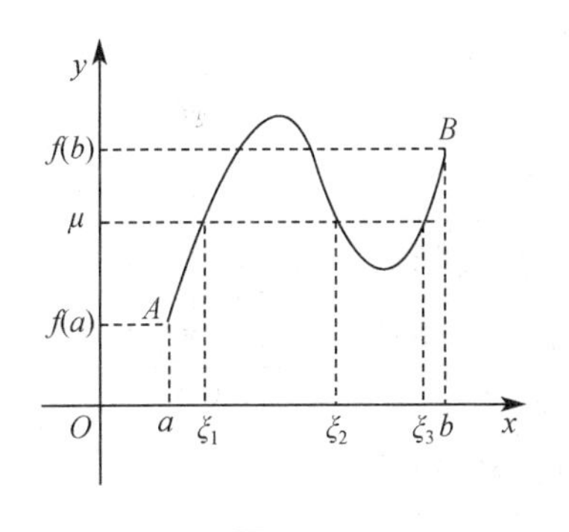

图 1-16

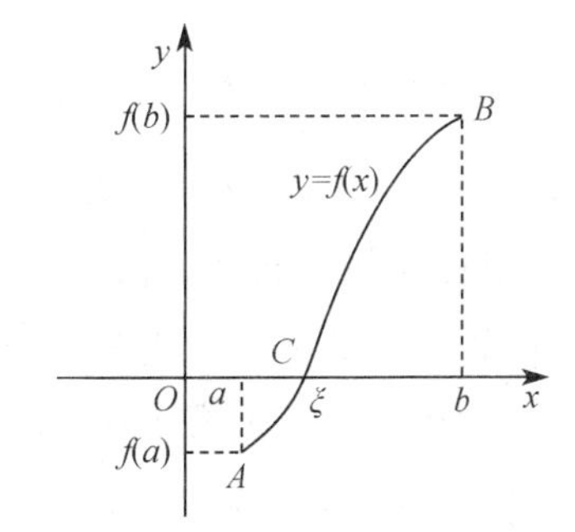

图 1-17

换句话说，在推论条件下，方程 $f(x)=0$ 在开区间 (a,b) 内至少有一个实根.

例 4 证明:方程 $\sin x - x + 1 = 0$ 在 0 与 π 之间有实根.

证明 设 $f(x) = \sin x - x + 1$,因为 $f(x)$ 在 $(-\infty, +\infty)$ 内连续,所以 $f(x)$ 在 $[0,\pi]$ 上连续,且

$$f(0) = 1 > 0, f(\pi) = -\pi + 1 < 0,$$

因此由零点定理知,至少存在一点 $\xi \in (0,\pi)$,使得 $f(\xi) = 0$,即方程 $\sin x - x + 1 = 0$ 在 $(0,\pi)$ 内至少有一个实根.

二、一元函数的间断点

函数的不连续点称为该函数的间断点,即不满足函数连续的三个条件之一的点为间断点.由于函数在某一点间断的情况很多,为了区别,通常将间断点进行分类.

定义 1.20(间断点的分类) 设 x_0 为函数 $f(x)$ 的间断点.如果左极限 $f(x_0 - 0)$ 和右极限 $f(x_0 + 0)$ 都存在,则称 x_0 为函数 $f(x)$ 的**第一类间断点**;否则,称 x_0 为函数 $f(x)$ 的**第二类间断点**.对第一类间断点又分为:若 $f(x_0 - 0) = f(x_0 + 0)$,则称 x_0 为函数 $f(x)$ 的**可去间断点**;若 $f(x_0 - 0) \neq f(x_0 + 0)$,则称 x_0 为函数 $f(x)$ 的**跳跃间断点**.

例如,函数 $f(x) = \dfrac{\sin x}{x}$ 在点 $x = 0$ 处无定义,且 $\lim\limits_{x\to 0}\dfrac{\sin x}{x} = 1$,故 $x = 0$ 是函数 $f(x) = \dfrac{\sin x}{x}$ 的第一类可去间断点.因为若补充定义,令 $f(x) = \begin{cases} \dfrac{\sin x}{x}, & x \neq 0, \\ 1, & x = 0, \end{cases}$ 则函数在点 $x = 0$ 处连续.

例 5 讨论函数 $f(x) = \begin{cases} x^2, & 0 \leqslant x \leqslant 1, \\ x + 1, & x > 1 \end{cases}$ 在 $x = 1$ 处的连续性.

解 因为函数 $f(x)$ 在分段点 $x = 1$ 处的左、右极限

$$f(1-0) = \lim_{x\to 1^-} f(x) = \lim_{x\to 1^-} x^2 = 1,$$

$$f(1+0) = \lim_{x\to 1^+} f(x) = \lim_{x\to 1^+}(x+1) = 2,$$

虽然左右极限存在但不相等,即 $\lim\limits_{x\to 1} f(x)$ 不存在.所以 $x = 1$ 是函数 $f(x)$ 的第一类跳跃间断点.如图 1-18 所示,图像在 $x = 1$ 处出现了跳跃现象.

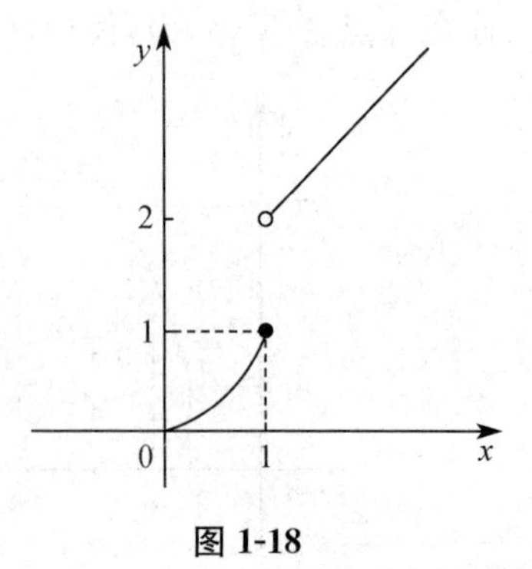

图 1-18

例 6 讨论函数 $y = \sin\dfrac{1}{x}$ 在 $x = 0$ 处的连续性.

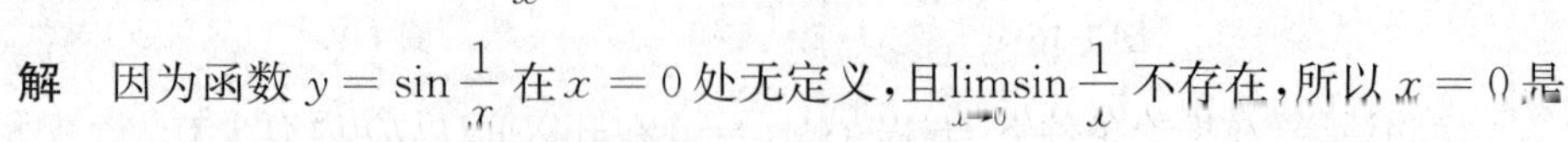
解 因为函数 $y = \sin\dfrac{1}{x}$ 在 $x = 0$ 处无定义,且 $\lim\limits_{x\to 0}\sin\dfrac{1}{x}$ 不存在,所以 $x = 0$ 是

$y=\sin\frac{1}{x}$ 的第二类间断点. 又因为当 $x\to 0$ 时,函数 $y=\sin\frac{1}{x}$ 在 -1 到 1 之间作无限次震荡(见图 1-19),这样的间断点称为**震荡间断点**.

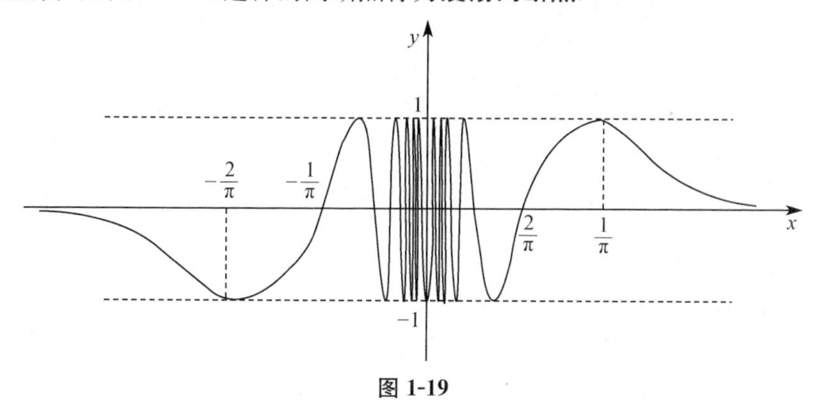

图 1-19

另外,若 $\lim\limits_{x\to x_0}f(x)=\infty$,则称 x_0 为 $f(x)$ 的**无穷间断点**. 例如,函数 $y=\frac{1}{x}$ 在点 $x=0$ 处无定义,且 $\lim\limits_{x\to 0}\frac{1}{x}=\infty$,则称 $x=0$ 是函数 $y=\frac{1}{x}$ 的无穷间断点.

三、二元函数的连续性和间断点

类似于一元函数,下面给出二元函数连续的定义.

定义 1.21　设函数 $z=f(x,y)$ 在点 $P_0(x_0,y_0)$ 的某邻域内有定义,若

$$\lim_{\substack{x\to x_0\\ y\to y_0}}f(x,y)=f(x_0,y_0),\tag{1.1}$$

则称二元函数 $z=f(x,y)$ 在点 $P_0(x_0,y_0)$ 处**连续**. 若 $z=f(x,y)$ 在区域 D 内的每一点都连续,则称 $z=f(x,y)$ 在区域 D 上**连续**,或称 $z=f(x,y)$ 是区域 D 上的**连续函数**.

若令 $x=x_0+\Delta x, y=y_0+\Delta y$,则(1.1)式可写成

$$\lim_{\substack{\Delta x\to 0\\ \Delta y\to 0}}[f(x_0+\Delta x,y_0+\Delta y)-f(x_0,y_0)]=0,$$

即 $\lim\limits_{\substack{\Delta x\to 0\\ \Delta y\to 0}}\Delta z=0$. 这里 Δz 称为函数 $f(x,y)$ 在点 (x_0,y_0) 处的**全增量**,即

$$\Delta z=f(x_0+\Delta x,y_0+\Delta y)-f(x_0,y_0).$$

于是可得二元函数在一点连续的等价定义.

定义 1.22　设函数 $z=f(x,y)$ 在点 $P_0(x_0,y_0)$ 的某邻域内有定义,如果 $\lim\limits_{\substack{\Delta x\to 0\\ \Delta y\to 0}}\Delta z=0$,则称二元函数 $z=f(x,y)$ 在点 $P_0(x_0,y_0)$ 处**连续**.

若函数 $z=f(x,y)$ 在点 $P_0(x_0,y_0)$ 处不连续，则称点 $P_0(x_0,y_0)$ 为 $z=f(x,y)$ 的**间断点**. 例如，若函数 $z=f(x,y)$ 在 $P_0(x_0,y_0)$ 处无定义；或虽有定义但当点 $P(x,y)$ 趋于点 $P_0(x_0,y_0)$ 时函数的极限不存在；或虽然极限存在，但极限值不等于该点的函数值，则 $P_0(x_0,y_0)$ 均为函数的间断点.

例 7 讨论函数 $f(x,y)=\begin{cases}\dfrac{xy}{x^2+y^2}, & (x,y)\neq(0,0),\\ 0, & (x,y)=(0,0)\end{cases}$ 在原点处的连续性.

解 由第二节中的例 7 知，$\lim\limits_{\substack{x\to0\\y\to0}}f(x,y)$ 不存在，所以函数在原点处不连续，即 $(0,0)$ 是函数 $f(x,y)$ 的间断点.

一元函数中关于极限的运算法则对于二元函数仍然成立. 根据函数的极限运算法则可以证明：多元连续函数的和、差、积、商(分母不等于零) 及复合函数仍是连续函数；多元初等函数在其定义域内连续；在有界闭区间上连续的多元函数必有最大值和最小值等.

习题 1-4

随堂测试

1. 讨论下列分段函数在分段点处的连续性. 若为间断点，判定其类型，并写出连续区间.

(1) $f(x)=\begin{cases}x^2, & 0\leqslant x\leqslant 1,\\ 2-x, & 1<x\leqslant 2;\end{cases}$　　(2) $f(x)=\begin{cases}x, & |x|\leqslant 1,\\ 1, & |x|>1;\end{cases}$

(3) $f(x)=\begin{cases}\dfrac{1}{x}, & x<0,\\ \sin x, & x\geqslant 0;\end{cases}$　　(4) $f(x)=\begin{cases}\dfrac{\sin x}{x}, & x\neq 0,\\ 2, & x=0.\end{cases}$

2. 设 $f(x)=\begin{cases}\dfrac{1}{x}\sin 2x, & x<0,\\ a, & x=0,\\ x\sin\dfrac{1}{x}+b, & x>0,\end{cases}$ 试确定常数 a,b 的值，使 $f(x)$ 在点 $x=0$ 处连续.

3. 求下列极限.

(1) $\lim\limits_{x\to\frac{\pi}{2}}\ln\sin x$；(2) $\lim\limits_{x\to0}\dfrac{\log_a(1+x)}{x}(a>0$ 且 $a\neq1)$；(3) $\lim\limits_{x\to\infty}x(\sqrt{x^2+1}-x)$.

4. 求下列函数的间断点并判定其类型；如果是可去间断点，则补充定义使函数在该点连续.

(1) $y=\dfrac{x}{x+1}$；　(2) $y=\cos^2\dfrac{1}{x}$；　(3) $y=\dfrac{x}{\sin x}$；

(4) $y=(1+x)^{\frac{1}{x}}$；　(5) $y=e^{\frac{1}{x}}$；　(6) $y=\dfrac{\sqrt{1+x}-\sqrt{1-x}}{x}$.

5. 证明：方程 $x^5-3x=1$ 在区间 $(1,2)$ 中至少有一个实根.

6. 证明：方程 $x\cdot 2^x=1$ 至少有一个小于 1 的正根.

7. 设 $f(x),g(x)$ 在区间 $[a,b]$ 上连续，且 $f(a)>g(a),f(b)<g(b)$，证明：方程 $f(x)=g(x)$

在 (a,b) 内必有实根.

8. 求下列各极限.

(1) $\lim\limits_{\substack{x\to 0\\ y\to 0}}\dfrac{\sin(xy)}{x}$；　　(2) $\lim\limits_{\substack{x\to 0\\ y\to 0}}\dfrac{\sqrt{xy+4}-2}{xy}$.

*第五节　初识数学软件 Mathematica

Mathematica 系统是目前世界上应用最广泛的符号计算系统，它是由美国伊利诺大学复杂系统研究中心主任、物理学、数学和计算机科学教授 Stephen Wolfram 负责研制的. 该系统用 C 语言编写，博采众长，具有简单易学的交互式操作方式、强大的数值计算及符号计算、人工智能列表处理等功能. 本节介绍该软件的基本操作.

一、常用的数学常数

符号格式	代表含义
Pi	$\pi=3.141\ 592\ 654\cdots$
E	$e=2.718\ 281\ 828\cdots$
Degree	$\dfrac{\pi}{180}$
I	虚数单位
Infinity	无穷大

二、常用数学函数

命令格式	代表含义
Sin[x],Cos[x],Tan[x],Cot[x],Sec[x],Csc[x]	三角函数，x 取弧度值
ArcSin[x],ArcCos[x],ArcTan[x],ArcCot[x],ArcSec[x],ArcCsc[x]	反三角函数
Sinh[x],Cosh[x],Tanh[x],…	双曲函数
ArcSinh[x],ArcCosh[x],ArcTanh[x],…	反双曲函数
Sqrt[x]	根号
Exp[x]	指数函数
Log[x]	自然对数
Log[a,x]	以 a 为底的对数

续表

命令格式	代表含义
Abs[x]	绝对值
Max[a,b,c,…],Min[a,b,c,…]	$a,b,c,\cdots$ 的最大值,最小值
N!	n 的阶乘

三、赋值语句

格式一:x = a　　将变量 x 的值设定为 a,立即赋值;

格式二:x = y = b　　将变量 x 和 y 的值均设定为 b;

格式三:x: = a　　将变量 x 的值设定为 a,延迟赋值;

x =. 或 Clear[x]　　除去变量 x 所存的值.

注意　(1) 立即赋值是指在输入后即被求值;延迟赋值是指在输入后不被立即求值,直到调用时才求值.

(2)Mathematica 软件运行命令方式:按 Shift + Enter.

例如,In[1]: = x = y = Sin[Pi/2]　　(* 将变量 x 和 y 的值均设定为 1 *)

Out[1] = 1

In[2]: = z: = x + 1　　(* 定义一个延迟赋值 *)

In[3]: = z　　(* 调用延迟表达式 z *)

Out[1] = 2

四、自定义函数

命令格式	代表含义
f[x_] = expr	立即定义函数 $f(x)$
f[x_]: = expr	延迟定义函数 $f(x)$
f[x_,y_,…] = expr	定义多元函数
?f	查询函数 f 的定义
Clear[f]	清除 f 的定义
f[x_]: = expr /;condition	当条件 condition 成立时,$f(x)$ 才会定义成 expr

例如,In[1]:= f[x_]:= x^2+Sqrt[x]-Cos[x] (* 延迟定义一个函数 *)

In[2]:= f[2.1] (* 调用函数计算函数值 *)

Out[2] = 6.36398

In[3]:= f[x^2] (* 复合函数 *)

Out[3] = $x^4 + \sqrt{x^2} - Cosx^2$

In[4]:= g[x_]:= Exp[x]/;x > 0 (* 定义一个分段函数 *)

In[5]:= g[x_]:= x^2/;x <= 0

In[6]:= {g[-2],g[2]} (* 调用分段函数求值 *)

Out[6] = $\{4, e^2\}$

In[7]:= h[x_,y_]:= x^2 * y (* 定义二元函数函数 *)

In[8]:= h[2,3]

Out[8] = 12

五、绘制简单函数图形

命令格式	代表含义
Plot[f,{x,xmin,xmax}]	画出 f 在 x_{min} 到 x_{max} 之间的图形
Plot[{f1,f2,…},{x,xmin,xmax}]	同时画出多个函数图形
ListPlot[{{x1,y1},{x2,y2},…}]	画出坐标为(x_1,y_1),(x_2,y_2),… 的点

例如,In[1]:= Plot[Sin[x],{x,0,2 * Pi}] (* 绘制 $\sin x$ 的图像 *)

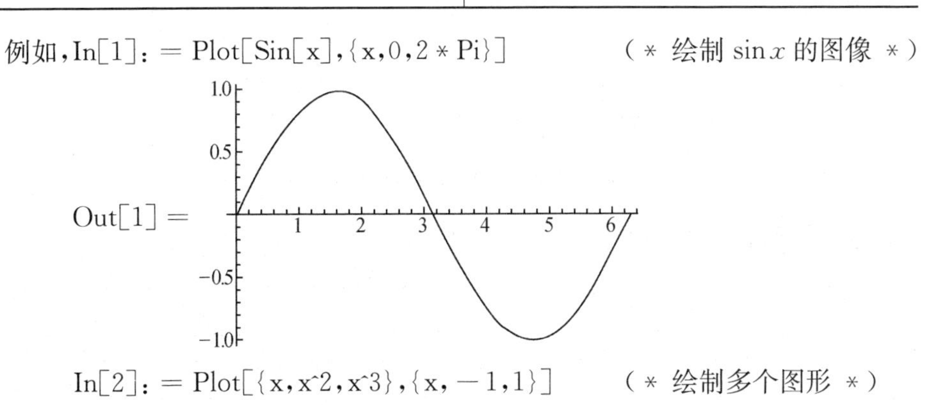

In[2]:= Plot[{x,x^2,x^3},{x,-1,1}] (* 绘制多个图形 *)

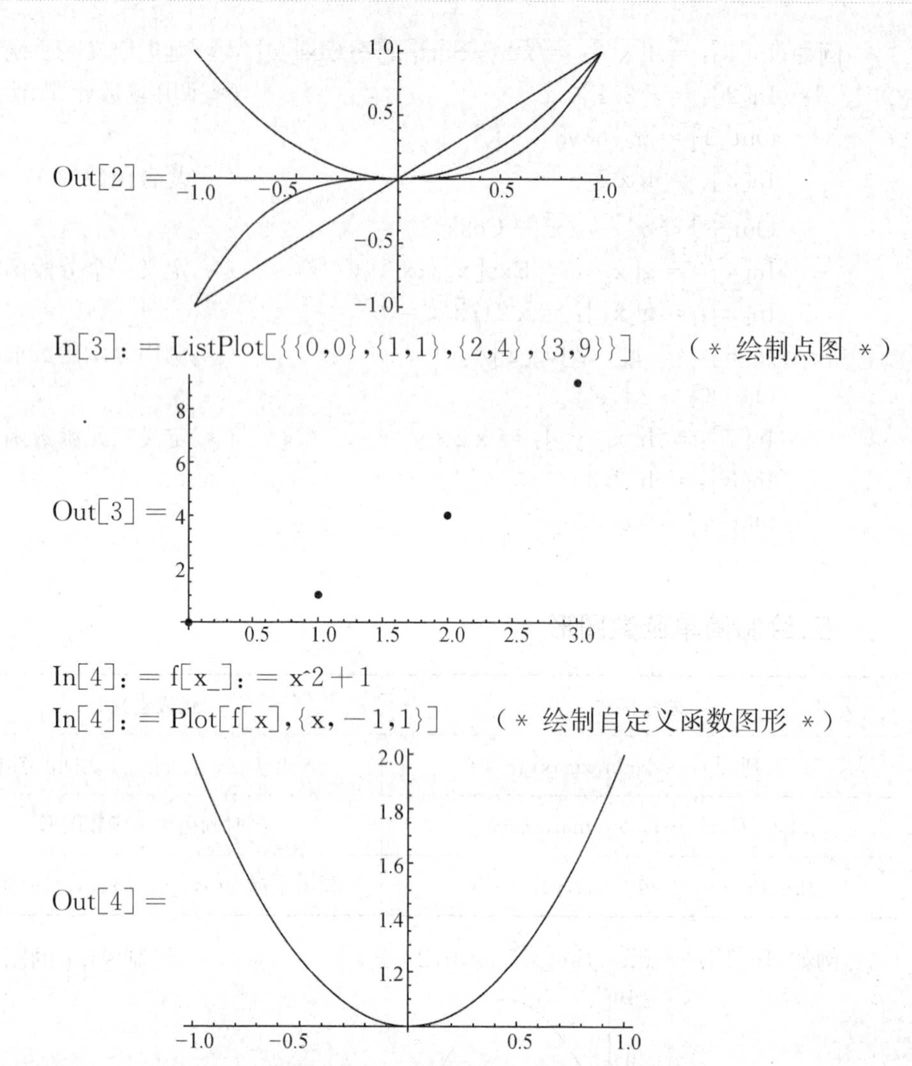

In[3]: = ListPlot[{{0,0},{1,1},{2,4},{3,9}}]　　(* 绘制点图 *)

In[4]: = f[x_]: = x^2+1

In[4]: = Plot[f[x],{x,-1,1}]　　(* 绘制自定义函数图形 *)

注意　Mathematica 软件中命令和内部函数首字母必须大写.

六、函数的极限

命令格式	代表含义
Limit[a[n],n-> Infinity]	求数列 a_n 在 n 趋于 ∞ 时的极限值
Limit[expr,x-> c]	当 x 趋近 c 时,求 expr 的极限
Limit[expr,x-> c,Direction->+1]	当 x 趋近 c 时,求 expr 的左极限
Limit[expr,x-> c,Direction->-1]	当 x 趋近 c 时,求 expr 的右极限

例如,In[1]: = Limit[n^2 * Sin[1/n^2],n -> Infinity]

Out[1] = 1

In[2]: = Limit[Sin[x]/x,x -> Infinity]

Out[2] = 0

In[3]: = Limit[Sin[x]/x,x -> 0]

Out[3] = 1

In[4]: = Limit[Exp[1/x],x -> 0,Direction -> -1]

Out[4] = ∞

In[5]: = Limit[Exp[1/x],x -> 0,Direction -> +1]

Out[5] = 0

注意　如果在操作过程中提示错误,而输入过程正确无误,那么可尝试重新启动Mathematica 系统.

* 习题 1-5

1. 用一条命令给出 $\sin x$ 在 $x=0,\frac{\pi}{6},\frac{\pi}{3},\frac{\pi}{2}$ 处的函数值.

2. 自定义函数 $f(x)$,求 $f(10^{-1}),f(1),f(10)$.

3. 绘制函数 $y=\sin\frac{1}{x}$ 在 -0.1 到 0.1 的图形.

4. 设函数 $f(x)=\begin{cases}x^2+1, & x<0,\\ x, & x\geqslant 0,\end{cases}$ 作出 $f(x)$ 在 -1 到 1 的图形.

5. 若 $f(x)=(x-1)^2,g(x)=\frac{1}{x+1}$,求:

(1) $f(g(x))$;　(2) $g(f(x))$;　(3) $f(x^2)$;　(4) $g(x-1)$.

6. 求下列极限值.

(1) $\lim\limits_{n\to\infty}2^n\sin\frac{x}{2^n}$($x$ 为非零实数);　(2) $\lim\limits_{n\to-\infty}\arctan x$;　(3) $\lim\limits_{n\to+\infty}(1-\frac{1}{x})^{\sqrt{x}}$;

(4) $\lim\limits_{x\to\infty}(\frac{2x+3}{2x+1})^{x+1}$;　(5) $\lim\limits_{x\to1}(\frac{2}{1-x^2}-\frac{1}{1-x})$;

(6) $\lim\limits_{x\to0^-}\frac{\sqrt{1-\cos 2x}}{\tan x}$;　(7) $\lim\limits_{x\to0^-}\frac{|x|}{x}$.

复习题一

一、填空题

1. 设 $f(x)=\begin{cases}\sqrt{1-x^2}, & |x|\leqslant 1,\\ \ln(2-x), & 1<x<2,\end{cases}$ 则其定义域为__________.

2. 设 $f(x)=\frac{ax}{2x+3}$，且 $f[f(x)]=x$，则 $a=$ ______.

3. $\lim\limits_{x\to 0} x\sin\frac{1}{x}=$ ______；$\lim\limits_{x\to\infty} x\sin\frac{1}{x}=$ ______.

4. 设 $\lim\limits_{x\to 0}\frac{f(2x)}{x}=\frac{2}{3}$，则 $\lim\limits_{x\to 0}\frac{x}{f(3x)}=$ ______.

5. 设 $f(x)$ 在 $x=1$ 处连续，且 $\lim\limits_{x\to 1}\frac{f(x)-2}{x-1}=1$，则 $f(1)=$ ______.

二、选择题

1. 已知 $f(\frac{1}{x})=(\frac{x+1}{x})^2$，则 $f(x)=$（　）.

A. $(1+x)^2$　　B. $(1-x)^2$　　C. $\left(\frac{x+1}{x}\right)^2$　　D. $(1+x)$

2. 函数 $y=\lg(x-1)$ 在区间（　）内有界.

A. $(1,+\infty)$　　B. $(2,+\infty)$　　C. $(1,2)$　　D. $(2,3)$

3. 若 $\lim\limits_{x\to\infty}(1-\frac{2}{x})^{kx}=e^3$，则 $k=$（　）.

A. $\frac{3}{2}$　　B. $\frac{2}{3}$　　C. $-\frac{3}{2}$　　D. $-\frac{2}{3}$

4. 对初等函数来说，其连续区间一定是（　）.

A. 开区间　　B. 闭区间　　C. $(-\infty,+\infty)$　　D. 其定义区间

5. $x=-1$ 是函数 $f(x)=\frac{x^2-1}{x+1}$ 的（　）间断点.

A. 跳跃　　B. 可去　　C. 无穷　　D. 震荡

三、综合题

1. 设 $f(x)=\begin{cases} x^2, & x<0, \\ x+1, & x\geqslant 0, \end{cases}$ 求：

(1) 写出 $f(x)$ 的定义域；(2) 作出函数 $f(x)$ 的图形；

(3) $\lim\limits_{x\to 0^-}f(x)$，$\lim\limits_{x\to 0^+}f(x)$，$\lim\limits_{x\to 0}f(x)$ 及 $\lim\limits_{x\to 1}f(x)$；

(4) 讨论函数在 $x=0$ 处的连续性，若间断，指出间断点的类型.

2. 观察下列各题，哪些是无穷小？哪些是无穷大？

(1) $\ln x\,(x\to 0^+)$；　　(2) $\frac{1+2x}{x^2}\,(x\to\infty)$；

(3) $e^{-x}\,(x\to+\infty)$；　　(4) $3^{\frac{1}{x}}\,(x\to 0^+)$.

3. 求下列极限.

(1) $\lim\limits_{x\to\infty}\frac{2}{x}\arctan x$；(2) $\lim\limits_{n\to\infty}\frac{2^{n+1}+3^{n+1}}{2^n+3^n}$；(3) $\lim\limits_{x\to 1}\frac{\sqrt{x+2}-\sqrt{3}}{x-1}$；

(4) $\lim\limits_{x\to\infty} x\tan\frac{1}{x}$；(5) $\lim\limits_{x\to\frac{\pi}{2}}(1+\cos x)^{2\sec x}$；(6) $\lim\limits_{x\to 0}\frac{\sqrt{1-x^2}-1}{1-\cos x}$，

(7) $\lim\limits_{x\to\pi}\dfrac{\sin x}{\pi^2-x^2}$；　(8) $\lim\limits_{x\to 0}\dfrac{\ln(1+2x)}{3x}$.

4. 已知 a,b 为常数，$\lim\limits_{x\to\infty}\dfrac{ax^2+bx+5}{x+2}=5$，求 a,b 的值.

5. 求出下列函数的间断点，并指出其类型.

(1) $y=\dfrac{x^2-1}{x^2-3x+2}$；　(2) $y=\begin{cases}e^x, & x<0,\\ 1, & x=0,\\ x, & x<0;\end{cases}$　(3) $y=\cos\dfrac{1}{x^2}$.

6. 证明：方程 $x-2\sin x=1$ 至少有一个小于 3 的正根.

第二章　导数与微分

导数与微分是微分学的基本概念，是高等数学的重要组成部分. 导数反映了函数相对于自变量的变化快慢程度；而微分则是描述当自变量有微小变化时，函数改变量的近似值. 导数与微分密切相关，在实际问题中具有广泛的应用. 本章除了阐明一元函数的导数与微分、多元函数的偏导数与全微分的概念之外，还建立了一整套的微分法则和公式，从而系统地解决一元初等函数及多元初等函数的求导问题，并介绍其应用.

第一节　导数的概念

一、问题的提出

导数概念同数学中其他概念一样，也是客观世界事物运动规律在数量关系上的抽象. 导数的概念主要是由两个实际问题引出的，一个是物体变速直线运动的瞬时速度；一个是曲线切线的斜率，这两个问题有着重要的意义.

1. 变速直线运动的瞬时速度

设一质点做变速直线运动，其位移函数是

$$s = s(t),$$

其中 t 是时间，s 是位移，讨论它在时刻 t_0 的瞬时速度 $v(t_0)$.

当时间由 t_0 改变到 $t_0 + \Delta t$（Δt 是时间的改变量）时，相应的函数改变量为

$$\Delta s = s(t_0 + \Delta t) - s(t_0).$$

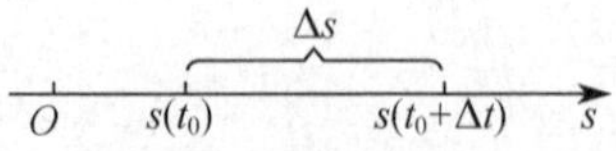

Δs 是质点在 Δt 时间内运动的距离（见图 2-1）. 于是，从时刻 t_0 到 $t_0 + \Delta t$ 这一段时间内质点运动的平均速度 $\bar{v}$ 为

Δs

O　$s(t_0)$　$s(t_0+\Delta t)$　s

图 2-1

$$\bar{v} = \frac{\Delta s}{\Delta t} = \frac{s(t_0 + \Delta t) - s(t_0)}{\Delta t}.$$

当 $|\Delta t|$ 很小时，可以用 $\bar{v}$ 近似地表示质点在 t_0 时刻的瞬时速度. 显然，$|\Delta t|$ 越小，近似程度越好. 当 $\Delta t \to 0$ 时，如果极限 $\lim\limits_{\Delta t \to 0} \frac{\Delta s}{\Delta t}$ 存在，则称该极限为质点在 t_0 时刻

的瞬时速度，即

$$v(t_0)=\lim_{\Delta t\to 0}\bar{v}=\lim_{\Delta t\to 0}\frac{\Delta s}{\Delta t}=\lim_{\Delta t\to 0}\frac{s(t_0+\Delta t)-s(t_0)}{\Delta t}.$$

2. 平面曲线的切线及其斜率

在平面几何中，圆的切线被定义为“与圆只交于一点的直线”，而对一般曲线来说，这个定义显然不适用. 例如，对抛物线 $y=x^2$，在原点 O 处两个坐标轴都符合上述定义，但实际上只有 x 轴是该抛物线在原点 O 处的切线. 下面给出切线的一般定义.

定义 2.1　设点 M 是曲线 L 上的一个定点. 点 N 是曲线 L 上的一个动点，当点 N 沿曲线 L 趋向于点 M 时，如果割线 MN 的极限位置 MT 存在，则称直线 MT 为曲线 L 在点 M 处的切线（见图 2-2).

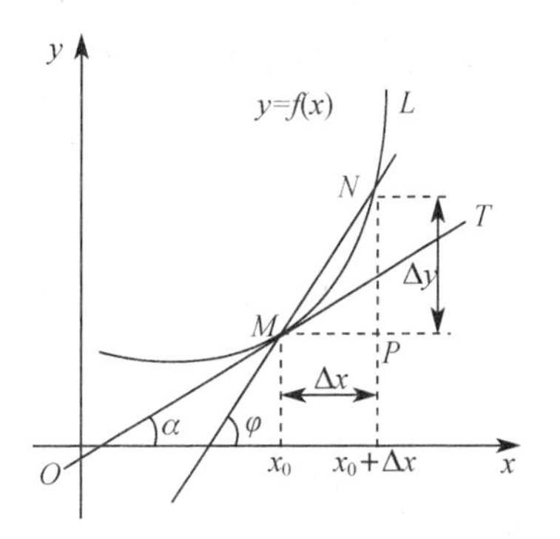

图 2-2

下面来求切线 MT 的斜率.

设曲线 L 的方程为 $y=f(x)$，点 M 和 N 的横坐标分别为 x_0 和 $x_0+\Delta x$，则割线 MN 的斜率为

$$\tan\varphi=\frac{\Delta y}{\Delta x}=\frac{f(x_0+\Delta x)-f(x_0)}{\Delta x},$$

其中 φ 是割线 MN 的倾角. 如果当点 N 沿曲线 L 趋于点 M 时，割线 MN 的极限位置存在，即点 M 处的切线存在. 此时 $\Delta x\to 0,\varphi\to\alpha$，割线 MN 的斜率 $\tan\varphi$ 趋向于切线 MT 的斜率 $\tan\alpha$，即

$$k_{\text{切}}=\tan\alpha=\lim_{\Delta x\to 0}\tan\varphi=\lim_{\Delta x\to 0}\frac{\Delta y}{\Delta x}=\lim_{\Delta x\to 0}\frac{f(x_0+\Delta x)-f(x_0)}{\Delta x}.$$

二、导数的概念

上述两个问题，一个是物理问题，一个是几何问题，它们的实际意义完全不同，但从数量关系来分析却是相同的，都是研究函数增量与自变量增量比值的极限问题. 在自然科学和工程技术领域中许多有关变化率的问题，如非恒稳的电流强度、化学反应速度等都可归结为这类极限. 因此把它们抽象成导数的概念.

1. 导数的定义

微课
导数的定义

定义 2.2　设函数 $y=f(x)$ 在点 x_0 的某邻域内有定义，当自变量 x 在 x_0 处有增量 $\Delta x(\Delta x\neq 0,x_0+\Delta x$ 仍在该邻域内）时，相应地函数有增量 $\Delta y=f(x_0+\Delta x)-f(x_0)$. 如果极限 $\lim\limits_{\Delta x\to 0}\dfrac{\Delta y}{\Delta x}$ 存在，则称函数 $y=f(x)$ 在点 x_0 处**可导**，并称此极限值为函数 $y=f(x)$ 在点 x_0 处的**导数**，记为

$$f'(x_0),y'\Big|_{x=x_0},\frac{\mathrm{d}y}{\mathrm{d}x}\Big|_{x=x_0}\text{或}\frac{\mathrm{d}f(x)}{\mathrm{d}x}\Big|_{x=x_0},$$

即

$$f'(x_0)=\lim_{\Delta x\to 0}\frac{\Delta y}{\Delta x}=\lim_{\Delta x\to 0}\frac{f(x_0+\Delta x)-f(x_0)}{\Delta x}. \tag{2.1}$$

如果上述极限不存在,则称函数 $y=f(x)$ 在点 x_0 处不可导.

根据导数的定义,变速直线运动的质点在 t_0 时刻的瞬时速度 $v(t_0)$ 为路程函数 $s=s(t)$ 在点 t_0 处的导数,即 $v(t_0)=s'(t_0)$;曲线 L 在点 $M(x_0,y_0)$ 处的切线斜率就是曲线方程 $y=f(x)$ 在点 x_0 处的导数,即 $k_{切}=\tan\alpha=f'(x_0)$.

为了方便起见,导数的定义式还可以写成以下两种形式:令 $\Delta x=h$,则(2.1)式变成

$$f'(x_0)=\lim_{h\to 0}\frac{f(x_0+h)-f(x_0)}{h};$$

若令 $x_0+\Delta x=x$,当 $\Delta x\to 0$ 时,有 $x\to x_0$,则(2.1)式变成

$$f'(x_0)=\lim_{x\to x_0}\frac{f(x)-f(x_0)}{x-x_0}.$$

2. 单侧导数

利用单侧极限给出函数在一点处的单侧导数的定义.

定义 2.3 如果极限

$$\lim_{\Delta x\to 0^-}\frac{\Delta y}{\Delta x}=\lim_{\Delta x\to 0^-}\frac{f(x_0+\Delta x)-f(x_0)}{\Delta x}$$

与

$$\lim_{\Delta x\to 0^+}\frac{\Delta y}{\Delta x}=\lim_{\Delta x\to 0^+}\frac{f(x_0+\Delta x)-f(x_0)}{\Delta x}$$

存在,则称它们分别为函数 $y=f(x)$ 在点 x_0 处的**左导数**和**右导数**,分别记做 $f'_-(x_0)$ 和 $f'_+(x_0)$.

显然,函数 $y=f(x)$ 在点 x_0 处可导的充分必要条件是 $y=f(x)$ 在点 x_0 处的左导数和右导数都存在且相等,即 $f'_-(x_0)=f'_+(x_0)$.

定义 2.4 若函数 $y=f(x)$ 在区间 (a,b) 内每一点处都可导,则称函数 $y=f(x)$ 在区间 (a,b) 内可导.若函数 $y=f(x)$ 在区间 (a,b) 内可导,并且在区间的左、右端点处 $f'_+(a)$ 与 $f'_-(b)$ 都存在,则称函数 $y=f(x)$ 在闭区间 $[a,b]$ 上可导.若函数 $y=f(x)$ 在某区间内可导,则对于该区间内的每一个 x,都有唯一确定的导数值 $f'(x)$ 与之对应,这样就确定了一个新的函数,称之为函数 $y=f(x)$ 的**导函数**,简称导数,记做 $f'(x),y',\frac{\mathrm{d}y}{\mathrm{d}x}$ 或 $\frac{\mathrm{d}f(x)}{\mathrm{d}x}$.

由导数的定义，若 $y=f(x)$ 在某区间 I 上可导，则 $y=f(x)$ 在 I 上的导函数为

$$f'(x)=\lim_{\Delta x\to 0}\frac{f(x+\Delta x)-f(x)}{\Delta x}\text{ 或 }f'(x)=\lim_{h\to 0}\frac{f(x+h)-f(x)}{h}.$$

显然，函数 $y=f(x)$ 在点 x_0 处的导数 $f'(x_0)$ 就是导函数 $f'(x)$ 在点 x_0 处的函数值，即

$$f'(x_0)=f'(x)\big|_{x=x_0}.$$

三、求导举例

由导数的定义可知，求函数 $y=f(x)$ 的导数可分为以下三个步骤：

(1) 求增量：$\Delta y=f(x+\Delta x)-f(x)$；

(2) 算比值：$\dfrac{\Delta y}{\Delta x}=\dfrac{f(x+\Delta x)-f(x)}{\Delta x}$；

(3) 取极限：$y'=\lim\limits_{\Delta x\to 0}\dfrac{\Delta y}{\Delta x}=\lim\limits_{\Delta x\to 0}\dfrac{f(x+\Delta x)-f(x)}{\Delta x}$.

运算熟练后不必细分步骤. 下面利用导数的定义求一些简单函数的导数.

例 1　求线性函数 $y=bx+c$(b,c 为常数) 的导数.

解　$y'=\lim\limits_{h\to 0}\dfrac{f(x+h)-f(x)}{h}=\lim\limits_{h\to 0}\dfrac{[b(x+h)+c]-(bx+c)}{h}=\lim\limits_{h\to 0}\dfrac{bh}{h}=b$,

即

$$(bx+c)'=b.$$

特别地，当 $b=0$ 时，得 $(c)'=0$，即常数的导数为零.

例 2　求幂函数 $y=x^n$(n 为正整数) 的导数.

解

$$y'=\lim_{h\to 0}\frac{f(x+h)-f(x)}{h}=\lim_{h\to 0}\frac{(x+h)^n-x^n}{h}$$

$$=\lim_{h\to 0}\left[nx^{n-1}+\frac{n(n-1)}{2!}x^{n-2}h+\cdots+h^{n-1}\right]=nx^{n-1},$$

即

$$(x^n)'=nx^{n-1}(n\text{ 为正整数}).$$

一般地，对任何幂函数 $y=x^\mu(\mu\in\mathbf{R})$，都有 $(x^\mu)'=\mu x^{\mu-1}(\mu\in\mathbf{R})$. 利用这个公式，得

$$(\sqrt{x})'=(x^{\frac{1}{2}})'=\frac{1}{2}x^{\frac{1}{2}-1}=\frac{1}{2}x^{-\frac{1}{2}}=\frac{1}{2\sqrt{x}},$$

$$\left(\frac{1}{x}\right)'=(x^{-1})'=(-1)x^{-1-1}=-\frac{1}{x^2}.$$

例 3　求函数 $y=\sin x$ 的导数.

解

$$y'=\lim_{h\to 0}\frac{f(x+h)-f(x)}{h}=\lim_{h\to 0}\frac{\sin(x+h)-\sin x}{h}$$

$$= \lim_{h\to 0}\frac{2\cos\left(x+\frac{h}{2}\right)\sin\frac{h}{2}}{h} = \lim_{h\to 0}\left[\cos\left(x+\frac{h}{2}\right)\cdot\frac{\sin\frac{h}{2}}{\frac{h}{2}}\right]$$

$$= \lim_{h\to 0}\cos\left(x+\frac{h}{2}\right)\cdot\lim_{h\to 0}\frac{\sin\frac{h}{2}}{\frac{h}{2}} = \cos x.$$

即
$$(\sin x)' = \cos x.$$

同理可得
$$(\cos x)' = -\sin x.$$

例 4 求对数函数 $y=\log_a x\,(a>0, a\neq 1)$ 的导数.

解 $y' = \lim\limits_{h\to 0}\dfrac{f(x+h)-f(x)}{h} = \lim\limits_{h\to 0}\dfrac{\log_a(x+h)-\log_a x}{h} = \lim\limits_{h\to 0}\dfrac{\log_a\frac{x+h}{x}}{h}$

$$= \lim_{h\to 0}\frac{1}{h}\log_a\left(1+\frac{h}{x}\right) = \log_a \lim_{h\to 0}\left(1+\frac{h}{x}\right)^{\frac{1}{h}} = \log_a e^{\frac{1}{x}} = \frac{1}{x\ln a}.$$

即
$$(\log_a x)' = \frac{1}{x\ln a}.$$

特别地,当 $a=\mathrm{e}$ 时,得
$$(\ln x)' = \frac{1}{x}.$$

例 5 求指数函数 $y=a^x\,(a>0, a\neq 1)$ 的导数.

解 $y' = \lim\limits_{h\to 0}\dfrac{f(x+h)-f(x)}{h} = \lim\limits_{h\to 0}\dfrac{a^{x+h}-a^x}{h} = a^x\lim\limits_{h\to 0}\dfrac{a^h-1}{h} = a^x\lim\limits_{h\to 0}\dfrac{\mathrm{e}^{h\ln a}-1}{h}$

$$= a^x\lim_{h\to 0}\frac{h\ln a}{h} = a^x\ln a\,(\text{因为当 } h\to 0 \text{ 时}, \mathrm{e}^{h\ln a}-1\sim h\ln a),$$

即
$$(a^x)' = a^x\ln a\,(a>0, a\neq 1).$$

特别地,当 $a=\mathrm{e}$ 时,得
$$(\mathrm{e}^x)' = \mathrm{e}^x.$$

以上几个例子给出了几类基本初等函数的导数公式,应熟记.

四、导数的几何意义

由前面的讨论可知,函数 $y=f(x)$ 在点 x_0 处的导数 $f'(x_0)$ 在几何上表示曲线 $y=f(x)$ 在点 $M(x_0,y_0)$ 处的切线的斜率,即 $f'(x_0)=\tan\alpha=k_{\text{切}}$(其中 α 为切线的倾角).若 $f'(x_0)=\infty$,则曲线 $y=f(x)$ 在点 $M(x_0,y_0)$ 处具有垂直于 x 轴的切线 $x=x_0$;若 $f'(x_0)$ 不存在且不为无穷大,则曲线在点 $M(x_0,y_0)$ 处没有切线.

根据导数的几何意义及直线的点斜式方程可知,若函数 $y=f(x)$ 在点 x_0 处的导数存在,则曲线 $y=f(x)$ 在点 $M(x_0,y_0)$ 处的切线方程为

$$y-y_0=f'(x_0)(x-x_0).$$

过切点$M(x_0,y_0)$且与切线垂直的直线称为曲线$y=f(x)$在点$M(x_0,y_0)$处的**法线**. 若$f'(x_0)\neq 0$,则过点$M(x_0,y_0)$的法线方程为

$$y-y_0=-\frac{1}{f'(x_0)}(x-x_0).$$

例 6　求抛物线$y=x^2$在点$(2,4)$处的切线方程和法线方程.

解　由导数的几何意义知,抛物线$y=x^2$在点$(2,4)$处的切线斜率为

$$k_{切}=y'|_{x=2}=2x|_{x=2}=2\times 2=4,$$

所求的切线方程为

$$y-4=4(x-2),\text{即 } y=4x-4,$$

法线方程为

$$y-4=-\frac{1}{4}(x-2),\text{即 } y=-\frac{1}{4}x+\frac{9}{2}.$$

五、可导与连续的关系

定理 2.1　如果函数$y=f(x)$在点x_0处可导,则函数$f(x)$一定在点x_0处连续.

注意　定理 2.1 的逆定理不成立,即在x_0处连续的函数未必在x_0处可导.

例 7　考察函数$y=|x|$在$x=0$处的连续性与可导性.

解　因为$\Delta y=f(0+\Delta x)-f(0)=|0+\Delta x|-|0|=|\Delta x|$,所以

$$\lim_{\Delta x\to 0}\Delta y=\lim_{\Delta x\to 0}|\Delta x|=0,$$

即$y=|x|$在$x=0$处连续,而

$$f'_+(0)=\lim_{\Delta x\to 0^+}\frac{\Delta y}{\Delta x}=\lim_{\Delta x\to 0^+}\frac{|\Delta x|}{\Delta x}=\lim_{\Delta x\to 0^+}\frac{\Delta x}{\Delta x}=1,$$

$$f'_-(0)=\lim_{\Delta x\to 0^-}\frac{\Delta y}{\Delta x}=\lim_{\Delta x\to 0^-}\frac{|\Delta x|}{\Delta x}=\lim_{\Delta x\to 0^-}\frac{-\Delta x}{\Delta x}=-1.$$

即$f'_+(0)\neq f'_-(0)$,所以函数$y=|x|$在$x=0$处不可导.

习题 2-1

1. 用导数定义求$y=\sqrt{x}$在$x=4$处的导数.

2. 设$f'(x_0)$或$f'(0)$存在,按照导数定义观察下列极限,指出A各表示什么?

(1) $\lim\limits_{\Delta x\to 0}\dfrac{f(x_0+\Delta x)-f(x_0)}{\Delta x}=A$;　(2) $\lim\limits_{x\to 0}\dfrac{f(x)}{x}=A$,其中$f(0)=0$;

(3) $\lim\limits_{h\to 0}\dfrac{f(x_0+h)-f(x_0-h)}{h}=A$;　(4) $\lim\limits_{h\to 0}\dfrac{f(x_0)-f(x_0-h)}{h}=A$.

3. 一质点作直线运动,其运动方程为$s=3t^2+1$,求$t=2$时的瞬时速度.

4. 问曲线 $y=x^{\frac{3}{2}}$ 上哪一点的切线与直线 $y=3x-1$ 平行?

5. 试确定常数 a,b 的值,使函数 $f(x)=\begin{cases}x^2, & x\leqslant 1,\\ ax+b, & x>1\end{cases}$ 在 $x=1$ 处连续且可导.

6. 已知 $f(x)=\begin{cases}x^2, & x\geqslant 0,\\ -x, & x<0,\end{cases}$ 求 $f'_+(0),f'_-(0)$,问 $f'(0)$ 是否存在?

第二节　函数的求导法则

在上一节里,根据导数的定义求出了一些简单函数的导数. 但是对于某些函数来说,直接用定义去求它们的导数往往很困难,有时甚至求不出. 本节将根据导数的定义和极限运算法则推出求导数运算的几个基本法则和导数的基本公式,借助这些法则和公式,就能比较方便地求出初等函数的导数.

一、函数的和、差、积、商的求导法则

定理 2.2　设函数 $u=u(x)$ 与 $v=v(x)$ 在点 x 处可导,则它们的和、差、积、商(分母不为零)都在点 x 处可导,且有如下求导法则:

(1) $(u\pm v)'=u'\pm v'$;

(2) $(uv)'=u'v+uv'$;

(3) $\left(\dfrac{u}{v}\right)'=\dfrac{u'v-uv'}{v^2}\,(v\neq 0)$.

推论 1　法则(1)与(2)可推广到有限多个可导函数的情形.

推论 2　$(kf(x))'=kf'(x)$(k 为常数).

推论 3　$\left(\dfrac{k}{f(x)}\right)'=-k\dfrac{f'(x)}{f^2(x)}$($k$ 为常数).

例 1　已知 $f(x)=\log_a\sqrt{x}+\sqrt{x}\cos x-3e^x+\sin\dfrac{\pi}{3}$,求 $f'(x)$.

解

$$\begin{aligned}f'(x)&=(\log_a\sqrt{x})'+(\sqrt{x}\cos x)'-(3e^x)'+\left(\sin\frac{\pi}{3}\right)'\\&=\left(\frac{1}{2}\log_a x\right)'+(\sqrt{x})'\cdot\cos x+\sqrt{x}\cdot(\cos x)'-3(e^x)'+0\\&=\frac{1}{2}\cdot\frac{1}{x\ln a}+\frac{1}{2}\cdot\frac{1}{\sqrt{x}}\cdot\cos x+\sqrt{x}\cdot(-\sin x)-3e^x\\&=\frac{1}{2x\ln a}+\frac{\cos x}{2\sqrt{x}}-\sqrt{x}\sin x-3e^x.\end{aligned}$$

例 2　求 $y=\tan x$ 的导数.

解　$y'=(\tan x)'=\left(\dfrac{\sin x}{\cos x}\right)'=\dfrac{(\sin x)'\cos x-\sin x(\cos x)'}{\cos^2 x}$

$$=\frac{\cos^2 x+\sin^2 x}{\cos^2 x}=\frac{1}{\cos^2 x}=\sec^2 x,$$

即
$$(\tan x)'=\sec^2 x.$$

同理可得
$$(\cot x)'=-\csc^2 x.$$

例 3　求 $y=\sec x$ 的导数.

解　$y'=(\sec x)'=\left(\dfrac{1}{\cos x}\right)'=-\dfrac{(\cos x)'}{\cos^2 x}=\dfrac{\sin x}{\cos^2 x}=\sec x\tan x,$

即
$$(\sec x)'=\sec x\tan x.$$

同理可得
$$(\csc x)'=-\csc x\cot x.$$

为了便于查阅,在所涉及的函数均可导的前提下,将前面已学过的导数公式归纳如下:

(1) $(C)'=0$（C 为常数）;　　(2) $(x^{\mu})'=\mu x^{\mu-1}(\mu\in\mathbf{R})$;

(3) $(\log_a x)'=\dfrac{1}{x\ln a}$;　　(4) $(\ln x)'=\dfrac{1}{x}$;

(5) $(a^x)'=a^x\ln a(a>0,a\neq 1)$;　　(6) $(\mathrm{e}^x)'=\mathrm{e}^x$;

(7) $(\sin x)'=\cos x$;　　(8) $(\cos x)'=-\sin x$;

(9) $(\tan x)'=\dfrac{1}{\cos^2 x}=\sec^2 x$;　　(10) $(\cot x)'=-\dfrac{1}{\sin^2 x}=-\csc^2 x$;

(11) $(\sec x)'=\sec x\tan x$;　　(12) $(\csc x)'=-\csc x\cot x$;

(13) $(\arcsin x)'=\dfrac{1}{\sqrt{1-x^2}}$;　　(14) $(\arccos x)'=-\dfrac{1}{\sqrt{1-x^2}}$;

(15) $(\arctan x)'=\dfrac{1}{1+x^2}$;　　(16) $(\text{arccot}\, x)'=-\dfrac{1}{1+x^2}$.

二、复合函数的求导法则

在实际问题中遇到的函数多是由几个基本初等函数复合而成的复合函数.因此复合函数的求导法则是求导运算中经常应用的一个重要法则.关于复合函数的求导有下面的定理.

微课

复合函数的求导法则

定理 2.3（链锁法则）　若函数 $u=\varphi(x)$ 在点 x 处可导,函数 $y=f(u)$ 在点 $u=\varphi(x)$ 处可导,则复合函数 $y=f[\varphi(x)]$ 在 x 处可导,且有

$$\frac{\mathrm{d}y}{\mathrm{d}x}=\frac{\mathrm{d}y}{\mathrm{d}u}\cdot\frac{\mathrm{d}u}{\mathrm{d}x}\text{ 或 }\{f[\varphi(x)]\}'=f'(u)\cdot\varphi'(x).$$

显然,复合函数求导法可以推广到含有多个中间变量的情形. 例如,设 $y = f(u)$,$u = \varphi(v)$,$v = \psi(x)$ 都可导,则有

$$\frac{\mathrm{d}y}{\mathrm{d}x} = \frac{\mathrm{d}y}{\mathrm{d}u} \cdot \frac{\mathrm{d}u}{\mathrm{d}v} \cdot \frac{\mathrm{d}v}{\mathrm{d}x} \text{或} y' = f'(u) \cdot \varphi'(v) \cdot \psi'(x).$$

例 4 求 $y = \sin\sqrt{x}$ 的导数.

解 函数 $y = \sin\sqrt{x}$ 由函数 $y = \sin u$ 与 $u = \sqrt{x}$ 复合而成,根据复合函数的求导法则,得 $y' = (\sin u)'(\sqrt{x})' = \cos u \cdot \dfrac{1}{2\sqrt{x}} = \dfrac{\cos\sqrt{x}}{2\sqrt{x}}$.

对复合函数的分解与复合函数的求导法则比较熟练后,就可以不用写中间变量,只要认清函数的复合层次并默记在心,然后由外向内逐层求导就可以了,关键是必须清楚每一步对哪个变量求导.

复合函数求导法则对某些实际问题也有直接的应用,现举例说明如下.

例 5 如果将空气以 100 cm^3/s 的常速注入球状的气球,假定气体的压力不变,那么,当半径为 10 cm 时,气球半径增加的速度是多少?

解 设在 t 时刻气球的体积与半径分别为 V 和 r,显然

$$V = \frac{4}{3}\pi r^3, r = r(t),$$

所以 V 通过中间变量 r 与时间 t 发生联系,是一个复合函数

$$V = \frac{4}{3}\pi[r(t)]^3.$$

由题意知,$\dfrac{\mathrm{d}V}{\mathrm{d}t} = 100\ \mathrm{cm}^3/\mathrm{s}$,要求 $\left.\dfrac{\mathrm{d}r}{\mathrm{d}t}\right|_{r=10\ \mathrm{cm}}$ 的值. 根据复合函数求导法则,得

$$\frac{\mathrm{d}V}{\mathrm{d}t} = \frac{4}{3}\pi \times 3[r(t)]^2 \cdot \frac{\mathrm{d}r}{\mathrm{d}t} = 4\pi[r(t)]^2 \cdot \frac{\mathrm{d}r}{\mathrm{d}t},$$

将已知数据代入上式,得

$$100 = 4\pi \times 10^2 \times \frac{\mathrm{d}r}{\mathrm{d}t},$$

所以 $\dfrac{\mathrm{d}r}{\mathrm{d}t} = \dfrac{1}{4\pi}$ cm/s,即在 $r = 10$ cm 这一瞬间,半径以 $\dfrac{1}{4\pi}$ cm/s 的速度增加.

三、反函数的求导法则

定理 2.4 若函数 $x = \varphi(y)$ 在区间 I_y 内单调可导,且 $\varphi'(y) \neq 0$,则它的反函数 $y = f(x)$ 在区间 $I_x = \{x \mid x \in \varphi(y), y \in I_y\}$ 内也可导,且有

$$f'(x) = \frac{1}{\varphi'(y)} \text{或} \frac{\mathrm{d}y}{\mathrm{d}x} = \frac{1}{\dfrac{\mathrm{d}x}{\mathrm{d}y}}.$$

例 6 求 $y=\arcsin x$ 的导数.

解 因为 $y=\arcsin x$ 是 $x=\sin y$ 的反函数，$x=\sin y$ 在区间$(-\frac{\pi}{2},\frac{\pi}{2})$内单调、可导，且$\frac{dx}{dy}=\cos y\neq 0$，所以

$$y'=\frac{1}{\frac{dx}{dy}}=\frac{1}{\cos y}=\frac{1}{\sqrt{1-\sin^2 y}}=\frac{1}{\sqrt{1-x^2}},$$

即
$$(\arcsin x)'=\frac{1}{\sqrt{1-x^2}}.$$

同理可得
$$(\arccos x)'=-\frac{1}{\sqrt{1-x^2}}.$$

例 7 求 $y=\arctan x$ 的导数.

解 因为 $y=\arctan x$ 是 $x=\tan y$ 的反函数，$x=\tan y$ 在区间$(-\frac{\pi}{2},\frac{\pi}{2})$内单调、可导，且$\frac{dx}{dy}=\sec^2 y\neq 0$，所以

$$y'=\frac{1}{\frac{dx}{dy}}=\frac{1}{\sec^2 y}=\frac{1}{1+\tan^2 y}=\frac{1}{1+x^2},$$

即
$$(\arctan x)'=\frac{1}{1+x^2}.$$

同理可得
$$(\text{arccot}\, x)'=-\frac{1}{1+x^2}.$$

例 8 设 $y=e^{\arctan\sqrt{x}}$，求 y'.

解 $y'=e^{\arctan\sqrt{x}}\cdot\frac{1}{1+(\sqrt{x})^2}\cdot\frac{1}{2\sqrt{x}}=\frac{e^{\arctan\sqrt{x}}}{2\sqrt{x}(1+x)}.$

四、高阶导数

已知变速直线运动的速度 $v(t)$ 是位移函数 $s(t)$ 对时间 t 的导数，即 $v=\frac{ds}{dt}$，而加速度 a 又是速度函数 $v(t)$ 对时间 t 的变化率，即速度函数 $v(t)$ 对时间 t 的导数，因此

$$a=\frac{dv}{dt}=\frac{d}{dt}(\frac{ds}{dt})\text{ 或 }a=v'(t)=[s'(t)]'.$$

这种导数的导数$\frac{d}{dt}(\frac{ds}{dt})$或$[s'(t)]'$叫做 s 对 t 的二阶导数，记做$\frac{d^2 s}{dt^2}$或 $s''(t)$. 故变速直线运动的加速度就是位移函数 s 对时间 t 的二阶导数.

定义 2.5 若函数 $y=f(x)$ 的导数 $y'=f'(x)$ 仍是 x 的可导函数，则称 $f'(x)$ 的导数为 $f(x)$ 的**二阶导数**，记做 y''，$f''(x)$，$\frac{d^2y}{dx^2}$ 或 $\frac{d^2f}{dx^2}$.

类似地，二阶导数的导数叫做**三阶导数**，记做 y''' 或 $\frac{d^3y}{dx^3}$；三阶导数的导数叫做**四阶导数**，记做 $y^{(4)}$ 或 $\frac{d^4y}{dx^4}$. 一般地，$n-1$ 阶导数的导数叫做 $f(x)$ 的 n **阶导数**，记做 $y^{(n)}$ 或 $\frac{d^ny}{dx^n}$.

二阶或二阶以上的导数统称为**高阶导数**. 相应地，函数 $y=f(x)$ 的导数 $f'(x)$ 叫做函数 $f(x)$ 的一阶导数. 显然，求高阶导数就是多次连续求导.

例 9 求指数函数 $y=a^x$ 的 n 阶导数.

解 $y'=a^x\ln a$，$y''=a^x\ln^2 a$，$y'''=a^x\ln^3 a$，依此类推 $y^{(n)}=a^x\ln^n a$，即

$$(a^x)^{(n)}=a^x\ln^n a.$$

特别地

$$(e^x)^{(n)}=e^x.$$

例 10 设 $y=\sin x$，求 $y^{(n)}$.

解 $y'=\cos x=\sin(x+\frac{\pi}{2})$，

$y''=\cos(x+\frac{\pi}{2})=\sin(x+\frac{\pi}{2}+\frac{\pi}{2})=\sin(x+2\cdot\frac{\pi}{2})$，

$y'''=\cos(x+2\cdot\frac{\pi}{2})=\sin(x+3\cdot\frac{\pi}{2})$，

…

$y^{(n)}=\sin(x+n\cdot\frac{\pi}{2})(n\in\mathbf{Z}^*)$.

同理可得

$$(\cos x)^{(n)}=\cos(x+n\cdot\frac{\pi}{2})(n\in\mathbf{Z}^*).$$

习题 2-2

1. 求下列各函数的导数.

(1) $y=\frac{x^5+\sqrt{x}+1}{x^3}+\cos\frac{\pi}{3}$；　　(2) $y=\sqrt{x\sqrt{x\sqrt{x}}}$；

(3) $y=x^2\sin x$；　　(4) $y=\frac{1}{x+\cos x}$；

(5) $y=x\sin x\ln x$，　　(6) $y=\frac{1-\ln x}{1+\ln x}$.

2. 求下列各函数在指定点处的导数值.

(1) $f(x)=6a^x-3\tan x+5(a>0)$,求 $y'|_{x=0}$;

(2) $f(t)=\dfrac{t-\sin t}{t+\sin t}$,求 $f'(\dfrac{\pi}{2})$.

3. 求曲线 $y=2x^3+3x^2-12x+1$ 上具有水平切线的点.

4. 求下列函数的导数.

(1) $y=(x^3-x)^6$;　　(2) $y=\cos\sqrt{x}$;

(3) $y=\arcsin(1-x)$;　　(4) $y=\ln(x^2+\cos x)$;

(5) $y=\ln[\ln(\ln x)]$;　　(6) $y=e^{\alpha x}\sin(\omega x+\beta)(\alpha,\beta,\omega\in\mathbf{R})$;

(7) $y=e^{\sin^2\frac{1}{x}}$;　　(8) $y=\sqrt{x+\sqrt{x+\sqrt{x}}}$.

5. 求下列函数的导数(f,g 是可导函数).

(1) $y=f(x^2)$;　　(2) $y=\sqrt{f^2(x)+g^2(x)}$;

(3) $y=f(\sin^2 x)+f(\cos^2 x)$;　　(4) $y=f(e^x)e^{g(x)}$.

6. 求下列函数指定阶的导数.

(1) $f(x)=e^x\cos x$,求 $f^{(4)}(x)$;　　(2) $f(x)=\ln\sin x$,求 $y''(x)$;

(3) $f(x)=xe^x$,求 $f^{(n)}(x)$;　　(4) $f(x)=\ln(1+x)$,求 $y^{(n)}$.

第三节　三种特殊的求导方法

上一节给出了一般的求导公式和求导法则,但一些特殊形式的函数,或者不能直接套用,或者直接利用公式和法则会很烦琐. 因此,本节就几类特殊形式的函数,讨论其相应的求导方法.

一、隐函数的求导法则

前面遇到的函数都是 $y=f(x)$ 的形式,这样的函数叫做显函数. 但在实际问题中,还会遇到用方程表示函数关系的情形,如 $e^{x+y}-xy=0$,这样的函数称为隐函数.

定义 2.6　若在二元方程 $F(x,y)=0$ 中,当 x 取某区间的任一值时,总有满足方程的唯一确定的 y 存在,则称二元方程 $F(x,y)=0$ 在该区间内确定了一个**隐函数** $y=f(x)$.

如何求隐函数的导数呢?一种方法是从方程 $F(x,y)=0$ 中解出 $y=f(x)$(称为隐函数的显化),然后求导. 但这种方法有时行不通,因为有些隐函数不易显化,甚至不可能显化. 我们希望寻求另外一种方法,无论隐函数能否显化,都能直接由二元方程求出它所确定的隐函数的导数. 那就是:在方程两边同时对 x 求导,把 y 看成 x 的函数,应用复合函数的求导法则,得到一个含有 y' 的方程,解出 y' 即为所求的隐函数的导数.

例 1 求由方程 $xy-e^x+e^y=0$ 所确定的隐函数的导数 y'.

解 方程两边同时对 x 求导. 注意到 y 是 x 的函数，由复合函数求导法则得

$$y+xy'-e^x+e^y y'=0,$$

解出 y'，得隐函数的导数为

$$y'=\frac{e^x-y}{x+e^y}(x+e^y\neq 0).$$

二、对数求导法

直接求某些显函数的导数比较烦琐时，可将它化为隐函数，用隐函数的求导法则求其导数. 将显函数化为隐函数的常用方法是等号两边取对数，称为**对数求导法**. 对数求导法适用于由乘、除、乘方、开方运算所构成的比较复杂的函数及 $y=[f(x)]^{g(x)}$（称为幂指函数）.

例 2 设 $y=x^{\sin x}(x>0)$，求 y'.

解 两边取对数，得

$$\ln y=\sin x\ln x,$$

两边对 x 求导，得

$$\frac{1}{y}\cdot y'=\cos x\ln x+\frac{1}{x}\sin x,$$

所以
$$y'=x^{\sin x}\left(\cos x\ln x+\frac{\sin x}{x}\right).$$

三、参数式函数的求导法则

定义 2.7 若参数方程

$$\begin{cases}x=\varphi(t),\\ y=\psi(t)\end{cases}(t\text{ 为参数})\tag{2.2}$$

确定 y 与 x 的函数关系 $y=f(x)$，则称此函数为由参数方程(2.2)确定的函数或**参数式函数**.

下面根据复合函数与反函数的求导法则来推导参数式函数的求导法则.

若函数 $x=\varphi(t)$，$y=\psi(t)$ 都可导，且 $\varphi'(t)\neq 0$，又 $x=\varphi(t)$ 具有单调连续的反函数 $t=\varphi^{-1}(x)$，则该参数式函数可看成是由 $y=\psi(t)$ 与 $t=\varphi^{-1}(x)$ 复合而成的复合函数，根据复合函数与反函数的求导法则，有

$$\frac{dy}{dx}=\frac{dy}{dt}\cdot\frac{dt}{dx}=\frac{dy}{dt}\cdot\frac{1}{\frac{dx}{dt}}=\psi'(t)\cdot\frac{1}{\varphi'(t)}=\frac{\psi'(t)}{\varphi'(t)}.\tag{2.3}$$

例 3　摆线$\begin{cases} x = a(t - \sin t), \\ y = a(1 - \cos t) \end{cases}$$(0 \leqslant t \leqslant 2\pi)$,求

(1) 在任意点处的切线斜率；　　(2) 在 $t = \frac{\pi}{2}$ 处的切线方程与法线方程.

解　(1) 由导数的几何意义及(2.3)式知,摆线在任意点处的切线斜率为

$$k_{切} = \frac{\mathrm{d}y}{\mathrm{d}x} = \frac{a\sin t}{a(1 - \cos t)} = \cot \frac{t}{2}.$$

(2) 当 $t = \frac{\pi}{2}$ 时,摆线上对应点的坐标为$(\frac{a\pi}{2} - a, a)$,在此点处的切线斜率为

$$\frac{\mathrm{d}y}{\mathrm{d}x}\Big|_{t=\frac{\pi}{2}} = \cot \frac{t}{2}\Big|_{t=\frac{\pi}{2}} = 1,$$

所以切线方程为

$$y - a = x - a\left(\frac{\pi}{2} - 1\right), \text{即 } y = x + a(2 - \frac{\pi}{2}),$$

法线方程为

$$y - a = -x + a\left(\frac{\pi}{2} - 1\right), \text{即 } y = -x + \frac{\pi a}{2}.$$

习题 2-3

1. 求由下列方程所确定的隐函数 $y = y(x)$ 的导数.

(1) $y^3 + x^3 - 3xy = 0$；　　(2) $y^2 = \cos(x + y)$.

2. 用对数求导法求下列函数的导数.

(1) $y = \frac{(2x + 3) \cdot \sqrt[4]{x - 6}}{\sqrt[3]{x + 1}}$；　　(2) $y = (\sin x)^{\cos x}(\sin x > 0)$.

3. 求由下列各参数方程所确定的函数 $y = y(x)$ 的导数.

(1) $\begin{cases} x = \frac{1}{t + 1}, \\ y = \frac{t}{(t + 1)^2} \end{cases}$；　　(2) $\begin{cases} x = \mathrm{e}^t \cos t, \\ y = \mathrm{e}^t \sin t, \end{cases}$ 求$\frac{\mathrm{d}y}{\mathrm{d}x}\Big|_{t=\frac{\pi}{2}}$.

4. 求曲线$\begin{cases} x = \ln \sin t, \\ y = \cos t \end{cases}$在 $t = \frac{\pi}{2}$ 处的切线方程和法线方程.

*5. 设$\begin{cases} x = 2\mathrm{e}^t, \\ y = \mathrm{e}^{-t}, \end{cases}$ 求$\frac{\mathrm{d}^2 y}{\mathrm{d}x^2}$.

第四节　微分及其在近似计算中的应用

本节首先通过实际问题引入微分的概念,进而探讨微分的运算及其应用.

一、引例

例 1 一块正方形金属薄片受温度变化影响时,其边长由 x_0 变到 $x_0+\Delta x$(见图 2-3),问此薄片的面积改变了多少?

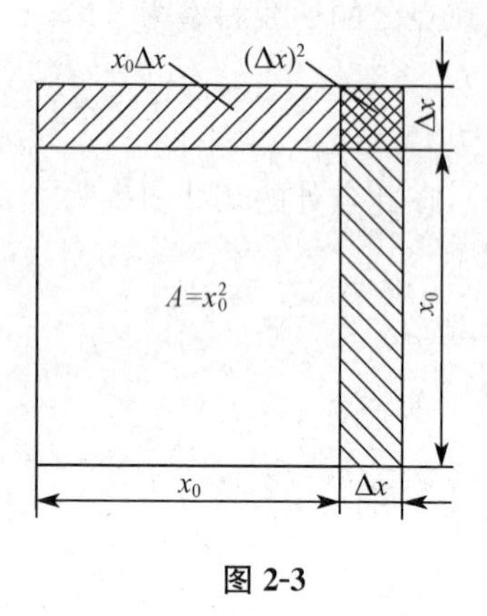

图 2-3

解 设此薄片的边长为 x,面积为 A,则 $A=x^2$,薄片受温度变化影响时,面积的改变量可看成是当自变量 x 自 x_0 取得增量 Δx 时,函数 A 相应的增量 ΔA,即

$$\Delta A=(x_0+\Delta x)^2-x_0^2=2x_0\Delta x+(\Delta x)^2.$$

上式中,ΔA 由两部分组成:第一部分 $2x_0\Delta x$ 是 Δx 的线性函数,称为 ΔA 的线性主部;第二部分 $(\Delta x)^2$ 是比 Δx 高阶的无穷小,即

$$\Delta A=2x_0\Delta x+o(\Delta x).$$

当 $|\Delta x|$ 很小时,$(\Delta x)^2$ 可以忽略不计,面积增量 ΔA 可以近似地用 $2x_0\Delta x$ 表示,即

$$\Delta A\approx 2x_0\Delta x,$$

其中 ΔA 的线性主部 $2x_0\Delta x$ 就叫做面积函数 $A=x^2$ 在点 x_0 处的微分.

二、微分的概念

定义 2.8 若函数 $y=f(x)$ 在点 x 处的增量 $\Delta y=f(x+\Delta x)-f(x)$ 可以表示为

$$\Delta y=A\Delta x+o(\Delta x),$$

其中 A 与 Δx 无关,$o(\Delta x)$ 是比 Δx 高阶的无穷小量,则称函数 $y=f(x)$ 在点 x 处**可微**,并称其线性主部 $A\Delta x$ 为函数 $y=f(x)$ 在点 x 处的**微分**,记做 $\mathrm{d}y$ 或 $\mathrm{d}f(x)$,即$\mathrm{d}y=A\Delta x$.

函数的可微性与可导性之间存在着密切联系.

定理 2.5 函数 $y=f(x)$ 在点 x 处可微的充分必要条件是它在点 x 处可导,且有

$$\mathrm{d}y=f'(x)\mathrm{d}x.$$

定理 2.5 说明,函数 $f(x)$ 在点 x 处可导与可微是等价的,且 $\mathrm{d}y=f'(x)\Delta x$.

当函数 $y=x$ 时,函数的微分 $\mathrm{d}y=\mathrm{d}x=x'\Delta x=\Delta x$,即 $\mathrm{d}x=\Delta x$. 于是函数 $y=f(x)$ 的微分可以写成

$$\mathrm{d}y=f'(x)\mathrm{d}x.$$

上式两边同除以 $\mathrm{d}x$,有 $\frac{\mathrm{d}y}{\mathrm{d}x}=f'(x)$,即导数等于函数的微分与自变量的微分之商.

因此导数也称为“微商”，而微分的商$\frac{\mathrm{d}y}{\mathrm{d}x}$也常常被用做导数的符号.

注意　微分与导数虽然有着密切的联系，但它们具有本质上的区别：导数是函数在一点处的变化率，而微分是函数在一点处由自变量增量所引起的函数增量的主要部分；导数的值只与 x 有关，而微分的值与 x 和 Δx 都有关.

例 2　求函数 $y=x^2$ 在 $x=1$，$\Delta x=0.1$ 时的改变量及微分.

解　函数的改变量为

$$\Delta y=(x+\Delta x)^2-x^2=1.1^2-1^2=0.21,$$

在点 $x=1$ 处，$y'|_{x=1}=2x|_{x=1}=2$，所以函数的微分 $\mathrm{d}y=y'\Big|_{x=1}\cdot\Delta x=2\times0.1=0.2$.

例 3　半径为 r 的球，其体积为 $V=\frac{4}{3}\pi r^3$，当半径增大 Δr 时，求体积的改变量及微分.

解　体积的改变量为

$$\Delta V=\frac{4}{3}\pi(r+\Delta r)^3-\frac{4}{3}\pi r^3=4\pi r^2\Delta r+4\pi r(\Delta r)^2+\frac{4}{3}\pi(\Delta r)^3,$$

显然有 $\Delta V=4\pi r^2\Delta r+o(\Delta r)$.

体积微分为

$$\mathrm{d}V=V'\Delta r=\left(\frac{4}{3}\pi r^3\right)'\Delta r=4\pi r^2\Delta r.$$

三、微分的几何意义

为了对微分有比较直观的了解，下面来说明微分的几何意义.

如图 2-4 所示，点 $M(x_0,y_0)$ 是曲线 $y=f(x)$ 上一点，当自变量 x 有微小改变量 Δx 时，得到曲线上另一点 $N(x_0+\Delta x,y_0+\Delta y)$，于是 $MQ=\Delta x$，$NQ=\Delta y$. 过点 M 作曲线的切线 MT，其倾角为 α，则

$$QP=MQ\cdot\tan\alpha=f'(x_0)\Delta x,\text{即 }\mathrm{d}y=QP.$$

由此可知，微分 $\mathrm{d}y$ 是曲线 $y=f(x)$ 在 M 点处切线的纵坐标的改变量. 当 $|\Delta x|$ 很小时，$|\Delta y-\mathrm{d}y|$ 比 $|\Delta x|$ 小很多，因此在点 M 附近，可用切线段近似代替曲线段，俗称“以直代曲”.

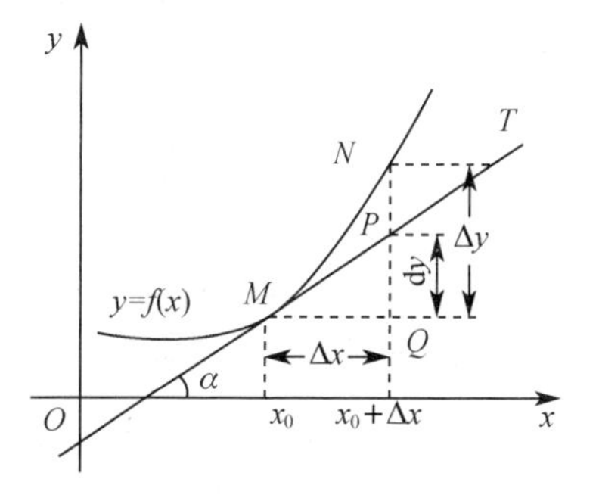

图 2-4

微课
微分的运算

四、微分的运算法则

因为函数 $y=f(x)$ 的微分 $\mathrm{d}y=f'(x)\mathrm{d}x$，所以根据导数公式和导数运算法则就能直接得到相应的微分公式和微分运算法则. 为了便于查找和记忆，列举如下：

1. 微分基本公式

(1) $\mathrm{d}(C)=0$（C 为常数）；(2) $\mathrm{d}(x^{\mu})=\mu x^{\mu-1}\mathrm{d}x$（$\mu\in\mathbf{R}$）；

(3) $\mathrm{d}(\sin x)=\cos x\mathrm{d}x$；(4) $\mathrm{d}(\cos x)=-\sin x\mathrm{d}x$；

(5) $\mathrm{d}(\tan x)=\sec^2 x\mathrm{d}x$；(6) $\mathrm{d}(\cot x)=-\csc^2 x\mathrm{d}x$；

(7) $\mathrm{d}(\sec x)=\sec x\tan x\mathrm{d}x$；(8) $\mathrm{d}(\csc x)=-\csc x\cot x\mathrm{d}x$；

(9) $\mathrm{d}(\log_a x)=\dfrac{1}{x\ln a}\mathrm{d}x$；(10) $\mathrm{d}(\ln x)=\dfrac{1}{x}\mathrm{d}x$；

(11) $\mathrm{d}(a^x)=a^x\ln a\mathrm{d}x$；(12) $\mathrm{d}(\mathrm{e}^x)=\mathrm{e}^x\mathrm{d}x$；

(13) $\mathrm{d}(\arcsin x)=\dfrac{1}{\sqrt{1-x^2}}\mathrm{d}x$；(14) $\mathrm{d}(\arccos x)=-\dfrac{1}{\sqrt{1-x^2}}\mathrm{d}x$；

(15) $\mathrm{d}(\arctan x)=\dfrac{1}{1+x^2}\mathrm{d}x$；(16) $\mathrm{d}(\mathrm{arccot}\, x)=-\dfrac{1}{1+x^2}\mathrm{d}x$.

2. 函数的和、差、积、商的微分运算法则（$u=u(x),v=v(x)$ 可微）

(1) $\mathrm{d}(u\pm v)=\mathrm{d}u\pm\mathrm{d}v$；(2) $\mathrm{d}(uv)=v\mathrm{d}u+u\mathrm{d}v$；

(3) $\mathrm{d}(Cu)=C\mathrm{d}u$（$C$ 为常数）；(4) $\mathrm{d}\left(\dfrac{u}{v}\right)=\dfrac{v\mathrm{d}u-u\mathrm{d}v}{v^2}(v\neq 0)$.

3. 复合函数的微分法则

根据微分的定义可知，当 u 是自变量时，函数 $y=f(u)$ 的微分是

$$\mathrm{d}y=f'(u)\mathrm{d}u,$$

若 u 不是自变量，而是 x 的可导函数 $u=\varphi(x)$，则复合函数 $y=f[\varphi(x)]$ 的导数为 $y'=f'(u)\varphi'(x)$，于是复合函数的微分为

$$\mathrm{d}y=f'(u)\varphi'(x)\mathrm{d}x=f'(u)\mathrm{d}\varphi(x)=f'(u)\mathrm{d}u.$$

可见，无论 u 是自变量还是中间变量，函数 $y=f(u)$ 的微分总保持同一形式 $\mathrm{d}y=f'(u)\mathrm{d}u$，这个性质称为**一阶微分形式不变性**.

例 4 设 $y=\mathrm{e}^{\sin x}$，求 $\mathrm{d}y$.

解法 1 由公式 $\mathrm{d}y=f'(x)\mathrm{d}x$，得 $\mathrm{d}y=(\mathrm{e}^{\sin x})'\mathrm{d}x=\mathrm{e}^{\sin x}\cos x\mathrm{d}x$.

解法 2 由一阶微分形式不变性，得

$$\mathrm{d}y=\mathrm{d}\mathrm{e}^{\sin x}=\mathrm{e}^{\sin x}\mathrm{d}\sin x=\mathrm{e}^{\sin x}\cos x\mathrm{d}x.$$

例 5 求由方程 $x^2+2xy-y^2=a^2$ 确定的隐函数 $y=f(x)$ 的微分及导数.

解　对方程两边求微分，得

$$2x\mathrm{d}x+2(y\mathrm{d}x+x\mathrm{d}y)-2y\mathrm{d}y=0,$$

即

$$(x+y)\mathrm{d}x=(y-x)\mathrm{d}y.$$

所以 $\mathrm{d}y=\dfrac{y+x}{y-x}\mathrm{d}x,\dfrac{\mathrm{d}y}{\mathrm{d}x}=\dfrac{y+x}{y-x}$.

五、微分在近似计算中的应用

在实际问题中，经常利用微分作近似计算.

设函数 $y=f(x)$ 在点 x_0 处的导数 $f'(x_0)\neq 0$ 且 $|\Delta x|$ 很小时，有近似公式

$$\Delta y=f(x_0+\Delta x)-f(x_0)\approx f'(x_0)\Delta x \tag{2.4}$$

或

$$f(x_0+\Delta x)\approx f(x_0)+f'(x_0)\Delta x. \tag{2.5}$$

上式中，若令 $x_0+\Delta x=x$，则有

$$f(x)\approx f(x_0)+f'(x_0)(x-x_0). \tag{2.6}$$

特别地，当 $x_0=0$ 且 $|x|$ 很小时，有

$$f(x)\approx f(0)+f'(0)x. \tag{2.7}$$

于是，可用(2.4)式近似计算 Δy；可用(2.5)式近似计算 $f(x_0+\Delta x)$；用(2.6)式或(2.7)式近似计算 $f(x)$. 这种近似计算的实质是用 x 的线性函数 $f(x_0)+f'(x_0)(x-x_0)$ 近似表示函数 $f(x)$. 当 $|x|$ 很小时，应用式(2.7)可以推出下面一些工程上常用的近似公式：

(1) $\sqrt[n]{1+x}\approx 1+\dfrac{1}{n}x$；　　(2) $\mathrm{e}^x\approx 1+x$；

(3) $\ln(1+x)\approx x$；　　(4) $\sin x\approx x$（x 用弧度作单位）；

(5) $\tan x\approx x$（x 用弧度作单位）；　　(6) $\arctan x\approx x$（x 用弧度作单位）.

例 6　计算 $\arctan 1.05$ 的近似值.

解　设 $f(x)=\arctan x$，则 $f'(x)=\dfrac{1}{1+x^2}$，由(2.5)式，有

$$\arctan(x_0+\Delta x)\approx \arctan x_0+\frac{1}{1+x_0^2}\Delta x,$$

取 $x_0=1,\Delta x=0.05$，则有

$$\arctan 1.05=\arctan(1+0.05)\approx \arctan 1+\frac{1}{1+1^2}\times 0.05$$

$$=\frac{\pi}{4}+\frac{0.05}{2}\approx 0.810.$$

例 7 计算 $\sqrt[3]{65}$ 的近似值.

解 若把 $\sqrt[3]{65}$ 看做 $\sqrt[3]{1+64}$，$x=64$ 是一个较大的数，不符合公式 $\sqrt[n]{1+x}\approx 1+\frac{1}{n}x$ 所要求的 $|x|$ 很小的条件，故不能直接用公式.

由于 $\sqrt[3]{65}=\sqrt[3]{64+1}=\sqrt[3]{64\left(1+\frac{1}{64}\right)}=4\sqrt[3]{1+\frac{1}{64}}$，由近似公式 $\sqrt[n]{1+x}\approx 1+\frac{1}{n}x$ 得

$$\sqrt[3]{65}=4\sqrt[3]{1+\frac{1}{64}}\approx 4\times\left(1+\frac{1}{3}\times\frac{1}{64}\right)=4+\frac{1}{48}\approx 4.021.$$

习题 2-4

1. 已知 $y=x^3-x$，计算当 $x=2$，Δx 分别等于 1，0.1，0.01 时的 Δy 及 $\mathrm{d}y$ 的值.

2. 求下列函数的微分.

(1) $y=\ln\sin\frac{x}{2}$；　　(2) $y=\mathrm{e}^{-x}\cos(3-x)$.

3. 利用微分求近似值.

(1) $\arctan 1.02$；　　(2) $\ln 1.01$；　　(3) $\sqrt[3]{998}$.

4. 当 $|x|$ 很小时，证明下列近似公式.

(1) $\ln(1+x)\approx x$；　　(2) $\tan x\approx x$（x 用弧度作单位）.

5. 如果半径为 15 cm 的球的半径伸长 2 mm，球的体积约扩大多少？

第五节　偏导数与全微分

前面几节研究了一元函数的微分学，本节研究多元函数的微分学.

微课

偏导数的定义及求法

一、偏导数

在研究一元函数时，从变化率入手引入了导数的概念. 对于多元函数也同样需要讨论变化率的问题，但多元函数的自变量不止一个，为此先研究其中一个自变量变化，其余自变量不变的情形. 下面借助二元函数来讨论偏导数.

(一) 偏导数的概念

1. 偏增量与全增量

定义 2.9 设函数 $z=f(x,y)$ 在点 (x_0,y_0) 的某邻域内有定义，当自变量 x 在

x_0 处取得改变量 $\Delta x(\Delta x \neq 0)$，而自变量 $y = y_0$ 保持不变时，函数相应的改变量

$$\Delta_x z = f(x_0 + \Delta x, y_0) - f(x_0, y_0)$$

称为函数 $z = f(x,y)$ 关于 x 的**偏增量**. 类似地有函数 $z = f(x,y)$ 关于 y 的**偏增量**

$$\Delta_y z = f(x_0, y_0 + \Delta y) - f(x_0, y_0).$$

当自变量 x, y 分别在 x_0, y_0 取得改变量 $\Delta x, \Delta y$ 时，函数 $z = f(x,y)$ 相应的改变量

$$\Delta z = f(x_0 + \Delta x, y_0 + \Delta y) - f(x_0, y_0)$$

称为函数 $z = f(x,y)$ 的**全增量**.

2. 偏导数的定义

定义 2.10　设函数 $z = f(x,y)$ 在点 (x_0, y_0) 的某一邻域内有定义. 若极限

$$\lim_{\Delta x \to 0} \frac{\Delta_x z}{\Delta x} = \lim_{\Delta x \to 0} \frac{f(x_0 + \Delta x, y_0) - f(x_0, y_0)}{\Delta x}$$

存在，则称此极限值为函数 $z = f(x,y)$ 在点 (x_0, y_0) 处对 x 的**偏导数**，记为

$$\left.\frac{\partial z}{\partial x}\right|_{\substack{x=x_0\\y=y_0}}, \left.\frac{\partial f}{\partial x}\right|_{\substack{x=x_0\\y=y_0}}, \left.z_x\right|_{\substack{x=x_0\\y=y_0}} \text{ 或 } f_x(x_0, y_0).$$

类似地，若极限

$$\lim_{\Delta y \to 0} \frac{\Delta_y z}{\Delta x} = \lim_{\Delta y \to 0} \frac{f(x_0, y_0 + \Delta y) - f(x_0, y_0)}{\Delta y}$$

存在，则称此极限值为函数 $z = f(x,y)$ 在点 (x_0, y_0) 处对 y 的**偏导数**，记为

$$\left.\frac{\partial z}{\partial y}\right|_{\substack{x=x_0\\y=y_0}}, \left.\frac{\partial f}{\partial y}\right|_{\substack{x=x_0\\y=y_0}}, \left.z_y\right|_{\substack{x=x_0\\y=y_0}} \text{ 或 } f_y(x_0, y_0).$$

如果函数 $z = f(x,y)$ 在区域 D 内每一点 (x,y) 处都存在对 x 的偏导数，则称函数 $z = f(x,y)$ 在 D 内存在对 x 的**偏导函数**，简称**偏导数**，记为

$$\frac{\partial z}{\partial x}, \frac{\partial f}{\partial x}, z_x \text{ 或 } f_x(x,y).$$

类似地，可以定义函数 $z = f(x,y)$ 对自变量 y 的**偏导数**，记为

$$\frac{\partial z}{\partial y}, \frac{\partial f}{\partial y}, z_y \text{ 或 } f_y(x,y).$$

由偏导数的定义可知，函数 $z = f(x,y)$ 在点 (x_0, y_0) 处对 x 的偏导数 $f_x(x_0, y_0)$ 就是偏导函数 $f_x(x,y)$ 在点 (x_0, y_0) 处的函数值；同理，$f_y(x_0, y_0)$ 就是偏导函数 $f_y(x,y)$ 在点 (x_0, y_0) 处的函数值.

注意　一元函数的导数 $\frac{\mathrm{d}y}{\mathrm{d}x}$ 可看成是函数微分 $\mathrm{d}y$ 与自变量微分 $\mathrm{d}x$ 之商；但对于偏导数的记号 $\frac{\partial z}{\partial x}$ 和 $\frac{\partial z}{\partial y}$，却不能理解为 ∂z 与 ∂x 或 ∂z 与 ∂y 的商，而应看做一个整体的记号，∂z，∂x 及 ∂y 并未赋予独立的含义.

(二) 偏导数的计算

从偏导数的定义可以看出，偏导数的实质就是把一个自变量固定，将二元函数 $z=f(x,y)$ 看成是关于另一个自变量的一元函数的导数. 因此，求二元函数的偏导数时，只需将一个自变量视为常量，利用一元函数的求导方法对另一个自变量进行求导即可.

例 1　求 $z=x^2\sin y$ 的偏导数.

解　把 y 看做常量，对 x 求导数，得

$$\frac{\partial z}{\partial x}=\frac{\partial}{\partial x}(x^2\sin y)=2x\sin y,$$

把 x 看做常量，对 y 求导数，得

$$\frac{\partial z}{\partial y}=\frac{\partial}{\partial y}(x^2\sin y)=x^2\cos y.$$

例 2　求 $z=\ln(1+x^2+y^2)$ 在点 $(1,2)$ 处的偏导数.

解　先求偏导函数，有

$$\frac{\partial z}{\partial x}=\frac{2x}{1+x^2+y^2},\quad \frac{\partial z}{\partial y}=\frac{2y}{1+x^2+y^2},$$

在 $(1,2)$ 处的偏导数就是偏导函数在 $(1,2)$ 处的值，所以

$$\left.\frac{\partial z}{\partial x}\right|_{(1,2)}=\frac{1}{3},\quad \left.\frac{\partial z}{\partial y}\right|_{(1,2)}=\frac{2}{3}.$$

应当指出，根据偏导数的定义，偏导数 $\left.\frac{\partial z}{\partial x}\right|_{(1,2)}$ 是将函数 $z=\ln(1+x^2+y^2)$ 中的 y 固定在 $y=2$ 处，而求一元函数 $z=\ln(1+x^2+2^2)$ 的导数在 $x=1$ 处的值. 因此，在求函数对某一自变量在一点处的偏导数时，也可先将函数中的其余自变量用该点的相应坐标代入后再求导，这样有时会带来方便.

例 3　设 $f(x,y)=\begin{cases}\dfrac{xy}{x^2+y^2}, & (x,y)\neq(0,0),\\ 0, & (x,y)=(0,0),\end{cases}$ 求函数 $f(x,y)$ 在原点处的偏导数.

解　由偏导数的定义知，$f(x,y)$ 在原点处关于 x 与 y 的偏导数分别为

$$f_x(0,0)=\lim_{\Delta x\to 0}\frac{f(0+\Delta x,0)-f(0,0)}{\Delta x}=\lim_{\Delta x\to 0}0=0,$$

$$f_y(0,0)=\lim_{\Delta y\to 0}\frac{f(0,0+\Delta y)-f(0,0)}{\Delta y}=\lim_{\Delta y\to 0}0=0.$$

由第一章第四节中的例 7 知，该函数在点 $(0,0)$ 处不连续. 由此可见，“一元函数在其可导点处一定连续”的结论对二元函数不成立.

二元函数偏导数的定义和求法可以类推到三元及三元以上的函数.

(三) 高阶偏导数

定义 2.11　设二元函数 $z=f(x,y)$ 在区域 D 内的偏导数 $f_x(x,y)$ 和 $f_y(x,y)$ 仍然是自变量 x,y 的函数,若这两个偏导数的偏导数存在,则称它们为函数 $z=f(x,y)$ 的**二阶偏导数**. 按对变量求导次序的不同,有下列四个二阶偏导数,分别表示为

$$\frac{\partial}{\partial x}(\frac{\partial z}{\partial x})=\frac{\partial^2 z}{\partial x^2}=f_{xx}(x,y),\quad \frac{\partial}{\partial y}(\frac{\partial z}{\partial x})=\frac{\partial^2 z}{\partial x\partial y}=f_{xy}(x,y),$$

$$\frac{\partial}{\partial x}(\frac{\partial z}{\partial y})=\frac{\partial^2 z}{\partial y\partial x}=f_{yx}(x,y),\quad \frac{\partial}{\partial y}(\frac{\partial z}{\partial y})=\frac{\partial^2 z}{\partial y^2}=f_{yy}(x,y).$$

其中偏导数 $f_{xy}(x,y)$ 与 $f_{yx}(x,y)$ 称为**二阶混合偏导数**.

类似地,可定义三阶,四阶,…,n 阶偏导数. 二阶及二阶以上的偏导数统称为**高阶偏导数**,相应地,将 $f_x(x,y)$ 和 $f_y(x,y)$ 称为一阶偏导数.

例 4　设函数 $z=x^3y-3x^2y^3$,求它的二阶偏导数.

解　函数的一阶偏导数为

$$\frac{\partial z}{\partial x}=3x^2y-6xy^3,\quad \frac{\partial z}{\partial y}=x^3-9x^2y^2,$$

二阶偏导数为

$$\frac{\partial^2 z}{\partial x^2}=\frac{\partial}{\partial x}(\frac{\partial z}{\partial x})=\frac{\partial}{\partial x}(3x^2y-6xy^3)=6xy-6y^3,$$

$$\frac{\partial^2 z}{\partial x\partial y}=\frac{\partial}{\partial y}(\frac{\partial z}{\partial x})=\frac{\partial}{\partial y}(3x^2y-6xy^3)=3x^2-18xy^2,$$

$$\frac{\partial^2 z}{\partial y\partial x}=\frac{\partial}{\partial x}(\frac{\partial z}{\partial y})=\frac{\partial}{\partial x}(x^3-9x^2y^2)=3x^2-18xy^2,$$

$$\frac{\partial^2 z}{\partial y^2}=\frac{\partial}{\partial y}(\frac{\partial z}{\partial y})=\frac{\partial}{\partial y}(x^3-9x^2y^2)=-18x^2y.$$

例 4 中两个二阶混合偏导数相等,这不是偶然的,事实上有下述定理.

定理 2.6　若函数 $z=f(x,y)$ 的两个混合偏导数在区域 D 内连续,则在该区域内

$$\frac{\partial^2 z}{\partial x\partial y}=\frac{\partial^2 z}{\partial y\partial x}.$$

该定理说明二阶混合偏导数在连续的情况下与求导次序无关.

二、全微分

在实际问题中,有时需要研究多元函数中各个自变量都取得增量时因变量的变化情况. 下面首先由一元函数的微分引入全微分的概念,给出全微分的计算公式,然

后讨论全微分的应用.

1. 全微分的定义

一元函数 $y=f(x)$ 的微分 $\mathrm{d}y$ 是函数增量 $\Delta y=f(x+\Delta x)-f(x)$ 表示为 $\Delta y=A\Delta x+o(\Delta x)$ 时 Δy 的线性主部 $A\Delta x$,即 $\mathrm{d}y=A\Delta x=f'(x)\mathrm{d}x$. 用函数的微分代替函数的增量,两者之差 $\Delta y-\mathrm{d}y$ 是一个比 Δx 高阶的无穷小,对于多元函数,也有类似的情形.

定义 2.12 设函数 $z=f(x,y)$ 在点 (x,y) 处的某个邻域内有定义,若函数 $z=f(x,y)$ 在点 (x,y) 处的全增量 $\Delta z=f(x+\Delta x,y+\Delta y)-f(x,y)$ 可以表示为

$$\Delta z=A\Delta x+B\Delta y+o(\rho),$$

其中 A,B 是不依赖于 $\Delta x,\Delta y$ 的常数,$o(\rho)$ 是当 $\rho=\sqrt{(\Delta x)^2+(\Delta y)^2}\to 0$ 时比 ρ 高阶的无穷小,则称二元函数 $z=f(x,y)$ 在点 (x,y) 处可微,并称 $A\Delta x+B\Delta y$ 是函数 $z=f(x,y)$ 在点 (x,y) 处的**全微分**,记做 $\mathrm{d}z$,即

$$\mathrm{d}z=A\Delta x+B\Delta y.$$

如果函数 $z=f(x,y)$ 在区域 D 内各点处都可微,则称函数 $z=f(x,y)$ 在区域 D 可微.

与一元函数类似,全微分 $\mathrm{d}z$ 是 $\Delta x,\Delta y$ 的线性函数,$\Delta z-\mathrm{d}z$ 是一个比 ρ 高阶的无穷小,所以全微分 $\mathrm{d}z$ 是全增量 Δz 的线性主部. 当 $|\Delta x|,|\Delta y|$ 充分小时,可用全微分 $\mathrm{d}z$ 近似代替全增量.

2. 全微分与连续、偏导数的关系

有了全微分的定义,下面进一步研究全微分与连续、偏导数的关系,以及定义中数 A,B 与函数的关系,从而解决全微分的计算问题.

定理 2.7(可微的必要条件) 若函数 $z=f(x,y)$ 在点 (x,y) 处可微,则它在点 (x,y) 处连续,且两个偏导数都存在,并有 $A=\frac{\partial z}{\partial x},B=\frac{\partial z}{\partial y}$.

一般地,记 $\Delta x=\mathrm{d}x,\Delta y=\mathrm{d}y$,则函数 $z=f(x,y)$ 的全微分可写成

$$\mathrm{d}z=\frac{\partial z}{\partial x}\mathrm{d}x+\frac{\partial z}{\partial y}\mathrm{d}y.$$

定理 2.7 不仅表明了二元函数可微时偏导数必存在,而且提供了全微分的计算公式. 但需要指出的是:当二元函数的偏导数存在时,它未必可微. 因此,二元函数偏导数存在仅仅是可微的必要条件而不是充分条件,这是多元函数与一元函数的又一不同之处.

下面给出可微的充分条件.

定理 2.8(可微的充分条件) 若函数 $z=f(x,y)$ 在点 (x,y) 处的两个偏导数都存在且连续,则函数 $z=f(x,y)$ 在该点一定可微.

全微分的概念及上述两个定理可以完全类似地推广到三元或三元以上的多元函数. 例如,若三元函数 $u=f(x,y,z)$ 具有连续偏导数,则其全微分的表达式为

$$\mathrm{d}u=\frac{\partial u}{\partial x}\mathrm{d}x+\frac{\partial u}{\partial y}\mathrm{d}y+\frac{\partial u}{\partial z}\mathrm{d}z.$$

例 5　求函数 $z=x^2y^2$ 在点$(2,-1)$处,当 $\Delta x=0.02,\Delta y=-0.01$ 时的全增量与全微分.

解　由定义知,全增量

$$\Delta z=(2+0.02)^2\times(-1-0.01)^2-2^2\times(-1)^2\approx 0.162,$$

函数 $z=x^2y^2$ 的两个偏导数$\frac{\partial z}{\partial x}=2xy^2,\frac{\partial z}{\partial y}=2x^2y$ 在点$(2,-1)$处连续,所以全微分存在,且

$$\left.\frac{\partial z}{\partial x}\right|_{\substack{x=2\\y=-1}}=\left.2xy^2\right|_{\substack{x=2\\y=-1}}=4,\quad \left.\frac{\partial z}{\partial y}\right|_{\substack{x=2\\y=-1}}=\left.2x^2y\right|_{\substack{x=2\\y=-1}}=-8,$$

于是,在点$(2,-1)$处的全微分为

$$\mathrm{d}z=4\times 0.02+(-8)\times(-0.01)=0.16.$$

例 6　求 $z=\mathrm{e}^x\sin(x+y)$ 的全微分.

解　因为$\frac{\partial z}{\partial x}=\mathrm{e}^x\sin(x+y)+\mathrm{e}^x\cos(x+y),\frac{\partial z}{\partial y}=\mathrm{e}^x\cos(x+y)$,所以

$$\mathrm{d}z=\frac{\partial z}{\partial x}\mathrm{d}x+\frac{\partial z}{\partial y}\mathrm{d}y=\mathrm{e}^x[\sin(x+y)+\cos(x+y)]\mathrm{d}x+\mathrm{e}^x\cos(x+y)\mathrm{d}y.$$

3. 全微分在近似计算中的应用

设函数 $z=f(x,y)$ 在点(x,y)处可微,则函数的全增量与全微分之差是比 ρ 高阶的无穷小,因此当 $|\Delta x|$ 和 $|\Delta y|$ 都较小时,全增量可以近似地用全微分代替,即

$$\Delta z\approx \mathrm{d}z=f_x(x,y)\Delta x+f_y(x,y)\Delta y, \tag{2.8}$$

又因为 $\Delta z=f(x+\Delta x,y+\Delta y)-f(x,y)$,所以有

$$f(x+\Delta x,y+\Delta y)\approx f(x,y)+f_x(x,y)\Delta x+f_y(x,y)\Delta y. \tag{2.9}$$

利用(2.8)式与(2.9)式可以分别计算函数 $z=f(x,y)$ 在某点处的全增量 Δz 及函数值的近似值.

例 7　计划用水泥建造一个无盖的圆柱形水池,要求内半径为 3 m,内高为 5 m,侧壁和底的厚度均为 0.2 m,问大约需要多少水泥?

解　圆柱体体积 $V=\pi r^2h$,则

$$\frac{\partial V}{\partial r}=2\pi rh,\frac{\partial V}{\partial h}=\pi r^2.$$

因为 $\Delta r=0.2\ \mathrm{m},\Delta h=0.2\ \mathrm{m}$ 都比较小,所以可用全微分近似代替全增量,即

$$\Delta V\approx \mathrm{d}V=\frac{\partial V}{\partial r}\Delta r+\frac{\partial V}{\partial h}\Delta h=2\pi rh\Delta r+\pi r^2\Delta h=\pi r(2h\Delta r+r\Delta h),$$

所以 $\Delta V\bigg|_{\substack{r=3,h=5\\ \Delta r=0.2,\Delta h=0.2}} \approx 3\pi(2\times5\times0.2+3\times0.2)=7.8\pi\approx24.504\ \mathrm{m}^3$.

故建造该水池大约需要水泥 $24.504\ \mathrm{m}^3$.

例 8 利用全微分计算 $(0.97)^{2.01}$ 的值.

解 设函数 $z=f(x,y)=x^y$. 取 $x=1,y=2,\Delta x=-0.03,\Delta y=0.01$,则

$$f(1,2)=1,f_x(1,2)=yx^{y-1}\bigg|_{\substack{x=1\\y=2}}=2,f_y(1,2)=x^y\ln x\bigg|_{\substack{x=1\\y=2}}=0,$$

由近似公式(2.9),得

$$\begin{aligned}f(0.97,2.01)&\approx f(1,2)+f_x(1,2)\times(-0.03)+f_y(1,2)\times0.01\\&=1+2\times(-0.03)+0\times0.01=0.94.\end{aligned}$$

三、多元复合函数及隐函数的微分法

微课
多元复合函数求偏导

1. 复合函数微分法

已知求偏导数与求一元函数的导数实质上没什么区别,因而对于一元函数适用的微分法包括复合函数的微分法,对于多元函数仍然适用. 下面介绍多元复合函数的微分法.

定理 2.9 设 $u=\varphi(x,y),v=\psi(x,y)$ 在点 (x,y) 处有偏导数,$z=f(u,v)$ 在对应点 (u,v) 有连续偏导数,则复合函数 $z=f[\varphi(x,y),\psi(x,y)]$ 在点 (x,y) 处有偏导数 $\frac{\partial z}{\partial x}$ 和 $\frac{\partial z}{\partial y}$,且

$$\frac{\partial z}{\partial x}=\frac{\partial z}{\partial u}\cdot\frac{\partial u}{\partial x}+\frac{\partial z}{\partial v}\cdot\frac{\partial v}{\partial x},$$

$$\frac{\partial z}{\partial y}=\frac{\partial z}{\partial u}\cdot\frac{\partial u}{\partial y}+\frac{\partial z}{\partial v}\cdot\frac{\partial v}{\partial y}.$$

定理 2.9 说明,多元复合函数对某一自变量的偏导数,等于函数对各个相关中间变量的偏导数与这个中间变量对该自变量的偏导数的乘积之和,该法则称为**链锁法则**. 多元复合函数中自变量的个数就是偏导数的个数;中间变量的个数决定每一个偏导数的项数.

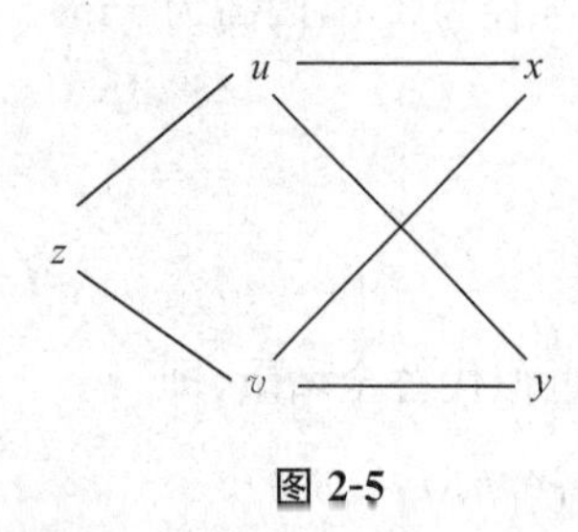

图 2-5

为了辅助理解多元复合函数的求导法则,可画出复合函数的结构示意图(见图 2-5). 由图清楚地看出 z 是 u,v 的函数,u,v 又是 x,y 的函数,其中 u,v 是中间变量,x,y 是自变量.

例 9 求函数 $z=e^u\sin v,u=xy,v=x+y$ 的偏导数 $\frac{\partial z}{\partial x},\frac{\partial z}{\partial y}$

解　因为$\frac{\partial z}{\partial u}=e^u\sin v,\frac{\partial z}{\partial v}=e^u\cos v,\frac{\partial u}{\partial x}=y,\frac{\partial u}{\partial y}=x,\frac{\partial v}{\partial x}=1,\frac{\partial v}{\partial y}=1$，所以

$$\frac{\partial z}{\partial x}=\frac{\partial z}{\partial u}\cdot\frac{\partial u}{\partial x}+\frac{\partial z}{\partial v}\cdot\frac{\partial v}{\partial x}=e^u(y\sin v+\cos v)=e^{xy}[y\sin(x+y)+\cos(x+y)],$$

$$\frac{\partial z}{\partial y}=\frac{\partial z}{\partial u}\cdot\frac{\partial u}{\partial y}+\frac{\partial z}{\partial v}\cdot\frac{\partial v}{\partial y}=e^u(x\sin v+\cos v)=e^{xy}[x\sin(x+y)+\cos(x+y)].$$

例 10　设 $z=f(x^2-y^2,xy)$，求$\frac{\partial z}{\partial x},\frac{\partial z}{\partial y}$.

解　令 $u=x^2-y^2,v=xy$，则 $z=f(x^2-y^2,xy)$ 可看成由 $z=f(u,v),u=x^2-y^2,v=xy$ 复合而成的复合函数，所以

$$\frac{\partial z}{\partial x}=\frac{\partial z}{\partial u}\frac{\partial u}{\partial x}+\frac{\partial z}{\partial v}\frac{\partial v}{\partial x}=2x\frac{\partial z}{\partial u}+y\frac{\partial z}{\partial v}=2xf_1+yf_2,$$

$$\frac{\partial z}{\partial y}=\frac{\partial z}{\partial u}\frac{\partial u}{\partial y}+\frac{\partial z}{\partial v}\frac{\partial v}{\partial y}=-2y\frac{\partial z}{\partial u}+x\frac{\partial z}{\partial v}=-2yf_1+xf_2,$$

其中 $f_1=\frac{\partial z}{\partial u},f_2=\frac{\partial z}{\partial v}$.

2. 隐函数微分法

在一元函数微分学中，我们学习了由方程 $F(x,y)=0$ 所确定的隐函数的求导方法，现用多元复合函数的求导法则来推导隐函数的求导公式.

设方程 $F(x,y)=0$ 确定了隐函数 $y=y(x)$，又 $F_x(x,y),F_y(x,y)$ 存在且 $F_y(x,y)\neq0$. 将 $y=y(x)$ 代入原方程 $F(x,y)=0$，得恒等式 $F(x,y(x))=0$，两端对 x 求导得

$$\frac{\partial F}{\partial x}+\frac{\partial F}{\partial y}\frac{dy}{dx}=0,$$

即 $F_x+F_y\frac{dy}{dx}=0$. 因为 $F_y(x,y)\neq0$，由上式解得

$$\frac{dy}{dx}=-\frac{F_x(x,y)}{F_y(x,y)}.$$

这是一元隐函数的求导公式.

注意　利用一元隐函数的求导公式计算 F_x,F_y 时，要把 x,y 看成独立的变量，不能把 y 看成 x 的函数.

例 11　设 $x\sin y+ye^x=0$，求$\frac{dy}{dx}$.

解法 1　两边对 x 求导（y 是 x 的函数），得

$$\sin y+x\cos y\frac{dy}{dx}+\frac{dy}{dx}e^x+ye^x=0,$$

解上述方程,得

$$\frac{\mathrm{d}y}{\mathrm{d}x}=-\frac{\sin y+y\mathrm{e}^x}{x\cos y+\mathrm{e}^x}.$$

解法 2 令 $F(x,y)=x\sin y+y\mathrm{e}^x$,则

$$F_x(x,y)=\sin y+y\mathrm{e}^x,F_y(x,y)=x\cos y+\mathrm{e}^x.$$

代入一元隐函数的求导公式,得

$$\frac{\mathrm{d}y}{\mathrm{d}x}=-\frac{F_x(x,y)}{F_y(x,y)}=-\frac{\sin y+y\mathrm{e}^x}{x\cos y+\mathrm{e}^x}.$$

类似于一元隐函数的情形,可以求出由三元方程 $F(x,y,z)=0$ 所确定的二元隐函数 $z=z(x,y)$ 的两个偏导数$\frac{\partial z}{\partial x}$与$\frac{\partial z}{\partial y}$. 方法如下.

设三元方程$F(x,y,z)=0$确定了一个二元隐函数$z=z(x,y)$,又$F_x(x,y,z)$,$F_y(x,y,z)$,$F_z(x,y,z)$ 存在,且 $F_z(x,y,z)\neq 0$. 将二元隐函数 $z=z(x,y)$ 代入原方程,得恒等式 $F(x,y,z(x,y))=0$,两端对 x(或 y) 求导,得

$$F_x+F_z\frac{\partial z}{\partial x}=0 \text{ 或 } F_y+F_z\frac{\partial z}{\partial y}=0,$$

因为 $F_z(x,y,z)\neq 0$,由上式解得

$$\frac{\partial z}{\partial x}=-\frac{F_x}{F_z} \text{ 或} \frac{\partial z}{\partial y}=-\frac{F_y}{F_z}.$$

这是二元隐函数求偏导数的公式.

例 12 求由方程 $\mathrm{e}^z-xyz=0$ 所确定的隐函数 $z=z(x,y)$ 的两个偏导数$\frac{\partial z}{\partial x}$,$\frac{\partial z}{\partial y}$.

解 令 $F(x,y,z)=\mathrm{e}^z-xyz$,则 $F_x=-yz$,$F_y=-xz$,$F_z=\mathrm{e}^z-xy$,由二元隐函数的偏导数公式,得

$$\frac{\partial z}{\partial x}=-\frac{F_x}{F_z}=\frac{yz}{\mathrm{e}^z-xy},$$

$$\frac{\partial z}{\partial y}=-\frac{F_y}{F_z}=\frac{xz}{\mathrm{e}^z-xy}.$$

例 13 设方程 $F(x,y,z)=0$ 可以确定任一变量为其余两个变量的函数,且知 $F(x,y,z)$ 的所有偏导数存在且不为零,求证:$\frac{\partial z}{\partial x}\cdot\frac{\partial x}{\partial y}\cdot\frac{\partial y}{\partial z}=-1$.

证明 由于$\frac{\partial z}{\partial x}=-\frac{F_x}{F_z}$,$\frac{\partial x}{\partial y}=-\frac{F_y}{F_x}$,$\frac{\partial y}{\partial z}=-\frac{F_z}{F_y}$,所以

$$\frac{\partial z}{\partial x}\cdot\frac{\partial x}{\partial y}\cdot\frac{\partial y}{\partial z}=-1.$$

习题 2-5

1. 求下列函数的偏导数.

(1)$z=x^3y-y^3x$；　(2)$z=\ln\tan\dfrac{x}{y}$；　(3)$z=\sin\dfrac{x}{y}\cos\dfrac{y}{x}$；

(4)$z=(1+xy)^y$；　(5)$z=\arctan\sqrt{x^y}$；　(6)$u=x^{y^z}$.

2. 设 $f(x,y)=x+y-\sqrt{x^2+y^2}$,求 $f_x(3,4)$ 及 $f_y(3,4)$.

3. 设 $z=5x^4y+10x^2y^3$,求$\dfrac{\partial^2 z}{\partial x^2},\dfrac{\partial^2 z}{\partial y^2},\dfrac{\partial^2 z}{\partial x\partial y}$.

4. 证明:$z=\ln(x^2+y^2)$ 满足拉普拉斯方程$\dfrac{\partial^2 z}{\partial x^2}+\dfrac{\partial^2 z}{\partial y^2}=0$.

5. 求下列函数的全微分.

(1)$z=xy+\dfrac{x}{y}$；　(2)$z=\ln(x^2+y^2)$；　(3)$z=\arctan\dfrac{x}{y}$；　(4)$u=x^{yz}$.

6. 求函数 $z=\dfrac{y}{x}$,当 $x=2,y=1,\Delta x=0.1,\Delta y=0.2$ 时的全增量及全微分.

7. 计算$(0.98)^{2.03}$ 的近似值.

8. 计算 $\sqrt{(1.02)^3+(1.97)^3}$ 的近似值.

9. 设有一无盖圆柱形容器,它的壁与底的厚度均为 0.1 cm,内高为 20 cm,内半径为 4 cm,求容器外壳体积的近似值.

10. 求下列复合函数的偏导数(或全导数).

(1) 设 $z=u^2v-uv^2,u=x\cos y,v=x\sin y$,求$\dfrac{\partial z}{\partial x},\dfrac{\partial z}{\partial y}$;

(2) 设 $z=\mathrm{e}^{x-2y},x=\sin t,y=t^3$,求$\dfrac{\mathrm{d}z}{\mathrm{d}t}$.

11. 求下列函数的一阶偏导数.

(1)$z=f(x^2-y^2,\mathrm{e}^{xy})$；　(2)$u=f(x^2+y^2+z^2)$.

12. 求下列方程所确定的隐函数的导数或偏导数.

(1) 设 $\sin y+\mathrm{e}^x-xy^2=0$,求$\dfrac{\mathrm{d}y}{\mathrm{d}x}$；　(2) 设$\dfrac{x}{z}=\ln\dfrac{z}{y}$,求$\dfrac{\partial z}{\partial x},\dfrac{\partial z}{\partial y}$.

第六节　导数的应用

导数在自然科学与工程技术中都有着极其广泛的应用. 本节将在介绍微分中值定理的基础上,引出计算未定式型极限的新方法 —— 洛必达法则,并以导数为工具,讨论函数及其图形的性态,解决一些常见的应用问题.

一、微分中值定理及洛必达法则

1. 微分中值定理

微分中值定理包括罗尔(Rolle)定理、拉格朗日(Lagrange)中值定理和柯西(Cauchy)中值定理,它们是微分学的基本定理,是导数通向微分学许多应用的桥梁,在微分学的理论和应用中均占有重要地位.

定理 2.10(罗尔定理) 若函数 $y=f(x)$ 满足条件:

(1) 在闭区间$[a,b]$上连续;

(2) 在开区间(a,b)内可导;

(3) $f(a)=f(b)$,

则至少存在一点 $\xi\in(a,b)$,使得 $f'(\xi)=0$.

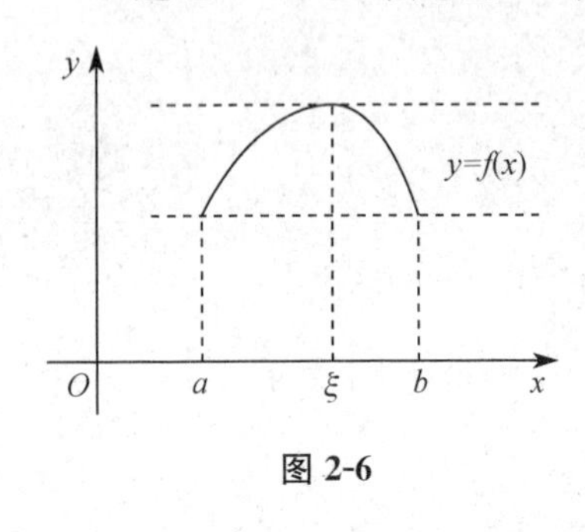

图 2-6

罗尔定理的几何意义是:若连续曲线除端点外处处都有不垂直于 x 轴的切线,且端点的函数值相等,则曲线上至少存在一点,过该点的切线平行于 x 轴(见图 2-6).

罗尔定理中 $f(a)=f(b)$ 这个条件相当特殊,它使罗尔定理的应用受到限制.若把 $f(a)=f(b)$ 这个条件取消,但仍保留其余两个条件,并相应地改变结论,则可得到微分学中十分重要的拉格朗日中值定理.

定理 2.11(拉格朗日中值定理) 若函数 $y=f(x)$ 满足条件:

(1) 在闭区间$[a,b]$上连续;(2) 在开区间(a,b)内可导,

则至少存在一点 $\xi\in(a,b)$,使得

$$f(b)-f(a)=f'(\xi)(b-a) \tag{2.10}$$

或

$$f'(\xi)=\frac{f(b)-f(a)}{b-a}. \tag{2.11}$$

拉格朗日中值定理的几何意义:若连续曲线除端点外处处都有不垂直于x轴的切线,则曲线上至少存在一点,在该点处曲线的切线平行于过两端点的直线(见图 2-7).

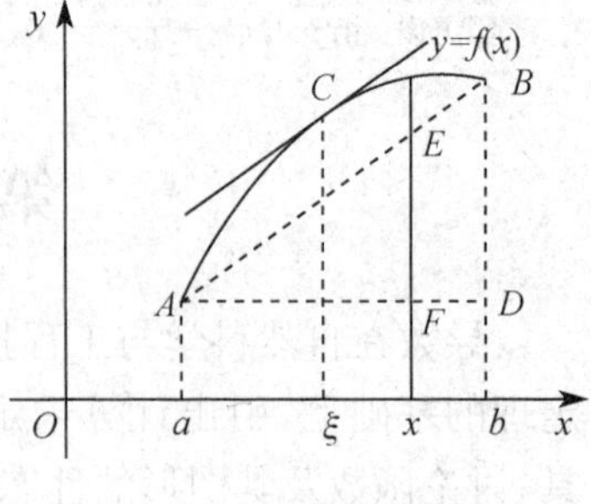

图 2-7

推论 1 设函数 $f(x)$ 在区间 I 上可导,且 $f'(x)\equiv 0$,则 $f(x)$ 在区间 I 上是一个常数.

推论 2 设 $f(x)$ 与 $g(x)$ 都在区间 I 上可导,且 $f'(x)=g'(x)$,则 $f(x)=g(x)+C$.

定理 2.12(柯西中值定理) 若函数 $f(x)$,$F(x)$

满足下列条件：

(1) 在闭区间$[a,b]$上连续；(2) 在开区间(a,b)内可导，且$F'(x)\neq 0$，则至少存在一点$\xi\in(a,b)$，使得

$$\frac{f(b)-f(a)}{F(b)-F(a)}=\frac{f'(\xi)}{F'(\xi)}.$$

例 1　不用求函数$f(x)=(x-1)(x-2)(x-3)$的导数，说明方程$f'(x)=0$有几个实根，并指出它们所在的区间.

解　显然，$f(x)$在区间$[1,2]$，$[2,3]$上满足罗尔定理，所以，至少存在一点$\xi_1\in(1,2)$，$\xi_2\in(2,3)$，使得$f'(\xi_1)=0$，$f'(\xi_2)=0$，即方程$f'(x)=0$至少有两个实根，又因为$f'(x)=0$是一个一元二次方程，最多有两个实根，所以方程$f'(x)=0$有且仅有两个实根，且分别在区间$(1,2)$和$(2,3)$之间.

2. 洛必达法则

两个无穷小之比或两个无穷大之比的极限分别称为“$\frac{0}{0}$”型或“$\frac{\infty}{\infty}$”型未定式，洛必达法则就是以导数为工具计算未定式的一种新方法.

先考虑$x\to x_0$时，未定式“$\frac{0}{0}$”的情形.

微课
洛必达法则

定理 2.13(洛必达法则)　设函数$f(x)$与$F(x)$满足条件：

(1) $\lim\limits_{x\to x_0}f(x)=0$，$\lim\limits_{x\to x_0}F(x)=0$；

(2) 在点x_0的某去心邻域内可导，且$F'(x)\neq 0$；

(3) $\lim\limits_{x\to x_0}\frac{f'(x)}{F'(x)}=A$(或$\infty$)，

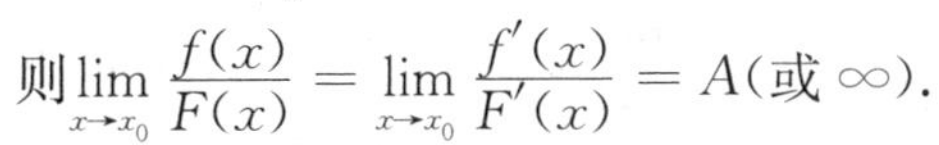
则$\lim\limits_{x\to x_0}\frac{f(x)}{F(x)}=\lim\limits_{x\to x_0}\frac{f'(x)}{F'(x)}=A$(或$\infty$).

关于洛必达法则还应作以下两点说明：

(1) 洛必达法则同样适用于$x\to x_0$时，未定式“$\frac{\infty}{\infty}$”的情形和$x\to\infty$时，未定式“$\frac{0}{0}$”和“$\frac{\infty}{\infty}$”的情形；

(2) 若$\lim\limits_{x\to x_0}\frac{f'(x)}{F'(x)}$仍为“$\frac{0}{0}$”或“$\frac{\infty}{\infty}$”型未定式，且$f'(x)$与$F'(x)$满足定理2.13中$f(x)$与$F(x)$所满足的条件，则可继续使用洛必达法则，以此类推，即

$$\lim_{x\to x_0}\frac{f(x)}{F(x)}=\lim_{x\to x_0}\frac{f'(x)}{F'(x)}=\lim_{x\to x_0}\frac{f''(x)}{F''(x)}=\cdots.$$

例 2　求下列极限.

(1) $\lim\limits_{x\to 0}\frac{a^x-b^x}{x}(a,b>0)$；　(2) $\lim\limits_{x\to+\infty}\frac{x^n}{\mathrm{e}^{\lambda x}}(n\in\mathbf{N},\lambda>0)$.

解 (1) $\lim\limits_{x\to 0}\dfrac{a^x-b^x}{x}=\lim\limits_{x\to 0}\dfrac{(a^x-b^x)'}{(x)'}=\lim\limits_{x\to 0}\dfrac{a^x\ln a-b^x\ln b}{1}=\ln\dfrac{a}{b}$.

(2) $\lim\limits_{x\to+\infty}\dfrac{x^n}{e^{\lambda x}}=\lim\limits_{x\to+\infty}\dfrac{nx^{n-1}}{\lambda e^{\lambda x}}=\lim\limits_{x\to+\infty}\dfrac{n(n-1)x^{n-2}}{\lambda^2 e^{\lambda x}}=\cdots$

$$=\lim_{x\to+\infty}\frac{n\cdot(n-1)\cdot\cdots\cdot 2\cdot 1}{\lambda^n e^{\lambda x}}=0\text{(连续施行}n\text{次洛必达法则)}.$$

3. 其他未定式

除"$\dfrac{0}{0}$"和"$\dfrac{\infty}{\infty}$"型未定式外,还有"$0\cdot\infty$","$\infty-\infty$","0^0","1^∞","∞^0"型未定式,它们都可以经过适当变形,化为"$\dfrac{0}{0}$"型或"$\dfrac{\infty}{\infty}$"型未定式.

例 3 求下列极限.

(1) $\lim\limits_{x\to+\infty}x(\dfrac{\pi}{2}-\arctan x)$; (2) $\lim\limits_{x\to 1}(\dfrac{x}{x-1}-\dfrac{1}{\ln x})$;

(3) $\lim\limits_{x\to 0^+}(\dfrac{1}{x})^{\tan x}$; (4) $\lim\limits_{x\to 1}x^{\frac{1}{1-x}}$.

解 (1) $\lim\limits_{x\to+\infty}x(\dfrac{\pi}{2}-\arctan x)=\lim\limits_{x\to+\infty}\dfrac{\dfrac{\pi}{2}-\arctan x}{\dfrac{1}{x}}=\lim\limits_{x\to+\infty}\dfrac{-\dfrac{1}{1+x^2}}{-\dfrac{1}{x^2}}$

$$=\lim_{x\to+\infty}\frac{x^2}{1+x^2}=1.$$

(2) $\lim\limits_{x\to 1}(\dfrac{x}{x-1}-\dfrac{1}{\ln x})=\lim\limits_{x\to 1}\dfrac{x\ln x-x+1}{(x-1)\ln x}=\lim\limits_{x\to 1}\dfrac{\ln x+1-1}{\ln x+\dfrac{x-1}{x}}$

$$=\lim_{x\to 1}\frac{\ln x}{\ln x+1-\dfrac{1}{x}}=\lim_{x\to 1}\frac{\dfrac{1}{x}}{\dfrac{1}{x}+\dfrac{1}{x^2}}=\frac{1}{2}.$$

(3) 这是"∞^0"型未定式,利用对数恒等式$(\dfrac{1}{x})^{\tan x}=e^{-\tan x\ln x}$,有

$$\lim_{x\to 0^+}(\frac{1}{x})^{\tan x}=\lim_{x\to 0^+}e^{-\tan x\ln x}=e^{-\lim\limits_{x\to 0^+}\tan x\ln x}=e^{-\lim\limits_{x\to 0^+}\frac{\ln x}{\frac{1}{\tan x}}}$$

$$=e^{-\lim\limits_{x\to 0^+}\frac{\frac{1}{x}}{-\csc^2 x}}=e^{\lim\limits_{x\to 0^+}\frac{\sin^2 x}{x}}=e^0=1.$$

(4) $\lim\limits_{x\to 1}x^{\frac{1}{1-x}}=\lim\limits_{x\to 1}e^{\frac{1}{1-x}\ln x}=\lim\limits_{x\to 1}e^{\frac{\ln x}{1-x}}=e^{\lim\limits_{x\to 1}\frac{\ln x}{1-x}}=e^{\lim\limits_{x\to 1}\frac{\frac{1}{x}}{-1}}=e^{-1}$.

洛必达法则是求未定式的一种有效方法,但使用时要注意结合其他求极限的方法,如两个重要极限与等价无穷小代换等,以达到简化运算的目的. 另外,使用洛必

达法则时,一定要随时注意检验是否满足所需条件.

例 4　求 $\lim\limits_{x \to +\infty} \dfrac{x - \sin x}{x}$.

这是"$\dfrac{\infty}{\infty}$"型未定式,若直接使用洛必达法则,有

$$\lim_{x \to +\infty} \frac{x - \sin x}{x} = \lim_{x \to +\infty} (1 - \cos x),$$

右端的极限不存在.因为这个未定式不满足洛必达法则的第三个条件($\lim\limits_{x \to +\infty} \dfrac{f'(x)}{g'(x)}$存在或为 ∞).实际上,正确的解法是:

解　$\lim\limits_{x \to +\infty} \dfrac{x - \sin x}{x} = \lim\limits_{x \to +\infty} (1 - \dfrac{\sin x}{x}) = 1 - \lim\limits_{x \to +\infty} \dfrac{1}{x} \cdot \sin x = 1 - 0 = 1.$

二、函数的单调性与极值

1. 函数的单调性

单调性是函数的重要性态之一,它既决定着函数增加和减少的状况,又能帮助我们研究函数的极值,还能证明某些不等式和分析函数的图形.下面利用导数来判断函数的单调性.

定理 2.14　设函数 $f(x)$ 在闭区间$[a,b]$上连续,在开区间(a,b) 可导,则有

(1) 若在(a,b) 内 $f'(x) > 0$,则函数 $f(x)$ 在$[a,b]$上单调增加;

(2) 若在(a,b) 内 $f'(x) < 0$,则函数 $f(x)$ 在$[a,b]$上单调减少.

注意　若把定理中的闭区间换成其他各种区间,结论仍然成立.

例 5　讨论函数 $f(x) = x^3 - 6x^2 + 9x - 2$ 的单调性.

解　函数 $f(x)$ 的定义域为$(-\infty, +\infty)$.

$$f'(x) = 3x^2 - 12x + 9 = 3(x-1)(x-3).$$

当 $x \in (-\infty, 1)$ 时,$f'(x) > 0$,故函数 $f(x) = x^3 - 6x^2 + 9x - 2$ 在$(-\infty, 1]$上单调增加;

当 $x \in (1,3)$ 时,$f'(x) < 0$,故函数 $f(x) = x^3 - 6x^2 + 9x - 2$ 在$[1,3]$上单调减少;

当 $x \in (3, +\infty)$ 时,$f'(x) > 0$,故函数 $f(x) = x^3 - 6x^2 + 9x - 2$ 在$[3, +\infty)$上单调增加.

例 6　讨论函数 $y = \sqrt[3]{x^2}$ 的单调性.

解　函数 $y = \sqrt[3]{x^2}$ 在$(-\infty, +\infty)$内连续,当 $x \neq 0$ 时,

$$y' = \frac{2}{3 \cdot \sqrt[3]{x}}.$$

当 $x = 0$ 时,导数 $f'(0)$ 不存在.

当 $x \in (-\infty, 0)$ 时，$f'(x) < 0$，故函数 $y = \sqrt[3]{x^2}$ 在$(-\infty, 0]$上单调增加；

当 $x \in (0, +\infty)$ 时，$f'(x) > 0$，故函数 $y = \sqrt[3]{x^2}$ 在$[0, +\infty)$上单调减少.

例 7　试证当 $x > 0$ 时，不等式 $\ln(1+x) < x$.

证明　令 $f(x) = \ln(1+x) - x$，由于 $f(x)$ 在$[0, +\infty)$上连续，且

$$f'(x) = \frac{1}{1+x} - 1.$$

当 $x > 0$ 时，$f'(x) < 0$，故函数 $f(x) = \ln(1+x) - x$ 在$[0, +\infty)$上单调减少，从而有 $f(x) < f(0) = 0$，即 $\ln(1+x) - x < 0$. 所以，当 $x > 0$ 时，$\ln(1+x) < x$.

2. 函数的极值

微课

函数的极值及其求法

定义 2.13　设函数 $f(x)$ 在点 x_0 的某邻域内有定义，若对该邻域内任一点 $x(x \neq x_0)$ 都有

(1) $f(x) < f(x_0)$，则称 $f(x_0)$ 为函数 $f(x)$ 的**极大值**，x_0 称为函数 $f(x)$ 的**极大值点**；

(2) $f(x) > f(x_0)$，则称 $f(x_0)$ 为函数 $f(x)$ 的**极小值**，x_0 称为函数 $f(x)$ 的**极小值点**.

函数的极大值和极小值统称为**极值**，极大值点和极小值点统称为**极值点**(见图 2-8).

定理 2.15(极值的必要条件)　若函数 $f(x)$ 在 x_0 处可导，且在 x_0 处取得极值，则 $f'(x_0) = 0$.

方程 $f'(x) = 0$ 的实根叫做函数 $f(x)$ 的**驻点**.

由定理 2.15 知，可导函数的极值点必定是它的驻点，但函数的驻点不一定是它的极值点. 例如，对函数 $f(x) = x^3$ 来说，$f'(0) = 0$，但当 $x < 0$ 时 $f(x) < 0$；当 $x > 0$ 时 $f(x) > 0$，所以 $x = 0$ 不是它的极值点(见图 2-9).

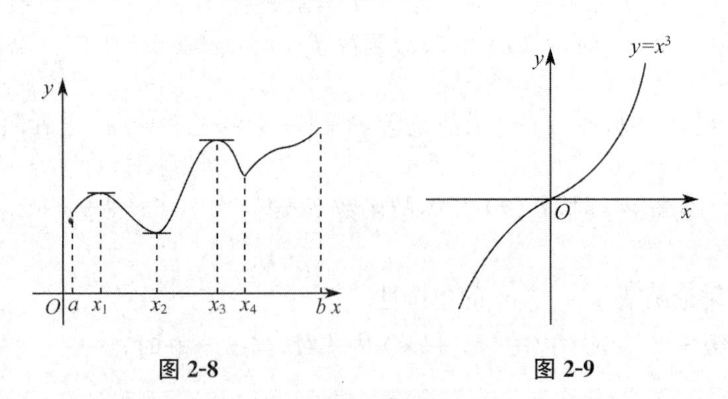

图 2-8　　图 2-9

另外，函数还可能在连续但不可导的点处取得极值. 例如，函数 $y = |x|$，显然在 $x = 0$ 处连续但不可导，但 $x = 0$ 为该函数的极小值点.

综上所述,函数在其驻点或不可导的点处取得极值.

定理 2.16(极值判定第一充分条件)　设函数 $f(x)$ 在点 x_0 处连续,且在点 x_0 的某一去心邻域内可导.若

(1) 当 $x < x_0$ 时,$f'(x) > 0$,当 $x > x_0$ 时,$f'(x) < 0$,则函数 $f(x)$ 在点 x_0 处取得极大值;

(2) 当 $x < x_0$ 时,$f'(x) < 0$,当 $x > x_0$ 时,$f'(x) > 0$,则函数 $f(x)$ 在点 x_0 处取得极小值;

(3) 当 $x < x_0$ 与 $x > x_0$ 时,$f'(x)$ 具有相同的符号,则函数 $f(x)$ 在点 x_0 处无极值.

由此可得求连续函数极值的步骤:

(1) 确定函数的定义域;

(2) 求出使 $f'(x) = 0$ 和 $f'(x)$ 不存在的点,即求出定义域内所有驻点与不可导点;

(3) 用这些点将函数的定义域分成若干个子区间,在每个子区间上确定 $f'(x)$ 的符号;

(4) 根据驻点与不可导点两侧 $f'(x)$ 的符号确定极值点,并求出极值.

例 8　求函数 $f(x) = x^3 - 6x^2 + 9x - 3$ 的极值.

解　函数 $f(x)$ 的定义域为$(-\infty, +\infty)$,且

$$f'(x) = 3x^2 - 12x + 9 = 3(x-1)(x-3).$$

令 $f'(x) = 0$,得驻点 $x = 1, x = 3$,且 $f(x)$ 无不可导点.列表讨论如下:

x	$(-\infty, 1)$	1	$(1, 3)$	3	$(3, +\infty)$
$f'(x)$	$+$	0	$-$	0	$+$
$f(x)$	↗	极大值点	↘	极小值点	↗

由上表可知,函数 $f(x)$ 的极大值是 $f(1) = 1$,极小值是 $f(3) = -3$.如图 2-10 所示.

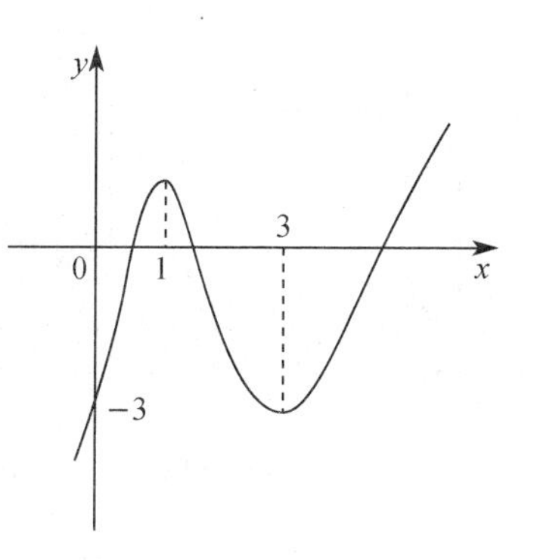

图 2-10

定理 2.17(极值判定第二充分条件)　设函数 $f(x)$ 在点 x_0 处具有二阶导数,且 $f'(x_0) = 0, f''(x_0) \neq 0$,则

(1) 当 $f''(x_0) < 0$ 时,函数 $f(x)$ 在点 x_0 处取得极大值;

(2) 当 $f''(x_0) > 0$ 时,函数 $f(x)$ 在点 x_0 处取得极小值.

若可导函数在驻点处具有不为零的二阶导数，则可用定理 2.17 判定该驻点是否为极值点，有时这种方法比前述方法简便一些.

例 9　求函数 $f(x)=x^3-3x$ 的极值.

解　函数 $f(x)$ 的定义域为 $(-\infty,+\infty)$，且

$$f'(x)=3x^2-3=3(x+1)(x-1),f''(x)=6x.$$

令 $f'(x)=0$，得驻点 $x=-1,x=1$.

由于 $f''(-1)=-6<0,f''(1)=6>0$. 所以函数有极大值 $f(-1)=2$，极小值 $f(1)=-2$.

3. 函数的最大值与最小值

微课

函数的最值及其求法

若函数 $f(x)$ 在闭区间 $[a,b]$ 上连续，则 $f(x)$ 在 $[a,b]$ 上必有最大值和最小值，且只能在区间 (a,b) 内的极值点（驻点或不可导点）或区间的端点处取得. 于是，求闭区间 $[a,b]$ 上连续函数的最值就是求出上述各点的函数值进行比较，其中最大者就是最大值，最小者就是最小值.

注意　函数的极值是函数的局部性态，而函数的最大值和最小值则是指定区域内的整体性态，两者不可混淆.

例 10　求函数 $y=\sqrt[3]{(x^2-2x)^2}$ 在 $[0,3]$ 上的最大值和最小值.

解　由于函数在 $[0,3]$ 上连续且 $y'=\dfrac{4(x-1)}{3\sqrt[3]{x^2-2x}}$. 所以，函数在 $(0,3)$ 内的驻点为 $x=1$，不可导点为 $x=2$.

又 $y(0)=y(2)=0,y(1)=1,y(3)=\sqrt[3]{9}$，故函数在 $[0,3]$ 上的最大值为 $y(3)=\sqrt[3]{9}$，最小值为 $y(0)=y(2)=0$.

对于实际问题，往往根据问题的性质就可断定目标函数 $f(x)$ 确有最大值（或最小值）. 此时，若在定义区间内只有唯一的驻点 x_0，则无须讨论 $f(x_0)$ 是否为极值，就可断定 $f(x_0)$ 一定是所求的最大值（或最小值）.

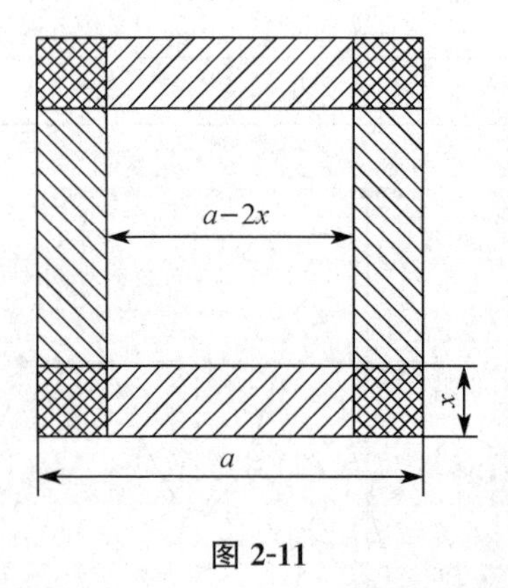

图 2-11

例 11　设有一块边长为 a 的正方形铁皮（见图 2-11），在每个角截去同样大小的正方形，问截去正方形的边长多大，才能使剩下的铁皮折成的无盖方盒的容积最大？

解　设截去正方形的边长为 x，则方盒的容积为

$$V=(a-2x)^2x\left(0<x<\frac{a}{2}\right),$$

$$V'=a^2-8ax+12x^2=(a-2x)(a-6x).$$

令 $V'=0$,得驻点 $x=\frac{a}{2}$(不合题意舍去),$x=\frac{a}{6}$.

由于 V 在 $\left(0,\frac{a}{2}\right)$ 内只有唯一的驻点 $x=\frac{a}{6}$,且盒子的最大容积是存在的,所以当 $x=\frac{a}{6}$ 时,V 取得最大值,即方盒的容积最大.

*三、曲线的凹凸性、拐点及渐近线

为了准确地描绘函数的图形,除了知道函数的定义域、连续性、单调性、极值和最值等情况外,还需要掌握曲线的弯曲情况(凹凸性)及曲线的渐进状态等.

1. 曲线的凹凸性与拐点

如图 2-12 所示,$\overset{\frown}{ACB}$ 与 $\overset{\frown}{ADB}$ 都是上升的,但弯曲程度完全不同. $\overset{\frown}{ACB}$ 是向上凸的曲线弧,$\overset{\frown}{ADB}$ 是向上凹的曲线弧.

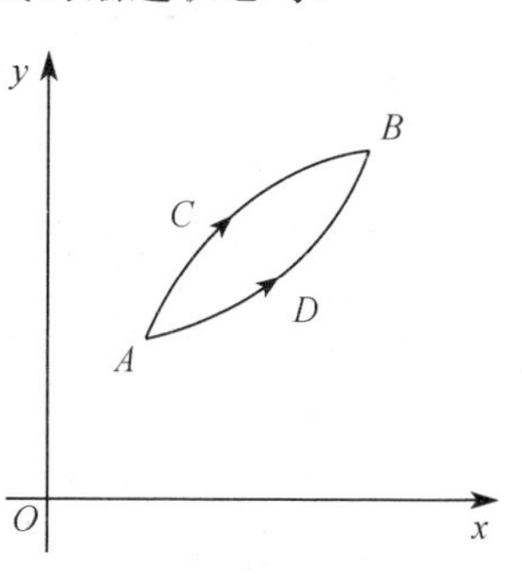

图 2-12

从几何上看,在有的曲线弧上,任取两点,则连结这两点的弦总是位于这两点间的弧段上方(见图 2-13a);而有的曲线则正好相反(见图 2-13b). 曲线的这种性质就是曲线的凹凸性. 下面给出曲线凹凸性的定义.

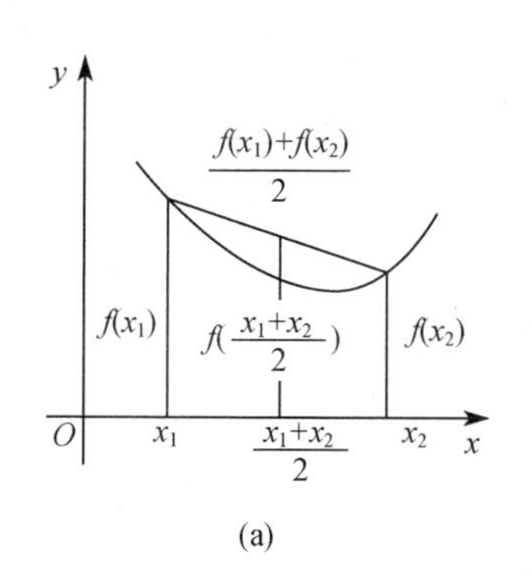

(a)

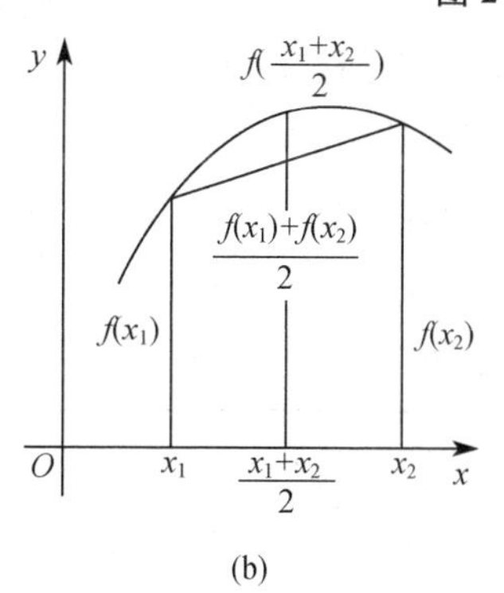

(b)

图 2-13

定义 2.14　设 $f(x)$ 在区间 I 上连续,若对 I 上任意两点 x_1,x_2,恒有

$$f\left(\frac{x_1+x_2}{2}\right)<\frac{f(x_1)+f(x_2)}{2},$$

则称函数 $f(x)$ 在 I 上的图形是**向上凹的**(简称凹的),向上凹的曲线弧称为**凹弧**;若恒有

$$f\left(\frac{x_1+x_2}{2}\right)>\frac{f(x_1)+f(x_2)}{2},$$

则称函数 $f(x)$ 在 I 上的图形是**向上凸的**(简称凸的),向上凸的曲线弧称为**凸弧**.

若函数 $f(x)$ 在区间 I 内有二阶导数,则可以利用二阶导数来判断曲线的凹凸性.

定理 2.18 设函数 $f(x)$ 在 I 内具有二阶导数,则

(1) 若在 I 内 $f''(x)>0$,则曲线 $y=f(x)$ 在 I 内是凹的;

(2) 若在 I 内 $f''(x)<0$,则曲线 $y=f(x)$ 在 I 内是凸的.

定义 2.15 连续曲线 $y=f(x)$ 上凹弧与凸弧的分界点,称为曲线 $y=f(x)$ 的**拐点**.

由于拐点是曲线凹凸的分界点,所以拐点左右两侧 $f''(x)$ 必然异号. 因此,曲线拐点的横坐标 x_0 只可能是使 $f''(x)=0$ 的点或 $f''(x)$ 不存在的点. 从而可得判断曲线凹凸与拐点的方法步骤:

(1) 求出函数的定义域;

(2) 求出 $f''(x)$,找出使 $f''(x)=0$ 的点及 $f''(x)$ 不存在的点;

(3) 用上述各点把函数的定义域分成若干个子区间,再在各子区间内考察 $f''(x)$ 的符号,从而判定曲线在各小区间的凹凸及曲线的拐点,并写出最后的结论.

例 12 求曲线 $y=x^4-2x^3+1$ 的凹凸区间及拐点.

解 函数的定义域为$(-\infty,+\infty)$,且

$$y'=4x^3-6x^2,y''=12x^2-12x=12x(x-1).$$

令 $y''=0$,得 $x=0$,$x=1$. 列表讨论如下:

x	$(-\infty,0)$	0	$(0,1)$	1	$(1,+\infty)$
y''	+	0	−	0	+
y	凹	拐点	凸	拐点	凹

所以,曲线在$(-\infty,0]$,$[1,+\infty)$ 内是凹的;在$[0,1]$ 内是凸的;$(0,1)$ 和$(1,0)$ 是曲线的拐点.

2. 曲线的渐近线

在描绘函数图形时，还需要清楚图形无限延伸的趋势. 例如，双曲线 $y=\dfrac{1}{x}$ 有渐近线 $x=0$ 和 $y=0$. 通过渐近线，可以更清楚地看出双曲线的延伸趋势. 下面给出渐近线的定义.

定义 2.16　对于曲线 $y=f(x)$，若 $\lim\limits_{x\to x_0}f(x)=\infty$（$\lim\limits_{x\to x_0^-}f(x)=\infty$ 或 $\lim\limits_{x\to x_0^+}f(x)=\infty$），则称直线 $x=x_0$ 为曲线 $y=f(x)$ 的**垂直渐近线**（垂直于 x 轴）.

例如，曲线 $f(x)=\dfrac{1}{(x+1)(x-2)}$ 有两条垂直渐近线 $x=-1$，$x=2$.

定义 2.17　设曲线 $y=f(x)$ 的定义域是无穷区间，若 $\lim\limits_{x\to\infty}f(x)=b$（$\lim\limits_{x\to-\infty}f(x)=b$ 或 $\lim\limits_{x\to+\infty}f(x)=b$），则称直线 $y=b$ 为曲线 $y=f(x)$ 的**水平渐近线**（平行于 x 轴）.

例如，曲线 $y=\mathrm{e}^x$ 有水平渐近线（$\lim\limits_{x\to-\infty}\mathrm{e}^x=0$）；曲线 $y=\arctan x$ 有两条水平渐近线 $y=\pm\dfrac{\pi}{2}$（$\lim\limits_{x\to-\infty}\arctan x=-\dfrac{\pi}{2}$，$\lim\limits_{x\to+\infty}\arctan x=\dfrac{\pi}{2}$）.

例 13　求曲线 $y=\dfrac{1}{x-1}$ 的水平渐近线和垂直渐近线.

解　由于 $\lim\limits_{x\to\infty}\dfrac{1}{x-1}=0$，因此，$y=0$ 是曲线 $y=\dfrac{1}{x-1}$ 的水平渐近线；

又由于 $\lim\limits_{x\to1}\dfrac{1}{x-1}=\infty$，因此，$x=1$ 是曲线 $y=\dfrac{1}{x-1}$ 的一条垂直渐近线.

3. 函数图形的描绘

综合前面的讨论，描绘函数的图形可按下述步骤进行：

(1) 确定函数的定义域与值域；

(2) 考察函数的奇偶性及周期性；

(3) 求出 $f'(x)=0$ 与 $f''(x)=0$ 的点及 $f'(x)$ 与 $f''(x)$ 不存在的点；

(4) 列表讨论函数的单调区间、极值、凹凸区间、拐点；

(5) 考察曲线的渐近线；

(6) 求出某些特殊点的坐标，如曲线与坐标轴的交点、极值点、拐点等；

(7) 用光滑曲线描绘出函数的图形.

例 14　描绘函数 $y=\dfrac{4(x+1)}{x^2}-2$ 的图形.

解　该函数的定义域为 $(-\infty,0)\cup(0,+\infty)$，且 $y'=-\dfrac{4(x+2)}{x^3}$，

$y''=\dfrac{8(x+3)}{x^4}$.

令 $y'=0$,得驻点 $x=-2$;令 $y''=0$,得 $x=-3$. 由于使 y' 和 y'' 不存在的点 $x=0$ 不在定义域内,所以不予考虑. 列表讨论单调性、极值、凹凸性、拐点如下:

x	$(-\infty,-3)$	-3	$(-3,-2)$	-2	$(-2,0)$	0	$(0,+\infty)$
y'	$-$		$-$	0	$+$		$-$
y''	$-$	0	$+$		$+$		$+$
y	↘	$-2\dfrac{8}{9}$	↘	-3	↗	间断点	↘
(y)	凸	拐点	凹	极小值	凹		凹

因为 $\lim\limits_{x\to\infty}\left(\dfrac{4(x+1)}{x^2}-2\right)=-2$,所以 $y=-2$ 是水平渐近线.

又因为 $\lim\limits_{x\to 0}\left(\dfrac{4(x+1)}{x^2}-2\right)=\infty$,所以 $x=0$ 是垂直渐近线.

描出几个点 $A(-1,-2)$,$B(1,6)$,$C(2,1)$,$D\left(3,-\dfrac{2}{9}\right)$,极小值点为 $E(-2,-3)$,拐点为 $F\left(-3,-2\dfrac{8}{9}\right)$,与 x 轴的交点为 $(1+\sqrt{3},0)$,$(1-\sqrt{3},0)$.

根据以上讨论作出函数的图形,如图 2-14 所示.

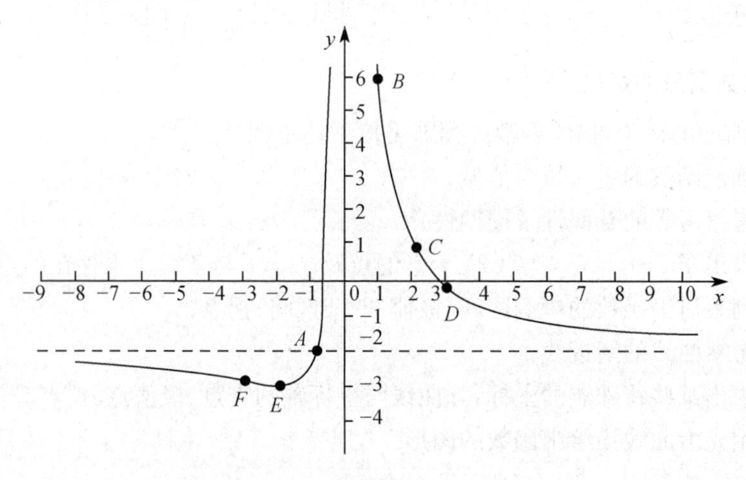

图 2-14

*四、二元函数的极值

微课
二元函数的极值与最值

1. 多元函数的极值

定义 2.18 设函数 $z=f(x,y)$ 在点 $P_0(x_0,y_0)$ 的某一邻域内恒有

$$f(x,y)<f(x_0,y_0)(\text{或 } f(x,y)>f(x_0,y_0))$$

成立，则称函数 $z=f(x,y)$ 在点 (x_0,y_0) 取得**极大值**（或**极小值**）$f(x_0,y_0)$，极大值与极小值统称为**极值**，取得极值的点 $P_0(x_0,y_0)$ 称为**极值点**.

例如，函数 $f(x,y)=1-x^2-y^2$（见图 2-15）在点 $(0,0)$ 处的值 $f(0,0)=1$，而在点 $(0,0)$ 的某邻域内函数值恒小于 1，故函数在 $(0,0)$ 处取得极大值 1. 又如函数 $z=\sqrt{x^2+y^2}$（见图 2-16）在点 $(0,0)$ 处的值为 0，而在点 $(0,0)$ 的某邻域内函数值恒大于 0，故函数在点 $(0,0)$ 处取得极小值 0.

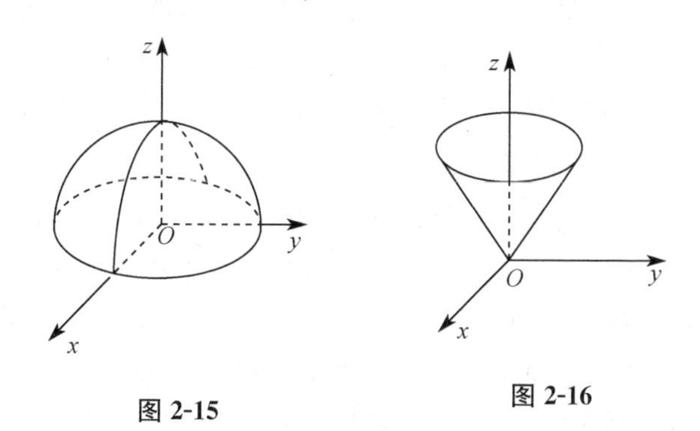

图 2-15　　图 2-16

以前曾应用导数求一元函数的极值. 类似地，这里也可以用偏导数求二元函数的极值.

定理 2.19（极值存在的必要条件） 若函数 $z=f(x,y)$ 在点 $P_0(x_0,y_0)$ 处有极值，且 $f_x(x_0,y_0)$，$f_y(x_0,y_0)$ 存在，则必有 $f_x(x_0,y_0)=0$，$f_y(x_0,y_0)=0$.

使一阶偏导数 $f_x(x_0,y_0)=0$，$f_y(x_0,y_0)=0$ 同时成立的点 $P_0(x_0,y_0)$ 称为函数的驻点.

由定理 2.19 知，可导函数的极值点必为驻点，但函数的驻点不一定是极值点. 例如，函数 $z=xy$ 在 $(0,0)$ 处函数值为 0，且 $z_x=y$，$z_y=x$ 在点 $(0,0)$ 均为零，但在点 $(0,0)$ 的任意一个邻域内函数既可取得正值，又可取得负值，故函数在点 $(0,0)$ 不取得极值. 所以两个偏导数为 0 只是极值存在的必要条件.

定理 2.20（极值存在的充分条件） 设函数 $z=f(x,y)$ 在点 $P_0(x_0,y_0)$ 的某个邻域内具有二阶连续偏导数，且 $f_x(x_0,y_0)=f_y(x_0,y_0)=0$. 若记 $A=f_{xx}(x_0,y_0)$，$B=f_{xy}(x_0,y_0)$，$C=f_{yy}(x_0,y_0)$，则

(1) 当 $B^2-AC<0$ 时，点 $P_0(x_0,y_0)$ 是极值点. 且若 $A<0$，点 $P_0(x_0,y_0)$ 为极大值点；若 $A>0$，点 $P_0(x_0,y_0)$ 为极小值点；

(2) 当 $B^2-AC>0$ 时，点 $P_0(x_0,y_0)$ 不是极值点；

(3) 当 $B^2-AC=0$ 时，点 $P_0(x_0,y_0)$ 可能是极值点，也可能不是极值点，需另作讨论.

例 15 求函数 $f(x,y)=x^3+y^3-3xy$ 的极值.

解 解方程组

$$\begin{cases} f_x(x,y)=3x^2-3y=0, \\ f_y(x,y)=3y^2-3x=0 \end{cases}$$

得，驻点分别为(0,0)，(1,1). 求出二阶导数

$$f_{xx}(x,y)=6x, f_{xy}(x,y)=-3, f_{yy}(x,y)=6y.$$

在点(0,0) 处，$B^2-AC=(-3)^2-0=9>0$，故在(0,0) 点不取得极值.

在点(1,1) 处，$B^2-AC=(-3)^2-6\times 6=-27<0$，$A=6>0$，故函数在点(1,1) 处取得极小值，极小值为 $f(1,1)=1^3+1^3-3\times 1\times 1=-1$.

2. 多元函数的最大值与最小值

已知有界闭区域 D 上的连续函数一定有最大值和最小值. 若在区域 D 的内部取得最大值或最小值，则对可微函数讲，最值点必为驻点或一阶偏导数中至少有一个不存在的点，然而，函数的最值也可能在区域的边界上取得. 因此，求有界闭区域 D 上二元函数的最大值和最小值时，先求出函数在 D 内的驻点、一阶偏导数不存在的点处的函数值及该函数在区域边界上的值，比较这些值，其中最大者就是函数在 D 上的最大值，最小者就是函数在 D 上的最小值.

对于实际问题，若根据问题的实际意义知道函数在 D 内存在最大值(或最小值)，又知函数在 D 内可微，且只有唯一的驻点，则该驻点处的函数值就是所求的最大值(或最小值).

例 16 要制造一个无盖的长方体水槽，已知它的底部造价为 18 元 / 米^2，侧面造价为 6 元 / 米^2，设计的总造价为 216 元，问如何设计才能使水槽的容积最大？

解 设水槽的长、宽、高分别为 x,y,z，则容积为 $V=xyz\,(x>0,y>0,z>0)$.

由题设知 $18xy+6(2xz+2yz)=216$，即 $3xy+2z(x+y)=36$，解出 $z=\dfrac{3}{2}\cdot\dfrac{12-xy}{x+y}$，代入 $V=xyz$ 中，得二元函数

$$V=\frac{3}{2}\cdot\frac{12xy-x^2y^2}{x+y}.$$

求 V 对 x,y 的偏导数

$$V_x=\frac{3}{2}\cdot\frac{(12y-2xy^2)(x+y)-(12xy-x^2y^2)}{(x+y)^2},$$

$$V_y=\frac{3}{2}\cdot\frac{(12x-2x^2y)(x+y)-(12xy-x^2y^2)}{(x+y)^2}.$$

令 $V_x=0,V_y=0$,得方程组

$$\begin{cases}(12y-2xy^2)(x+y)-(12xy-x^2y^2)=0,\\(12x-2x^2y)(x+y)-(12xy-x^2y^2)=0,\end{cases}$$

解得驻点$(2,2)$,$(-2,-2)$(舍去),再代入 $z=\frac{3}{2}\cdot\frac{12-xy}{x+y}$ 得 $z=3$.

由问题的实际意义知,函数 $V(x,y)$ 在 $x>0,y>0$ 时确有最大值,又因为 $V=V(x,y)$ 可微且只有唯一的驻点,所以取长为 2 m,宽为 2 m,高为 3 m 时,水槽的容积最大.

3. 条件极值

在实际问题中,求极值或最值时,其自变量常常受一些条件的限制. 如在例 16 中,求函数 $V=xyz$ 的最大值,自变量 x,y,z 要受条件 $3xy+2z(x+y)=36$ 的约束,这类问题称为**条件极值**. 而对自变量仅仅限制在定义域内,再无其他约束条件的极值问题称为**无条件极值**.

求解条件极值的常用方法是拉格朗日乘数法. 其具体步骤如下:

(1) 构造辅助函数 $L(x,y,\lambda)=f(x,y)+\lambda\varphi(x,y)$,称为**拉格朗日函数**,$\lambda$ 称为**拉格朗日乘数**;

(2) 解方程组

$$\begin{cases}L_x=f_x+\lambda\varphi_x=0,\\L_y=f_y+\lambda\varphi_y=0,\\L_\lambda=\varphi(x,y),\end{cases}$$

得可能的极值点(x,y). 在实际问题中,往往就是所求的极值点.

拉格朗日乘数法可以推广到两个以上自变量或一个以上约束条件的情况.

例 17　用拉格朗日乘数法求解例 16.

解　按题意,要求函数 $V=xyz$ 在条件 $3xy+2z(x+y)=36$ 下的最大值. 构造拉格朗日函数为

$$L(x,y,z,\lambda)=xyz+\lambda(3xy+2zx+2zy-36),$$

求 $L(x,y,z,\lambda)$ 的偏导数,令其等于 0,并联立方程组

$$\begin{cases} L_x = yz + 3\lambda y + 2\lambda z = 0, \\ L_y = xz + 3\lambda x + 2\lambda z = 0, \\ L_z = xy + 2\lambda x + 2\lambda y = 0, \\ L_\lambda = 3xy + 2xz + 2yz - 36, \end{cases}$$

解得 $x = 2, y = 2, z = 3$.

由问题本身可知最大值一定存在,且可能的极值点唯一,因此当长为 2 m,宽为 2 m,高为 3 m 时,水槽容积最大.

习题 2-6

1. 求下列极限.

(1) $\lim\limits_{x\to 0}\dfrac{e^x - e^{-x}}{\sin x}$;　(2) $\lim\limits_{x\to 0^+}\dfrac{\ln\cot x}{\ln x}$;　(3) $\lim\limits_{x\to 0}\dfrac{\tan x - x}{x^2\sin x}$;

(4) $\lim\limits_{x\to 1}(1-x)\tan(\dfrac{\pi}{2}x)$;　(5) $\lim\limits_{x\to 0}(\dfrac{1}{x}-\dfrac{1}{e^x-1})$;　(6) $\lim\limits_{x\to 0^+}(\cot x)^{\tan x}$;

(7) $\lim\limits_{x\to +\infty}(\dfrac{2}{\pi}\arctan x)^x$;　(8) $\lim\limits_{x\to 0}(1+x^2)^{\frac{1}{x}}$.

2. 求下列函数的单调区间.

(1) $y = 2x + \dfrac{8}{x}(x>0)$;　(2) $y = \dfrac{10}{4x^3 - 9x^2 + 6x}$.

3. 求下列函数的极值.

(1) $f(x) = 2x^3 - 3x^2 - 12x + 21$;　(2) $y = x + \sqrt{1-x}$.

4. 证明下列不等式.

(1) 当 $x \leqslant 0$ 时,$x \leqslant \arctan x$,当时 $x \geqslant 0$ 时,$x \geqslant \arctan x$;

(2) 当 $x > 0$ 时,$e^x > 1 + x$.

5. 求下列函数在给定区间上的最大值与最小值.

(1) $y = x + 2\sqrt{x}, x \in [0,4]$;　(2) $y = \sin 2x - x, x \in \left[-\dfrac{\pi}{2},\dfrac{\pi}{2}\right]$.

6. 要做一个圆锥形漏斗,其母线长 20 cm,问其高应为多少才能使漏斗体积最大?

7. 有甲、乙两城,甲城位于一直线形的河岸边,乙城离岸边 40 千米,乙城到岸边的垂足与甲城相距 50 千米,两城要在此河边合建一水厂取水,从水厂到甲城和到乙城的水管费用分别为 500 元/千米和 700 元/千米,问此水厂建在河边何处,才能使水管费用最省?

*8. 求下列函数图形的凹凸区间和拐点.

(1) $y = x^3 - 5x^2 + 3x - 5$;　(2) $y = \ln(1+x^2)$.

*9. 求函数 $y = \dfrac{e^x}{1+x}$ 的渐近线.

*10. 作出下列函数的图形.

(1) $y = x^3 - x^2 - x + 1$;　(2) $y = \dfrac{x}{x^2+1}$;　(3) $y = xe^{-x}$;　(4) $y = \dfrac{\ln x}{x}$

*11. 求下列函数的极值.

(1) $f(x,y)=(x^2+y^2)^2-2(x^2-y^2)$;

(2) $f(x,y)=\ln(1+x^2+y^2)+1-\frac{x^3}{15}-\frac{y^2}{4}$.

*12. 求二元函数 $z=1-x^2-y^2$ 在条件 $y=2$ 下的极值.

*13. 某工厂要建造一座长方形的厂房,其体积为150万立方米,已知前墙和屋顶每单位面积的造价分别是其他墙身造价的3倍和1.5倍,问厂房前墙的长度和厂房的高度各为多少时,厂房的造价最小?

*第七节　用 Mathematica 求导数及应用问题

一、基本求导命令及示例

在 Mathematica 软件中,求函数的导数及导数的应用通常包含下列命令格式:

命令格式	代表含义
D[f,x]	对函数 f 求关于变量 x 的导数
D[f,{x,n}]	对函数 f 求关于变量 x 的 n 阶导数
Dt[f]	求函数 f 的微分或全微分
D[f,x,NonConstants->{y,z,…}]	对函数 f 求关于变量 x 的偏导数,将 $y,z,\cdots$ 视为 x 的函数
Plot[Evaluate[D[f,x]],{x,a,b}]	画出函数 $f(x)$ 的导函数 $f'(x)$ 在区间 $[a,b]$ 上的图形
Simplify[expr]	化简表达式 expr
Solve[f[x]==0,x]	求出方程 $f(x)=0$ 的全部根
FindMinimum[f,{x,x0}]	求函数 f 在 x_0 附近的极小值
Maximize[{f,cond},{x}]	求函数 f 在条件 cond 下的最大值
Minimize[{f,cond},{x}]	求函数 f 在条件 cond 下的最小值
Maximize[f,{x}]	求函数 f 在整个定义域内的最大值
Minimize[f,{x}]	求函数 f 在整个定义域内的最小值

例1　求下列函数的导数:

(1) $y=t^t+t$;　(2) $y=\sin^n x\cos nx$;

(3) $y=x\sin(\sin x)$;　(4) 求 $y=\sin ax\cos bx$ 在 $x=1$ 处的导数.

解　In[1]:= D[t^t+t,t]

Out[1]= 1+t^t(1+Log[t])

In[2]: = D[Sin[x]^n * Cos[n * x], x]

Out[2] = nCos[x]Cos[nx]Sin[x]$^{-1+n}$ − nSin[x]^{n}Sin[nx]

In[3]: = D[x * Sin[Sin[x]], x]

Out[3] = xCos[x]Cos[Sin[x]] + Sin[Sin[x]]

In[4]: = v = D[Sin[a * x] * Cos[b * x], x]

Out[4] = aCos[ax]Cos[bx] − bSin[ax]Sin[bx]

In[5]: = v/. x −> 1　　　　　　　　(* 把 $x=1$ 代入导数 v 中 *)

Out[5] = aCos[a]Cos[b] − bSin[a]Sin[b]

例 2　求下列函数的高阶导数.

(1) $y=x\sin x$, 求五阶导数；　(2) $y=\sin(f(x))$, 求三阶导数.

解　In[1]: = D[x * Sin[x], {x, 5}]

Out[1] = xCos[x] + 5Sin[x]

In[2]: = D[Sin[f[x]], {x, 3}]

Out[2] = − Cos[f[x]]f′[x]^3 − 3Sin[f[x]]f′[x]f″[x] + Cos[f[x]]f$^{(3)}$[x]

例 3　求参数方程的导数 $\frac{dy}{dx}$.

(1) $\begin{cases} x=t(1-\sin t), \\ y=t\cos t; \end{cases}$　　(2) $\begin{cases} x=\arcsin t, \\ y=\sqrt{1-t^2}. \end{cases}$

解　(* 定义参数方程求导公式 *)

In[1]: = pD[x_, y_, t_]: = Module[{s = D[y, t], r = D[x, t]}, Simplify[s/r]]

In[2]: = pD[t * (1 − Sin[t]), t * Cos[t], t]

Out[2] = $\frac{-\text{Cos[t]} + \text{tSin[t]}}{-1 + \text{tCos[t]} + \text{Sin[t]}}$

In[3]: = pD[ArcSin[t], Sqrt[1 − t^2], t]

Out[3] = − t

本例也可直接求导，如(1) 可写为

In[4]: = x = t * (1 − Sin[t]); y = t * Cos[t]; s = D[y, t]; r = D[x, t]; Simplify[s/r]

二、导数应用问题

例 4　求函数 $y=x^3-x^2-x+1$ 在 $[-2,2]$ 上的极值和最值.

用命令 FindMinimum 求函数极小值时，一般可借助于 Plot 函数先作出函数的图像，由图像确定初始值，再利用 FindMinimum 求出 $f(x)$ 在 x_0 附近的极小值，Mathematica 系统中没有求极大值的具体命令，可采用下列格式间接求函数的极大值：

格式：FindMinimum[－f,{x,x0}]

即求函数 $-f(x)$ 的极小值 W，从而得到 $f(x)$ 的极大值为 $-W$.

解　In[1]：＝f[x_]：＝x^3－x^2－x＋1

In[2]：＝Plot[f[x],{x,－2,2}]　（＊ 画出函数的图形 ＊）

Out[2]＝

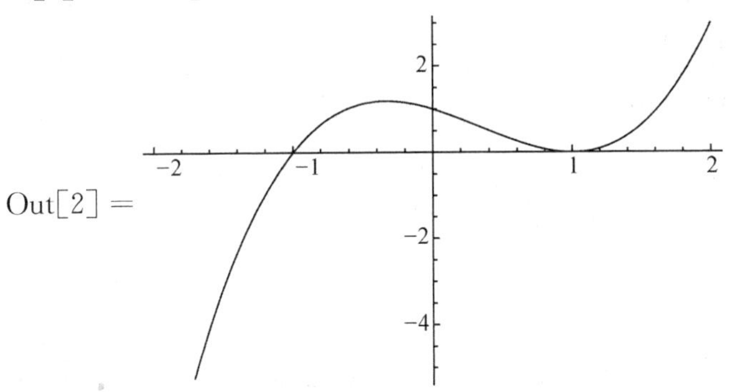

In[3]：＝FindMinimum[f[x],{x,1.5}]　（＊ 由图形找函数在 1.5 附近的极小值 ＊）

Out[3]＝{0.,{x－＞1.}}

In[4]：＝FindMinimum[－f[x],{x,－1}]　（＊ 由图形找函数在－1 附近的极大值 ＊）

Out[4]＝{－1.18519,{x－＞－0.333333}}

（＊ 综上述，函数 $f(x)$ 在 $x=1$ 处有极小值 0；在 $x=-0.333\,333$ 处有极大值 1.185 19 ＊）

In[5]：＝Maximize[{f[x],－2＜＝x＜＝2},{x}]　（＊ 求函数在[－2,2]上的最大值 ＊）

Out[5]＝{3,{x－＞2}}

In[6]：＝Minimize[{f[x],－2＜＝x＜＝2},{x}]　（＊ 求函数在[－2,2]上的最小值 ＊）

Out[6]＝{－9,{x－＞－2}}

*习题 2-7

1. 求函数 $y=\cos\sqrt{x}$ 的导数 y' 及二阶导数 y''.

2. 求参数方程 $\begin{cases} x=a\cos^3 t, \\ y=a\sin^3 t \end{cases}$ $(0\leqslant t\leqslant 2\pi)$ 所确定函数 $y=y(x)$ 的导数 $\dfrac{\mathrm{d}y}{\mathrm{d}x}$.

3. 画出函数 $y=\mathrm{e}^{-x}\cos 5x$ 的四阶导函数在区间[0,3]上的图形.

4. 绘制函数 $y=\sqrt[3]{(x^2-2x)^2}$ 在[0,3]上的图形,并求该函数在[0,3]上的极值和最值.

复习题二

一、填空题

1. 若 $f(u)$ 可导,则 $y=f(\sin\sqrt{x})$ 的导数为____________.

2. 若 $f'(3)=2$,则 $\lim\limits_{h\to 0}\dfrac{f(3-4h)-f(3)}{3h}=$____________.

3. $f(x)=x^{\frac{2}{3}}$ 的极小值是____________.

4. 设 $z=\mathrm{e}^{xy}+x^2y$,则 $\dfrac{\partial z}{\partial x}=$____________,$\dfrac{\partial z}{\partial y}=$____________.

5. 已知 $xy+x+y=1$,则 $\dfrac{\mathrm{d}y}{\mathrm{d}x}=$____________.

二、选择题

1. 设 $f(x)$ 可导,且下列各极限均存在,则下列等式不成立的是(　　).

A. $\lim\limits_{x\to 0}\dfrac{f(x)-f(0)}{x}=f'(0)$

B. $\lim\limits_{h\to 0}\dfrac{f(a+2h)-f(a)}{h}=f'(a)$

C. $\lim\limits_{\Delta x\to 0}\dfrac{f(x_0)-f(x_0-\Delta x)}{\Delta x}=f'(x_0)$

D. $\lim\limits_{\Delta x\to 0}\dfrac{f(x_0+\Delta x)-f(x_0-\Delta x)}{2\Delta x}=f'(x_0)$

2. 设 $f(x)=\begin{cases}x^2-2x+2, & x>1,\\ 1, & x\leqslant 1,\end{cases}$ 则 $f(x)$ 在 $x=1$ 处(　　).

A. 不连续　　　　B. 连续,但不可导

C. 连续且有一阶导数　　　　D. 有任意阶导数

3. 下列四个函数在[−1,1]上满足罗尔定理条件的是(　　).

A. $y=8|x|+1$　　　　B. $y=4x^2+1$

C. $y=\dfrac{1}{x^2}$　　　　D. $y=|\sin x|$

4. 函数 $y=3x^5-5x^3$ 在 $\mathbf{R}$ 上有(　　).

A. 四个极值点　　B. 三个极值点　　C. 二个极值点　　D. 一个极值点

5. 函数 $z=\dfrac{1}{\ln(x+y)}$ 的定义域是(　　).

A. $x+y\neq 0$　　　　B. $x+y>0$

C. $x+y\neq 1$　　　　D. $x+y>0$ 且 $x+y\neq 1$

三、综合题

1. 求下列函数的导数.

(1) $y=(\arctan x^2)^2$；　　(2) $y=x\sqrt{1-x^2}+\arcsin x$；

(3) $y=\ln\tan(2x^2+\frac{1}{x})$；　　(4) $y=x+\arctan y$；

(5) $y=(\frac{x-1}{x+1})^{\sin x}$；　　(6) $y=\frac{\sqrt{x-2}(3-x)^4}{\sqrt[3]{x+1}}$；

(7) $\begin{cases}x=\ln(1+t^2),\\ y=t-\arctan t.\end{cases}$

2. 求下列函数的二阶导数.

(1) $y=\ln(1-x^2)$；　　(2) $y=(1+x^2)\cos x$.

3. 求下列函数的微分.

(1) $y=\frac{x}{1+x^2}$；　　(2) $y=e^{ax}\cos bx$；　　(3) $y=\sin xy$.

4. 利用微分求下列各式的近似值.

(1) $\sin 30.5°$；　　(2) $\sqrt[6]{65}$.

5. 求下列函数的极限.

(1) $\lim\limits_{x\to 0}\frac{x}{\ln\cos x}$；　　(2) $\lim\limits_{x\to\frac{\pi}{2}}\frac{\ln\sin x}{(\pi-2x)^2}$；

(3) $\lim\limits_{x\to\infty}x(e^{\frac{1}{x}}-1)$；　　(4) $\lim\limits_{x\to\frac{\pi}{4}}(\tan x)^{\tan 2x}$.

6. 求下列多元函数的偏导数.

(1) $z=e^x\sin y$；　　(2) $z=\ln\frac{x}{y}$；　　(3) $z^3-3xyz=0$.

7. 求下列函数的全微分.

(1) $z=\sin(x^2+y^2)$；　　(2) $u=\ln(x+y^2+z^3)$.

8. 利用函数的单调性证明下列不等式.

(1) 当 $0<x<\frac{\pi}{2}$ 时，$\tan x>x$；　(2) 当 $x>0$ 时，$x-\frac{x^2}{2}<\ln(1+x)<x$.

9. 求下列函数的极值.

(1) $y=x-\ln(1+x)$；　　(2) $z=x^2-xy+y^2+9x-6y+20$.

10. 铁路 AB 段的距离为 100 千米，AC 与 AB 垂直，现要在 AB 间一点 D 向 C 修一条公路，使从原料供应站 B 运货到工厂所用费用最省，问 D 应选在何处(已知铁路与公路每千米运费之比为 3∶5)？

第三章　不定积分　定积分及其应用

微分学的基本问题是：已知一个函数，求它的导数. 但在科学技术领域中经常会遇到相反的问题：已知一个函数的导数，求原来的函数，由此产生了积分学. 积分学由两个基本部分组成：不定积分和定积分. 本章着重研究不定积分与定积分的概念、性质及基本积分方法，并把定积分推广到积分区间为无限区间或被积函数为无界函数的情形，最后讨论定积分的应用.

第一节　不定积分

随堂测试

一、不定积分的概念与性质

1. 不定积分的概念

定义 3.1　若在区间 I 上可导函数 $F(x)$ 的导函数为 $f(x)$，即对任一 $x \in I$，都有

$$F'(x) = f(x) \text{ 或 } \mathrm{d}F(x) = f(x)\mathrm{d}x,$$

则称函数 $F(x)$ 为 $f(x)$ 在区间 I 上的**原函数**.

例如，由于 $(\sin x)' = \cos x$，所以 $\sin x$ 是 $\cos x$ 的原函数；又由于 $(x^2)' = 2x$，$(x^2-1)' = 2x$，$(x^2+C)' = 2x$（C 为任意常数），所以 x^2，x^2-1，x^2+C 都是 $2x$ 的原函数.

研究原函数必须解决以下两个问题：

(1) 一个函数的原函数在什么条件下存在？若存在，是否唯一？

(2) 若已知某函数的原函数存在，如何求出原函数？

关于第一个问题，有下面的两个定理；至于第二个问题，则是本章要介绍的各种积分法.

定理 3.1　若函数 $f(x)$ 在区间 I 上连续，则函数 $f(x)$ 在区间 I 上存在原函数 $F(x)$.

由于初等函数在其定义区间上连续，所以由定理 3.1 知，初等函数在其定义区间上存在原函数.

定理 3.2　若 $F(x)$ 是函数 $f(x)$ 在区间 I 上的一个原函数，则函数 $f(x)$ 有无穷多个原函数，且它们彼此相差一个常数.

定理 3.2 说明，若一个函数有原函数，则它必有无穷多个原函数，且它们彼此相差一个常数. 所以，要求函数 $f(x)$ 的所有原函数，只需求出函数 $f(x)$ 的一个原函数 $F(x)$，然后再加上任意常数 C，即用 $F(x)+C$ 表示函数 $f(x)$ 的所有的原函数.

定义 3.2　若函数 $F(x)$ 是 $f(x)$ 在区间 I 上的一个原函数，则函数 $f(x)$ 的全体原函数 $F(x)+C$ 称为 $f(x)$ 在区间 I 上的**不定积分**，记做 $\int f(x)\mathrm{d}x$，即

$$\int f(x)\mathrm{d}x = F(x)+C.$$

其中记号“$\int$”称为**积分号**，$f(x)$ 称为**被积函数**，$f(x)\mathrm{d}x$ 称为**被积表达式**，x 称为**积分变量**，C 称为**积分常数**.

例 1　求下列不定积分.

(1) $\int \cos x\mathrm{d}x$；　(2) $\int \frac{\mathrm{d}x}{\sqrt{1-x^2}}$；

(3) $\int x^{\mu}\,\mathrm{d}x(\mu\neq -1)$；　(4) $\int \frac{1}{x}\mathrm{d}x$.

解　(1) 由于 $(\sin x)'=\cos x$，所以 $\int \cos x\mathrm{d}x=\sin x+C$.

(2) 由于 $(\arcsin x)'=\frac{1}{\sqrt{1-x^2}}$，所以 $\int \frac{\mathrm{d}x}{\sqrt{1-x^2}}=\arcsin x+C$.

(3) 由于 $\left(\frac{x^{\mu+1}}{\mu+1}\right)'=x^{\mu}$，所以 $\int x^{\mu}\,\mathrm{d}x=\frac{x^{\mu+1}}{\mu+1}+C$.

(4) 当 $x>0$ 时，$(\ln x)'=\frac{1}{x}$；当 $x<0$ 时，$[\ln(-x)]'=\frac{(-x)'}{-x}=\frac{1}{x}$，所以

$$\int \frac{1}{x}\mathrm{d}x=\ln|x|+C.$$

函数 $f(x)$ 的一个原函数 $F(x)$ 的图形称为 $f(x)$ 的一条**积分曲线**. 显然 $y=F(x)+C$ 的图形是由曲线 $y=F(x)$ 沿 y 轴方向上、下任意平行移动而得到的无穷多条曲线构成的曲线族，称为函数 $f(x)$ 的**积分曲线族**，这就是不定积分的几何意义. 在积分曲线族中，所有曲线在横坐标相同的点处的切线相互平行(见图 3-1).

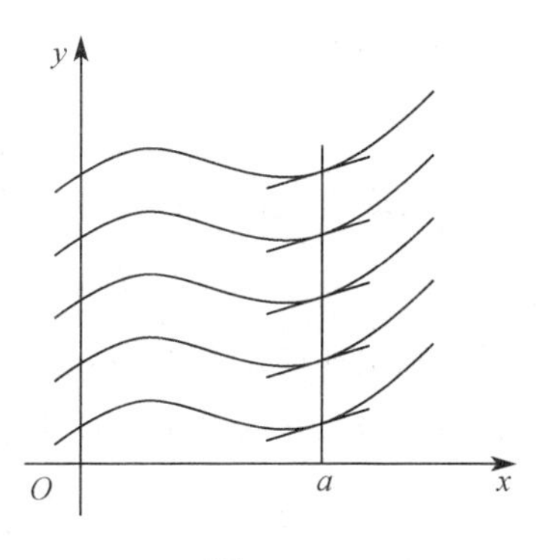

图 3-1

求不定积分的运算叫做积分运算，积分运算与微分运算互为逆运算，具有如下关系：

(1) $\left(\int f(x)\mathrm{d}x\right)' = f(x)$ 或 $\mathrm{d}\left(\int f(x)\mathrm{d}x\right) = f(x)\mathrm{d}x$;

(2) $\int F'(x)\mathrm{d}x = F(x) + C$ 或 $\int \mathrm{d}F(x) = F(x) + C$.

2. 不定积分的基本积分公式

由于积分运算是微分运算的逆运算,所以由导数的基本公式得到相应的不定积分的基本积分公式.为方便起见,现将不定积分的基本积分公式列表如下:

(1) $\int k\mathrm{d}x = kx + C$($k$ 为常数);

(2) $\int x^{\mu}\mathrm{d}x = \dfrac{x^{\mu+1}}{\mu+1} + C(\mu \neq -1)$;

(3) $\int \dfrac{\mathrm{d}x}{x} = \ln|x| + C$;

(4) $\int a^x\mathrm{d}x = \dfrac{1}{\ln a}a^x + C(a > 0, a \neq 1)$;

(5) $\int \mathrm{e}^x\mathrm{d}x = \mathrm{e}^x + C$;

(6) $\int \sin x\mathrm{d}x = -\cos x + C$;

(7) $\int \cos x\mathrm{d}x = \sin x + C$;

(8) $\int \csc^2 x\mathrm{d}x = -\cot x + C$;

(9) $\int \sec^2 x\mathrm{d}x = \tan x + C$;

(10) $\int \sec x\tan x\mathrm{d}x = \sec x + C$;

(11) $\int \csc x\cot x\mathrm{d}x = -\csc x + C$;

(12) $\int \dfrac{\mathrm{d}x}{\sqrt{1-x^2}} = \arcsin x + C = -\arccos x + C$;

(13) $\int \dfrac{\mathrm{d}x}{1+x^2} = \arctan x + C = -\mathrm{arccot}\, x + C$.

以上 13 个基本积分公式是求不定积分的基础,学习时应与相应求导公式对照记忆.

3. 不定积分的性质

由不定积分的定义可以推得不定积分具有下列性质:

性质 1 设函数 $f(x)$ 的原函数存在,k 为非零常数,则

$$\int kf(x)\mathrm{d}x = k\int f(x)\mathrm{d}x.$$

性质 2 设函数 $f(x)$ 与 $g(x)$ 的原函数都存在,则

$$\int [f(x) \pm g(x)]\mathrm{d}x = \int f(x)\mathrm{d}x \pm \int g(x)\mathrm{d}x.$$

利用性质 1、性质 2 可将结论推广到 n 个函数上来,即设 $k_i(i = 1,2,\cdots,n)$ 为实数,$f_i(x)(i = 1,2,\cdots,n)$ 存在原函数,则

$$\int \sum_{i=1}^{n} k_i f_i(x)\mathrm{d}x = \sum_{i=1}^{n} k_i \int f_i(x)\mathrm{d}x,$$

例 2 求下列不定积分.

(1) $\int(3\sqrt{x}-\cos x)\mathrm{d}x$； (2) $\int(10^x+\tan^2 x)\mathrm{d}x$；

(3) $\int\frac{1}{\sin^2 x\cos^2 x}\mathrm{d}x$； (4) $\int\frac{x^4}{1+x^2}\mathrm{d}x$.

解 (1) $\int(3\sqrt{x}-\cos x)\mathrm{d}x=\int 3\sqrt{x}\mathrm{d}x-\int\cos x\mathrm{d}x=2x^{\frac{3}{2}}-\sin x+C$.

(2) $$\int(10^x+\tan^2 x)\mathrm{d}x=\int 10^x\mathrm{d}x+\int\tan^2 x\mathrm{d}x=\int 10^x\mathrm{d}x+\int(\sec^2 x-1)\mathrm{d}x$$
$$=\int 10^x\mathrm{d}x+\int\sec^2 x\mathrm{d}x-\int 1\mathrm{d}x=\frac{10^x}{\ln 10}+\tan x-x+C.$$

(3) $$\int\frac{1}{\sin^2 x\cos^2 x}\mathrm{d}x=\int\frac{\sin^2 x+\cos^2 x}{\sin^2 x\cos^2 x}\mathrm{d}x=\int(\frac{1}{\cos^2 x}+\frac{1}{\sin^2 x})\mathrm{d}x$$
$$=\int\frac{\mathrm{d}x}{\cos^2 x}+\int\frac{\mathrm{d}x}{\sin^2 x}=\tan x-\cot x+C.$$

(4) $$\int\frac{x^4}{1+x^2}\mathrm{d}x=\int\frac{x^4-1+1}{1+x^2}\mathrm{d}x=\int(x^2-1+\frac{1}{1+x^2})\mathrm{d}x$$
$$=\frac{1}{3}x^3-x+\arctan x+C.$$

注意 (1) 分项积分后，不必在每个积分结果中都“$+C$”，只需总的加一个常数 C 即可.

(2) 为了检验积分结果是否正确，可将积分结果求导，看是否等于被积函数即可.

二、不定积分的积分法

利用基本积分公式及不定积分的性质，只能计算出少量简单函数的不定积分，因此还需要进一步研究不定积分的计算方法. 常用的基本积分法是换元积分法和分部积分法，本节将讨论不定积分的第一、二类换元法和分部积分法.

(一) 第一类换元积分法(凑微分法)

在微分法中，复合函数的微分法是一种重要的方法，积分法作为微分法的逆运算，也有相应的方法，就是换元积分法.

微课
不定积分的第一换元积分法

定理 3.3 若 $\int f(u)\mathrm{d}u=F(u)+C$，且 $u=\varphi(x)$ 具有连续导数，则
$$\int f[\varphi(x)]\,\varphi'(x)\mathrm{d}x=\int f[\varphi(x)]\,\mathrm{d}\varphi(x)=F[\varphi(x)]+C.$$

这种求不定积分的方法叫做**第一类换元积分法**(或**凑微分法**). 凑微分法的关键

是把被积函数表达式凑成 $f[\varphi(x)]\mathrm{d}\varphi(x)$ 的形式. 下面通过例子介绍凑微分法的思路.

例 3 求下列不定积分.

(1) $\int \frac{\mathrm{d}x}{2x+3}$; (2) $\int x\sqrt{1-x^2}\,\mathrm{d}x$; (3) $\int \sin^2 x\cos x\mathrm{d}x$; (4) $\int \frac{\mathrm{e}^{\sqrt{x}}}{\sqrt{x}}\,\mathrm{d}x$.

解 (1) 对照基本积分公式表,上式与公式(3) 相似,若把 $\mathrm{d}x$ 写成 $\mathrm{d}(2x+3)$,则可用定理 3.3 及公式(3),为此将 $\mathrm{d}x$ 写成 $\mathrm{d}x=\frac{1}{2}\mathrm{d}(2x+3)$,代入式中,有

$$\int \frac{\mathrm{d}x}{2x+3}=\frac{1}{2}\int \frac{\mathrm{d}(2x+3)}{2x+3} \xlongequal{\text{令 } u=2x+3} \frac{1}{2}\int \frac{\mathrm{d}u}{u}$$

$$=\frac{1}{2}\ln|u|+C=\frac{1}{2}\ln|2x+3|+C.$$

(2) 上式与基本积分公式表中(2) 相似,为此将 $x\mathrm{d}x$ 写成 $-\frac{1}{2}\mathrm{d}(1-x^2)$ 代入式中,有

$$\int x\sqrt{1-x^2}\,\mathrm{d}x=-\frac{1}{2}\int \sqrt{1-x^2}\mathrm{d}(1-x^2) \xlongequal{\text{令 } u=1-x^2} -\frac{1}{2}\int \sqrt{u}\,\mathrm{d}u$$

$$=-\frac{1}{3}u^{\frac{3}{2}}+C=-\frac{1}{3}(1-x^2)^{\frac{3}{2}}+C.$$

(3) $\int \sin^2 x\cos x\mathrm{d}x=\int \sin^2 x\mathrm{d}\sin x \xlongequal{\text{令 } u=\sin x} \int u^2\mathrm{d}u=\frac{1}{3}u^3+C=\frac{1}{3}\sin^3 x+C.$

(4) $\int \frac{\mathrm{e}^{\sqrt{x}}}{\sqrt{x}}\,\mathrm{d}x=2\int \mathrm{e}^{\sqrt{x}}\mathrm{d}\sqrt{x} \xlongequal{\text{令 } u=\sqrt{x}} 2\int \mathrm{e}^u\mathrm{d}u=2\mathrm{e}^u+C=2\mathrm{e}^{\sqrt{x}}+C.$

若变量代换的过程熟练以后,则可以不写出中间变量 u. 第一类换元积分法的关键是通过凑微分寻找变换 $u=\varphi(x)$,从而将原积分化为关于 u 的简单积分,再套用基本积分公式求解.

现将凑微分时常用的微分式列举如下(其中 a,b 为常数,且 $a\neq 0$):

$\mathrm{d}x=\frac{1}{a}\mathrm{d}(ax+b)$; $x\mathrm{d}x=\frac{1}{2}\mathrm{d}(x^2+b)$; $x^2\mathrm{d}x=\frac{1}{3}\mathrm{d}(x^3+b)$;

$\frac{1}{\sqrt{x}}\mathrm{d}x==2\mathrm{d}(\sqrt{x}+b)$; $\frac{1}{x}\mathrm{d}x=\mathrm{d}\ln x$; $\frac{1}{x^2}\mathrm{d}x=-\mathrm{d}(\frac{1}{x})$;

$\sin x\mathrm{d}x=-\mathrm{d}(\cos x)$; $\cos x\mathrm{d}x=\mathrm{d}(\sin x)$; $\frac{1}{1+x^2}\mathrm{d}x=\mathrm{d}(\arctan x)$;

$\frac{1}{\sqrt{1-x^2}}\mathrm{d}x=\mathrm{d}(\arcsin x)$; $\sec x\tan x\mathrm{d}x=\mathrm{d}(\sec x)$; $\sec^2 x\mathrm{d}x=\mathrm{d}(\tan x)$;

$\mathrm{e}^x\mathrm{d}x=\frac{1}{a}\mathrm{d}(a\mathrm{e}^x+b)$; $f'(x)\mathrm{d}x=\mathrm{d}(f(x))=\frac{1}{a}\mathrm{d}(af(x)+b)$.

在凑微分时，要具体问题具体分析，应在熟记基本积分公式和常用凑微分式子的基础上，通过不断练习，才能掌握这一重要的积分法.

例 4　求下列不定积分.

(1) $\int \tan x \mathrm{d}x$；(2) $\int \frac{1}{a^2+x^2}\mathrm{d}x$；(3) $\int \frac{\mathrm{d}x}{\sqrt{a^2-x^2}}(a>0)$；(4) $\int \frac{\mathrm{d}x}{x^2-a^2}$；(5) $\int \sec x \mathrm{d}x$.

解　(1) $\int \tan x \mathrm{d}x = \int \frac{\sin x}{\cos x}\mathrm{d}x = -\int \frac{\mathrm{d}\cos x}{\cos x} = -\ln|\cos x| + C$，

即

$$\int \tan x \mathrm{d}x = -\ln|\cos x| + C.$$

类似地，可得

$$\int \cot x \mathrm{d}x = \ln|\sin x| + C.$$

$$(2)\int \frac{1}{a^2+x^2}\mathrm{d}x = \frac{1}{a^2}\int \frac{\mathrm{d}x}{1+(\frac{x}{a})^2} = \frac{1}{a}\int \frac{\mathrm{d}(\frac{x}{a})}{1+(\frac{x}{a})^2} = \frac{1}{a}\arctan\frac{x}{a} + C.$$

$$(3)\int \frac{\mathrm{d}x}{\sqrt{a^2-x^2}} = \frac{1}{a}\int \frac{\mathrm{d}x}{\sqrt{1-(\frac{x}{a})^2}} = \int \frac{\mathrm{d}(\frac{x}{a})}{\sqrt{1-(\frac{x}{a})^2}} = \arcsin\frac{x}{a} + C.$$

(4) 因为 $\frac{1}{x^2-a^2} = \frac{1}{2a}(\frac{1}{x-a} - \frac{1}{x+a})$，所以

$$\begin{aligned}\int \frac{\mathrm{d}x}{x^2-a^2} &= \frac{1}{2a}\int (\frac{1}{x-a} - \frac{1}{x+a})\,\mathrm{d}x = \frac{1}{2a}\left[\int \frac{\mathrm{d}(x-a)}{x-a} - \int \frac{\mathrm{d}(x+a)}{x+a}\right] \\ &= \frac{1}{2a}[\ln|x-a| - \ln|x+a|] + C = \frac{1}{2a}\ln\left|\frac{x-a}{x+a}\right| + C.\end{aligned}$$

即

$$\int \frac{\mathrm{d}x}{x^2-a^2} = \frac{1}{2a}\ln\left|\frac{x-a}{x+a}\right| + C.$$

类似地，可得

$$\int \frac{\mathrm{d}x}{a^2-x^2} = \frac{1}{2a}\ln\left|\frac{x+a}{x-a}\right| + C.$$

$$\begin{aligned}(5)\int \sec x \mathrm{d}x &= \int \frac{1}{\cos x}\mathrm{d}x = \int \frac{\cos x}{\cos^2 x}\mathrm{d}x = -\int \frac{\mathrm{d}\sin x}{\sin^2 x - 1} = -\frac{1}{2}\ln\left|\frac{\sin x - 1}{\sin x + 1}\right| + C \\ &= -\frac{1}{2}\ln\frac{\cos^2 x}{(1+\sin x)^2} + C = \ln\left|\frac{1+\sin x}{\cos x}\right| + C \\ &= \ln|\sec x + \tan x| + C.\end{aligned}$$

即

$$\int \sec x \mathrm{d}x = \ln|\sec x + \tan x| + C.$$

类似地，可得 $$\int \csc x \mathrm{d}x = \ln|\csc x - \cot x| + C.$$

本例题得到的这几个积分以后经常用到，可以作为公式使用.

(二) 第二类换元积分法(拆微分法)

第一类换元积分法是通过变换 $u=\varphi(x)$，将积分$\int f[\varphi(x)]\varphi'(x)\mathrm{d}x$ 转化为积分$\int f(u)\mathrm{d}u$. 但对于某些带根号的无理式的积分，第一类换元积分法无法完成. 此时需要作相反的代换，即令 $x=\varphi(t)$，将积分$\int f(x)\mathrm{d}x$ 化为积分$\int f[\varphi(t)]\varphi'(t)\mathrm{d}t$. 这就是下面要讨论的第二类换元积分法.

定理 3.4 设函数 $f(x)$ 连续，$x=\varphi(t)$ 单调、可导，且 $\varphi'(t)\neq 0$. 若$\int f[\varphi(t)]\varphi'(t)\mathrm{d}t = F(t)+C$，则

$$\int f(x)\mathrm{d}x \xrightarrow[x=\varphi(t)]{\text{变量代换}} \int f[\varphi(t)]\varphi'(t)\mathrm{d}t \xrightarrow{\text{积分}} F(t)+C \xrightarrow[t=\varphi^{-1}(x)]{\text{回代}} F[\varphi^{-1}(x)]+C,$$

其中 $t=\varphi^{-1}(x)$ 是 $x=\varphi(t)$ 的反函数.

通常把这种换元积分法称为**第二类换元积分法**，又称为**拆微分法**.

第二类换元积分法的关键在于合理选取变量代换 $x=\varphi(t)$，消去被积函数中的根号，使积分的计算简单化. 下面举例说明第二换元积分法常用的几种变量代换.

1. 根式代换

若被积函数中含有根式$\sqrt[n]{ax+b}$，一般可作变量代换$\sqrt[n]{ax+b}=t$，消去根式.

例 5 求下列函数的积分.

(1)$\int \frac{x+1}{\sqrt[3]{3x+1}}\mathrm{d}x$； (2)$\int \frac{\mathrm{d}x}{(1+\sqrt[3]{x})\sqrt{x}}$.

解 (1) 为了消去被积函数中的根式，令$\sqrt[3]{3x+1}=t$，则 $x=\frac{1}{3}(t^3-1)$，$\mathrm{d}x=t^2\mathrm{d}t$，于是有

$$\int \frac{x+1}{\sqrt[3]{3x+1}}\mathrm{d}x = \int \frac{\frac{1}{3}(t^3-1)+1}{t}t^2\mathrm{d}t = \frac{1}{3}\int (t^4+2t)\,\mathrm{d}t = \frac{1}{3}\left(\frac{1}{5}t^5+t^2\right)+C$$

$$= \frac{1}{15}(3x+1)^{\frac{5}{3}} + \frac{1}{3}(3x+1)^{\frac{2}{3}} + C = \frac{1}{5}(x+2)(3x+1)^{\frac{2}{3}} + C.$$

(2) 为了同时消去两个异次根式,可令$\sqrt[6]{x}=t$,则$x=t^6$,$\mathrm{d}x=6t^5\mathrm{d}t$,于是有

$$\int\frac{\mathrm{d}x}{(1+\sqrt[3]{x})\sqrt{x}}=\int\frac{6t^5\mathrm{d}t}{(1+t^2)t^3}=6\int\frac{t^2}{1+t^2}\mathrm{d}t=6\int\left(1-\frac{1}{1+t^2}\right)\mathrm{d}t$$
$$=6(t-\arctan t)+C=6(\sqrt[6]{x}-\arctan\sqrt[6]{x})+C.$$

2. 三角代换

例 6　求下列函数的积分.

(1)$\int\sqrt{a^2-x^2}\,\mathrm{d}x\ (a>0)$;(2)$\int\frac{\mathrm{d}x}{\sqrt{x^2+a^2}}\ (a>0)$;(3)$\int\frac{\mathrm{d}x}{\sqrt{x^2-a^2}}\ (a>0)$.

解　(1) 为了消去被积函数中的根号,使两个量的平方差等于另外一个量的平方,我们联想到同角三角函数的平方关系式$\sin^2x+\cos^2x=1$. 为此,设$x=a\sin t$ $\left(-\frac{\pi}{2}<t<\frac{\pi}{2}\right)$,则$\mathrm{d}x=a\cos t\mathrm{d}t$,于是有

$$\int\sqrt{a^2-x^2}\,\mathrm{d}x=\int a\cos t\cdot a\cos t\mathrm{d}t=a^2\int\cos^2t\mathrm{d}t=\frac{a^2}{2}\int(1+\cos 2t)\,\mathrm{d}t$$
$$=\frac{a^2}{2}\left(t+\frac{1}{2}\sin 2t\right)+C=\frac{a^2}{2}(t+\sin t\cos t)+C.$$

回代,将变量t换为x. 为简便起见,根据代换$x=a\sin t$做辅助直角三角形(见图3-2). 由于$t=\arcsin\frac{x}{a}$,$\cos t=\frac{\sqrt{a^2-x^2}}{a}$. 因此

$$\int\sqrt{a^2-x^2}\,\mathrm{d}x=\frac{a^2}{2}\arcsin\frac{x}{a}+\frac{x}{2}\sqrt{a^2-x^2}+C.$$

(2) 为了去掉被积函数中的根号,利用$1+\tan^2t=\sec^2t$. 设$x=a\tan t\left(-\frac{\pi}{2}<t<\frac{\pi}{2}\right)$,则$\mathrm{d}x=a\sec^2t\mathrm{d}t$,$\sqrt{x^2+a^2}=a\sec t$,于是有

$$\int\frac{\mathrm{d}x}{\sqrt{x^2+a^2}}=\int\frac{a\sec^2t}{a\sec t}\mathrm{d}t=\int\sec t\mathrm{d}t=\ln|\sec t+\tan t|+C_1.$$

根据代换$x=a\tan t$做辅助直角三角形(见图3-3). 由于$\tan t=\frac{x}{a}$,$\sec t=\frac{\sqrt{x^2+a^2}}{a}$,因此

$$\int\frac{\mathrm{d}x}{\sqrt{x^2+a^2}}=\ln\left|\frac{x}{a}+\frac{\sqrt{x^2+a^2}}{a}\right|+C_1=\ln\left|x+\sqrt{x^2+a^2}\right|+C,$$

其中$C=C_1-\ln a$.

(3) 为了去掉被积函数中的根号,利用$\sec^2t-1=\tan^2t$. 设$x=a\sec t$(0 < t <

$\frac{\pi}{2}$),则 $\mathrm{d}x = a\sec t\tan t\mathrm{d}t$,$\sqrt{x^2-a^2} = a\tan t$,于是有

$$\int \frac{\mathrm{d}x}{\sqrt{x^2-a^2}} = \int \frac{a\sec t\tan t}{a\tan t}\,\mathrm{d}t = \int \sec t\mathrm{d}t = \ln|\sec t + \tan t| + C_1.$$

根据代换 $x = a\sec t$ 做辅助直角三角形(见图 3-4). 由于 $\sec t = \frac{x}{a}$,$\tan t = \frac{\sqrt{x^2-a^2}}{a}$,因此

$$\int \frac{\mathrm{d}x}{\sqrt{x^2-a^2}} = \ln\left|\frac{x}{a} + \frac{\sqrt{x^2-a^2}}{a}\right| + C_1 = \ln\left|x + \sqrt{x^2-a^2}\right| + C,$$

其中 $C = C_1 - \ln a$.

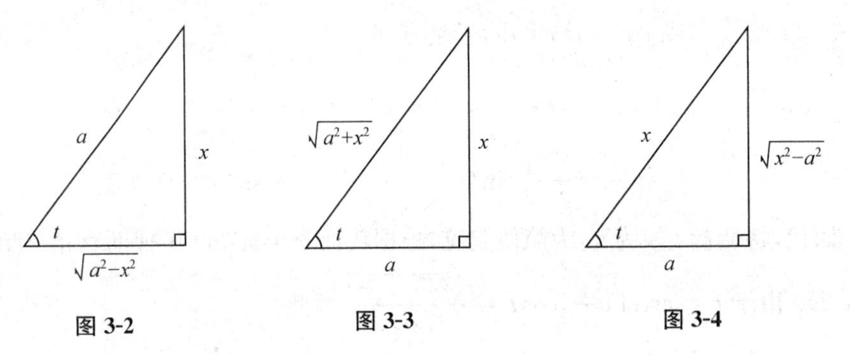

图 3-2　　图 3-3　　图 3-4

一般地,当被积函数含有

(1) $\sqrt{a^2-x^2}$,可作代换 $x = a\sin t(-\frac{\pi}{2} < t < \frac{\pi}{2})$(或 $x = a\cos t$);

(2) $\sqrt{x^2+a^2}$,可作代换 $x = a\tan t(-\frac{\pi}{2} < t < \frac{\pi}{2})$(或 $x = a\cot t$);

(3) $\sqrt{x^2-a^2}$,可作代换 $x = a\sec t(0 < t < \frac{\pi}{2})$(或 $x = a\csc t$).

通常称以上代换为**三角代换**. 具体解题时,对具体问题要具体分析,不要拘泥于上述三角代换,选取尽可能简捷的代换. 例如,$\int x\sqrt{1-x^2}\,\mathrm{d}x$ 就不必用三角代换,而用凑微分更为方便.

(三) 分部积分法

在复合函数求导法则的基础上得到了换元积分法,但当被积函数为两种不同类型的初等函数的乘积时,换元积分法不一定有效. 下面将利用两个函数乘积的微分法则来推导计算不定积分的另一种方法——分部积分法.

设函数 $u(x),v(x)$ 具有连续导数，由两函数乘积的微分公式 $\mathrm{d}(uv)=u\mathrm{d}v+v\mathrm{d}u$，得

$$u\mathrm{d}v=\mathrm{d}(uv)-v\mathrm{d}u.$$

两边积分得

$$\int u\mathrm{d}v=uv-\int v\mathrm{d}u.$$

称该公式为**分部积分公式**. 这个公式把积分 $\int u\mathrm{d}v$ 转化为 $\int v\mathrm{d}u$，当后一个积分比前一个积分容易计算时，分部积分公式就可以发挥化难为易的作用了. 当遇到被积函数为两种不同类型的初等函数乘积形式时，常应用分部积分公式.

例 7　求 $\int x\cos x\mathrm{d}x$.

解　被积表达式 $x\cos x\mathrm{d}x$ 可分解为 x 与 $\cos x\mathrm{d}x$ 的乘积. 设 $u=x,\mathrm{d}v=\cos x\mathrm{d}x=\mathrm{d}\sin x$，从而 $\mathrm{d}u=\mathrm{d}x,v=\sin x$，于是有

$$\int x\cos x\mathrm{d}x=\int x\ \mathrm{d}\sin x=x\sin x-\int \sin x\ \mathrm{d}x=x\sin x+\cos x+C.$$

若选取 $u=\cos x,\mathrm{d}v=x\mathrm{d}x$，则

$$\begin{aligned}\int x\cos x\mathrm{d}x&=\frac{1}{2}\int\cos x\mathrm{d}x^2=\frac{1}{2}(x^2\cos x-\int x^2\mathrm{d}\cos x)\\&=\frac{1}{2}(x^2\cos x+\int x^2\sin x\mathrm{d}x).\end{aligned}$$

结果被积函数中 x 的幂升高了，积分的难度反而增大. 由此可见，如果 u 和 $\mathrm{d}v$ 选取不当，就可能使不定积分的计算变得困难，所以运用分部积分法时，恰当选取 u 和 $\mathrm{d}v$ 是一个关键. 选取 u 和 $\mathrm{d}v$ 应使不定积分的计算更简便，一般应考虑下面两点：

(1) v 要容易求得(可用凑微分法求出)；

(2) $\int v\mathrm{d}u$ 要比 $\int u\mathrm{d}v$ 容易计算.

例 8　求下列函数的积分.

(1) $\int xe^x\mathrm{d}x$；　(2) $\int x\ln x\mathrm{d}x$；　(3) $\int x\arctan x\mathrm{d}x$.

解　(1) 设 $u=x,\mathrm{d}v=e^x\mathrm{d}x=\mathrm{d}e^x$，则

$$\int xe^x\mathrm{d}x=\int x\mathrm{d}e^x=xe^x-\int e^x\mathrm{d}x=xe^x-e^x+C.$$

(2)
$$\begin{aligned}\int x\ln x\mathrm{d}x&=\frac{1}{2}\int\ln x\mathrm{d}x^2=\frac{1}{2}(x^2\ln x-\int x^2\mathrm{d}\ln x)\\&=\frac{1}{2}(x^2\ln x-\int x\mathrm{d}x)=\frac{1}{2}\left(x^2\ln x-\frac{x^2}{2}\right)+C.\end{aligned}$$

$$(3)\int x\arctan x\mathrm{d}x=\frac{1}{2}\int\arctan x\mathrm{d}x^2=\frac{1}{2}\left(x^2\arctan x-\int x^2\mathrm{d}\arctan x\right)$$

$$=\frac{1}{2}\left(x^2\arctan x-\int\frac{x^2}{1+x^2}\mathrm{d}x\right)$$

$$=\frac{1}{2}\left[x^2\arctan x-\int\left(1-\frac{1}{1+x^2}\right)\mathrm{d}x\right]$$

$$=\frac{1}{2}(x^2\arctan x-x+\arctan x)+C.$$

在熟练以后，略去 u,v 的形式而直接计算.

当被积函数只有一个因子而又不能使用换元积分法时，可用分部积分法. 并且在应用分部积分法时，常用到下面的规律：

(1) 对于 $\int x^n e^{ax}\mathrm{d}x$, $\int x^n\sin bx\mathrm{d}x$, $\int x^n\cos bx\mathrm{d}x$ 等，选取 $u=x^n$；

(2) 对于 $\int x^n\ln x\mathrm{d}x$, $\int x^n\arccos x\mathrm{d}x$, $\int x^n\arctan x\mathrm{d}x$ 等，选取 $u=\ln x,\arccos x,\arctan x$；

(3) 对于 $\int e^{ax}\sin bx\mathrm{d}x$, $\int e^{ax}\cos bx\mathrm{d}x$ 等，选取 $u=e^{ax},\sin bx,\cos bx$ 均可，需采用“循环解出”的策略. 在使用多次分部积分法后，出现“循环现象”. 此时，可将该算式看成一个所求积分的方程，解出该积分即可.

例 9 求 $\int e^x\sin x\mathrm{d}x$.

解 $\int e^x\sin x\mathrm{d}x=\int\sin x\mathrm{d}e^x=e^x\sin x-\int e^x\cos x\mathrm{d}x=e^x\sin x-\int\cos x\mathrm{d}e^x$

$$=e^x\sin x-e^x\cos x-\int e^x\sin x\mathrm{d}x,$$

将再次出现的 $\int e^x\sin x\mathrm{d}x$ 移至左端，整理得所求积分为

$$\int e^x\sin x\mathrm{d}x=\frac{1}{2}e^x(\sin x-\cos x)+C.$$

注意 (1) 因为不定积分代表全体原函数，循环解出时，特别注意加上任意常数 C.

(2) 有时换元积分法和分部积分法在求积分运算时往往同时使用.

例 10 求 $\int e^{\sqrt{x}}\mathrm{d}x$.

解 令 $\sqrt{x}=t$，则 $x=t^2$，$\mathrm{d}x=2t\mathrm{d}t$，于是

$$\int e^{\sqrt{x}}\mathrm{d}x=2\int te^t\mathrm{d}t=2\int t\mathrm{d}e^t=2\left(te^t-\int e^t\mathrm{d}t\right)=2(te^t-e^t)+C$$

$$=2e^{t}(t-1)+C=2e^{\sqrt{x}}(\sqrt{x}-1)+C.$$

习题 3-1

1. 下列等式是否正确?为什么?

(1) $d(\int f(x)dx)=f(x)$;　　(2) $d(\int f(x)dx)=f(x)dx$;

(3) $\frac{d}{dx}(\int f(x)dx)=f(x)dx$;　　(4) $\frac{d}{dx}(\int f(x)dx)=f(x)+C$.

2. 填写下列括号里的式子.

(1) $d(\quad)=3dx,\int 3dx=(\quad)$;

(2) $(\quad)'=\frac{1}{\sqrt{1-x^2}},\int\frac{1}{\sqrt{1-x^2}}dx=(\quad)$;

(3) 已知 $\int f(x)e^{\frac{1}{x}}dx=e^{\frac{1}{x}}+C$,则 $f(x)=(\quad)$;

(4) $(\int\sin\sqrt{x}\,dx)'=(\quad)$.

3. 求下列不定积分.

(1) $\int\frac{dx}{x^2\sqrt{x}}$;　　(2) $\int(2^x+\sec^2x)\,dx$;

(3) $\int(\frac{2}{1+x^2}-\frac{3}{\sqrt{1-x^2}})dx$;　　(4) $\int\sec x(\sec x+\tan x)dx$;

(5) $\int\frac{x^2}{1+x^2}dx$;　　(6) $\int\frac{\cos 2x}{\sin^2x\cos^2x}dx$;

(7) $\int\cos^2\frac{x}{2}dx$;　　(8) $\int(10^x+\cot^2x)dx$;

(9) $\int e^x(a^x-\frac{e^{-x}}{\sqrt{1-x^2}})\,dx$.

4. 一曲线通过点$(e^2,3)$,且在任一点处的切线斜率等于该点横坐标的倒数,求该曲线的方程.

5. 利用换元积分法求下列不定积分.

(1) $\int\cos(2x+3)dx$;　　(2) $\int(3-2x)^{10}dx$;　　(3) $\int\frac{xdx}{1+x^2}$;

(4) $\int\frac{3x}{9+x^2}dx$;　　(5) $\int e^x\sin e^x dx$;　　(6) $\int\frac{dx}{x(1+\ln^2x)}$;

(7) $\int\frac{xdx}{\sqrt{2-3x^2}}$;　　(8) $\int\sin^2x\cos^3xdx$;　　(9) $\int\tan^3x\sec^2xdx$;

(10) $\int\frac{10^{2\arcsin x}}{\sqrt{1-x^2}}dx$;　　(11) $\int\frac{dx}{\sqrt{x}(1+x)}$;　　(12) $\int\frac{dx}{x\sqrt{x^2-1}}$.

6. 利用分部积分法求下列不定积分.

(1) $\int xe^{-3x}dx$;　　(2) $\int x\cos 5xdx$;　　(3) $\int x^2\ln xdx$;

(4) $\int(e^x-\cos x)^2\mathrm{d}x$；　(5) $\int e^{-3x}\sin 6x\mathrm{d}x$；　(6) $\int xf''(x)\mathrm{d}x$.

第二节　定　积　分

在科学技术和现实生活的许多问题中，经常需要计算某些“和式的极限”，定积分就是从各种计算“和式的极限”问题中抽象出的数学概念，它与不定积分是两个不同的数学概念.但微积分基本定理则把这两个概念联系起来，解决了定积分的计算问题，使定积分得到了广泛的应用.本节将从两个实例出发引出定积分的概念，然后讨论定积分的性质和计算方法，最后介绍广义积分的概念及其计算.

一、定积分的概念与性质

微课

定积分的概念

1. 定积分的概念

为了引入定积分的概念，先看下面的例子.

引例 1(曲边梯形的面积问题)　设函数 $y=f(x)$ 在区间$[a,b]$上非负、连续，由直线 $x=a,x=b,y=0$ 与曲线 $y=f(x)$ 所围成的图形(见图 3-5)称为**曲边梯形**，曲线弧称为它的**曲边**.

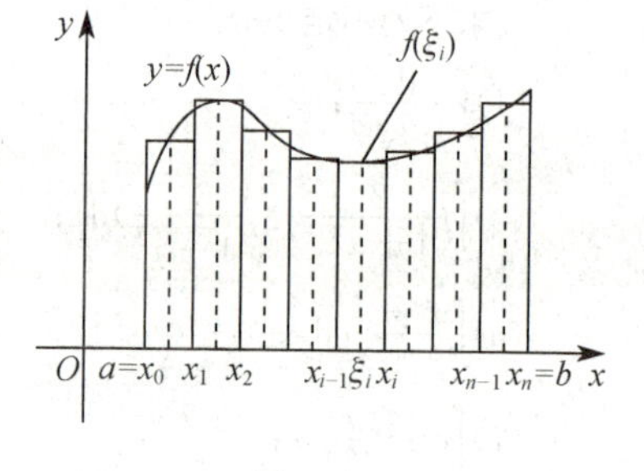

图 3-5

由于 $f(x)$ 在$[a,b]$上连续，因此当自变量的改变量 Δx 很小时，函数的改变量 Δy 也很小.所以，如果把区间$[a,b]$划分为许多小区间，经过每一个分点作平行于 y 轴的直线，把曲边梯形分成许多小曲边梯形，每个小曲边梯形可以近似地看做小矩形，则所有小矩形面积之和就是曲边梯形面积的近似值.分割越细，近似程度就越好，当把区间$[a,b]$无限细分，即每个小区间的长度都趋于零时，所有小矩形面积之和的极限就转化为曲边梯形面积的精确值 S.

根据以上分析，得到计算曲边梯形面积的步骤如下：

(1) 分割：在区间$[a,b]$内任意插入 $n-1$ 个分点 $a=x_0<x_1<x_2<\cdots<x_{n-1}<x_n=b$，把区间$[a,b]$分成 n 个小区间$[x_{i-1},x_i]$$(i=1,2,\cdots,n)$，记各小区间的长度为 Δx_i，即

$$\Delta x_i=x_i-x_{i-1}\,(i=1,2,\cdots,n),$$

过每一个分点 $x_i(i=1,2,\cdots,n)$ 作垂直于 x 轴的直线段，把曲边梯形分成 n 个小曲边梯形，其相应的面积记为 $\Delta S_i(i=1,2,\cdots,n)$，易知 $S=\sum\limits_{i=1}^{n}\Delta S_i$.

(2) 近似代替：在每个小区间$[x_{i-1},x_i]$上任取一点ξ_i，并用以$[x_{i-1},x_i]$为底，$f(\xi_i)$为高的小矩形的面积来近似替代第i个小曲边梯形的面积，从而得到这个小曲边梯形面积ΔS_i的近似值，即

$$\Delta S_i \approx f(\xi_i)\Delta x_i (i=1,2,\cdots,n).$$

(3) 求和：把这些近似值累加起来，就得到曲边梯形面积S的近似值，即

$$S=\sum_{i=1}^{n}\Delta S_i \approx \sum_{i=1}^{n} f(\xi_i)\Delta x_i.$$

(4) 取极限：若记$\lambda=\max\{\Delta x_1,\Delta x_2,\cdots,\Delta x_n\}$，则当$\lambda\to 0$时，所有小区间的长度都趋于零. 若和式极限$\lim\limits_{\lambda\to 0}\sum\limits_{i=1}^{n} f(\xi_i)\Delta x_i$存在，则它的极限值就是曲边梯形面积的精确值$S$，即

$$S=\lim_{\lambda\to 0}\sum_{i=1}^{n} f(\xi_i)\Delta x_i.$$

引例2(变速直线运动的路程问题)　设一质点作变速直线运动，已知速度$v=v(t)$是时间t的连续函数，且$v(t)\geqslant 0$，计算质点在时间间隔$[T_1,T_2]$上经过的路程s.

解决这个问题的思路和方法与求曲边梯形的面积类似. 由于速度是连续变化的，所以在很短的时间间隔内，可以用匀速运动近似代替变速运动，求出该时间间隔内路程的近似值，再求和得到整个路程的近似值，则当时间间隔$\Delta t\to 0$时，整个路程近似值的极限就是所求路程的精确值. 具体计算步骤如下：

(1) 分割：任取分点$T_1=t_0<t_1<t_2<\cdots<t_{n-1}<t_n=T_2$，把区间$[T_1,T_2]$分成$n$个小区间$[t_{i-1},t_i](i=1,2,\cdots,n)$，记每个小区间的长度为$\Delta t_i$，即

$$\Delta t_i=t_i-t_{i-1}(i=1,2,\cdots,n).$$

(2) 近似代替：任取一时刻$\tau_i\in[t_{i-1},t_i]$，用$v(\tau_i)$来近似代替$[t_{i-1},t_i]$上各个时刻的速度，于是在时间间隔$[t_{i-1},t_i]$内所走过的路程Δs_i的近似值为

$$\Delta s_i\approx v(\tau_i)\Delta t_i(i=1,2,\cdots,n).$$

(3) 求和：把这些小区间上的路程累加起来，就得到总路程的近似值，即

$$s=\sum_{i=1}^{n}\Delta s_i\approx\sum_{i=1}^{n} v(\tau_i)\Delta t_i.$$

(4) 取极限：记$\lambda=\max\{\Delta t_1,\Delta t_2,\cdots,\Delta t_n\}$. 若当$\lambda\to 0$时，和式极限$\lim\limits_{\lambda\to 0}\sum\limits_{i=1}^{n} v(\tau_i)\Delta t_i$存在，则该极限值就是质点在时间间隔$[T_1,T_2]$上所经过的路程的精确值$s$，即

$$s=\lim_{\lambda\to 0}\sum_{i=1}^{n} v(\tau_i)\Delta t_i.$$

类似的例子在物理学及工程技术领域还有很多，如旋转体的体积、变力做功问题、发电机的功率等.虽然这些问题的具体意义不同，但解决问题的思路、方法和具体步骤都相同，并且最后结果都归结为和式$\sum_{i=1}^{n} f(\xi_i)\Delta x_i$的极限问题，数学上把这类和式的极限（如果极限存在）叫做定积分.抛开这些问题的具体意义，加以概括抽象，便得到定积分的定义.

定义 3.3　设函数$f(x)$在区间$[a,b]$上有界，在$[a,b]$中任意插入$n-1$个分点$a=x_0<x_1<x_2<\cdots<x_{n-1}<x_n=b$，将区间$[a,b]$分成$n$个小区间$[x_{i-1},x_i](i=1,2,\cdots,n)$，各小区间的长度记为$\Delta x_i=x_i-x_{i-1}(i=1,2,\cdots,n)$.在每个小区间上任取一点$\xi_i\in[x_{i-1},x_i]$，作和式$\sum_{i=1}^{n} f(\xi_i)\Delta x_i$. 记$\lambda=\max\{\Delta x_1,\Delta x_2,\cdots,\Delta x_n\}$，若极限$\lim_{\lambda\to 0}\sum_{i=1}^{n} f(\xi_i)\Delta x_i$存在，且该极限值与区间$[a,b]$的分法及各小区间$[x_{i-1},x_i]$上点$\xi_i$的取法无关，则称该极限值为函数$f(x)$在区间$[a,b]$上的**定积分**（有时简称为**积分**），记做$\int_a^b f(x)\mathrm{d}x$，即

$$\int_a^b f(x)\mathrm{d}x=\lim_{\lambda\to 0}\sum_{i=1}^{n} f(\xi_i)\Delta x_i.$$

其中$f(x)$称为**被积函数**，$f(x)\mathrm{d}x$称为**被积表达式**，x称为**积分变量**，a和b分别称为**积分下限和上限**，$[a,b]$称为**积分区间**. $f(x)$在$[a,b]$上的定积分存在也称为$f(x)$在$[a,b]$上可积.

有了定积分的定义，前面两个实际问题都可用定积分表示为：

由直线$x=a,x=b,y=0$与曲线$y=f(x)(f(x)>0)$所围成的曲边梯形的面积

$$S=\int_a^b f(x)\mathrm{d}x;$$

以变速$v=v(t)(v(t)>0)$作直线运动的物体，从时刻T_1到时刻T_2所走过的路程

$$s=\int_{T_1}^{T_2} v(t)\mathrm{d}t.$$

关于定积分定义的说明：

(1) 定积分$\int_a^b f(x)\mathrm{d}x=\lim_{\lambda\to 0}\sum_{i=1}^{n} f(\xi_i)\Delta x_i$是和式$\sum_{i=1}^{n} f(\xi_i)\Delta x_i$的极限，因此定积分表示一个数，这个数只与被积函数$f(x)$及积分区间$[a,b]$有关，而与积分变量用什么字母表示无关，即$\int_a^b f(x)\mathrm{d}x=\int_a^b f(t)\mathrm{d}t=\int_a^b f(u)\mathrm{d}u$.

(2) 在定积分的定义中假定$a<b$，为了今后使用方便，对定积分作如下两个

规定：

① 当 $a>b$ 时，$\int_a^b f(x)\mathrm{d}x=-\int_b^a f(x)\mathrm{d}x$；

② 当 $a=b$ 时，$\int_a^b f(x)\mathrm{d}x=0$.

(3) 定积分存在定理.

定理 3.5　若函数 $f(x)$ 在区间 $[a,b]$ 上连续或函数 $f(x)$ 在区间 $[a,b]$ 上有界，且只有有限个第一类间断点，则函数 $f(x)$ 在区间 $[a,b]$ 上可积.

由于初等函数在其定义域内均连续，所以初等函数在其定义域内均可积. 如无特定说明，本章所讨论函数均为指定区间上的可积函数.

2. 定积分的几何意义

(1) 若在区间 $[a,b]$ 上 $f(x)\geqslant 0$，则 $\int_a^b f(x)\mathrm{d}x$ 表示由 $y=f(x)$ 与直线 $x=a$，$x=b$，x 轴围成的曲边梯形的面积 A，即 $\int_a^b f(x)\mathrm{d}x=A$（见图 3-5）.

(2) 若在区间 $[a,b]$ 上 $f(x)\leqslant 0$，曲边梯形位于 x 轴的下方，则 $\int_a^b f(x)\mathrm{d}x$ 表示由曲线 $y=f(x)$ 与直线 $x=a$，$x=b$，x 轴围成的曲边梯形面积 A 的相反数，即

$$\int_a^b f(x)\mathrm{d}x=-A.$$

(3) 若在区间 $[a,b]$ 上 $f(x)$ 有正有负，则 $\int_a^b f(x)\mathrm{d}x$ 表示由曲线 $y=f(x)$，直线 $x=a$，$x=b$ 及 x 轴所围成的平面图形位于 x 轴上方部分的面积减去位于 x 轴下方部分的面积（见图 3-6），即

$$\int_a^b f(x)\mathrm{d}x=A_1-A_2+A_3.$$

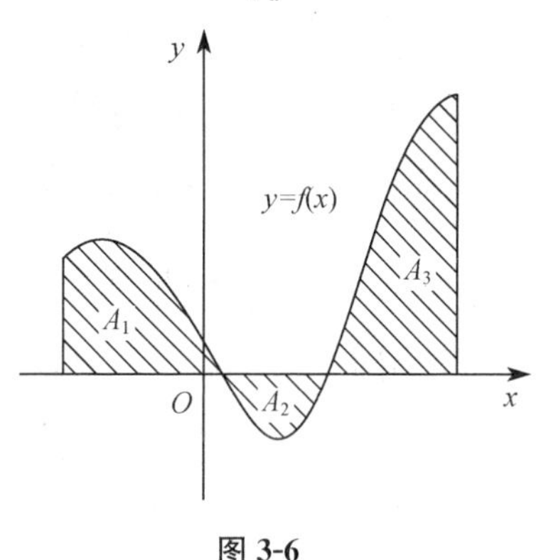

图 3-6

3. 定积分的性质

根据定积分的定义以及极限运算法则可得定积分具有如下性质.

性质 1　两个函数代数和的定积分等于它们定积分的代数和，即

$$\int_a^b [f(x)\pm g(x)]\mathrm{d}x=\int_a^b f(x)\mathrm{d}x\pm\int_a^b g(x)\mathrm{d}x.$$

此性质可推广到有限个函数代数和的情形.

性质 2　被积函数中的常数因子可以提到积分号外，即

$$\int_a^b kf(x)\mathrm{d}x = k\int_a^b f(x)\mathrm{d}x(k\text{ 为常数}).$$

性质 3 若在区间$[a,b]$上 $f(x)=k(k$ 为常数$)$,则

$$\int_a^b k\,\mathrm{d}x = k\int_a^b \mathrm{d}x = k(b-a).$$

特别地,当 $k=1$ 时,有$\int_a^b \mathrm{d}x = b-a$.

性质 4 若把区间$[a,b]$分为$[a,c]$和$[c,b]$两部分,则有

$$\int_a^b f(x)\mathrm{d}x = \int_a^c f(x)\mathrm{d}x + \int_c^b f(x)\mathrm{d}x.$$

这个性质表明定积分对于积分区间具有可加性.

实际上,无论 a,b,c 三点的相对位置如何,性质 4 仍然成立. 例如,当 $a<b<c$ 时,由性质 4 知$\int_a^c f(x)\mathrm{d}x = \int_a^b f(x)\mathrm{d}x + \int_b^c f(x)\mathrm{d}x$,于是

$$\int_a^b f(x)\mathrm{d}x = \int_a^c f(x)\mathrm{d}x - \int_b^c f(x)\mathrm{d}x = \int_a^c f(x)\mathrm{d}x + \int_c^b f(x)\mathrm{d}x.$$

性质 5(比较性质) 若在区间$[a,b]$上有 $f(x)\geqslant g(x)$,则

$$\int_a^b f(x)\mathrm{d}x \geqslant \int_a^b g(x)\mathrm{d}x.$$

该性质说明,要比较相同区间上定积分的大小,只要比较被积函数的大小即可.

推论 1 若在$[a,b]$上 $f(x)\geqslant 0$,则$\int_a^b f(x)\mathrm{d}x \geqslant 0$.

推论 2 若 $a<b$,则$\left|\int_a^b f(x)\mathrm{d}x\right| \leqslant \int_a^b |f(x)|\mathrm{d}x$.

性质 6(估值性质) 设 M 和 m 分别是 $f(x)$ 在$[a,b]$上的最大值和最小值,则

$$m(b-a) \leqslant \int_a^b f(x)\mathrm{d}x \leqslant M(b-a).$$

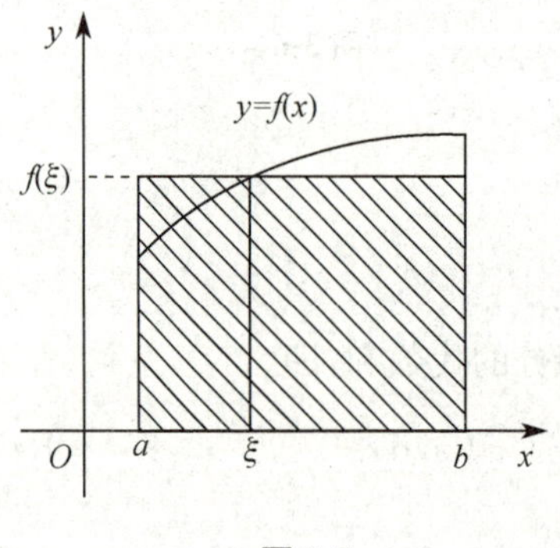

图 3-7

性质 7(积分中值定理) 若 $f(x)$ 在$[a,b]$上连续,则在$[a,b]$上至少存在一点 ξ,使

$$\int_a^b f(x)\mathrm{d}x = f(\xi)(b-a).$$

积分中值定理的几何解释:在闭区间$[a,b]$上至少存在一点 ξ,使得由曲线 $y=f(x)(f(x)\geqslant 0)$,直线 $x=a,x=b$ 及 x 轴所围成的曲边梯形的面积,恰好等于同一底边而高为 $f(\xi)$ 的矩形的面积(见图 3-7). $f(\xi)$ 称为连续函数 $f(x)$ 在区间$[a,b]$上的平均值,即

$$\bar{y}=f(\xi)=\frac{1}{b-a}\int_a^b f(x)\mathrm{d}x.$$

例 1　比较下列积分值的大小.

(1) $\int_1^2 \ln x\mathrm{d}x$ 与 $\int_1^2 (\ln x)^2\mathrm{d}x$；

(2) $\int_0^1 \mathrm{e}^x\mathrm{d}x$ 与 $\int_0^1 (1+x)\mathrm{d}x$.

解　(1) 由于在 $[1,2]$ 上 $0\leqslant \ln x<1$，所以 $\ln x\geqslant(\ln x)^2$，故有

$$\int_1^2 \ln x\mathrm{d}x\geqslant\int_1^2 (\ln x)^2\mathrm{d}x.$$

(2) 令 $f(x)=\mathrm{e}^x-(1+x)$，则 $f'(x)=\mathrm{e}^x-1$，因为在 $[0,1]$ 上 $f'(x)\geqslant 0$，即 $f(x)$ 单调增加，所以对任意 $x\in[0,1]$，都有 $f(x)\geqslant f(0)=0$，即 $\mathrm{e}^x-x-1\geqslant 0\Rightarrow$ $\mathrm{e}^x\geqslant x+1$，故有

$$\int_0^1 \mathrm{e}^x\mathrm{d}x\geqslant\int_0^1 (1+x)\mathrm{d}x.$$

例 2　估计定积分 $\int_{-1}^2 \mathrm{e}^{-x^2}\mathrm{d}x$ 值的范围.

解　因为 $f'(x)=-2x\mathrm{e}^{-x^2}$，令 $f'(x)=0$，得驻点 $x=0$，又因

$$f(0)=1,f(-1)=\mathrm{e}^{-1},f(2)=\mathrm{e}^{-4},$$

故有 $m=\mathrm{e}^{-4}$，$M=1$，由估值性质得 $3\mathrm{e}^{-4}\leqslant\int_{-1}^2 \mathrm{e}^{-x^2}\mathrm{d}x\leqslant 3$.

二、微积分基本定理

如果函数 $f(x)$ 在 $[a,b]$ 上可积，利用定积分的定义计算定积分显然是困难的，因此必须寻求简便有效的计算定积分的方法. 本节将通过研究定积分与不定积分之间的内在联系解决定积分的计算问题.

1. 积分上限函数

设函数 $f(x)$ 在区间 $[a,b]$ 上连续，x 为区间 $[a,b]$ 上的一点，则积分 $\int_a^x f(x)\mathrm{d}x$ 存在，此时 x 既表示积分上限，又表示积分变量. 因定积分与积分变量无关，为避免混淆，把积分变量 x 改写成 t，于是上面的定积分可以写成 $\int_a^x f(t)\mathrm{d}t$.

显然，当 x 在区间 $[a,b]$ 上任意变动时，对应于每一个 x 值，就有一个确定的数值 $\int_a^x f(t)\mathrm{d}t$ 与之对应，所以在区间 $[a,b]$ 上定义了一个关于上限 x 的函数，记做 $\Phi(x)$，即

$$\Phi(x)=\int_a^x f(t)\mathrm{d}t(a\leqslant x\leqslant b),$$

称函数 $\Phi(x)$ 为**积分上限函数**(或变上限积分),其几何意义如图 3-8 所示,它具有下列重要性质.

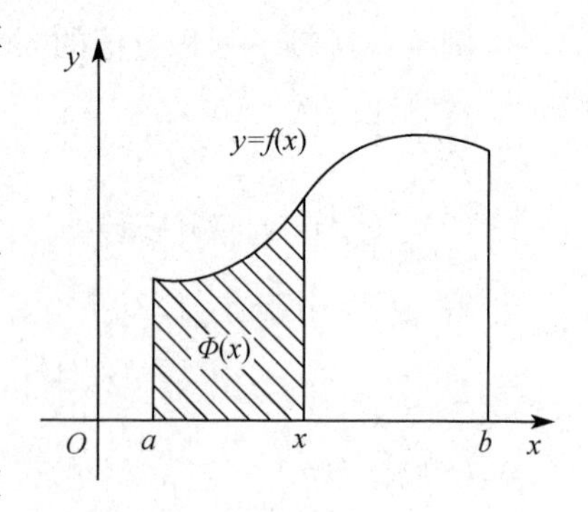

图 3-8

定理 3.6 若函数 $f(x)$ 在区间 $[a,b]$ 上连续,则积分上限函数 $\Phi(x)=\int_a^x f(t)\mathrm{d}t$ 在区间 $[a,b]$ 上可导,且其导数为

$$\Phi'(x)=\frac{\mathrm{d}}{\mathrm{d}x}\int_a^x f(t)\mathrm{d}t=f(x)(a\leqslant x\leqslant b),$$

即积分上限函数对上限 x 的导数等于被积函数在其上限处的函数值.

定理 3.6 说明,积分上限函数 $\Phi(x)$ 是连续函数 $f(x)$ 的一个原函数,因此可得如下的原函数存在定理.

定理 3.7(原函数存在定理) 若函数 $f(x)$ 在区间 $[a,b]$ 上连续,则积分上限函数 $\Phi(x)=\int_a^x f(t)\mathrm{d}t$ 就是函数 $f(x)$ 在区间 $[a,b]$ 上的一个原函数.

例 3 计算下列各题.

(1) $\frac{\mathrm{d}}{\mathrm{d}x}\int_a^x \mathrm{e}^{-t^2}\mathrm{d}t$; (2) $\frac{\mathrm{d}}{\mathrm{d}x}\int_a^{\sin x}\mathrm{e}^{-t^2}\mathrm{d}t$.

解 (1) $\frac{\mathrm{d}}{\mathrm{d}x}\int_a^x \mathrm{e}^{-t^2}\mathrm{d}t=\mathrm{e}^{-x^2}$.

(2) 令 $u=\sin x$,则 $\int_a^{\sin x}\mathrm{e}^{-t^2}\mathrm{d}t=\int_a^u \mathrm{e}^{-t^2}\mathrm{d}t$,由复合函数求导法则,得

$$\frac{\mathrm{d}}{\mathrm{d}x}\int_a^{\sin x}\mathrm{e}^{-t^2}\mathrm{d}t=\frac{\mathrm{d}}{\mathrm{d}u}\int_a^u \mathrm{e}^{-t^2}\mathrm{d}t\cdot\frac{\mathrm{d}u}{\mathrm{d}x}=\mathrm{e}^{-u^2}\cos x=\mathrm{e}^{-\sin^2 x}\cos x.$$

2. 牛顿 - 莱布尼茨公式

由定积分的定义知,以速度 $v=v(t)$ 作变速直线运动的质点,在时间间隔 $[T_1,T_2]$ 上经过的路程

$$s=\int_{T_1}^{T_2}v(t)\mathrm{d}t.$$

由于在时间间隔 $[T_1,T_2]$ 上经过的路程又可以表示为

$$s=s(T_2)-s(T_1).$$

从而

$$\int_{T_1}^{T_2}v(t)\mathrm{d}t=s(T_2)-s(T_1).$$

又因为 $s(t)$ 是 $v(t)$ 的一个原函数. 因此,函数 $v(t)$ 在区间 $[T_1,T_2]$ 上的定积分

等于它的一个原函数 $s(t)$ 在区间 $[T_1,T_2]$ 上的改变量 $s(T_2)-s(T_1)$.

一般地,有下面的结论.

定理 3.8　若函数 $F(x)$ 是连续函数 $f(x)$ 在区间 $[a,b]$ 上的一个原函数,则

$$\int_a^b f(x)\mathrm{d}x = F(b)-F(a).$$

这个定理称为**微积分基本定理**,这个公式称为**牛顿-莱布尼茨(Newton-Leibniz)公式**,它揭示了定积分与不定积分的内在联系,也表明:一个连续函数在区间 $[a,b]$ 上的定积分等于它的任一原函数在区间 $[a,b]$ 上的增量. 这样,要计算定积分只需寻找被积函数的一个原函数,再计算原函数在区间 $[a,b]$ 上的增量即可. 为定积分的计算提供了有效简便的方法.

例 4　计算下列定积分.

(1) $\displaystyle\int_1^2 \frac{\mathrm{d}x}{2+3x}$;　(2) $\displaystyle\int_{-1}^{\sqrt{3}} \frac{\mathrm{d}x}{1+x^2}$;　(3) $\displaystyle\int_0^{\pi} \sqrt{1+\cos 2x}\,\mathrm{d}x$;

(4) $\displaystyle\int_0^2 f(x)\mathrm{d}x$,其中 $f(x)=\begin{cases} 2x, & 0\leqslant x\leqslant 1, \\ 5, & 1<x\leqslant 2. \end{cases}$

解　(1) $$\int_1^2 \frac{\mathrm{d}x}{2+3x} = \frac{1}{3}\int_1^2 \frac{\mathrm{d}(2+3x)}{2+3x} = \frac{1}{3}(\ln|2+3x|)\Big|_1^2$$
$$= \frac{1}{3}[\ln 8-\ln 5] = \frac{1}{3}\ln\frac{8}{5}.$$

(2) $$\int_{-1}^{\sqrt{3}} \frac{\mathrm{d}x}{1+x^2} = \arctan x\Big|_{-1}^{\sqrt{3}} = \arctan\sqrt{3}-\arctan(-1) = \frac{\pi}{3}-\left(-\frac{\pi}{4}\right) = \frac{7}{12}\pi.$$

(3) $$\int_0^{\pi} \sqrt{1+\cos 2x}\,\mathrm{d}x = \int_0^{\pi} \sqrt{2\cos^2 x}\,\mathrm{d}x = \sqrt{2}\int_0^{\pi} |\cos x|\,\mathrm{d}x$$
$$= \sqrt{2}\left[\int_0^{\frac{\pi}{2}} \cos x\,\mathrm{d}x + \int_{\frac{\pi}{2}}^{\pi} (-\cos x)\,\mathrm{d}x\right]$$
$$= \sqrt{2}\sin x\Big|_0^{\frac{\pi}{2}} - \sqrt{2}\sin x\Big|_{\frac{\pi}{2}}^{\pi} = 2\sqrt{2}.$$

(4) $$\int_0^2 f(x)\mathrm{d}x = \int_0^1 2x\,\mathrm{d}x + \int_1^2 5\,\mathrm{d}x = x^2\Big|_0^1 + 5x\Big|_1^2 = 1+5 = 6.$$

例 5　求由抛物线 $y=x^2$ 及直线 $y=x$ 所围成的平面图形的面积.

解　解方程组 $\begin{cases} y=x^2, \\ y=x, \end{cases}$ 得交点坐标为 $A(1,1)$, $O(0,0)$,如图 3-9 所示,则

$$A = \int_0^1 x\,\mathrm{d}x - \int_0^1 x^2\,\mathrm{d}x = \left(\frac{1}{2}x^2-\frac{1}{3}x^3\right)\Big|_0^1 = \frac{1}{6}.$$

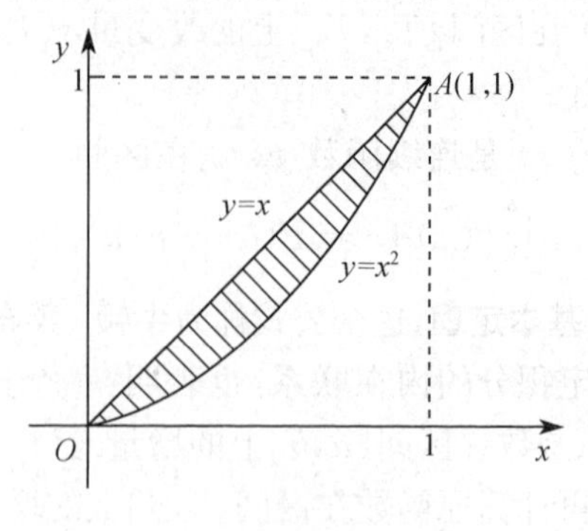

图 3-9

三、定积分的换元积分法与分部积分法

与不定积分的基本积分方法相对应，定积分也有换元积分法和分部积分法.

微课

定积换元积分法

1. 定积分的换元积分法

定理 3.9 设函数 $f(x)$ 在区间$[a,b]$上连续，且

(1) 函数 $x=\varphi(t)$ 在区间$[\alpha,\beta]$上单调且有连续导数；

(2) 当 t 在$[\alpha,\beta]$上变化时，$x=\varphi(t)$ 的值在$[a,b]$上变化，且 $\varphi(\alpha)=a$，$\varphi(\beta)=b$，则

$$\int_a^b f(x)\mathrm{d}x=\int_\alpha^\beta f[\varphi(t)]\varphi'(t)\mathrm{d}t. \tag{3.1}$$

通常公式(3.1)称为**定积分换元公式**. 公式(3.1)与不定积分的换元积分公式很类似，所不同的是，运用不定积分换元法时，最后需将变量还原，而运用定积分换元法时，则需要将积分限作相应的改变.

例 6 求下列定积分.

(1)$\displaystyle\int_0^4 \frac{\mathrm{d}x}{1+\sqrt{x}}$； (2)$\displaystyle\int_0^{\frac{1}{2}} \frac{x^2\mathrm{d}x}{\sqrt{1-x^2}}$.

解 (1) 令$\sqrt{x}=t$，则 $x=t^2$，$\mathrm{d}x=2t\mathrm{d}t$，当 $x=0$ 时 $t=0$，当 $x=4$ 时 $t=2$，则

$$\int_0^4 \frac{\mathrm{d}x}{1+\sqrt{x}}=\int_0^2 \frac{2t}{1+t}\mathrm{d}t=2\int_0^2\left(1-\frac{1}{1+t}\right)\mathrm{d}t=2(t-\ln|1+t|)\Big|_0^2=2(2-\ln 3).$$

(2) 令 $x=\sin t$，则 $\mathrm{d}x=\cos t\mathrm{d}t$，当 $x=0$ 时 $t=0$，当 $x=\frac{1}{2}$ 时 $t=\frac{\pi}{6}$，于是

$$\int_0^{\frac{1}{2}} \frac{x^2\mathrm{d}x}{\sqrt{1-x^2}}=\int_0^{\frac{\pi}{6}} \frac{\sin^2 t\cos t}{\cos t}\mathrm{d}t=\int_0^{\frac{\pi}{6}}\sin^2 t\mathrm{d}t=\frac{1}{2}\int_0^{\frac{\pi}{6}}(1-\cos 2t)\mathrm{d}t$$

$$=\frac{1}{2}\left(t-\frac{1}{2}\sin 2t\right)\Big|_0^{\frac{\pi}{6}}=\frac{\pi}{12}-\frac{\sqrt{3}}{8}.$$

例 7　设函数 $f(x)$ 在关于原点对称的区间 $[-a,a]$ 上连续,证明:

(1) 若 $f(x)$ 在 $[-a,a]$ 上为偶函数,则 $\int_{-a}^{a}f(x)\mathrm{d}x=2\int_0^a f(x)\mathrm{d}x$;

(2) 若 $f(x)$ 在 $[-a,a]$ 上为奇函数,则 $\int_{-a}^{a}f(x)\mathrm{d}x=0$.

证明　根据定积分的性质,有

$$\int_{-a}^{a}f(x)\mathrm{d}x=\int_{-a}^{0}f(x)\mathrm{d}x+\int_0^a f(x)\mathrm{d}x.$$

对积分 $\int_{-a}^{0}f(x)\mathrm{d}x$ 作代换 $x=-t$,则有

$$\int_{-a}^{0}f(x)\mathrm{d}x=\int_a^0 f(-t)(-\mathrm{d}t)=\int_0^a f(-t)\mathrm{d}t=\int_0^a f(-x)\mathrm{d}x,$$

于是

$$\int_{-a}^{a}f(x)\mathrm{d}x=\int_0^a f(-x)\mathrm{d}x+\int_0^a f(x)\mathrm{d}x=\int_0^a[f(-x)+f(x)]\mathrm{d}x.$$

(1) 当 $f(x)$ 为偶函数时 $f(-x)=f(x)$,则有 $\int_{-a}^{a}f(x)\mathrm{d}x=2\int_0^a f(x)\mathrm{d}x$;

(2) 当 $f(x)$ 为奇函数时 $f(-x)=-f(x)$,则有 $\int_{-a}^{a}f(x)\mathrm{d}x=0$.

利用本题的结论可以简化奇函数或偶函数在关于坐标原点对称区间上定积分的计算.

例 8　求 $\int_{-1}^{1}\frac{x^5-2x^3+4\sin x+1}{1+x^2}\mathrm{d}x$.

解　因为被积函数的第一部分 $\frac{x^5-2x^3+4\sin x}{1+x^2}$ 为奇函数,第二部分 $\frac{1}{1+x^2}$ 为偶函数,且积分区间关于原点对称,则

$$\int_{-1}^{1}\frac{x^5-2x^3+4\sin x+1}{1+x^2}\mathrm{d}x=\int_{-1}^{1}\frac{x^5-2x^3+4\sin x}{1+x^2}\mathrm{d}x+\int_{-1}^{1}\frac{\mathrm{d}x}{1+x^2}$$

$$=0+2\int_0^1\frac{\mathrm{d}x}{1+x^2}=2\arctan x\Big|_0^1=\frac{\pi}{2}.$$

2. 定积分的分部积分法

定理 3.10　设函数 $u=u(x)$, $v=v(x)$ 在区间 $[a,b]$ 上有连续的导数,则有

$$\int_a^b u(x)v'(x)\mathrm{d}x=[u(x)v(x)]\Big|_a^b-\int_a^b v(x)u'(x)\mathrm{d}x. \tag{3.2}$$

公式(3.2)称为**定积分的分部积分公式**,有时简记为

$$\int_a^b u\mathrm{d}v=(uv)\Big|_a^b-\int_a^b v\mathrm{d}u.$$

例 9 求下列定积分.

(1) $\int_0^{\pi} x\cos 3x\mathrm{d}x$； (2) $\int_1^4 \frac{\ln x}{\sqrt{x}}\mathrm{d}x$.

解 (1) $\int_0^{\pi} x\cos 3x\mathrm{d}x=\frac{1}{3}\int_0^{\pi} x\mathrm{d}\sin 3x=\frac{1}{3}(x\sin 3x)\Big|_0^{\pi}-\frac{1}{3}\int_0^{\pi}\sin 3x\mathrm{d}x$

$$=\frac{1}{9}\cos 3x\Big|_0^{\pi}=-\frac{2}{9}.$$

(2) 令 $\sqrt{x}=t$，则 $x=t^2$，$\mathrm{d}x=2t\mathrm{d}t$，当 $x=1$ 时 $t=1$，当 $x=4$ 时 $t=2$，代入得

$$\int_1^4 \frac{\ln x}{\sqrt{x}}\mathrm{d}x=\int_1^2\frac{\ln t^2}{t}\cdot 2t\mathrm{d}t=4\int_1^2\ln t\mathrm{d}t=4(t\ln t)\Big|_1^2-4\int_1^2 t\mathrm{d}\ln t$$

$$=8\ln 2-4\int_1^2\mathrm{d}t=8\ln 2-4t\Big|_1^2=8\ln 2-4.$$

由上例可以看出，在求定积分时，往往需要将换元积分法与分部积分法结合使用.

习题 3-2

1. 用定积分的定义表示由曲线 $y=x^2+1$，直线 $x=0$，$x=2$ 及 x 轴所围成的曲边梯形的面积 A.

2. 根据定积分的几何意义，写出下列定积分的值.

(1) $\int_0^1 4x\mathrm{d}x$； (2) $\int_0^1 \sqrt{1-x^2}\mathrm{d}x$； (3) $\int_{-\pi}^{\pi}\sin x\mathrm{d}x$； (4) $\int_1^2(2x+1)\mathrm{d}x$.

3. 利用定积分的性质比较下列积分值的大小.

(1) $\int_1^2 x^2\mathrm{d}x$ 与 $\int_1^2 x^3\mathrm{d}x$； (2) $\int_0^{\frac{\pi}{2}} x\mathrm{d}x$ 与 $\int_0^{\frac{\pi}{2}}\sin x\mathrm{d}x$；

(3) $\int_0^1\sin x\mathrm{d}x$ 与 $\int_0^1 x\sin x\mathrm{d}x$； (4) $\int_0^1 \mathrm{e}^{-x}\mathrm{d}x$ 与 $\int_0^1\mathrm{e}^{-x^2}\mathrm{d}x$.

4. 估计下列定积分值的范围.

(1) $\int_1^4(x^2+1)\mathrm{d}x$； (2) $\int_{-2}^0 x\mathrm{e}^x\mathrm{d}x$.

5. 求下列函数的导数.

(1) $\int_0^x t\sin^2 t\mathrm{d}t$； (2) $\int_1^{\sin x} t(1-t^2)\mathrm{d}t$； (3) $\int_{x^2+1}^2\sqrt{t^2+1}\cos t\mathrm{d}t$.

6. 求用参数表示式 $x=\int_0^t\sin u\mathrm{d}u$，$y=\int_0^t\cos u\mathrm{d}u$ 所确定的函数 y 对 x 的导数.

7. 计算下列定积分.

(1)$\int_4^9 \sqrt{x}(1+\sqrt{x})\mathrm{d}x$；　(2)$\int_{-\frac{1}{2}}^{\frac{1}{2}} \frac{\mathrm{d}x}{\sqrt{1-x^2}}$；　(3)$\int_0^2 |1-x|\mathrm{d}x$；

(4)$\int_0^{\pi}(\sin x+\cos x)\mathrm{d}x$；(5) 设 $f(x)=\begin{cases} x+1, & \text{当 } x\leqslant 1 \text{ 时}, \\ \frac{1}{2}x, & \text{当 } x>1 \text{ 时}, \end{cases}$ 求$\int_0^2 f(x)\mathrm{d}x$.

8. 求由曲线 $y=x^2-1$，直线 $x=-2$，$x=\frac{1}{2}$ 及 x 轴所围成的图形的面积.

9. 计算下列定积分.

(1)$\int_4^9 \frac{\sqrt{x}-1}{\sqrt{x}}\mathrm{d}x$；　(2)$\int_{\frac{1}{e}}^{e} \frac{(\ln x)^2}{x}\mathrm{d}x$；　(3)$\int_0^{\frac{\pi}{2}} \cos x\sin 2x\mathrm{d}x$；

(4)$\int_0^{\frac{\pi}{2}} \frac{\cos x}{1+\sin^2 x}\mathrm{d}x$；　(5)$\int_0^1 \frac{\mathrm{d}x}{\mathrm{e}^x+\mathrm{e}^{-x}}$；　(6)$\int_0^1 x\arctan x\mathrm{d}x$.

10. 利用函数的奇偶性计算下列积分.

(1)$\int_{-2}^{2} \frac{x^5\sin^4 x}{x^4+3x^2+1}\mathrm{d}x$；　(2)$\int_{-\frac{1}{2}}^{\frac{1}{2}} \frac{(\arcsin x)^2}{\sqrt{1-x^2}}\mathrm{d}x$；

(3)$\int_{-1}^{1}\left(x^2\tan x-\frac{x^3}{\sqrt{1+x^2}}+x^2\right)\mathrm{d}x$.

11. 设函数 $f(x)$ 在所给区间上连续，试证明：

(1)$\int_{-b}^{b} f(x)\mathrm{d}x=\int_{-b}^{b} f(-x)\mathrm{d}x$；　(2)$\int_0^{\frac{\pi}{2}} f(\sin x)\mathrm{d}x=\int_0^{\frac{\pi}{2}} f(\cos x)\mathrm{d}x$.

12. 已知 $x\mathrm{e}^x$ 是 $f(x)$ 的一个原函数，求$\int_0^1 xf'(x)\mathrm{d}x$.

第三节　广义积分

在讨论定积分$\int_a^b f(x)\mathrm{d}x$ 时，要求积分区间$[a,b]$为有限，被积函数 $f(x)$ 在$[a,b]$上有界，但在解决某些物理、几何等实际问题时，需要处理积分区间为无限区间或被积函数为无界函数的积分，这两种情形的积分统称为广义积分，相应地，把前面讨论的定积分称为常义积分. 本节简要介绍这两种广义积分.

一、无穷区间上的广义积分

定义 3.4　设函数 $f(x)$ 在$[a,+\infty)$上连续，取任意的 $t\geqslant a$，若极限 $\lim\limits_{t\to+\infty}\int_a^t f(x)\mathrm{d}x$ 存在，则称此极限值为函数 $f(x)$ 在$[a,+\infty)$上的**广义积分**，记做 $\int_a^{+\infty} f(x)\mathrm{d}x$，即

$$\int_a^{+\infty} f(x)\mathrm{d}x=\lim_{t\to+\infty}\int_a^t f(x)\mathrm{d}x.$$

若极限存在，称广义积分**收敛**；若极限不存在，则称广义积分**发散**.

同理可定义函数 $f(x)$ 在 $(-\infty,b]$ 上的**广义积分**为

$$\int_{-\infty}^{b} f(x)\mathrm{d}x = \lim_{t\to-\infty}\int_{t}^{b} f(x)\mathrm{d}x;$$

定义函数 $f(x)$ 在 $(-\infty,+\infty)$ 上的**广义积分**为

$$\begin{aligned}\int_{-\infty}^{+\infty} f(x)\mathrm{d}x &= \int_{-\infty}^{c} f(x)\mathrm{d}x + \int_{c}^{+\infty} f(x)\mathrm{d}x \\ &= \lim_{a\to-\infty}\int_{a}^{c} f(x)\mathrm{d}x + \lim_{b\to+\infty}\int_{c}^{b} f(x)\mathrm{d}x.\end{aligned}$$

其中 c 为任意常数，当且仅当上式右端的两个广义积分都收敛时，称广义积分 $\int_{-\infty}^{+\infty} f(x)\mathrm{d}x$ **收敛**，否则称广义积分 $\int_{-\infty}^{+\infty} f(x)\mathrm{d}x$ **发散**.

由定义 3.4 与牛顿 - 莱布尼茨公式，可以得到如下结果.

设 $F(x)$ 是 $f(x)$ 在 $[a,+\infty)$ 上的一个原函数，则广义积分 $\int_{a}^{+\infty} f(x)\mathrm{d}x$ 收敛的充分必要条件是 $\lim\limits_{x\to+\infty} F(x)$ 存在，且

$$\int_{a}^{+\infty} f(x)\mathrm{d}x = \lim_{x\to+\infty} F(x) - F(a).$$

若记 $F(+\infty) = \lim\limits_{x\to+\infty} F(x)$，并记 $F(x)\Big|_{a}^{+\infty} = F(+\infty) - F(a)$，则上式可记为

$$\int_{a}^{+\infty} f(x)\mathrm{d}x = F(x)\Big|_{a}^{+\infty} = F(+\infty) - F(a).$$

类似地，若 $F(x)$ 是 $f(x)$ 在 $(-\infty,b]$ 上的一个原函数，则广义积分 $\int_{-\infty}^{b} f(x)\mathrm{d}x$ 收敛的充分必要条是 $\lim\limits_{x\to-\infty} F(x)$ 存在，且

$$\int_{-\infty}^{b} f(x)\mathrm{d}x = F(x)\Big|_{-\infty}^{b} = F(b) - F(-\infty).$$

若 $F(x)$ 是 $f(x)$ 在 $(-\infty,+\infty)$ 上的一个原函数，则广义积分 $\int_{-\infty}^{+\infty} f(x)\mathrm{d}x$ 收敛的充分必要条是 $\lim\limits_{x\to+\infty} F(x)$ 与 $\lim\limits_{x\to-\infty} F(x)$ 都存在，且

$$\int_{-\infty}^{+\infty} f(x)\mathrm{d}x = F(x)\Big|_{-\infty}^{+\infty} = F(+\infty) - F(-\infty).$$

显然，求无穷区间上的广义积分的基本思路是：先求定积分，再取极限，且无穷区间上的广义积分具有与定积分相对应的性质.

例 1 计算下列广义积分.

(1) $\int_{\mathrm{e}}^{+\infty} \frac{\mathrm{d}x}{x(\ln x)^2}$； (2) $\int_{-\infty}^{+\infty} \frac{\mathrm{d}x}{1+x^2}$.

解　(1) $\int_{e}^{+\infty}\frac{\mathrm{d}x}{x(\ln x)^2}=\int_{e}^{+\infty}\frac{\mathrm{d}\ln x}{(\ln x)^2}=-\frac{1}{\ln x}\Big|_{e}^{+\infty}=-\lim\limits_{x\to+\infty}\frac{1}{\ln x}+\frac{1}{\ln e}=1.$

(2) $\int_{-\infty}^{+\infty}\frac{\mathrm{d}x}{1+x^2}=\arctan x\Big|_{-\infty}^{+\infty}=\lim\limits_{x\to+\infty}\arctan x-\lim\limits_{x\to-\infty}\arctan x$

$$=\frac{\pi}{2}-\left(-\frac{\pi}{2}\right)=\pi.$$

例 2　判别广义积分 $\int_{1}^{+\infty}\frac{\mathrm{d}x}{x^p}$ 的敛散性.

解　当 $p=1$ 时,有

$$\int_{1}^{+\infty}\frac{\mathrm{d}x}{x^p}=\int_{1}^{+\infty}\frac{\mathrm{d}x}{x}=(\ln x)\Big|_{1}^{+\infty}=+\infty\text{(发散)};$$

当 $p\neq1$ 时,

$$\int_{1}^{+\infty}\frac{\mathrm{d}x}{x^p}=\frac{1}{1-p}x^{1-p}\Big|_{1}^{+\infty}=\begin{cases}+\infty, & p<1\text{(发散)},\\ \frac{1}{p-1}, & p>1\text{(收敛)}.\end{cases}$$

因此,当 $p>1$ 时,广义积分 $\int_{1}^{+\infty}\frac{\mathrm{d}x}{x^p}$ 收敛于 $\frac{1}{p-1}$;当 $p\leqslant1$ 时,广义积分 $\int_{1}^{+\infty}\frac{\mathrm{d}x}{x^p}$ 发散.

二、有限区间上无界函数的广义积分

定义 3.5　设函数 $f(x)$ 在 $(a,b]$ 上连续,且 $\lim\limits_{t\to a^+}f(x)=\infty$. 若极限 $\lim\limits_{t\to a^+}\int_{t}^{b}f(x)\mathrm{d}x$ 存在,则称此极限值为函数 $f(x)$ 在 $(a,b]$ 上的**广义积分**,记做

$$\int_{a}^{b}f(x)\mathrm{d}x=\lim_{t\to a^+}\int_{t}^{b}f(x)\mathrm{d}x.$$

这时也称广义积分**收敛**,否则称广义积分**发散**.

类似地,如果 $f(x)$ 在 $[a,b)$ 上连续,且 $\lim\limits_{t\to b^-}f(x)=\infty$. 若极限 $\lim\limits_{t\to b^-}\int_{a}^{t}f(x)\mathrm{d}x$ 存在,则称此极限值为函数 $f(x)$ 在 $[a,b)$ 上的**广义积分**,记做

$$\int_{a}^{b}f(x)\mathrm{d}x=\lim_{t\to b^-}\int_{a}^{t}f(x)\mathrm{d}x.$$

当无穷间断点 $x=c$ 位于区间 $[a,b]$ 内部时,则定义函数 $f(x)$ 在 $[a,b]$ 上的**广义积分**为

$$\int_{a}^{b}f(x)\mathrm{d}x=\int_{a}^{c}f(x)\mathrm{d}x+\int_{c}^{b}f(x)\mathrm{d}x.$$

当且仅当上式右端两个广义积分都收敛时,称广义积分 $\int_{a}^{b}f(x)\mathrm{d}x$ **收敛**;否则称广义

积分$\int_a^b f(x)\mathrm{d}x$ **发散**.

通常将被积函数在积分区间上的无穷间断点叫做**瑕点**,这类广义积分又称做**瑕积分**.

同样也可以用牛顿 - 莱布尼茨公式表示无界函数的广义积分.

设$F(x)$是$f(x)$在$(a,b]$上的一个原函数,a是$f(x)$的瑕点,则广义积分$\int_a^b f(x)\mathrm{d}x$收敛的充分必要条件是$\lim\limits_{x\to a^+}F(x)$存在,且

$$\int_a^b f(x)\mathrm{d}x = \lim_{x\to a^+}\int_x^b f(x)\mathrm{d}x = F(b)-\lim_{x\to a^+}F(x).$$

若仍然记$F(x)\Big|_{a+0}^{b}=F(b)-F(a+0)$,则上式形式仍可表示为

$$\int_a^b f(x)\mathrm{d}x = F(x)\Big|_{a+0}^{b} = F(b)-F(a+0);$$

对于$f(x)$在$[a,b)$上连续,b为瑕点的瑕积分可分别表示为

$$\int_a^b f(x)\mathrm{d}x = \lim_{x\to b^-}\int_a^x f(x)\mathrm{d}x = F(x)\Big|_a^{b-0} = F(b-0)-F(a);$$

对于$f(x)$在$[a,b]$内除点$c\in(a,b)$外连续,且c是$f(x)$的瑕点的瑕积分可表示为

$$\begin{aligned}\int_a^b f(x)\mathrm{d}x &= \int_a^c f(x)\mathrm{d}x+\int_c^b f(x)\mathrm{d}x = F(x)\Big|_a^{c-0}+F(x)\Big|_{c+0}^{b}\\ &= F(c-0)-F(a)+F(b)-F(c+0).\end{aligned}$$

显然,求瑕积分的基本思路是:先求定积分,再取极限.

由于被积函数在有限区间上为无界函数的广义积分(瑕积分)的记号与常义积分的记号一样,若误将瑕积分按常义积分进行计算,就会导致错误的结果,那么,怎样区分广义积分和常义积分呢?关键就在于判断被积函数在积分区间上有无瑕点.

例 3 计算下列广义积分.

(1)$\int_0^a \frac{\mathrm{d}x}{\sqrt{a^2-x^2}}(a>0)$; (2)$\int_0^2 \frac{\mathrm{d}x}{(x-1)^2}$.

解 (1) 因为$\lim\limits_{x\to a^-}\frac{1}{\sqrt{a^2-x^2}}=+\infty$,所以$x=a$为被积函数的瑕点,于是

$$\int_0^a \frac{\mathrm{d}x}{\sqrt{a^2-x^2}} = \arcsin\frac{x}{a}\Big|_0^{a-0} = \lim_{x\to a^-}\arcsin\frac{x}{a}-\arcsin 0=\frac{\pi}{2}.$$

(2) 由于$x=1$为瑕点,则$\int_0^2 \frac{\mathrm{d}x}{(x-1)^2}=\int_0^1 \frac{\mathrm{d}x}{(x-1)^2}+\int_1^2 \frac{\mathrm{d}x}{(x-1)^2}$.

又由于

$$\int_0^1 \frac{\mathrm{d}x}{(x-1)^2} = -\frac{1}{x-1}\Big|_0^{1-0} = -\lim_{x\to 1^-}\frac{1}{x-1} + (-1) = \infty.$$

所以,广义积分$\int_0^2 \frac{\mathrm{d}x}{(x-1)^2}$发散.

注意　如果将此题误当做常义积分进行计算,就会得出下面错误的结果.

$$\int_0^2 \frac{\mathrm{d}x}{(x-1)^2} = -\frac{1}{x-1}\Big|_0^2 = -1-1 = -2.$$

例 4　讨论$\int_0^1 \frac{\mathrm{d}x}{x^q}$的敛散性.

解　当$q=1$时,

$$\int_0^1 \frac{\mathrm{d}x}{x^q} = \int_0^1 \frac{\mathrm{d}x}{x} = (\ln x)\Big|_{0+0}^1 = -\lim_{x\to 0^+}\ln x = +\infty(\text{发散});$$

当$q\neq 1$时,

$$\int_0^1 \frac{\mathrm{d}x}{x^q} = \left[\frac{1}{1-q}x^{1-q}\right]\Big|_{0+0}^1 = \frac{1}{1-q} - \lim_{x\to 0^+}\frac{x^{1-q}}{1-q} = \begin{cases}\dfrac{1}{1-q}, & q<1(\text{收敛}),\\ +\infty, & q>1(\text{发散}).\end{cases}$$

因此,广义积分$\int_0^1 \frac{\mathrm{d}x}{x^q}$当$q<1$时收敛于$\frac{1}{1-q}$;当$q\geqslant 1$时发散.

习题 3-3

1. 计算下列广义积分.

(1)$\int_1^{+\infty} \frac{\mathrm{d}x}{\sqrt{x}}$;　(2)$\int_1^{+\infty} \frac{\mathrm{d}x}{x(x+1)}$;　(3)$\int_{-\infty}^0 \mathrm{e}^{2x}\mathrm{d}x$;

(4)$\int_{-\infty}^{+\infty} \frac{\mathrm{d}x}{x^2+2x+2}$;　(5)$\int_1^{\mathrm{e}} \frac{\mathrm{d}x}{x\sqrt{1-\ln^2 x}}$;　(6)$\int_1^2 \frac{x\mathrm{d}x}{\sqrt{x-1}}$;

(7)$\int_{-\frac{\pi}{4}}^{\frac{3}{4}\pi} \sec^2 x\mathrm{d}x$;　(8)$\int_0^2 \frac{\mathrm{d}x}{(1-x)^2}$.

2. 讨论下列广义积分的敛散性.

(1)$\int_2^{+\infty} \frac{\mathrm{d}x}{x(\ln x)^k}$;　(2)$\int_a^b \frac{\mathrm{d}x}{(x-a)^k}(b>a)$.

第四节　定积分的应用

前面由实际问题引出了定积分的概念,介绍了它的基本性质与计算方法,目的是为了更好地用它解决实际中的问题. 本节通过对定积分的几何应用与物理应用的讨论,不仅要掌握一些具体的积分公式,更重要的是要掌握用定积分去解决实际问题的思想和方法. 用定积分解决实际问题时,通常用“元素法”,为此先介绍定积分的元素法.

一、定积分的元素法(微元法)

先回顾一下前面讨论过的曲边梯形的面积问题.

设函数 $f(x)$ 在区间 $[a,b]$ 上连续,且 $f(x)\geqslant 0$,求以曲线 $y=f(x)$ 为顶、底为 $[a,b]$ 的曲边梯形的面积 S. 我们是按“分割、近似代替、求和、取极限”四步将这个面积表示为定积分 $\int_a^b f(x)\mathrm{d}x$,即

(1) 分割:用任意 $n-1$ 个分点 $a=x_0<x_1<x_2<\cdots<x_{n-1}<x_n=b$,把区间 $[a,b]$ 分成长度依次为 Δx_i 的 n 个小区间 $[x_{i-1},x_i]$ $(i=1,2,\cdots,n)$,相应地,得到 n 个小曲边梯形. 设第 i 个小曲边梯形的面积为 $\Delta S_i(i=1,2,\cdots,n)$.

(2) 近似代替:在每个小区间 $[x_{i-1},x_i]$ 上任取一点 ξ_i,并用以 $[x_{i-1},x_i]$ 为底,$f(\xi_i)$ 为高的小矩形的面积来近似替代第 i 个小曲边梯形的面积,从而得到这个小曲边梯形面积 ΔS_i 的近似值,即

$$\Delta S_i\approx f(\xi_i)\Delta x_i(i=1,2,\cdots,n).$$

(3) 求和:把这些近似值累加起来,就得到曲边梯形面积 S 的近似值,即

$$S=\sum_{i=1}^{n}\Delta S_i\approx\sum_{i=1}^{n}f(\xi_i)\Delta x_i.$$

(4) 取极限:若记 $\lambda=\max\{\Delta x_1,\Delta x_2,\cdots,\Delta x_n\}$,则

$$S=\lim_{\lambda\to 0}\sum_{i=1}^{n}f(\xi_i)\Delta x_i.$$

其中第(2)步 $\Delta S_i\approx f(\xi_i)\Delta x_i$ 是非常关键的. ΔS_i 与小矩形的面积 $f(\xi_i)\Delta x_i$ 之间只差一个比 Δx_i 高阶的无穷小,因此,当 $\lambda=\max\{\Delta x_1,\Delta x_2,\cdots,\Delta x_n\}\to 0$ 时,和式 $\sum\limits_{i=1}^{n}f(\xi_i)\Delta x_i$ 的极限就是面积 S 的精确值. 为了简便起见,用 ΔS 表示任一小区间 $[x,x+\mathrm{d}x]$ 上的小曲边梯形的面积. 这样,$S=\sum\Delta S$. 取 $[x,x+\mathrm{d}x]$ 的左端点 x 为 ξ,以 x 处的函数值 $f(x)$ 为高、$\mathrm{d}x$ 为底的矩形的面积 $f(x)\mathrm{d}x$ 为 ΔS 的近似值,即

$$\Delta S\approx \mathrm{d}S=f(x)\mathrm{d}x.$$

于是

$$S=\sum\Delta S\approx\sum\mathrm{d}S=\sum f(x)\mathrm{d}x.$$

其中 $\mathrm{d}S=f(x)\mathrm{d}x$,从而得到

$$S=\lim\sum f(x)\mathrm{d}x=\int_a^b f(x)\mathrm{d}x.$$

由于这一方法简捷、有效,因此,将它抽象、归纳后形成了如下的一般方法:

要计算某一数量 S. 若所求量 S 与变量 x 的变化区间 $[a,b]$ 有关,且关于区间

$[a,b]$具有可加性，则在区间$[a,b]$的任一小区间$[x,x+\mathrm{d}x]$上找出所求部分量的近似值$\mathrm{d}S=f(x)\mathrm{d}x$，其中$f(x)$在$[a,b]$上连续，然后以它作为被积表达式，从而得到所求量的积分表达式

$$S=\int_a^b f(x)\mathrm{d}x.$$

这种方法称为**元素法**(或**微元法**)，$\mathrm{d}S=f(x)\mathrm{d}x$称为$S$的**元素**(或**微元**).下面将应用元素法来讨论一些几何和物理中的问题.

二、定积分在几何方面的应用

(一) 平面图形的面积

1. 直角坐标系下平面图形的面积

① 由连续曲线$y=f(x)(f(x)\geqslant 0)$，直线$x=a,x=b$及x轴围成的曲边梯形的面积为

$$A=\int_a^b f(x)\mathrm{d}x,$$

其中被积表达式为面积元素，即$\mathrm{d}A=f(x)\mathrm{d}x$，它表示高为$f(x)$，底为$\mathrm{d}x$的矩形的面积(见图3-10).

② 求由$[a,b]$上连续的曲线$y=f(x)$，$y=g(x)(f(x)\geqslant g(x))$及直线$x=a$，$x=b$所围成的平面图形的面积(见图3-11).

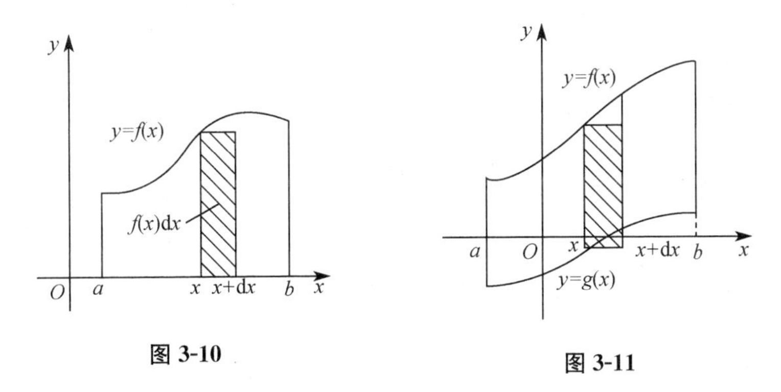

图 3-10　　　　图 3-11

选x为积分变量，任取小区间$[x,x+\mathrm{d}x]\subset[a,b]$，则与这个小区间相对应的窄条面积近似等于高为$f(x)-g(x)$，底为$\mathrm{d}x$的小矩形的面积，从而得到面积元素为

$$\mathrm{d}A=[f(x)-g(x)]\mathrm{d}x,$$

于是，得到该平面图形的面积为

$$A=\int_a^b[f(x)-g(x)]\mathrm{d}x. \tag{3.3}$$

③ 求由在$[c,d]$上的连续曲线$x=\varphi(y)$,$x=\psi(y)$($\varphi(y)\geqslant\psi(y)$)及直线$y=c$,$y=d$所围成的平面图形的面积(见图 3-12).

选y为积分变量,$y\in[c,d]$,任取小区间$[y,y+\mathrm{d}y]\subset[c,d]$,则与这个小区间相对应的窄条面积近似等于以$\varphi(y)-\psi(y)$为底、以$\mathrm{d}y$为高的小矩形的面积,从而得到面积元素为$\mathrm{d}A=[\varphi(y)-\psi(y)]\mathrm{d}y$,在区间$[c,d]$上积分,得

$$A=\int_c^d[\varphi(y)-\psi(y)]\mathrm{d}y. \tag{3.4}$$

注意 使用公式(3.3)时,要求函数$y=f(x)$与$y=g(x)$在区间$[a,b]$上单值;公式(3.4)要求函数$x=\varphi(y)$与$x=\psi(y)$在区间$[c,d]$上单值.在一般情况下,平面上任意曲线围成的平面图形可以看做是由若干个上述两种类型的图形组成的,而每一部分的面积可用公式(3.3)或公式(3.4)来计算,然后求和(见图 3-13).

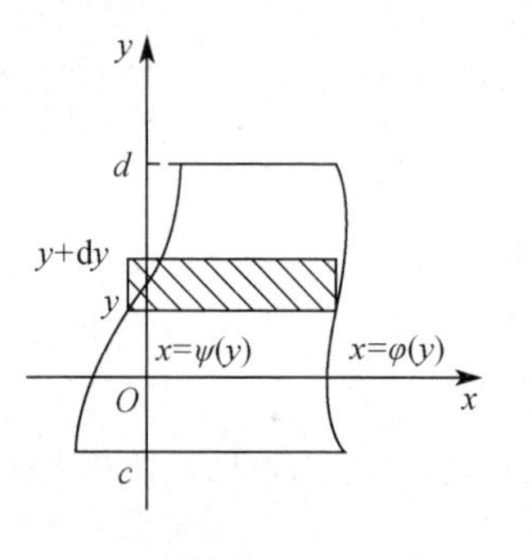

图 3-12

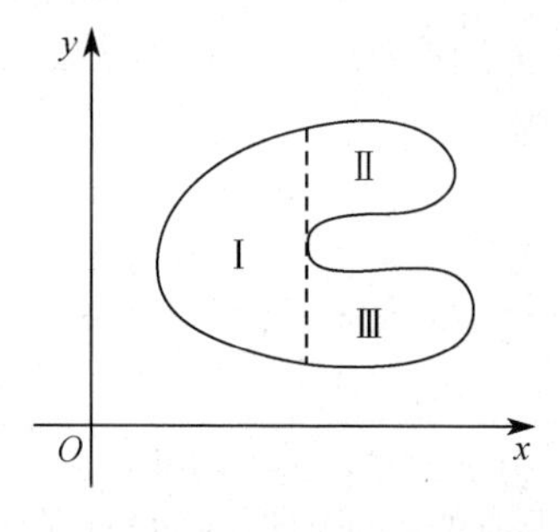

图 3-13

例 1 求由两条抛物线$y=x^2$和$y^2=x$所围成的平面图形的面积(见图 3-14).

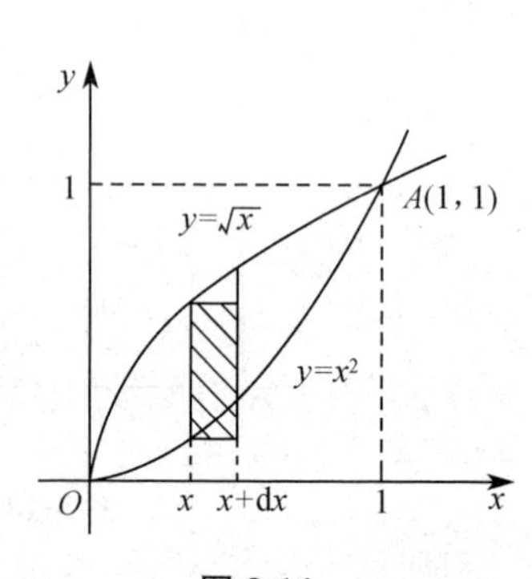

图 3-14

解 解方程组$\begin{cases}y=x^2,\\y^2=x,\end{cases}$得两抛物线交点为$(0,0)$及$(1,1)$.

选x为积分变量,$x\in[0,1]$,从而得到面积元素

$$\mathrm{d}A=(\sqrt{x}-x^2)\mathrm{d}x,$$

则

$$A=\int_0^1(\sqrt{x}-x^2)\mathrm{d}x=\left(\frac{2}{3}x^{\frac{3}{2}}-\frac{x^3}{3}\right)\Big|_0^1=\frac{1}{3}.$$

例 2 求由抛物线$y^2=2x$与直线$y=x-4$所围成的平面图形的面积(见图 3-15).

解 解方程组$\begin{cases}y^2=2x,\\y=x-4,\end{cases}$得抛物线与直线的交点为$A(2,-2)$,$B(8,4)$.选$y$

为积分变量，$y\in[-2,4]$，从而得到面积元素 $\mathrm{d}A=(y+4-\frac{y^2}{2})\mathrm{d}y$，则

$$A=\int_{-2}^{4}\left(y+4-\frac{y^2}{2}\right)\mathrm{d}y=\left(\frac{y^2}{2}+4y-\frac{y^3}{6}\right)\Big|_{-2}^{4}=18.$$

本题若选 x 为积分变量如何计算？请读者思考.

例 3 求椭圆$\frac{x^2}{a^2}+\frac{y^2}{b^2}=1$所围成的面积(见图 3-16).

解 若选 x 为积分变量，A_1 为图形在第一象限部分的面积，由图形对称性，得

$$A=4A_1=4\int_0^a y\mathrm{d}x=4\int_0^a b\sqrt{1-\frac{x^2}{a^2}}\mathrm{d}x=\frac{4b}{a}\int_0^a\sqrt{a^2-x^2}\mathrm{d}x$$

$$=\frac{4b}{a}\left(\frac{x}{2}\sqrt{a^2-x^2}+\frac{a^2}{2}\arcsin\frac{x}{a}\right)\Big|_0^a=\pi ab.$$

特别地，当 $a=b$ 时，得圆面积公式 $A=\pi a^2$.

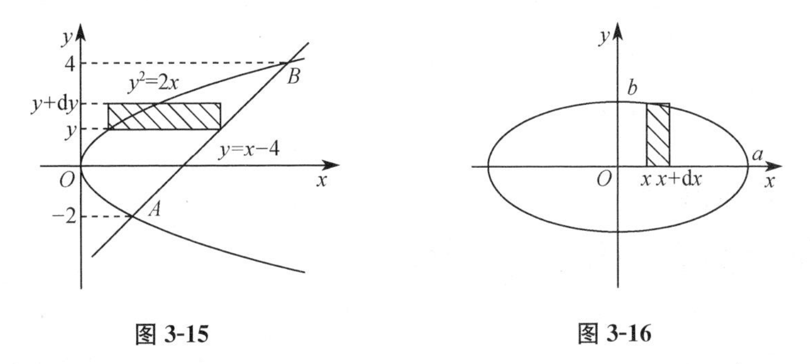

图 3-15　　图 3-16

2. 极坐标系下平面图形的面积

当围成平面图形的曲线用极坐标表示或用极坐标进行计算比较简便时，则在极坐标系下计算平面图形的面积.

求由曲线 $r=r(\theta)$ 及射线 $\theta=\alpha,\theta=\beta$ 所围成的曲边扇形面积(见图 3-17)，其中 $r(\theta)$ 在$[\alpha,\beta]$上连续.

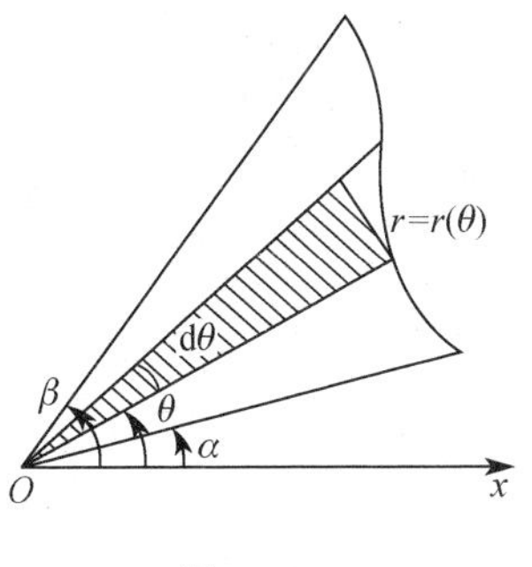

图 3-17

由于θ在$[\alpha,\beta]$上变动时，极径 $r=r(\theta)$ 也随之变化，因此，所求图形的面积不能直接利用圆扇形的面积公式 $A=\frac{1}{2}r^2\theta$ 来计算. 下面利用元素法来计算该曲边扇形的面积.

取极角θ为积分变量，$\theta\in[\alpha,\beta]$，任取小区间$[\theta,\theta+\mathrm{d}\theta]\subset[\alpha,\beta]$，相应的小曲边扇形可以用半径为$r=r(\theta)$，圆心角为$\mathrm{d}\theta$的圆扇形近似代替，从而得到曲边扇形的面积元素

$$\mathrm{d}A=\frac{1}{2}r^2(\theta)\mathrm{d}\theta,$$

因此，所求曲边扇形的面积为

$$A=\frac{1}{2}\int_\alpha^\beta r^2(\theta)\mathrm{d}\theta.$$

例4 求双纽线$r^2=a^2\cos 2\theta(a>0)$所围成的平面图形的全面积(见图3-18).

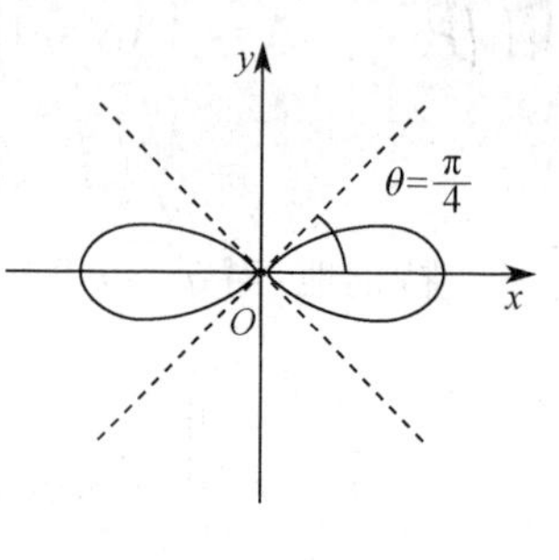

图 3-18

解 由图形对称性知$A=4A_1$，其中A_1为图形在第一象限部分的面积. 在第一象限θ的变化范围是$0\leqslant\theta\leqslant\frac{\pi}{4}$，则

$$A=4A_1=4\times\frac{1}{2}\int_0^{\frac{\pi}{4}}a^2\cos 2\theta\mathrm{d}\theta=a^2\sin 2\theta\Big|_0^{\frac{\pi}{4}}=a^2.$$

(二) 立体的体积

1. 平行截面面积已知的立体的体积

设一立体位于平面$x=a$及$x=b(a<b)$之间，用一组垂直于x轴的平面截此立体，所得截面面积$A(x)$是关于x的已知连续函数，求此立体的体积(见图3-19).

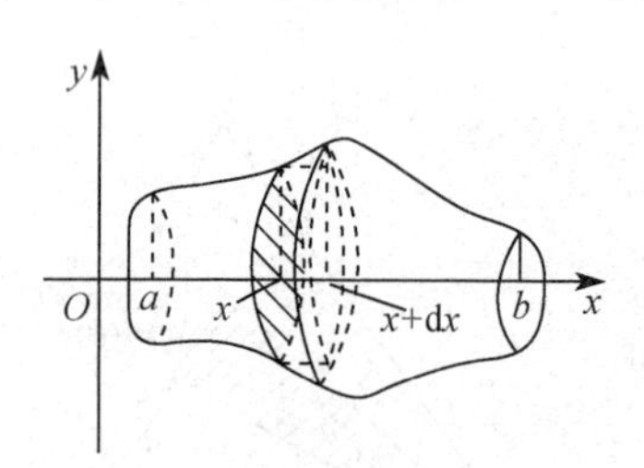

图 3-19

选取x作为积分变量，$x\in[a,b]$，任取小区间$[x,x+\mathrm{d}x]\subset[a,b]$，当$\mathrm{d}x$很小时，$A(x)$在区间$[x,x+\mathrm{d}x]$上可以近似地看做不变. 因此，把$[x,x+\mathrm{d}x]$上的立体薄片近似地看做底面面积为$A(x)$，高为$\mathrm{d}x$的柱体，从而得到体积元素为

$$\mathrm{d}V=A(x)\mathrm{d}x,$$

在$[a,b]$上积分，便得所求立体的体积公式

$$V=\int_a^b A(x)\mathrm{d}x.$$

例5 设有底圆半径为R的圆柱，被一个与圆柱面交成α角且过底圆直径的平面所截，求截下来的楔形的体积.

解 如图3-20建立坐标系，则底圆方程为$x^2+y^2=R^2$，在x的变化区间$[-R,R]$内任取一点x，过点x作垂直于x轴的平面，所得截面为一直角三角形，两条直角边

分别为 y 及 $y\tan\alpha$，其面积为

$$A(x)=\frac{1}{2}y^2\tan\alpha=\frac{1}{2}(R^2-x^2)\tan\alpha,$$

从而得楔形的体积为

$$V=\int_{-R}^{R}\frac{1}{2}(R^2-x^2)\tan\alpha\mathrm{d}x=\tan\alpha\int_{0}^{R}(R^2-x^2)\mathrm{d}x$$

$$=\tan\alpha\left(R^2x-\frac{x^3}{3}\right)\bigg|_0^R=\frac{2}{3}R^3\tan\alpha.$$

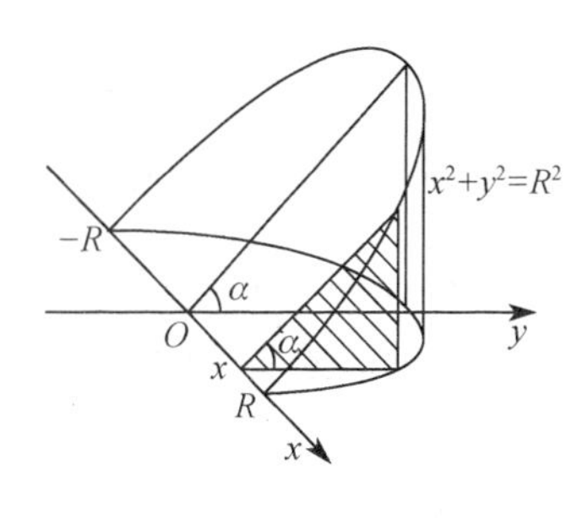

图 3-20

2. 旋转体的体积

旋转体是指一个平面图形绕该平面内的一条直线旋转一周而成的立体，这条直线叫做**旋转轴**. 这里只讨论平面图形绕该平面上的坐标轴旋转一周而成的旋转体的体积.

求由连续曲线 $y=f(x)$，直线 $x=a,x=b(a<b)$ 及 x 轴所围成的曲边梯形绕 x 轴旋转一周而成的旋转体的体积 V(见图 3-21).

选取 x 作为积分变量，$x\in[a,b]$，在任意点 $x\in[a,b]$ 处垂直于 x 轴的截面为圆，其面积为

$$A(x)=\pi y^2=\pi[f(x)]^2,$$

在 $[a,b]$ 上积分，便得到旋转体的体积

$$V=\pi\int_a^b y^2\mathrm{d}x=\pi\int_a^b[f(x)]^2\mathrm{d}x.$$

同理，若立体是由连续曲线 $x=\varphi(y)$，直线 $y=c,y=d$ 及 y 轴所围成的曲边梯形绕 y 轴旋转一周而成的旋转体(见图 3-22)，则该旋转体的体积为

$$V=\pi\int_c^d x^2\mathrm{d}y=\pi\int_c^d[\varphi(y)]^2\mathrm{d}y.$$

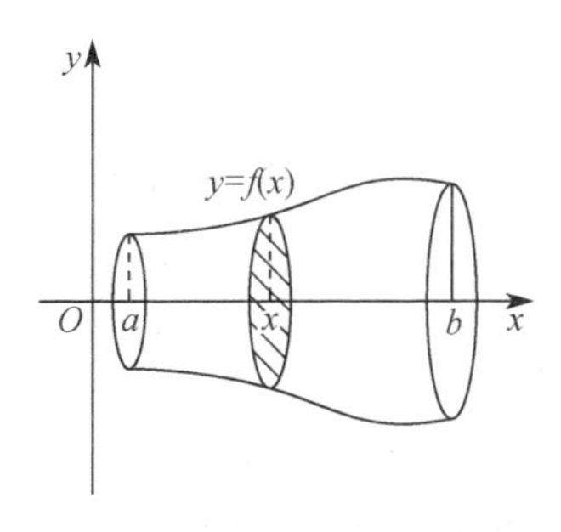

图 3-21

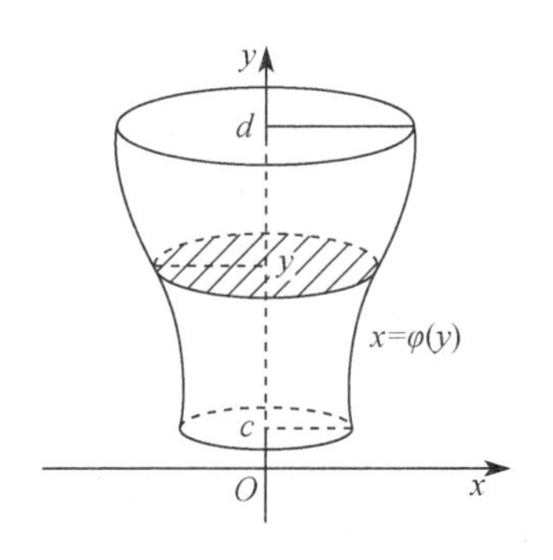

图 3-22

例 6 计算由椭圆$\frac{x^2}{a^2}+\frac{y^2}{b^2}=1$绕$x$轴旋转而成的旋转体(旋转椭球体)的体积(见图 3-23).

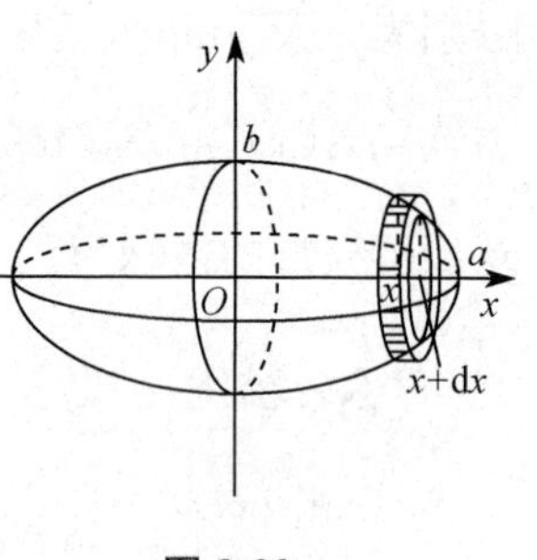

图 3-23

解 由椭圆方程$\frac{x^2}{a^2}+\frac{y^2}{b^2}=1$,得$y^2=\frac{b^2}{a^2}(a^2-x^2)$,于是所求体积为

$$V=\int_{-a}^{a}\pi\frac{b^2}{a^2}(a^2-x^2)\mathrm{d}x$$

$$=\frac{\pi b^2}{a^2}\left(a^2x-\frac{x^3}{3}\right)\Big|_{-a}^{a}=\frac{4}{3}\pi ab^2.$$

同理可得,绕y轴旋转而成的旋转体的体积为$V=\frac{4}{3}\pi a^2b$.

特别地,当$a=b$时,旋转椭球体成为半径为a的球体,它的体积为$\frac{4}{3}\pi a^3$.

(三) 平面曲线的弧长

1. 直角坐标系的情形

设曲线$y=f(x)$在区间$[a,b]$上具有一阶连续导数,求曲线从$x=a$到$x=b$的一段弧的长度(见图 3-24).

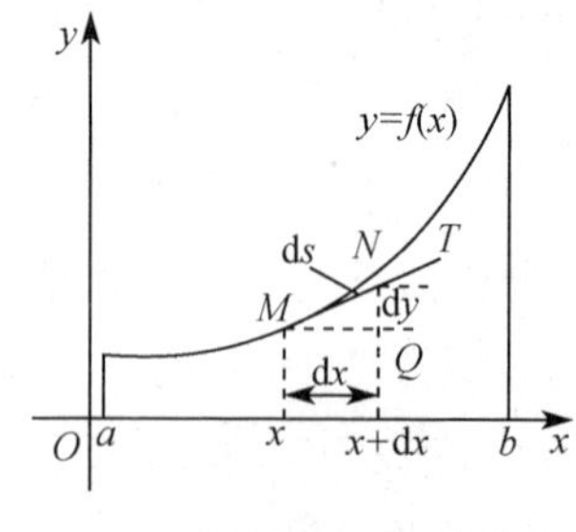

图 3-24

选x作为积分变量,任取小区间$[x,x+\mathrm{d}x]\subset[a,b]$,这个小区间所对应的一段弧$MN$的长度可以用曲线在点$M(x,f(x))$处的切线上相应的一小段$MT$的长度来近似代替,得弧长元素(弧微分)为

$$\mathrm{d}s=\sqrt{(\mathrm{d}x)^2+(\mathrm{d}y)^2}=\sqrt{1+y'^2}\mathrm{d}x,$$

在$[a,b]$上积分,就得到所求弧长为

$$s=\int_a^b\sqrt{1+y'^2}\mathrm{d}x.$$

2. 参数方程的情形

若曲线的方程以参数方程$x=\varphi(t),y=\psi(t)(\alpha\leqslant t\leqslant\beta)$给出,则弧长元素

$$\mathrm{d}s=\sqrt{(\mathrm{d}x)^2+(\mathrm{d}y)^2}=\sqrt{[\varphi'(t)]^2+[\psi'(t)]^2}\mathrm{d}t,$$

于是,所求弧长为

$$s=\int_\alpha^\beta\sqrt{[\varphi'(t)]^2+[\psi'(t)]^2}\mathrm{d}t.$$

3. 极坐标的情形

若曲线由极坐标方程$r=r(\theta)(\alpha\leqslant\theta\leqslant\beta)$给出,则弧长元素为

$$\mathrm{d}s=\sqrt{(\mathrm{d}x)^2+(\mathrm{d}y)^2}=\sqrt{r^2(\theta)+r'^2(\theta)}\mathrm{d}\theta,$$

从而，所求弧长为 $$s=\int_{\alpha}^{\beta}\sqrt{r^2(\theta)+r'^2(\theta)}\mathrm{d}\theta.$$

注意　计算弧长时，由于被积函数都是正的，因此要使弧长为正，定积分定限时要求下限小于上限.

例 7　两根电线杆之间的电线，由于自身重量而下垂成曲线(称为悬链线)，如图 3-25 所示. 选取坐标系后，悬链线的方程为

$$y=\frac{a}{2}(\mathrm{e}^{\frac{x}{a}}+\mathrm{e}^{-\frac{x}{a}})(a>0).$$

计算悬链线上介于 $x=-a$ 与 $x=a$ 之间的一段弧的长度.

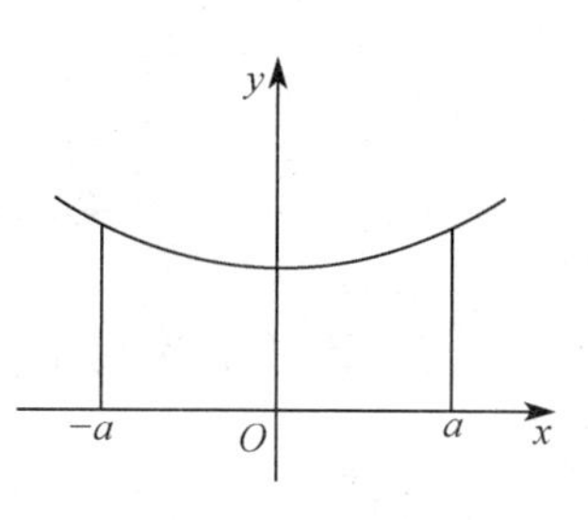

图 3-25

解　$y'=\frac{1}{2}(\mathrm{e}^{\frac{x}{a}}-\mathrm{e}^{-\frac{x}{a}})$,

$$\mathrm{d}s=\sqrt{1+y'^2}\mathrm{d}x=\sqrt{1+\frac{1}{4}(\mathrm{e}^{\frac{x}{a}}-\mathrm{e}^{-\frac{x}{a}})^2}\mathrm{d}x=\frac{1}{2}(\mathrm{e}^{\frac{x}{a}}+\mathrm{e}^{-\frac{x}{a}})\mathrm{d}x,$$

因此，所求弧长为

$$s=\int_{-a}^{a}\frac{1}{2}(\mathrm{e}^{\frac{x}{a}}+\mathrm{e}^{-\frac{x}{a}})\mathrm{d}x=\int_{0}^{a}(\mathrm{e}^{\frac{x}{a}}+\mathrm{e}^{-\frac{x}{a}})\mathrm{d}x$$
$$=a(\mathrm{e}^{\frac{x}{a}}-\mathrm{e}^{-\frac{x}{a}})\Big|_0^a=a(\mathrm{e}-\mathrm{e}^{-1}).$$

例 8　计算摆线 $\begin{cases}x=a(t-\sin t),\\ y=a(1-\cos t)\end{cases}$ 一拱$(0\leqslant t\leqslant 2\pi)$ 的长度(见图 3-26).

解　因为 $x'=a(1-\cos t)$，$y'=a\sin t$，则

$$\mathrm{d}s=\sqrt{x'^2+y'^2}\mathrm{d}t=a\sqrt{(1-\cos t)^2+\sin^2 t}\mathrm{d}t$$
$$=a\sqrt{2(1-\cos t)}\mathrm{d}t=2a\left|\sin\frac{t}{2}\right|\mathrm{d}t,$$

因此，所求弧长为

$$s=\int_0^{2\pi}2a\left|\sin\frac{t}{2}\right|\mathrm{d}t=\int_0^{2\pi}2a\sin\frac{t}{2}\mathrm{d}t=-4a(\cos\frac{t}{2})\Big|_0^{2\pi}=8a.$$

例 9　求对数螺线 $r=a\mathrm{e}^{2\theta}(a>0)$ 对应于$[-\pi,\pi]$一段的弧长(见图 3-27).

解　由于 $r'=2a\mathrm{e}^{2\theta}$，故

$$\mathrm{d}s=\sqrt{r^2+r'^2}\mathrm{d}\theta=\sqrt{a^2\mathrm{e}^{4\theta}+4a^2\mathrm{e}^{4\theta}}\mathrm{d}\theta=\sqrt{5}a\mathrm{e}^{2\theta}\mathrm{d}\theta,$$

因此，所求弧长为

$$s=\int_{-\pi}^{\pi}\sqrt{5}a\mathrm{e}^{2\theta}\mathrm{d}\theta=\frac{\sqrt{5}}{2}a\mathrm{e}^{2\theta}\Big|_{-\pi}^{\pi}=\frac{\sqrt{5}}{2}a(\mathrm{e}^{2\pi}-\mathrm{e}^{-2\pi}).$$

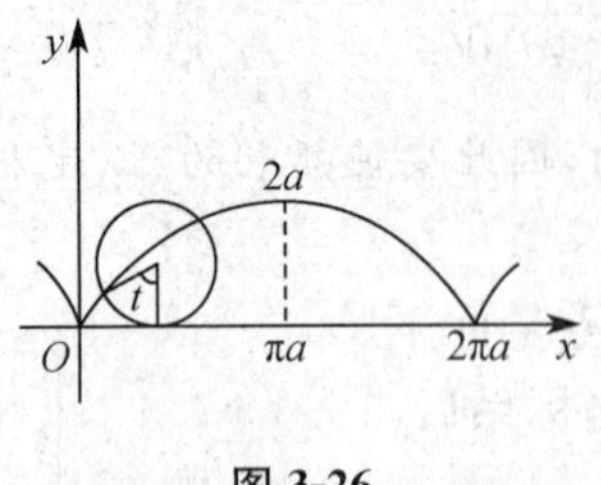

图 3-26

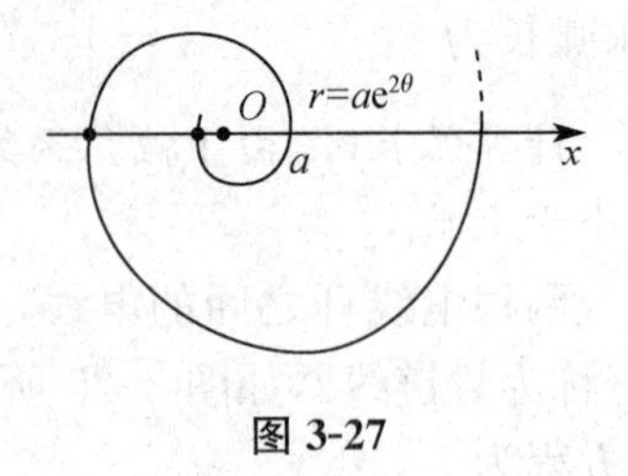

图 3-27

*三、定积分在物理方面的应用

1. 功

从物理学知道，若物体受恒力 F 作用沿力的方向移动一段距离 s，则力 F 对物体所做的功为

$$W = F \cdot s.$$

若一物体受连续变力 $F(x)$ 的作用，并沿力的方向做直线运动，求物体在这个变力的作用下，沿 x 轴由 a 点移动到 b 点时，变力 $F(x)$ 所做的功(见图 3-28).

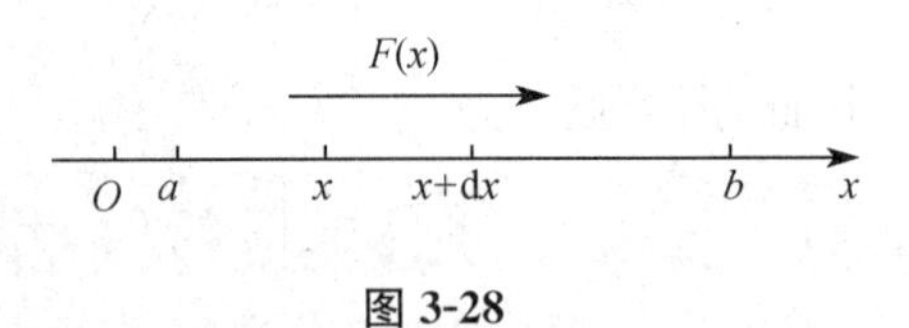

图 3-28

这是变力做功问题. 由于所求的功是区间 $[a,b]$ 上非均匀分布的整体量，且对区间 $[a,b]$ 具有可加性，所以可以用定积分的元素法来求这个量.

取 x 为积分变量，$x \in [a,b]$，任取一个小区间 $[x, x+\mathrm{d}x] \subset [a,b]$，由于 $F(x)$ 是连续变化的. 因此，当 $\mathrm{d}x$ 很小时，在区间 $[x, x+\mathrm{d}x]$ 内的力可以近似地看做恒力，在小区间上所做的功的近似值(即功元素)为 $\mathrm{d}W = F(x)\mathrm{d}x$，在 $[a,b]$ 上积分得整个区间上所做的功为

$$W = \int_a^b F(x)\mathrm{d}x.$$

例 10 有一弹簧，用 5 N 的力可以把它拉长 0.01 m，求把弹簧拉长 0.1 m 时，外力所作的功.

解 由物理学知，在弹性限度内，使弹簧产生伸缩变形的力的大小与伸缩量成正比. 因此，当弹簧伸缩了 x m 时，力的大小为

$$F(x) = kx (k > 0).$$

先确定上述比例系数 k，由假设条件：当 $x = 0.01$ m 时，$F = 5$ N，所以有 $5 = 0.01k$，即 $k = 500(\mathrm{N/m})$，从而

$$F(x) = 500x.$$

现在,以 x 为积分变量,它的变化区间为$[0,0.1]$(见图 3-29).设$[x,x+\mathrm{d}x]$为$[0,0.1]$上的任一小区间,以 $F(x)$ 作为$[x,x+\mathrm{d}x]$上各点处外力的近似值,则在该力作用下弹簧从 x 被拉伸至 $x+\mathrm{d}x$ 时,该力所作的功近似等于

$$\mathrm{d}W=F(x)\mathrm{d}x=500x\mathrm{d}x,$$

于是,所求的功为

$$W=\int_0^{0.1}500x\mathrm{d}x=500\cdot\frac{x^2}{2}\bigg|_0^{0.1}=2.5(\mathrm{J}).$$

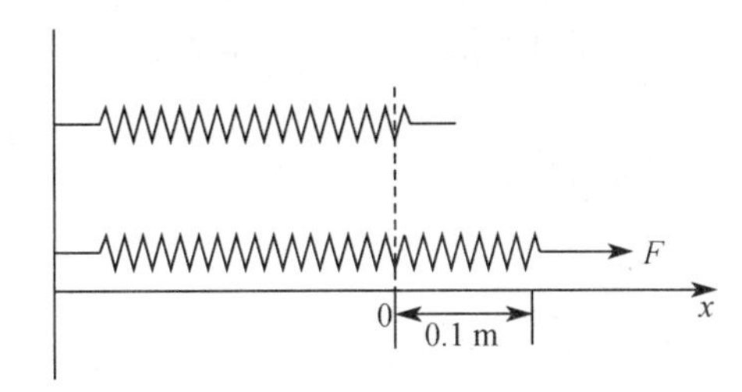

图 3-29

2. 液体的压力

如图 3-30 所示,将一个形状为曲边梯形的平板垂直地放置在密度为 ρ 的液体中,两腰与液面平行,且距液面的高度分别为 a 与 $b(a<b)$,求平板一侧所受液体的压力.

由物理学知道,在距液面深为 h 处的压强为 $p=\rho gh$,并且在同一点处的压强在各个方向是相等的.若一面积为 A 的平板水平地放置在距液面深度为 h 处,则平板一侧所受到的液体的压力为 $P=\rho ghA$.但现在平板垂直地放在液体中,在不同深度处所受到的压强也不同,于是整个平板所受压力是一个非均匀变化的整体量,且关于区间$[a,b]$具有可加性.因此,我们可以借助于定积分的元素法来计算这个量.

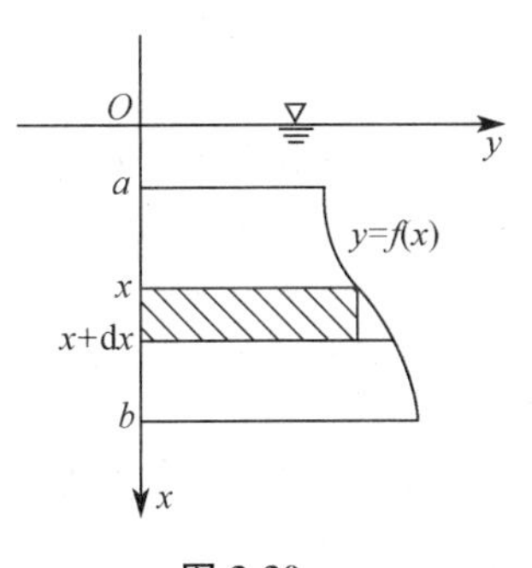

图 3-30

如图 3-30 建立坐标系,选 x 为积分变量,$x\in[a,b]$,任取小区间$[x,x+\mathrm{d}x]\subset[a,b]$,若 $\mathrm{d}x$ 很小,该小区间对应的小曲边梯形所受到的压强可以近似地用深度为 x 处的压强代替,因此所受到的压力元素为

$$\mathrm{d}P=\rho gxf(x)\mathrm{d}x,$$

在$[a,b]$上积分,便得整个平板所受到的压力为

$$P=\int_a^b\rho gxf(x)\mathrm{d}x.$$

例 11　一个横放的半径为 R 的圆柱形油桶，里面盛有半桶油，已知油的密度为 ρ，计算桶的一个端面所受油的压力.

解　桶的一个端面是圆片，现在要计算当液面通过圆心时，垂直放置的一个半圆片的一侧所受到的液体压力.

如图 3-31 建立直角坐标系，圆的方程为 $x^2+y^2=R^2$. 取 x 为积分变量，$x\in[0,R]$，任取一个小区间 $[x,x+\mathrm{d}x]\subset[0,R]$，认为相应细条上各点处的压强相等，因此窄条一侧所受液体压力的近似值，即压力元素为

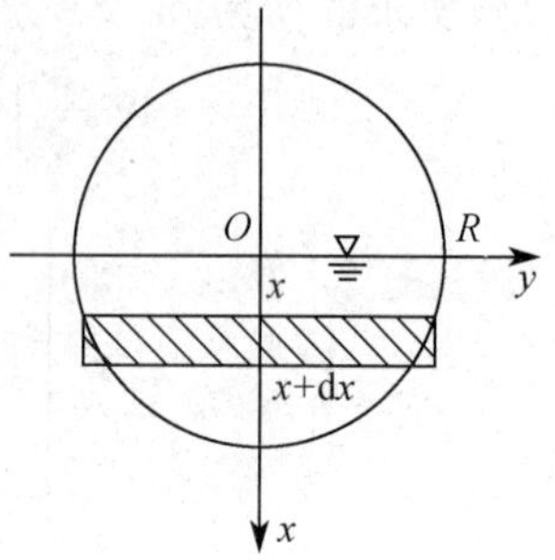

$$\mathrm{d}P=\rho gx2y\mathrm{d}x=2\rho gx\sqrt{R^2-x^2}\mathrm{d}x,$$

在 $[0,R]$ 上积分，得端面一侧所受的液体压力为

$$P=\int_0^R 2\rho gx\sqrt{R^2-x^2}\mathrm{d}x$$

$$=-\rho g\left[\frac{2}{3}(R^2-x^2)^{\frac{3}{2}}\right]\Bigg|_0^R=\frac{2}{3}\rho gR^3.$$

图 3-31

除以上介绍的应用之外，还可以利用元素法计算旋转曲面的面积、平面薄片的重心、刚体的转动惯性、引力，并且在电力学上也有重要的应用.

习题 3-4

1. 求由下列各曲线所围成的平面图形的面积.

(1) $xy=1$ 与直线 $y=x,x=2$；　(2) $y=3-x^2$ 与直线 $y=2x$.

2. 求由摆线 $x=a(t-\sin t),y=a(1-\cos t)$ 的一拱 $(0\leqslant t\leqslant 2\pi)$ 与 x 轴所围成的图形的面积.

3. 求由对数螺线 $r=ae^{\theta}$ 及射线 $\theta=-\pi,\theta=\pi$ 所围成的图形的面积.

4. 计算底面是半径为 R 的圆，而垂直于底面上一条固定直径的所有截面都是等边三角形的立体的体积.

5. 求由曲线 $y=x^2$ 及直线 $y=1,x=0$ 所围成的图形分别绕 x 轴和 y 轴旋转一周而成的旋转体的体积.

6. 求由下列曲线所围成的图形按指定的轴旋转所产生的旋转体的体积.

(1) $y=x^3,x=y^2$，绕 y 轴；　(2) 星形线 $x^{\frac{2}{3}}+y^{\frac{2}{3}}=a^{\frac{2}{3}}$，绕 x 轴.

7. 计算曲线 $y=\ln x$ 上相应于 $x=\sqrt{3}$ 到 $x=\sqrt{8}$ 的一段弧的长度.

8. 求心形线 $r=a(1+\cos\theta)$ 的全长.

9. 求星形线 $x=a\cos^3 t,y=a\sin^3 t$ 的全长.

*10. 有一质点按规律 $x=t^3$ 作直线运动，介质的阻力与速度成正比，比例系数为 k，求质点从 $x=0$ 移到 $x=1$ 时，克服介质阻力所做的功.

*11. 半径为 R 的半球形水池，其中充满了水，要把池中的水完全吸尽，需做多少功？

*12. 一形状为椭圆形的薄板，其长半轴与短半轴分别为 a 与 b，将此薄板的一半垂直沉入水中，而其短轴与水面相齐，求薄板一侧所受水的压力的大小.

*第五节　用 Mathematica 计算函数的积分

一、基本命令及示例

利用 Mathematica 系统计算函数的积分包含下列基本命令：

命令格式	代表含义
Integrate[f,x]	求函数 $f(x)$ 的不定积分
Integrate[f,{x,xmin,xmax}]	求函数 $f(x)$ 的定积分

注意　Mathematica 系统计算函数的不定积分时只给出一个具体的原函数，而不加常数 C.

二、不定积分举例

例 1　求下列不定积分.

(1) $\int \frac{\cos 2x}{\cos x+\sin x}\mathrm{d}x$；　(2) $\int \frac{(\ln x)^2}{x}\mathrm{d}x$；　(3) $\int x\sqrt{x+1}\mathrm{d}x$；　(4) $\int \arctan x\mathrm{d}x$；

(5) 已知 $f(x)$ 的一个原函数为 e^x，试求 $\int xf''(x)\mathrm{d}x$.

解　(1) In[1]:= Integrate[Cos[2 * x]/(Cos[x] + Sin[x]),x]

Out[1] = Cos[x] + Sin[x]

(2) In[2]:= g[x_]:= Log[x]^2/x

In[3]:= Integrate[g[x],x]

Out[3] = $\frac{\text{Log[x]}^3}{3}$

(3) In[4]:= Integrate[x * Sqrt[x + 1],x]

Out[4] = $\frac{2}{15}(1+\text{x})^{3/2}(-2+3\text{x})$

(4) In[5]:= Integrate[ArcTan[x],x]

Out[5] = $\text{xArcTan[x]}-\frac{1}{2}\text{Log}[1+\text{x}^2]$

(5) In[6]:= f[x_]:= D[Exp[x],x]

In[7]:= Integrate[x * f''[x], x]

Out[7] = e^x(-1 + x)

三、定积分举例

例 2 求下列积分值.

(1)$\int_0^2 |2-x| \mathrm{d}x$； (2)$\int_0^1 e^{\sqrt{x}}\mathrm{d}x$； (3)$\int_0^{+\infty} e^{-x}\mathrm{d}x$； (4)$\int_0^1 \frac{\mathrm{d}x}{\sqrt{1-x}}$；

(5) 由曲线 $y = x^2$ 与 $y = 2 - x^2$ 所围成的图形的面积.

解 (1) In[1]:= Integrate[Abs[2 - x], {x, 0, 2}]

Out[1] = 2

(2) In[2]:= h[x_]:= Exp[x]

In[3]:= Integrate[h[Sqrt[x]], {x, 0, 1}]

Out[3] = 2

(3) In[4]:= Integrate[Exp[- x], {x, 0, Infinity}]

Out[4] = 1

(4) In[5]:= Integrate[1/Sqrt[1 - x], {x, 0, 1}]

Out[5] = 2

(5) In[6]:= Solve[{y == x^2, y == 2 - x^2}, {y, x}]

Out[6] = {{y -> 1, x -> - 1}, {y -> 1, x -> 1}}

In[7]:= p1[x_]:= x^2

In[8]:= p2[x_]:= 2 - x^2

In[9]:= Integrate[p2[x] - p1[x], {x, - 1, 1}]

Out[9] = $\frac{8}{3}$

四、综合举例

例 3 设某函数当 $x = 1$ 时有极小值,当 $x = -1$ 时有极大值 4,又知道该函数导数具有形状 $y' = 3x^2 + bx + c$,求此函数.

解 In[1]:= Clear[f]

In[2]:= f[x_]:= 3 * x^2 + b * x + c

In[3]:= s1 = Solve[{f[- 1] == 0, f[1] == 0}, {b, c}] (* 求解方程组 *)

Out[3] = {{b -> 0, c -> - 3}}

In[4]:= b = b/. s1[[1, 1]](* 给系数 b 赋值,为集合 s_1 中的第一个结果 *)

```
Out[4] = 0
In[5]: = c = c/. s1[[1,2]]   (* 给系数 c 赋值集合 s1 中的第二个结果 *)
Out[5] =-3
In[6]: = g[x_] = Integrate[f[x],x]+c1   (* 这里 c1 是不定积分常数 *)
Out[6] = c1 - 3x + x^3
In[7]: = s2 = Solve[g[-1] == 4,{c1}]
Out[7] = {{c1 -> 2}}
In[8]: = c1 = c1/. s2[[1,1]]
Out[8] = 2
In[9]: = Print["y =",g[x],"为所求函数"]
```

* 习题 3-5

1. 计算不定积分$\int \frac{\mathrm{d}x}{x^2(x^2+1)}$.

2. 计算定积分$\int_{\frac{1}{e}}^{e} |\ln x| \mathrm{d}x$.

复习题三

一、填空题

1. $\mathrm{d}\int \mathrm{d}F(x) =$ ________.

2. 已知$\int f(x)\mathrm{d}x = \sin^2 x + C$,则 $f(x) =$ ________.

3. $\int f'(2x)\mathrm{d}x =$ ________.

4. $\int_{-\pi}^{\pi} x\sin^2 x\mathrm{d}x =$ ________.

5. $\lim\limits_{x\to 0}\frac{\int_0^x \sin t^2 \mathrm{d}t}{x^3} =$ ________.

二、选择题

1. 已知$\int f(x)\mathrm{d}x = F(x) + C$,则$\int f(\cos x)\sin x\mathrm{d}x =$ (　　).

A. $F(\cos x)+C$　B. $-F(\cos x)+C$　C. $F(\sin x)+C$　D. $-F(\sin x)+C$

2. 若$\int f(x)\mathrm{d}x = \mathrm{e}^{-x} + C$,则$\int \frac{f(\ln x)}{x}\mathrm{d}x =$ (　　).

A. $x+C$　B. $-x+C$　C. $\frac{1}{x}+C$　D. $-\frac{1}{x}+C$

3. 设 $f(x)$ 连续,$\frac{\mathrm{d}}{\mathrm{d}x}\int_1^{2x} f(t)\mathrm{d}t =$ (　　).

A. $f(2x)$　　B. $2f(2x)$　　C. $f(x)$　　D. $2f(2x)-f(x)$

4. 下列广义积分中收敛的是(　　).

A. $\int_0^{+\infty}\sin x\mathrm{d}x$　　B. $\int_1^{+\infty}\frac{\mathrm{d}x}{\sqrt{x}}$　　C. $\int_0^1\frac{\mathrm{d}x}{\sqrt{x}}$　　D. $\int_{-1}^1\frac{1}{x^3}\mathrm{d}x$

5. $\int_a^b f'(2x)\mathrm{d}x=$ (　　).

A. $f(2b)-f(2a)$　　B. $f(b)-f(a)$

C. $\frac{1}{2}[f(2b)-f(2a)]$　　D. $\frac{1}{2}f(b)-f(a)$

三、综合题

1. 求下列函数的不定积分.

(1) $\int\frac{x^2+\sqrt{x^3}+2}{\sqrt{x}}\mathrm{d}x$;　(2) $\int\sin^2\frac{x}{2}\mathrm{d}x$;　(3) $\int\frac{\mathrm{e}^{2t}-1}{\mathrm{e}^t-1}\mathrm{d}t$;　(4) $\int\frac{\mathrm{e}^{\frac{1}{x}}}{x^2}\mathrm{d}x$;

(5) $\int\mathrm{e}^x\cos\mathrm{e}^x\mathrm{d}x$;　(6) $\int\tan^3 x\sec x\mathrm{d}x$;　(7) $\int\frac{\mathrm{d}x}{x^2+2x+5}$;

(8) $\int\frac{\sqrt{x^2-9}}{x}\mathrm{d}x$;　(9) $\int x\mathrm{e}^{-x}\mathrm{d}x$;　(10) $\int\ln\frac{x}{2}\mathrm{d}x$.

2. 求下列函数的定积分.

(1) $\int_0^2|2-x|\mathrm{d}x$;　(2) $\int_0^{\pi}\cos^2\frac{x}{2}\mathrm{d}x$;　(3) $\int_0^1\sqrt{4-x^2}\mathrm{d}x$;

(4) $\int_1^5\frac{\sqrt{u-1}}{u}\mathrm{d}u$;　(5) $\int_1^{\mathrm{e}}\ln(x+1)\mathrm{d}x$;　(6) $\int_0^{\frac{\pi}{2}}x\sin x\mathrm{d}x$;

(7) $\int_0^5\frac{x^3}{x^2+1}\mathrm{d}x$.

3. 求下列广义积分.

(1) $\int_0^{+\infty}\mathrm{e}^{-x}\mathrm{d}x$;　(2) $\int_0^1\frac{\mathrm{d}x}{\sqrt{1-x}}$.

4. 求下列各平面图形的面积.

(1) 曲线 $y=x^2$ 与 $y=2-x^2$ 所围成图形的面积;

(2) 抛物线 $y^2=x$ 与直线 $y=x-2$ 所围成图形的面积.

5. 求下列平面图形绕 x 轴, y 轴旋转产生的旋转体的体积.

(1) 曲线 $y=\sqrt{x}$ 与直线 $x=1, x=4, y=0$ 所围成的图形;

(2) 曲线 $y=x^3$ 与直线 $x=2, y=0$ 所围成的图形.

6. 求曲线 $y=x^{\frac{3}{2}}, 0\leqslant x\leqslant 4$ 的弧长.

7. 已知 $f(x)$ 的一个原函数为 $\frac{\sin x}{x}$, 求 $\int xf'(x)\mathrm{d}x$.

第四章　常微分方程

微分方程是高等数学的一个重要组成部分，利用它可以解决许多的实际问题．本章主要介绍常微分方程的一些基本概念和几种简单的微分方程及其解法，并结合实际问题探讨用微分方程建立数学模型的一般思想方法．

第一节　微分方程的基本概念

一、实例

例 1　设曲线过点(1,2)且在曲线上任意点(x,y)处的切线斜率为$2x$，求该曲线的方程．

解　设所求的曲线方程为$y=f(x)$，则由题意及导数的几何意义可知

$$\frac{\mathrm{d}y}{\mathrm{d}x}=2x \text{ 或 } \mathrm{d}y=2x\mathrm{d}x, \tag{4.1}$$

上式两端同时积分，得

$$y=\int 2x\mathrm{d}x=x^2+C, \tag{4.2}$$

又因为曲线过点(1,2)，即所求曲线方程满足条件$y|_{x=1}=2$．代入上式，得

$$1^2+C=2, \text{即 } C=1.$$

所以所求曲线的方程为

$$y=x^2+1. \tag{4.3}$$

例 2　一个质量为m的质点在重力的作用下从高h处下落，试求其运动方程．

解　设定坐标原点在水平地面，y轴垂直向上的坐标系，在时刻t质点的位置是$y(t)$．由于质点只受重力mg作用，且力的方向与y轴正向相反，故由牛顿第二定理得质点满足的方程为

$$m\frac{\mathrm{d}^2y}{\mathrm{d}t^2}=-mg \text{ 或 } \frac{\mathrm{d}^2y}{\mathrm{d}t^2}=-g, \tag{4.4}$$

上式两端方程，得

$$\frac{\mathrm{d}y}{\mathrm{d}t}=-gt+C_1,$$

再对上式积分，得

$$y=-\frac{1}{2}gt^2+C_1t+C_2, \tag{4.5}$$

其中C_1,C_2是两个独立的任意常数．

把条件 $y\big|_{t=0}=h,\dfrac{\mathrm{d}y}{\mathrm{d}t}\Big|_{t=0}=0$ 分别代入上面的两式得 $C_1=0,C_2=h$. 因此所求的运动方程为

$$y=-\frac{1}{2}gt^2+h. \tag{4.6}$$

上述实例讨论的都是含有未知函数导数的等式,这就是微分方程. 下面介绍微分方程的基本概念.

二、微分方程的基本概念

定义 4.1 含有自变量、未知函数及未知函数导数(或微分)的方程称为**微分方程**. 未知函数是一元函数的微分方程称为**常微分方程**;未知函数是多元函数的微分方程称为**偏微分方程**. 本书只讨论常微分方程,简称为微分方程或方程.

方程(4.1)和(4.4)都是微分方程.

定义 4.2 微分方程中所含未知函数的导数(或微分)的最高阶数叫做微分方程的阶.

例如,方程 $yy'+\sin x=1$, $y'''+\ln xy=x\cos x$ 分别是一阶、三阶微分方程.

定义 4.3 满足微分方程的函数叫做微分方程的**解**;求微分方程解的过程叫做**解微分方程**;如果微分方程的解中所含独立的任意常数的个数等于微分方程的阶数,则该解称为微分方程的**通解**(或**一般解**);不含任意常数的解称为微分方程的**特解**.

例如,式(4.5)和(4.6)所表示的函数都是方程(4.4)的解,其中(4.5)是微分方程(4.4)的通解,(4.6)是微分方程(4.4)的特解.

在通解中说任意常数是独立的,其含义是指它们不能合并而使得任意常数的个数减少. 例如,函数 $y=C_1\sin x+C_2\sin x$ 形式上有两个任意常数,但这两个常数并不是独立的,事实上它可以写成 $y=(C_1+C_2)\sin x=C\sin x$(其中 $C=C_1+C_2$),因此本质上它只含有一个任意常数.

显然,微分方程的通解给出了解的一般形式,若用未知函数及其各阶导数在某个特定点的值将通解中的任意常数确定下来,就得到微分方程的特解.

定义 4.4 确定通解中任意常数的条件称为**初始条件**. 求微分方程满足初始条件的解的问题称为**初值问题**.

例如,例 2 中的 $y\big|_{t=0}=h,\dfrac{\mathrm{d}y}{\mathrm{d}t}\big|_{t=0}=0$ 是初始条件.

一般地,一阶微分方程的初始条件为 $y\big|_{x=x_0}=y_0$;二阶微分方程的初始条件 $y\big|_{x=x_0}=y_0, y'\big|_{x=x_0}=y'_0$.

定义 4.5　微分方程的解对应的图形称为**积分曲线**,通解通常表示一族积分曲线,特解只是其中的某一条曲线.

例如,通解(4.2)对应一族抛物线 $y=x^2+C$,而特解(4.3)则表示过点(1,2)的抛物线 $y=x^2+1$.

习题 4-1

1. 指出下列方程中哪些是微分方程,并指出微分方程的阶数.

(1) $y''+4y=x$;　　(2) $y^2+x^5\sin x=y$;

(3) $(x+y)\dfrac{dy}{dx}+6x-5y=1$;　　(4) $xy^{(n)}+7=1$.

2. 验证下列函数是否为所给方程的解,如果是解指明是通解还是特解.

(1) $y''-\dfrac{1}{x}y'+\dfrac{2y}{x^2}=0, y=C_1x+C_2x^2$;

(2) $y''-y=0, y=C_1e^x+C_2e^{-x}$;

(3) $y''+y'^2=1, y=x$;

(4) $y''+3y'-10y=2x, y=-\dfrac{x}{5}+\dfrac{3}{10}$.

3. 验证 $y=Cx^3$ 是微分方程 $3y-xy'=0$ 的通解,并求满足初始条件 $y|_{x=1}=2$ 的特解.

4. 若曲线在点 (x,y) 处的切线斜率等于该点横坐标的平方,且曲线通过点(1,0),写出该曲线满足的微分方程.

第二节　一阶微分方程

一阶微分方程有多种形式,下面主要介绍三种类型的一阶微分方程及其解法.

一、可分离变量的微分方程

定义 4.6　如果一阶微分方程 $F(x,y,y')=0$ 可化为

$$\frac{dy}{dx}=f(x)g(y)\text{(或 }M_1(x)N_1(y)dy+M_2(x)N_2(y)dx=0\text{)} \tag{4.7}$$

的形式,则称该方程为**可分离变量的一阶微分方程**,简称为**可分离变量的方程**.

求解可分离变量的微分方程,首先通过四则运算将它化为等式的一端只含有 y 的函数乘 dy,另一端只含有 x 的函数乘 dx 的形式,然后两端积分.这种先分离变量,再积分求得微分方程通解的方法称为**分离变量法**.如对方程(4.7)分离变量,得

$$\frac{1}{g(y)}dy=f(x)dx,$$

两边对所含的变量积分,得 $\displaystyle\int\frac{1}{g(y)}dy=\int f(x)dx$.

例 1　求微分方程 $y' = \dfrac{x(1+y^2)}{(1+x^2)y}$ 的通解.

解　这是一个可分离变量的微分方程,分离变量得

$$\frac{y}{1+y^2}\mathrm{d}y = \frac{x}{1+x^2}\mathrm{d}x,$$

两边积分,得 $\int \dfrac{y}{1+y^2}\mathrm{d}y = \int \dfrac{x}{1+x^2}\mathrm{d}x$,即

$$\frac{1}{2}\ln(1+y^2) = \frac{1}{2}\ln(1+x^2) + C_1(C_1 \text{ 为任意常数}),$$

记 $C_1 = \dfrac{1}{2}\ln C$,于是

$$\ln(1+y^2) = \ln(1+x^2) + \ln C,$$

所以原方程的通解为 $1+y^2 = C(1+x^2)$.

例 2　求解微分方程 $\cos y\sin x\mathrm{d}y - \sin y\cos x\mathrm{d}x = 0$ 满足初始条件 $y\big|_{x=\frac{\pi}{6}} = \dfrac{\pi}{2}$ 的特解.

解　分离变量,得 $\dfrac{\cos y}{\sin y}\mathrm{d}y = \dfrac{\cos x}{\sin x}\mathrm{d}x(\sin x\sin y \neq 0)$,两边积分,得

$$\ln|\sin y| = \ln|\sin x| + \ln|C_1|,$$

因此,原方程的通解为 $\sin y = C\sin x(C=\pm C_1)$,由初始通解 $y\big|_{x=\frac{\pi}{6}} = \dfrac{\pi}{2}$,得 $C=2$,故原方程的特解为 $\sin y = 2\sin x$.

二、齐次微分方程

定义 4.7　如果一阶微分方程 $F(x,y,y')=0$ 可化为

$$\frac{\mathrm{d}y}{\mathrm{d}x} = \varphi\left(\frac{y}{x}\right) \tag{4.8}$$

的形式,则称该微分方程为**齐次微分方程**.

例如,方程 $y' = \mathrm{e}^{\frac{y}{x}} + \dfrac{y}{x}$ 是齐次方程;又如方程 $(xy-y^2)\mathrm{d}x - (x^2-2xy)\mathrm{d}y = 0$,可化为

$$\frac{\mathrm{d}y}{\mathrm{d}x} = \frac{xy-y^2}{x^2-2xy} = \frac{\dfrac{y}{x}-\left(\dfrac{y}{x}\right)^2}{1-2\dfrac{y}{x}},$$

也是齐次微分方程.

齐次微分方程(4.8),可以通过变量代换化为可分离变量的方程. 在方程(4.8)

中作代换$\frac{y}{x}=u(x)$，则 $y=xu(x)$，$\frac{\mathrm{d}y}{\mathrm{d}x}=u(x)+x\frac{\mathrm{d}u(x)}{\mathrm{d}x}$，代入方程(4.8)，得

$$u+x\frac{\mathrm{d}u}{\mathrm{d}x}=\varphi(u).$$

这是一个可分离变量的方程，当 $\varphi(u)-u\neq 0$ 时，分离变量，并在两边积分，得

$$\int\frac{1}{\varphi(u)-u}\,\mathrm{d}u=\int\frac{1}{x}\,\mathrm{d}x.$$

求出通解，再以$\frac{y}{x}=u$ 代入，即得原方程的通解.

例 3　解微分方程 $y'=\mathrm{e}^{\frac{y}{x}}+\frac{y}{x}$.

解　令$\frac{y}{x}=u(x)$，即 $y=xu(x)$，$\frac{\mathrm{d}y}{\mathrm{d}x}=u(x)+x\frac{\mathrm{d}u(x)}{\mathrm{d}x}$，代入原方程，得

$$\mathrm{e}^{-u}\mathrm{d}u=\frac{\mathrm{d}x}{x},$$

两边积分，有

$$-\mathrm{e}^{-u}=\ln|x|-\ln C,$$

即

$$u=-\ln\ln\frac{C}{|x|}.$$

将 $u=\frac{y}{x}$ 代入，便得到原方程的通解为 $y=-x\ln\ln\frac{C}{|x|}$.

三、一阶线性微分方程

微课

一阶线性微分方程的求法

定义 4.8　形如

$$\frac{\mathrm{d}y}{\mathrm{d}x}+p(x)y=q(x) \tag{4.9}$$

的方程称为**一阶线性微分方程**，其中 $p(x)$，$q(x)$ 是已知的连续函数.

这类方程的特点是，方程中只出现未知函数及其导数的一次式，即方程对未知函数及其导数而言是线性的，故称其为**一阶线性微分方程**.

如果自由项 $q(x)\equiv 0$，方程(4.9)变为

$$\frac{\mathrm{d}y}{\mathrm{d}x}+p(x)y=0, \tag{4.10}$$

则称为**一阶线性齐次微分方程**；如果 $q(x)\neq 0$，则方程(4.9)称为**一阶线性非齐次微分方程**.

1. 一阶线性齐次微分方程

显然，一阶线性齐次方程(4.10)是可分离变量的微分方程，分离变量并两边积分得

$$\int \frac{\mathrm{d}y}{y} = -\int p(x)\mathrm{d}x, \ln|y| = -\int p(x)\mathrm{d}x + \ln C_1,$$

于是,一阶线性齐次方程(4.10)的通解为

$$y = C\mathrm{e}^{-\int p(x)\mathrm{d}x}(C = \pm C_1).$$

规定 $-\int p(x)\mathrm{d}x$ 中不再含有任意常数,认为已合并到 $\ln C_1$ 中了.

2. 一阶线性非齐次微分方程解的结构

在求方程(4.9)的通解前,先分析一下它的解的结构.

定理 4.1 设 $y = y_0(x,C)$ 是一阶线性齐次微分方程(4.10)的通解,$y = y^*(x)$ 是一阶线性非齐次微分方程(4.9)的一个特解,则

$$y = y_0(x,C) + y^*(x)$$

是一阶线性非齐次微分方程的通解.

3. 常数变易法

由定理 4.1 知,在已求出一阶线性齐次微分方程通解的情况下,要求一阶线性非齐次微分方程通解的关键在于寻求它的一个特解.

由于方程(4.9)和方程(4.10)的左端完全相同,且方程(4.10)的右端是方程(4.9)的一个特例,因此它们的通解之间一定存在某种联系.如果直接将 $y = y_0(x, C)$ 代入方程(4.9),只能使方程的左端为 0,如将其中的任意常数 C 换成 $C(x)$,再代入方程(4.9),左端不再是 0,而有可能是 $q(x)$.

于是设方程(4.9)的一个特解为 $y^* = C(x)\mathrm{e}^{-\int p(x)\mathrm{d}x}$($C(x)$ 待定),它能满足方程(4.9),由此确定 $C(x)$.代入方程(4.9),得

$$[C'(x)\mathrm{e}^{-\int p(x)\mathrm{d}x} + C(x)\mathrm{e}^{-\int p(x)\mathrm{d}x}(-p(x))] + p(x)\cdot C(x)\mathrm{e}^{-\int p(x)\mathrm{d}x} = q(x),$$

于是 $C(x)$ 应满足

$$C'(x) = q(x)\mathrm{e}^{\int p(x)\mathrm{d}x},$$

两端积分,得

$$C(x) = \int q(x)\mathrm{e}^{\int p(x)\mathrm{d}x}\mathrm{d}x + A,$$

其中 A 是任意常数.由于只需找到一个 $C(x)$ 即可,故令 $A = 0$.于是

$$y^* = [\int q(x)\mathrm{e}^{\int p(x)\mathrm{d}x}\mathrm{d}x]\cdot \mathrm{e}^{-\int p(x)\mathrm{d}x},$$

因此,一阶线性非齐次微分方程(4.9)的通解为

$$y = y_0 + y^* = C\mathrm{e}^{-\int p(x)\mathrm{d}x} + [\int q(x)\mathrm{e}^{\int p(x)\mathrm{d}x}\mathrm{d}x]\cdot \mathrm{e}^{-\int p(x)\mathrm{d}x}$$

或
$$y = e^{-\int p(x)dx} \cdot [C + \int q(x) e^{\int p(x)dx} dx]. \tag{4.11}$$

这种将线性非齐次方程所对应的齐次方程的通解中的任意常数 C 换成待定 $C(x)$，以求解一阶线性非齐次微分方程的方法叫做**常数变易法**. 在解题时可直接应用公式(4.11).

例 4　求微分方程 $x^2y' + xy = 1$ 的通解.

解　先将方程变形为
$$\frac{dy}{dx} + \frac{1}{x}y = \frac{1}{x^2}.$$
这是一阶线性微分方程. 应用公式(4.11)，其中 $p(x) = \frac{1}{x}$，$q(x) = \frac{1}{x^2}$，所以原方程的通解为
$$y = e^{-\int \frac{1}{x}dx}[C + \int \frac{1}{x^2} e^{\int \frac{1}{x}dx} dx] = e^{-\ln x}[C + \int \frac{1}{x^2} e^{\ln x} dx] = \frac{1}{x}(C + \ln x).$$

例 5　求一阶微分方程 $ydx + (x - y^3)dy = 0 (y > 0)$ 的通解.

解　将原方程化为
$$\frac{dy}{dx} + \frac{y}{x - y^3} = 0,$$
该方程既不是可分离变量方程也不是齐次型方程，又不是一阶线性微分方程. 但如果将原方程改写
$$\frac{dx}{dy} + \frac{x - y^3}{y} = 0,$$
即 $\frac{dx}{dy} + \frac{1}{y}x = y^2$，将 x 看做 y 的函数，这是一阶线性非齐次微分方程.

直接利用公式(4.11)，得原方程的通解为
$$x = e^{-\int p(y)dy} \cdot [C + \int q(y) e^{\int p(y)dy} dy] = e^{-\int \frac{1}{y}dy}[C + \int y^2 e^{\int \frac{1}{y}dy} dy]$$
$$= e^{-\ln y}[C + \int y^2 e^{\ln y} dy] = \frac{1}{y}(C + \frac{1}{4}y^4).$$
即 $4xy = y^4 + 4C$.

习题 4-2

1. 求下列可分离变量的微分方程的通解.

(1) $\frac{dy}{dx} = 2xy$；　　(2) $2x\sin y dx + (x^2 + 3)\cos y dy = 0$；

(3) $xy' - y\ln y = 0$；　　(4) $(1 + y^2)dx - x^2(1 + x^2)ydy = 0$.

2. 求下列齐次方程的通解或满足初始条件的特解.

(1) $\frac{dy}{dx}=\frac{y}{x-y}$；　　(2) $(y^2-x^2)dy+xydx=0$；

(3) $y'=\frac{y}{x}+\frac{x}{y}, y(1)=2$.

3. 求下列一阶线性微分方程的通解或满足初始条件的特解.

(1) $y'+y=e^x$；　　(2) $x\frac{dy}{dx}-3y=x^5e^x,\quad y|_{x=1}=2$；

(3) $(1+x^2)y'-2xy=(1+x^2)^2$；　　(4) $\frac{dx}{dy}+2xy=ye^{-y^2},\quad x|_{y=0}=1$.

4. 求一曲线方程，该曲线经过原点，并且它在点 (x,y) 处的切线斜率为 $2x+y$.

第三节　可降阶的高阶微分方程

微课

可降阶的二阶微分方程

高于一阶的微分方程称为**高阶微分方程**. 一般地，随着方程阶数的升高，求解的难度也随之增大，且没有统一的求解方法. 本节介绍三种特殊的高阶微分方程的解法，这些解法的基本思路是把高阶微分方程通过某些变换降为较低阶的微分方程来求解.

一、$y^{(n)}=f(x)$ 型微分方程

这类方程的右端仅含有自变量 x，因此，只要连续积分 n 次便可得到通解，即

$$y^{(n-1)}=\int f(x)dx+C_1,$$

$$y^{(n-2)}=\int\left[\int f(x)dx+C_1\right]dx+C_2,$$

$$\cdots$$

依次进行 n 次积分即可得到原方程的通解.

例 1　求微分方程 $y'''=2e^{2x}+\sin x$ 的通解.

解　$y''=\int(2e^{2x}+\sin x)dx=e^{2x}-\cos x+C_1$,

$$y'=\int(e^{2x}-\cos x+C_1)dx=\frac{1}{2}e^{2x}-\sin x+C_1x+C_2,$$

$$y=\int\left(\frac{1}{2}e^{2x}-\sin x+C_1x+C_2\right)dx=\frac{1}{4}e^{2x}+\cos x+\frac{1}{2}C_1x^2+C_2x+C_3.$$

二、$y''=f(x,y')$ 型微分方程

这类方程的特点是不显含未知函数 y. 求解时只需令 $y'=p(x)$，则 $y''=p'(x)$. 代入方程使其降为一阶方程 $p'=f(x,p)$. 求出该一阶方程的通解，两端再积分，即

可得到原方程的通解.

例 2　求微分方程$(1+x^2)y''+2xy'=1$的通解.

解　所求属于$y''=f(x,y')$型.令$y'=p(x)$,则$y''=p'(x)$,代入原方程,有

$$(1+x^2)p'+2xp=1,$$

这是一阶线性非齐次方程,代入公式(4.11),得它的通解为

$$p=e^{-\int\frac{2x}{1+x^2}dx}\left[\int\frac{1}{1+x^2}e^{\int\frac{2x}{1+x^2}dx}\,dx+C_1\right]=\frac{1}{1+x^2}(x+C_1),$$

即

$$y'=\frac{1}{1+x^2}(x+C_1),$$

两端再积分,得原方程的通解为

$$y=\frac{1}{2}\ln(1+x^2)+C_1\arctan x+C_2.$$

三、$y''=f(y,y')$型微分方程

方程$y''=f(y,y')$的特点是不显含x.解这类方程可令$y'=p(y)$,则

$$y''=\frac{dp}{dx}=\frac{dp}{dy}\cdot\frac{dy}{dx}=p(y)\frac{dp}{dy},$$

把y',y''代入原方程,将原方程化为

$$p\frac{dp}{dy}=f(y,p),$$

这是一阶微分方程.利用前面的方法可求出它的通解$p=\varphi(y,C_1)$,即$y'=\varphi(y,C_1)$,分离变量并积分,便得原方程的通解为$\int\frac{dy}{\varphi(y,C_1)}=x+C_2$.

例 3　求方程$2yy''-y'^2=1$的通解.

解　方程属于$y''=f(y,y')$型.令$y'=p(y)$,则$y''=p(y)\frac{dp}{dy}$,代入原方程,得

$$2yp\frac{dp}{dy}-p^2=1,$$

分离变量,并两端积分,得

$$\frac{2p}{1+p^2}dp=\frac{1}{y}dy,\ln(1+p^2)=\ln|y|+\ln C,$$

即

$$y'=p=\pm\sqrt{C_1y-1}\,(C_1=\pm C),$$

分离变量,并两端积分,得

$$\pm\frac{1}{\sqrt{C_1y-1}}dy=dx,\pm\frac{2}{C_1}\sqrt{C_1y-1}=x+C_2,$$

化简,得原方程的通解为 $y=\frac{1}{C_1}\left[\frac{C_1^2}{4}(x+C_2)^2+1\right]$.

习题4-3

1. 求下列微分方程的通解.

(1) $y'''=xe^x$; (2) $y'''=x+\sin x$; (3) $y''-\frac{1}{x}y'=xe^x$;

(4) $y''=y'+x$; (5) $yy''-y'^2=0$; (6) $y'''-\frac{1}{x}y''=0$.

2. 求下列微分方程的特解.

(1) $y''+y'^2=0, y|_{x=0}=0, y'|_{x=0}=1$;

(2) $(1+x^2)y''=2xy', y|_{x=0}=1, y'|_{x=0}=3$.

3. 求方程 $y''=x$ 的一条积分曲线,使其经过点(0,1),且在该点与直线 $y=\frac{x}{2}+1$ 相切.

*第四节　二阶常系数线性微分方程

微课

二阶常系数线性其次微分方程

定义4.9　形如

$$y''+py'+qy=f(x)(p,q\text{ 为常数})\tag{4.12}$$

的方程称为**二阶常系数线性微分方程**,其中 $f(x)$ 为自由项. 当 $f(x)\equiv 0$ 时,方程(4.12)变成

$$y''+py'+qy=0,\tag{4.13}$$

则方程(4.13)称为**二阶常系数线性齐次微分方程**;当 $f(x)\neq 0$ 时,方程(4.12)称为**二阶常系数线性非齐次微分方程**.

一、二阶常系数线性微分方程解的结构

1. 二阶常系数线性齐次微分方程解的性质与结构

为了求解齐次方程(4.13),先讨论该方程解的性质与结构.

定理4.2　若 $y_1(x), y_2(x)$ 是二阶常系数线性齐次方程(4.13)的解,则

$$y=C_1y_1(x)+C_2y_2(x)$$

也是该方程的解,其中 C_1, C_2 为任意常数.

下面引入两个函数线性相关与线性无关的概念.

定义4.10　设 $y_1(x), y_2(x)$ 是定义在某区间内的两个函数,若存在两个不全为零的常数 k_1, k_2,使得

$$k_1y_1(x)+k_2y_2(x)\equiv 0,$$

则称函数 $y_1(x)$，$y_2(x)$ 为**线性相关**；反之，若上式当且仅当 $k_1=k_2=0$ 时才能成立，则称函数 $y_1(x)$，$y_2(x)$ 为**线性无关**.

由此可知，若函数 $y_1(x)$，$y_2(x)$ 线性相关，则由 $k_1y_1(x)+k_2y_2(x)\equiv 0$ 可得，它们的比为常数，即 $\frac{y_1}{y_2}=-\frac{k_2}{k_1}$（或 $\frac{y_2}{y_1}=-\frac{k_1}{k_2}$）；反之，若它们之比不为常数，则它们必为线性无关.

例如，函数 $y_1=1-\cos 2x$ 与 $y_2=\sin^2 x$ 线性相关，因为 $\frac{y_1}{y_2}=\frac{1-\cos 2x}{\sin^2 x}=2$. 又如 $y_1=e^{-x}$ 与 $y_2=e^{2x}$ 线性无关，因为 $\frac{y_1}{y_2}=e^{-3x}$，不是常数.

根据上述讨论，可得下面的结论.

定理 4.3　若 $y_1(x)$，$y_2(x)$ 是二阶常系数线性齐次微分方程(4.13)的两个线性无关的解，则

$$y=C_1y_1+C_2y_2\text{（}C_1,C_2\text{ 为任意常数）}$$

是该方程的通解.

定理 4.3 表明，求线性齐次微分方程的通解，归结为求它的两个线性无关的特解.

2. 二阶常系数线性非齐次微分方程解的性质与结构

定理 4.4　若 $y^*(x)$ 为二阶常系数线性非齐次微分方程(4.12)的一个特解，$Y(x)$ 为其对应的线性齐次方程(4.13)的通解，则 $y=Y(x)+y^*(x)$ 是线性非齐次方程(4.12)的通解.

该定理表明，非齐次方程(4.12)的通解由两部分组成，即由非齐次方程(4.12)的特解与对应的齐次方程(4.13)的通解之和构成.

定理 4.5　设 $y_1(x)$，$y_2(x)$ 分别是方程 $y''+py'+qy=f_1(x)$ 与 $y''+py'+qy=f_2(x)$ 的解，则 $y=y_1(x)+y_2(x)$ 是方程

$$y''+py'+qy=f_1(x)+f_2(x) \tag{4.14}$$

的解.

定理 4.6　设 $y^*=y_1^*(x)+\mathrm{i}y_2^*(x)$ 是方程 $y''+py'+qy=f_1(x)+\mathrm{i}f_2(x)$ 的特解，则 $y_1^*(x)$，$y_2^*(x)$ 分别是方程

$$y''+py'+qy=f_1(x)\text{ 和 }y''+py'+qy=f_2(x)$$

的特解.

二、二阶常系数线性齐次微分方程的解法

由定理 4.3 可知，求解线性齐次方程(4.13)的关键在于找到它的两个线性无关

的特解.要寻求方程(4.13)的特解,先观察它的特点.从方程的形式上看,它的特点是 y,y',y'' 乘以常数因子后相加为零.如果能找到一个函数 $y(x)$,它和它的导数彼此仅有常数因子的差异,那么这个函数就有可能成为方程(4.13)的特解.

对于指数函数 e^{rx},它的一、二阶导数分别为 re^{rx} 和 r^2e^{rx},它们和 e^{rx} 只差常数因子 r,r^2,因而只要适当选取 r 就有可能使之成为方程(4.13)的特解.

设 $y=e^{rx}$ 为方程(4.13)的特解,则 $y'=re^{rx},y''=r^2e^{rx}$.将它们代入方程(4.13),得

$$r^2e^{rx}+pre^{rx}+qe^{rx}=e^{rx}(r^2+pr+q)=0,$$

由于 $e^{rx}\neq 0$,故必有

$$r^2+pr+q=0. \tag{4.15}$$

方程(4.15)称为方程(4.13)的**特征方程**,特征方程(4.15)的根 r_1,r_2 称为**特征根**.两个特征根可以表示为

$$r_{1,2}=\frac{-p\pm\sqrt{p^2-4q}}{2}.$$

由此可见,若求得特征根 r,则 $y=e^{rx}$ 就是齐次方程(4.13)的解.下面根据特征根的三种不同情形,分别讨论二阶常系数线性齐次微分方程(4.13)的通解.

(1) 当 $\Delta=p^2-4q>0$ 时,特征方程(4.15)有两个相异的实根 r_1,r_2,这时 $y_1=e^{r_1x}$ 和 $y_2=e^{r_2x}$ 是方程(4.13)的两个线性无关的特解,因此方程(4.13)的通解为

$$y=C_1e^{r_1x}+C_2e^{r_2x}.$$

(2) 当 $\Delta=p^2-4q=0$ 时,特征方程有两个相等的实根 $r_1=r_2=r$,这时仅得到方程(4.13)的一个特解 $y_1=e^{rx}$.可以验证 $y_2=xe^{rx}$ 也是方程(4.13)的特解,且 y_1 与 y_2 线性无关,因此二阶常系数线性齐次微分方程(4.13)的通解为

$$y=C_1e^{rx}+C_2xe^{rx}=(C_1+C_2x)e^{rx}.$$

(3) 当 $\Delta=p^2-4q<0$ 时,特征方程有一对共轭复根 $r_{1,2}=\alpha\pm i\beta$(α,β 均为实数,且 $\beta\neq 0$),则 $y_1=e^{(\alpha+i\beta)x}$ 和 $y_2=e^{(\alpha-i\beta)x}$ 是齐次方程(4.13)的特解,这是复数形式的解.为求得实数形式的解,利用欧拉(Euler)公式 $e^{i\theta}=\cos\theta+i\sin\theta$,将 y_1,y_2 改写为

$$y_1=e^{\alpha x}(\cos\beta x+i\sin\beta x),y_2=e^{\alpha x}(\cos\beta x-i\sin\beta x).$$

根据定理4.2知,$\frac{1}{2}(y_1+y_2)=e^{\alpha x}\cos\beta x$ 与 $\frac{1}{2i}(y_1-y_2)=e^{\alpha x}\sin\beta x$ 仍为方程(4.13)的解,且 $\frac{e^{\alpha x}\cos\beta x}{e^{\alpha x}\sin\beta x}=\cot\beta x\neq$ 常数,所以齐次方程(4.13)的实数形式的通解为

$$y=e^{\alpha x}(C_1\cos\beta x+C_2\sin\beta x).$$

例 1　求齐次方程 $y''-4y=0$ 的通解.

解　微分方程所对应的特征方程是 $r^2-4=0$,特征根是 $r_1=2,r_2=-2$,所以原方程的通解为

$$y=C_1e^{2x}+C_2e^{-2x}.$$

例 2　求微分方程 $4y''+4y'+y=0$ 的通解.

解　所给方程的特征方程为 $4r^2+4r+1=0$,特征根为 $r=r_1=r_2=-\frac{1}{2}$,因此原方程的通解为

$$y=(C_1+C_2x)e^{-\frac{x}{2}}.$$

例 3　求微分方程 $4y''+9y=0$ 满足初始条件 $y|_{x=0}=2,y'|_{x=0}=\frac{3}{2}$ 的特解.

解　特征方程为 $4r^2+9=0$,特征根为 $r_{1,2}=\pm\frac{3}{2}i$,所以原方程的通解为

$$y=C_1\cos\frac{3}{2}x+C_2\sin\frac{3}{2}x.$$

由初始条件 $y|_{x=0}=2,y'|_{x=0}=\frac{3}{2}$ 可得,$C_1=2,C_2=1$,因此原方程的特解为

$$y=2\cos\frac{3}{2}x+\sin\frac{3}{2}x.$$

三、二阶常系数线性非齐次微分方程的解法

由定理 4.4 可知,二阶常系数线性非齐次微分方程(4.12) 的通解等于它所对应的齐次方程(4.13) 的通解与非齐次方程(4.12) 的一个特解之和. 由于二阶常系数线性齐次微分方程的通解的求法已经得到解决,所以这里只需讨论二阶常系数线性非齐次微分方程(4.12) 特解的求法.

显然,非齐次方程(4.12) 的特解与自由项 $f(x)$ 的函数类型有关. 这里仅就 $f(x)$ 为多项式 $P_m(x)$、三角函数($\sin\beta x,\cos\beta x$)、指数函数 $e^{\lambda x}$ 及其乘积等几种常见形式进行讨论.

1. 自由项 $f(x)=P_m(x)e^{\lambda x}$ 型(λ 为常数,$P_m(x)$ 为 m 次多项式)

由于 $f(x)$ 是多项式与指数函数的乘积,而这种乘积的一、二阶导数仍为多项式与指数函数的乘积. 因此,假设方程(4.12) 有形如 $y^*=Q(x)e^{\lambda x}$ 的特解,其中 $Q(x)$ 是待定的多项式.

为了便于记忆求解公式,先引入记号 $\varphi(r)=r^2+pr+q$,则 $\varphi'(r)=2r+p$.

设方程(4.12) 的特解为 $y^*=Q(x)e^{\lambda x}$,将 $y^*=Q(x)e^{\lambda x}$,$(y^*)'=[Q'(x)+\lambda Q(x)]e^{\lambda x}$,$(y^*)''=[Q''(x)+2\lambda Q'(x)+\lambda^2Q(x)]e^{\lambda x}$ 代入方程(4.12),并约去 $e^{\lambda x}$,合

并同类项得

$$Q''(x)+(2\lambda+p)Q'(x)+(\lambda^2+p\lambda+q)Q(x)=P_m(x).$$

即
$$Q''(x)+\varphi'(\lambda)Q'(x)+\varphi(\lambda)Q(x)=P_m(x). \tag{4.16}$$

注意 (4.16)式作为公式记忆,可免去繁琐的计算过程.

只要找到满足方程(4.16)的多项式 $Q(x)$,就能得到方程(4.12)的特解 $y^*=Q(x)e^{\lambda x}$,

下面分三种情形来讨论:

(1) 当 $\varphi(\lambda)\neq 0$,即 λ 不是特征根时,$Q(x)$ 是 m 次多项式,即 $Q(x)=Q_m(x)$;

(2) 当 $\varphi(\lambda)=0,\varphi'(\lambda)\neq 0$,即 λ 是特征方程的单根时,$Q'(x)$ 为 m 次多项式,即 $Q'(x)=Q_m(x)$;

(3) 当 $\varphi(\lambda)=\varphi'(\lambda)=0$,即 λ 是特征方程的重根时,$Q''(x)$ 为 m 次多项式,即 $Q''(x)=Q_m(x)$.

例 4 求微分方程 $y''-y'=x^2e^x$ 的一个特解.

解 由于 $\lambda=1,\varphi(r)=r^2-r,\varphi'(r)=2r-1$,则 $\varphi(1)=0,\varphi'(1)=1$.设原方程的特解为 $y^*=Q(x)e^x$,由公式(4.16)可知 $Q(x)$ 应满足

$$Q''(x)+Q'(x)=x^2.$$

令 $Q'(x)=ax^2+bx+c$,则 $Q''(x)=2ax+b$,代入上式,得

$$ax^2+bx+c+2ax+b=x^2,$$

比较等式两端 x 同次幂的系数,得 $a=1,b=-2,c=2$,即

$$Q'(x)=x^2-2x+2,$$

两端积分,取其最简形式得

$$Q(x)=\frac{1}{3}x^3-x^2+2x,$$

所以,原方程的特解为

$$y^*=\left(\frac{1}{3}x^3-x^2+2x\right)e^x.$$

例 5 求方程 $y''-3y'+2y=3xe^{-x}$ 的通解.

解 特征方程为 $r^2-3r+2=0$,特征根为 $r_1=1,r_2=2$,所以原方程对应的齐次方程的通解为

$$y=C_1e^x+C_2e^{2x}.$$

由于 $\lambda=-1,\varphi(r)=r^2-3r+2,\varphi'(r)=2r-3$,则 $\varphi(-1)=6,\varphi'(-1)=-5$.设原方程的特解为 $y^*=Q(x)e^{-x}$,由公式(4.16)可知 $Q(x)$ 应满足

$$Q''(x)-5Q'(x)+6Q(x)=3x.$$

令 $Q(x)=ax+b$,则 $Q'(x)=a,Q''(x)=0$,代入上式,得

$$-5a+6ax+6b=3x,$$

比较等式两端 x 同次幂的系数，得 $a=\frac{1}{2}$，$b=\frac{5}{12}$，即

$$Q(x)=\frac{1}{2}x+\frac{5}{12},$$

所以，原方程的特解为

$$y^*=(\frac{1}{2}x+\frac{5}{12})e^{-x},$$

因此，原方程的通解为

$$y=C_1e^x+C_2e^{2x}+(\frac{1}{2}x+\frac{5}{12})e^{-x}.$$

2. 自由项 $f(x)=Ae^{\lambda x}$ 型（A 为常数）

这就是上述 1 的方法中令 $m=0$ 的情形. 于是(4.16) 式变成

$$Q''(x)+\varphi'(\lambda)Q'(x)+\varphi(\lambda)Q(x)=A.$$

类似地，特解也分三种情形.

(1) 当 $\varphi(\lambda)\neq 0$ 时，$Q(x)$ 为常数，即 $Q(x)=Q=\frac{A}{\varphi(\lambda)}$，则特解可设为 $y^*=\frac{A}{\varphi(\lambda)}e^{\lambda x}$；

(2) 当 $\varphi(\lambda)=0$，$\varphi'(\lambda)\neq 0$ 时，$Q'(x)$ 为常数，即 $Q'(x)=\frac{A}{\varphi'(\lambda)}$，$Q(x)=\frac{A}{\varphi'(\lambda)}x$，则特解可设为 $y^*=\frac{Ax}{\varphi'(\lambda)}e^{\lambda x}$；

(3) 当 $\varphi(\lambda)=\varphi'(\lambda)=0$ 时，$Q''(x)=A$，取 $Q'(x)=Ax$，$Q(x)=\frac{A}{2}x^2$，则特解可设为 $y^*=\frac{Ax^2}{2}e^{\lambda x}$.

例 6　求 $y''-3y'+2y=4e^{3x}$ 的一个特解.

解　本题中 $A=4$，$\lambda=3$，$\varphi(r)=r^2-3r+2$，$\varphi(3)=2$，所以特解为

$$y^*=\frac{4}{2}e^{3x}=2e^{3x}.$$

3. 自由项 $f(x)=A\begin{cases}\sin\beta x\\ \cos\beta x\end{cases}$ 型

这种情况下，无论 $f(x)=A\sin\beta x$ 还是 $f(x)=A\cos\beta x$，都可用上述 2 的方法求

$$y''+py'+q=A(\cos\beta x+i\sin\beta x)=Ae^{i\beta x}$$

的特解 $\bar{y}^*$. 根据定理 4.6，则取其实（虚）部即为 $y''+py'+q=A\cos\beta x(A\sin\beta x)$ 的

特解.

例 7 求方程 $y''+4y=\cos 2x$ 的一个特解.

解 先求微分方程

$$y''+4y=\cos 2x+\mathrm{i}\sin 2x=\mathrm{e}^{\mathrm{i}2x}$$

的特解.

由 $\varphi(r)=r^2+4$，知 $\varphi(2\mathrm{i})=0$，$\varphi'(2\mathrm{i})=4\mathrm{i}$，所以新方程的特解为

$$\bar{y}^*=\frac{x}{\varphi'(2\mathrm{i})}\mathrm{e}^{\mathrm{i}2x}=\frac{x}{4\mathrm{i}}(\cos 2x+\mathrm{i}\sin 2x)=\frac{x}{4}\sin 2x-\mathrm{i}\frac{x}{4}\cos 2x,$$

取其实部，得原方程的特解为

$$y^*=\frac{x}{4}\sin 2x.$$

还有许多 $f(x)$ 的情形，可用上述几种方法组合而求得方程的特解.

例 8 求微分方程 $y''-2y'+5y=\mathrm{e}^x\sin x$ 的通解.

解 先求对应的齐次方程的通解. 特征方程为 $r^2-2r+5=0$，特征根为 $r_{1,2}=1\pm 2\mathrm{i}$，所以，原方程对应的齐次方程的通解为

$$y=\mathrm{e}^x(C_1\cos 2x+C_2\sin 2x).$$

再求 $y''-2y'+5y=\mathrm{e}^x(\cos x+\mathrm{i}\sin x)=\mathrm{e}^{(1+\mathrm{i})x}$ 的特解. 由于 $\varphi(r)=r^2-2r+5$，

$$\varphi(1+\mathrm{i})=(1+\mathrm{i})^2-2(1+\mathrm{i})+5=3,$$

所以，新方程的特解为

$$\bar{y}^*=\frac{1}{\varphi(1+\mathrm{i})}\mathrm{e}^{(1+\mathrm{i})x}=\frac{1}{3}\mathrm{e}^x(\cos x+\mathrm{i}\sin x).$$

取其虚部，可得原方程的特解

$$y^*=\frac{1}{3}\mathrm{e}^x\sin x.$$

于是，原方程的通解为

$$y=\mathrm{e}^x(C_1\cos 2x+C_2\sin 2x)+\frac{1}{3}\mathrm{e}^x\sin x.$$

* 习题 4-4

1. 验证 $y_1=\mathrm{e}^{-x}$ 与 $y=x\mathrm{e}^{-x}$ 都是方程 $y''+2y'+y=0$ 的解，并写出方程的通解.

2. 写出下列二阶常系数非齐次微分方程的特解 y^*（不必确定系数）.

(1) $y''-5y'+6y=x^2\mathrm{e}^x$； (2) $y''-y=x^2\mathrm{e}^x$；

(3) $y''-2y'+y=x^2\mathrm{e}^x$； (4) $y''-5y'+6y=\sin 2x$；

(5) $y''-2y'+5y=\mathrm{e}^x\sin 2x$； (6) $y''-2y'+5=x\mathrm{e}^x\cos x$.

3. 求下列方程的通解.

(1)$y''-6y'+8y=4$； (2)$2y''+y'-y=2e^{x}$；

(3)$y''+2y'-3y=4\sin x$； (4)$y''+4y=e^{x}\cos x$；

(5)$y''-6y'+9y=e^{3x}(x+1)$； (6)$y''+y=e^{x}+\cos x$.

4. 求下列方程满足初始条件的特解.

(1)$4y''+4y'+y=0,y(0)=2,y'(0)=0$；

(2)$y''+y=-\sin 2x,y(\pi)=1,y'(\pi)=1$

5. 求满足方程 $y''+4y'+4y=0$ 的曲线 $y=f(x)$，使它在 $P(2,4)$ 处与直线 $y-x=2$ 相切.

*第五节 用 Mathematica 解常微分方程

在 Mathematica 中，用函数 DSolve 可以解线性与非线性常微分方程及常微分方程组. 在没有给定初始条件的情况下，所得的解包括了待定系数 C[1],C[2],C[3],….

DSolve 函数求得的是常微分方程的准确解(解析解)，其调用格式及意义如下：

DSolve[eqn,y[x],x]

(* 解 $y(x)$ 为未知函数的微分方程 eqn，其中 x 为自变量 *)

(DSolve[{eqn1,eqn2,…},{y1[x],y2[x],…},x]

(* 求解微分方程组{eqn1,eqn2,…}，其中 x 为自变量 *)

DSolve[{eqn,y[0] == x0},y[x],x]

(* 求微分方程 eqn 满足初始条件 $y_0=x_0$ 的解 *)

例 1 求微分方程 $y'=y+x$ 满足初始条件 $y(0)=1$ 的特解.

解 ln[1]: = DSolve[{y'[x] == y[x]+x,y[0] == 1},y[x],x]

Out[1] = {{y[x] -> -1+2e^x - x}}.

例 2 求微分方程 $y''+2y'+y=0$ 的通解.

解 ln[2]: = DSolve[y''[x]+2 * y'[x]+y[x] == 0,y[x],x]

Out[2] = {{y[x] -> $\frac{C[1]}{e^x}+\frac{C[2]}{e^x}$}}(* C[1],C[2] 为任意常数 *)

例 3 求解微分方程组$\begin{cases}x'+y'=\cos t,\\ y'+x=\sin t\end{cases}$的通解.

解 ln[3]: = DSolve[{x'(t)+y'(t) == Cos[t],y'[t]+x[t] == Sin[t]} {x[t],y[t]},t]

结果略.

例 4 求微分方程 $y''-4y'+3y=0$ 满足初始条件 $y(0)=6,y'(0)=10$ 的特解.

解 In[4]：= DSolve[{y''[x] − 4 * y'[x] + 3 * y[x] == 0, y[0] == 6, y'[0] == 10}, y[x], x]

Out[4] = {{y[x] −> 4e^x + 2e^(3x)}}

例 5 求微分方程 $x^2y''-4xy'+6y=x$ 的通解.

解 In[5]：= DSolve[x^2 * y''[x] − 4 * x * y'[x] + 6 * y[x] == x, y[x], x]

结果略.

*习题 4-5

1. 求微分方程 $y''-5y'+6y=0$，满足初始条件 $y(0)=2, y'(0)=0$ 的特解.

2. 求微分方程 $\begin{cases}2y=-z',\\ z=y'\end{cases}$ 的通解.

复习题四

一、填空题

1. 微分方程 $y''=e^x$ 的通解是________.

2. 微分方程 $y''+y'-2y=0$ 的通解是________.

3. 微分方程 $y'+2xy=2xe^{-x^2}$ 的通解是________.

二、选择题

1. 微分方程 $y''+2y'+y=e^x$ 不是(　　).

A. 齐次的　　B. 线性的　　C. 常系数的　　D. 二阶的

2. 微分方程 $y''+y=0$ 的通解是(　　).

A. $y=a\sin x$　　B. $y=b\cos x$

C. $y=\sin x+b\cos x$　　D. $y=a\sin x+b\cos x$

3. 微分方程 $y''-4y'+5y=0$ 的通解是(　　).

A. $y=e^x(C_1\cos 2x+C_2\sin 2x)$　　B. $y=e^{2x}(C_1\cos x+C_2\sin x)$

C. $y=e^{-x}(C_1\cos 2x+C_2\sin 2x)$　　D. $y=e^{-2x}(C_1\cos x+C_2\sin x)$

4. 微分方程 $y''-2y'+y=x^2e^{3x}$ 的特解的形式为 $y^*=$(　　).

A. $x(ax+b)e^{3x}$　　B. $(ax^2+bx+c)e^{3x}$

C. $x(ax^2+bx+c)e^{3x}$　　D. ax^2+bx+c

三、综合题

1. 求下列各微分方程的通解或在给定初始条件下的特解.

(1) $(1+y)dx-(1-x)dy=0$；　(2) $(1+2y)xdx+(1+x^2)dy=0$；

(3) $y\ln x dx+x\ln y dy=0$；　(4) $\dfrac{dx}{y}+\dfrac{dy}{x}=0, y|_{x=3}=4$.

2. 求下列各微分方程的通解或在给定初始条件下的特解.

(1) $y'=\dfrac{y}{y-x}$；　(2) $(x+y)dx+xdy=0$；

(3) $y'+y=e^{-x}$；　　(4) $y'+\frac{1}{x}y=\frac{\sin x}{x}, y|_{x=\pi}=1$.

3. 求下列微分方程的通解.

(1) $y''=\frac{1}{1+x^2}$；　　(2) $y'''=2x+\sin x$；

(3) $y''-4y'+4y=0$；　　(4) $y''+4y'+5=0$.

4. 求下列各微分方程的通解或在给定初始条件下的特解.

(1) $y''-6y'-13y=14$；　　(2) $y''+2y'-3y=e^{2x}$；

(3) $y''+4y=8\sin 2x$；　　(4) $y''+4y=8x, y|_{x=0}=0, y'|_{x=0}=4$.

第五章　无 穷 级 数

无穷级数是高等数学的一个重要内容，它是表示函数、研究函数形态以及进行数值计算的一种有效工具，它在数学理论以及工程实际中都有广泛的应用. 本章首先借助极限工具讨论数项级数的敛散性，然后介绍幂级数和函数展开成幂级数的方法，最后研究傅里叶级数.

第一节　数 项 级 数

一、数项级数的概念

定义 5.1　设有数列：$u_1, u_2, \cdots, u_n, \cdots$，则表达式

$$\sum_{n=1}^{\infty} u_n = u_1 + u_2 + \cdots + u_n + \cdots \tag{5.1}$$

叫做**常数项无穷级数**，简称**数项级数**或**级数**，其中第 n 项 u_n 称为级数的**一般项**或**通项**.

级数(5.1)是无穷多个数的和，而我们只能计算有限多个数的和. 为了求无限的量，往往从确定有限的量出发，然后通过取极限获得. 于是先把级数的前 n 项加起来，再令 $n \to \infty$ 取极限得到级数的和，这样就可以得到无穷级数和的定义.

级数(5.1)的前 n 项和 $\sum_{k=1}^{n} u_k = u_1 + u_2 + \cdots + u_n$ 称为该级数的部分和，记做 S_n. 当 $n = 1, 2, 3, \cdots$ 时，得到一个新的数列 $\{S_n\}$：

$$S_1 = u_1, S_2 = u_1 + u_2, \cdots, S_n = u_1 + u_2 + \cdots + u_n, \cdots$$

称为级数(5.1)的部分和数列.

定义 5.2　若无穷级数 $\sum_{n=1}^{\infty} u_n$ 的部分和数列 $\{S_n\}$ 有极限 S，即 $\lim_{n\to\infty} S_n = S$，则称该级数**收敛**(或该级数收敛于 S)，且称 S 为该级数的**和**，记做

$$S = \sum_{n=1}^{\infty} u_n = u_1 + u_2 + \cdots + u_n + \cdots.$$

若部分和数列 $\{S_n\}$ 没有极限，即 $\lim_{n\to\infty} S_n$ 不存在，则称该级数**发散**，发散的级数没

有和.

当级数 $\sum\limits_{n=1}^{\infty}u_n$ 收敛于 S 时,常用其部分和 S_n 作为和 S 的近似值,其差

$$S-S_n=\sum_{k=1}^{\infty}u_k-\sum_{k=1}^{n}u_k=\sum_{k=n+1}^{\infty}u_k$$

叫做该级数的**余项**,记为 r_n,用 S_n 近似代替 S 所产生的绝对误差就是 $|r_n|$.

例 1　讨论**几何级数**(也称为**等比级数**)

$$\sum_{n=0}^{\infty}aq^n=a+aq+aq^2+\cdots+aq^n+\cdots$$

的敛散性,其中 $a\neq 0$,q 为公比.

解　该级数的部分和为

$$S_n=a+aq+\cdots+aq^{n-1}=\begin{cases}\dfrac{a(1-q^n)}{1-q}, & q\neq 1,\\ na, & q=1.\end{cases}$$

当 $q=1$ 时,由于 $\lim\limits_{n\to\infty}S_n=\lim\limits_{n\to\infty}na=\infty$,所以级数发散;

当 $q=-1$ 时,级数变为 $a-a+a-a+\cdots$,显然 $\lim\limits_{n\to\infty}S_n$ 不存在,所以级数发散;

当 $|q|>1$ 时,由于 $\lim\limits_{n\to\infty}S_n=\lim\limits_{n\to\infty}\dfrac{a(1-q^n)}{1-q}=\infty$,所以级数发散;

当 $|q|<1$ 时,由于 $\lim\limits_{n\to\infty}S_n=\lim\limits_{n\to\infty}\dfrac{a(1-q^n)}{1-q}=\dfrac{a}{1-q}$,所以级数收敛于 $\dfrac{a}{1-q}$.

所以,几何级数 $\sum\limits_{n=0}^{\infty}aq^n$ 当 $|q|<1$ 时收敛于 $\dfrac{a}{1-q}$;当 $|q|\geqslant 1$ 时发散.

注意　几何级数 $\sum\limits_{n=0}^{\infty}aq^n$ 的敛散性非常重要,许多级数敛散性的判别都要借助几何级数的敛散性来实现.

例 2　证明:**调和级数** $\sum\limits_{n=1}^{\infty}\dfrac{1}{n}$ 是发散的.

证明　利用定积分的几何意义加以证明.

调和级数的部分和 $S_n=\sum\limits_{k=1}^{n}\dfrac{1}{k}$,如图 5-1 所示.考察由曲线 $y=\dfrac{1}{x}$,$x=1$,$x=n+1$ 和 $y=0$ 围成的曲边梯形的面积 S 与阴影表示的阶梯形面积 $\sum\limits_{k=1}^{n}A_k$ 之间的关系,可以看出阴影部分的第一个矩

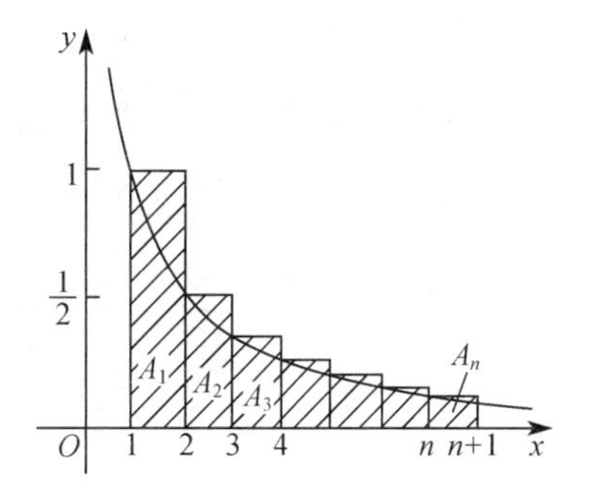

图 5-1

形面积 $A_1=1$,第二个矩形面积 $A_2=\frac{1}{2}$,第三个矩形面积 $A_3=\frac{1}{3}$,…,第 n 个矩形面积$A_n=\frac{1}{n}$,所以阴影部分的总面积为

$$S_n=\sum_{k=1}^{n}A_k=1+\frac{1}{2}+\cdots+\frac{1}{n}=\sum_{k=1}^{n}\frac{1}{k},$$

显然它大于曲边梯形的面积 S,即有

$$S_n=\sum_{k=1}^{n}A_k>\int_1^{n+1}\frac{1}{x}\mathrm{d}x=\ln x\Big|_1^{n+1}=\ln(n+1),$$

而$\lim\limits_{n\to\infty}\ln(n+1)=+\infty$,表明 S_n 的极限不存在,所以调和级数$\sum\limits_{n=1}^{\infty}\frac{1}{n}$是发散的.

二、数项级数的性质

根据级数敛散性的概念,可以得到级数的几个基本性质.

性质 1 设常数 $k\neq0$,则级数$\sum\limits_{n=1}^{\infty}u_n$与级数$\sum\limits_{n=1}^{\infty}ku_n$有相同的敛散性,若级数$\sum\limits_{n=1}^{\infty}u_n$收敛于 S,则级数$\sum\limits_{n=1}^{\infty}ku_n$收敛于 kS.

性质 2 若级数$\sum\limits_{n=1}^{\infty}u_n$和$\sum\limits_{n=1}^{\infty}v_n$分别收敛于 S 和 T,则级数$\sum\limits_{n=1}^{\infty}(u_n\pm v_n)$收敛于 $S\pm T$.

性质 3 添加、去掉或改变级数的有限项,级数的敛散性不变,但收敛时,其和可能不同.

性质 4 收敛级数加括号后所形成的级数仍收敛于原级数的和.

性质 5(级数收敛的必要条件) 若级数$\sum\limits_{n=1}^{\infty}u_n$收敛,则必有$\lim\limits_{n\to\infty}u_n=0$.

由级数收敛的必要条件可知,如果$\lim\limits_{n\to\infty}u_n\neq0$,则级数一定发散.

注意 收敛级数的通项趋于 0,但级数的通项趋于 0 并不是级数收敛的充分条件.例如,调和级数$\sum\limits_{n=1}^{\infty}\frac{1}{n}$的通项趋于 0,但调和级数$\sum\limits_{n=1}^{\infty}\frac{1}{n}$是发散的.

例 3 证明:级数$\sum\limits_{n=1}^{\infty}\left(\frac{n}{2n+1}-\frac{1}{2^n}\right)$是发散的.

证明 用反证法.假设级数$\sum\limits_{n=1}^{\infty}\left(\frac{n}{2n+1}-\frac{1}{2^n}\right)$收敛,又几何级数$\sum\limits_{n=1}^{\infty}\frac{1}{2^n}$收敛,由

性质 2,级数$\sum\limits_{n=1}^{\infty}\left[\left(\frac{n}{2n+1}-\frac{1}{2^n}\right)+\frac{1}{2^n}\right]=\sum\limits_{n=1}^{\infty}\frac{n}{2n+1}$也收敛,这与级数$\sum\limits_{n=1}^{\infty}\frac{n}{2n+1}$发散矛盾,说明假设错误,即级数$\sum\limits_{n=1}^{\infty}\left(\frac{n}{2n+1}-\frac{1}{2^n}\right)$是发散的.

习题 5-1

1. 写出下列级数的一般项.

(1) $\frac{2}{1}-\frac{3}{2}+\frac{4}{3}-\frac{5}{4}+\frac{6}{5}-\cdots$;　　(2) $\frac{a^2}{3}-\frac{a^3}{5}+\frac{a^4}{7}-\frac{a^5}{9}+\cdots$.

2. 判断下列级数的敛散性.

(1) $\sum\limits_{n=1}^{\infty}\sin\frac{n\pi}{6}$;　　(2) $\frac{1}{1\times3}+\frac{1}{3\times5}+\cdots+\frac{1}{(2n-1)\times(2n+1)}+\cdots$;

(3) $\frac{1}{3}+\frac{1}{6}+\frac{1}{9}+\frac{1}{12}+\cdots$;

(4) $\left(\frac{1}{2}+\frac{1}{3}\right)+\left(\frac{1}{2^2}+\frac{1}{3^2}\right)+\left(\frac{1}{2^3}+\frac{1}{3^3}\right)+\cdots$;

(5) $1+2+\cdots+100+\frac{1}{2}+\frac{1}{3}+\frac{1}{4}+\cdots$;

(6) $\frac{3}{2}-\frac{3^2}{2^2}+\frac{3^3}{2^3}-\cdots$;　　(7) $\sum\limits_{n=1}^{\infty}\left(\frac{1}{3^n}+n\right)$;

(8) $\sum\limits_{n=1}^{\infty}(\sqrt{n+1}-\sqrt{n})$.

第二节　数项级数的审敛法

一、正项级数及其审敛法

数项级数$\sum\limits_{n=1}^{\infty}u_n(u_n\geqslant0,n=1,2,\cdots)$称为**正项级数**(或**非负项级数**).

由于正项级数的通项$u_n\geqslant0$,因而$S_n=S_{n-1}+u_n\geqslant S_{n-1}(n=2,3,\cdots)$,即部分和数列$\{S_n\}$是单调增加的.若数列$\{S_n\}$有界,由第一章知单调有界数列必有极限,所以正项级数必收敛.设其和为S,则有$S_n\leqslant S$.反之,若正项级数收敛于S,则数列$\{S_n\}$必有界.于是得到下述重要结论.

定理 5.1　正项级数收敛的充要条件是其部分和数列有界.

利用定理 5.1,可得出正项级数的若干审敛法,这里只介绍其中较为重要的两个.

定理 5.2(比较审敛法)　设$\sum_{n=1}^{\infty}u_n$与$\sum_{n=1}^{\infty}v_n$是两个正项级数,且$u_n \leqslant v_n(n=1,2,\cdots)$,

(1) 如果级数$\sum_{n=1}^{\infty}v_n$收敛,则级数$\sum_{n=1}^{\infty}u_n$也收敛;

(2) 如果级数$\sum_{n=1}^{\infty}u_n$发散,则级数$\sum_{n=1}^{\infty}v_n$也发散.

对正项级数的比较审敛法可形象的记为:"若大的收敛,则小的收敛;若小的发散,则大的发散".

例 1　讨论**广义调和级数**(又称 p- **级数**)$\sum_{n=1}^{\infty}\frac{1}{n^p}$($p$ 为常数)的敛散性.

解　当$p \leqslant 1$时,有$\frac{1}{n^p} \geqslant \frac{1}{n}$,由于调和级数$\sum_{n=1}^{\infty}\frac{1}{n}$发散,由比较审敛法知,级数$\sum_{n=1}^{\infty}\frac{1}{n^p}$发散.

当$p>1$时,取$n-1<x \leqslant n$,有$\frac{1}{n^p} \leqslant \frac{1}{x^p}$,从而得

$$\frac{1}{n^p}=\int_{n-1}^{n}\frac{1}{n^p}\mathrm{d}x \leqslant \int_{n-1}^{n}\frac{1}{x^p}\mathrm{d}x(n=2,3,\cdots),$$

于是 p- 级数的部分和

$$\begin{aligned}S_n&=1+\frac{1}{2^p}+\frac{1}{3^p}+\cdots+\frac{1}{n^p} \leqslant 1+\int_{1}^{2}\frac{1}{x^p}\mathrm{d}x+\int_{2}^{3}\frac{1}{x^p}\mathrm{d}x+\cdots+\int_{n-1}^{n}\frac{1}{x^p}\mathrm{d}x\\&=1+\int_{1}^{n}\frac{1}{x^p}\mathrm{d}x=1+\frac{1}{p-1}\left(1-\frac{1}{n^{p-1}}\right)<1+\frac{1}{p-1},\end{aligned}$$

即部分和数列$\{S_n\}$有界,由定理 5.1 知,级数$\sum_{n=1}^{\infty}\frac{1}{n^p}$收敛.

综上所述,当$p \leqslant 1$时,$\sum_{n=1}^{\infty}\frac{1}{n^p}$发散;当$p>1$时,$\sum_{n=1}^{\infty}\frac{1}{n^p}$收敛.

注意　p- 级数$\sum_{n=1}^{\infty}\frac{1}{n^p}$的敛散性非常重要,在使用比较审敛法判别级数的敛散性时,经常要用 p- 级数$\sum_{n=1}^{\infty}\frac{1}{n^p}$的敛散性作为判别标准.

例 2　判定下列级数的敛散性.

(1) $\sum_{n=1}^{\infty}\frac{1}{n^2+1}$;　(2) $\sum_{n=1}^{\infty}\frac{1}{\sqrt{n^2-1}}$.

解　(1) 因为一般项 $u_n=\frac{1}{n^2+1}\leqslant\frac{1}{n^2}$,而$\sum_{n=1}^{\infty}\frac{1}{n^2}$为 $p=2>1$ 的 p-级数,故收敛,从而级数$\sum_{n=1}^{\infty}\frac{1}{n^2+1}$也收敛.

(2) 因为一般项 $u_n=\frac{1}{\sqrt{n^2-1}}\geqslant\frac{1}{\sqrt{n^2}}=\frac{1}{n}$,而调和级数$\sum_{n=1}^{\infty}\frac{1}{n}$发散,故$\sum_{n=1}^{\infty}\frac{1}{\sqrt{n^2-1}}$也发散.

使用比较审敛法时,需要找到一个已知敛散性的正项级数与所给级数进行比较,这对有些正项级数来说是很困难的.因此,必须寻求应用上更为方便的审敛法.

定理 5.3(比值审敛法 达朗贝尔比值判别法)　设$\sum_{n=1}^{\infty}u_n(u_n\geqslant 0)$,且$\lim\limits_{n\to\infty}\frac{u_{n+1}}{u_n}=q$,则

(1) 当 $q<1$ 时,级数收敛;

(2) 当 $q>1$ 时,级数发散;

(3) 当 $q=1$ 时,级数可能收敛,也可能发散.

如果正项级数的一般项中含有乘方与或阶乘因式时,可用比值审敛法.

例 3　判定下列级数的敛散性.

(1)$\sum_{n=1}^{\infty}\frac{3^n}{n^2 2^n}$;　　(2)$\sum_{n=1}^{\infty}\frac{1}{(n-1)!}$.

解　(1) 因为$\lim\limits_{n\to\infty}\frac{u_{n+1}}{u_n}=\lim\limits_{n\to\infty}\frac{3^{n+1}}{(n+1)^2 2^{n+1}}\cdot\frac{n^2 2^n}{3^n}=\lim\limits_{n\to\infty}\frac{3n^2}{2(n+1)^2}=\frac{3}{2}>1$,所以级数$\sum_{n=1}^{\infty}\frac{3^n}{n^2 2^n}$发散.

(2) 因为$\lim\limits_{n\to\infty}=\frac{u_{n+1}}{u_n}=\lim\limits_{n\to\infty}\frac{(n-1)!}{n!}=\lim\limits_{n\to\infty}\frac{1}{n}=0<1$,所以级数$\sum_{n=1}^{\infty}\frac{1}{(n-1)!}$收敛.

二、交错级数及其审敛法

数项级数$\sum_{n=1}^{\infty}(-1)^n u_n$或$\sum_{n=1}^{\infty}(-1)^{n-1}u_n(u_n\geqslant 0,n=1,2,\cdots)$称为**交错级数**.交错级数的特点是正负项交替出现.

定理 5.4(莱布尼茨判别法)　如果交错级数$\sum_{n=1}^{\infty}(-1)^{n-1}u_n(u_n\geqslant 0,n=1,2,\cdots)$

满足条件:

(1) $\lim\limits_{n\to\infty}u_n=0$;

(2) $\{u_n\}$ 单调减少,即 $u_n\geqslant u_{n+1}(n=1,2,\cdots)$,

则交错级数 $\sum\limits_{n=1}^{\infty}(-1)^{n-1}u_n$ 收敛,且其和 $S\leqslant u_1$,其余项 r_n 的绝对值 $|r_n|\leqslant u_{n+1}$.

例 4 判定交错级数 $\sum\limits_{n=1}^{\infty}(-1)^{n-1}\frac{1}{n}$ 的收敛性.

解 由于 $u_n=\frac{1}{n}$, $u_{n+1}=\frac{1}{n+1}$,满足

(1) $\lim\limits_{n\to\infty}u_n=\lim\limits_{n\to\infty}\frac{1}{n}=0$; (2) $u_n=\frac{1}{n}>\frac{1}{n+1}=u_{n+1}$,

由定理 5.4 知,该交错级数收敛,其和不超过 1.

三、任意项级数及其审敛法

级数 $\sum\limits_{n=1}^{\infty}u_n$($u_n$ 为任意实数)称为任意项级数.

定义 5.3 对于任意项级数 $\sum\limits_{n=1}^{\infty}u_n$,如果级数 $\sum\limits_{n=1}^{\infty}|u_n|$ 收敛,则称级数 $\sum\limits_{n=1}^{\infty}u_n$ **绝对收敛**;如果级数 $\sum\limits_{n=1}^{\infty}u_n$ 收敛,而级数 $\sum\limits_{n=1}^{\infty}|u_n|$ 发散,则称级数 $\sum\limits_{n=1}^{\infty}u_n$ **条件收敛**.

定理 5.5 如果级数 $\sum\limits_{n=1}^{\infty}|u_n|$ 收敛,则级数 $\sum\limits_{n=1}^{\infty}u_n$ 必收敛.

定理 5.5 说明,对于任意项级数 $\sum\limits_{n=1}^{\infty}u_n$,如果它所对应的正项级数 $\sum\limits_{n=1}^{\infty}|u_n|$ 收敛,则级数 $\sum\limits_{n=1}^{\infty}u_n$ 必收敛,于是很多任意项级数的敛散性判定问题转化为正项级数的敛散性判定问题.但 $\sum\limits_{n=1}^{\infty}|u_n|$ 发散,不能判定 $\sum\limits_{n=1}^{\infty}u_n$ 也发散.

例 5 判定级数 $\sum\limits_{n=1}^{\infty}\frac{\sin(na)}{2^n}$ 的收敛性,其中 a 为常数.

解 由于 $\left|\frac{\sin(na)}{2^n}\right|\leqslant\frac{1}{2^n}$,而级数 $\sum\limits_{n=1}^{\infty}\frac{1}{2^n}$ 是收敛的,由定理 5.2 知级数 $\sum\limits_{n=1}^{\infty}\left|\frac{\sin(na)}{2^n}\right|$ 收敛,即级数 $\sum\limits_{n=1}^{\infty}\frac{\sin(na)}{2^n}$ 绝对收敛,由定理 5.5 知级数 $\sum\limits_{n=1}^{\infty}\frac{\sin(na)}{2^n}$ 收敛.

习题 5-2

1. 用比较审敛法判定下列级数的敛散性.

(1) $\frac{1}{\sqrt{2}}+\frac{1}{2\sqrt{2}}+\frac{1}{3\sqrt{4}}+\cdots+\frac{1}{n\sqrt{n+1}}+\cdots$;

(2) $1+\frac{1+2}{1+2^2}+\frac{1+3}{1+3^3}+\frac{1+4}{1+4^2}+\cdots$.

2. 用比值审敛法判定下列级数的敛散性.

(1) $\frac{3}{1\times 2}+\frac{3^2}{2\times 2^2}+\frac{3^3}{3\times 2^3}+\cdots$;　　(2) $\sum\limits_{n=1}^{\infty}\frac{2^n\times n!}{n^n}$.

3. 判定下列级数是否收敛?如收敛,是条件收敛还是绝对收敛?

(1) $\sum\limits_{n=1}^{\infty}(-1)^{n-1}\frac{n}{3^{n-1}}$;　　(2) $\sum\limits_{n=1}^{\infty}\frac{\sin na}{\sqrt{n^3}}$;

(3) $\sum\limits_{n=1}^{\infty}\frac{(-1)^{n+1}}{\sqrt{2n-1}}$;　　(4) $\sum\limits_{n=1}^{\infty}(-1)^n\frac{1}{\ln n}$.

第三节　幂　级　数

一、幂级数的概念

1. 函数项级数的定义

定义 5.4　设有定义在区间 I 上的函数列 $\{u_n(x)\}$,则和式

$$\sum_{n=1}^{\infty}u_n(x)=u_1(x)+u_2(x)+\cdots+u_n(x)+\cdots \tag{5.2}$$

称为定义在区间 I 上的**函数项无穷级数**,简称**函数项级数**,$u_n(x)$ 为该级数的**一般项**或**通项**.

对于区间 I 上的任意 x_0,将 x_0 代入(5.2)式,则函数项级数 $\sum\limits_{n=1}^{\infty}u_n(x)$ 成为一个数项级数 $\sum\limits_{n=1}^{\infty}u_n(x_0)$. 如果该数项级数收敛,则称 x_0 为函数项级数 $\sum\limits_{n=1}^{\infty}u_n(x)$ 的**收敛点**;如果该数项级数发散,则称 x_0 为函数项级数 $\sum\limits_{n=1}^{\infty}u_n(x)$ 的**发散点**. 一个函数项级数收敛点(或发散点)的全体叫做该级数的**收敛域**(或**发散域**).

设函数项级数(5.2)的收敛域为 D,则对于任意的 $x\in D$,函数项级数(5.2)都收敛,其和显然与 x 有关,记做 $S(x)$,称为函数项级数(5.2)的**和函数**,即

$$S(x)=u_1(x)+u_2(x)+\cdots+u_n(x)+\cdots(x\in D).$$

例如,级数$\sum\limits_{n=0}^{\infty}x^n=1+x+x^2+\cdots+x^n+\cdots$的收敛域为$(-1,1)$,和函数为$\dfrac{1}{1-x}$,即

$$\frac{1}{1-x}=\sum_{n=0}^{\infty}x^n,x\in(-1,1).$$

将函数项级数的前n项和记做$S_n(x)$,则在收敛域上有

$$\lim_{n\to\infty}S_n(x)=S(x).$$

2. 幂级数的概念

定义 5.5 幂级数是各项都为幂函数的函数项级数.一般把形如

$$\sum_{n=0}^{\infty}a_nx^n=a_0+a_1x+a_2x^2+\cdots+a_nx^n+\cdots \tag{5.3}$$

的函数项级数称为关于x的**幂级数**,其中$a_0,a_1,\cdots,a_n,\cdots$叫做幂级数(5.3)的**系数**.形如

$$\sum_{n=0}^{\infty}a_n(x-x_0)^n=a_0+a_1(x-x_0)+a_2(x-x_0)^2+\cdots+a_n(x-x_0)^n+\cdots \tag{5.4}$$

的函数项级数叫做关于$x-x_0$的**幂级数**,其中$a_0,a_1,\cdots,a_n,\cdots$叫做幂级数(5.4)的**系数**.

如果做变换$t=x-x_0$,则幂级数(5.4)就变为幂级数(5.3).下面只讨论关于x的幂级数.

3. 幂级数的收敛半径

不难发现,当$x=0$时,幂级数$\sum\limits_{n=0}^{\infty}a_nx^n$一定收敛.一般情况,有下面的定理.

定理 5.6 如果幂级数$\sum\limits_{n=0}^{\infty}a_nx^n$不仅在点$x=0$处收敛,那么,存在着一个正实数$R$,使该幂级数在以0为中心,以$R$为半径的对称区间$(-R,R)$内一定绝对收敛;在使$|x|>R$的点$x$处一定发散;在$x=\pm R$处敛散性不定.

上述定理中的正数R称为幂级数$\sum\limits_{n=0}^{\infty}a_nx^n$的**收敛半径**.由于幂级数(5.3)在区间$(-R,R)$内一定绝对收敛,所以把$(-R,R)$称为的**收敛区间**,幂级数(5.3)在端点$x=\pm R$处可能收敛也可能发散,需要把$x=\pm R$代入幂级数(5.3),化为数项级数来具体讨论.一旦知道了$x=\pm R$处的敛散性问题,则幂级数(5.3)的收敛域是$(-R,R)$,$[-R,R)$,$(-R,R]$或$[-R,R]$这四个区间中的一个.

如果幂级数(5.3)仅在 $x=0$ 处收敛，则规定收敛半径 $R=0$. 此时，收敛区间退缩为一点，即原点；若对一切实数 x，幂级数(5.3)都收敛，则规定收敛半径 $R=+\infty$，此时收敛区间为 $(-\infty,+\infty)$.

下面的定理给出了幂级数(5.3)的收敛半径的求法.

定理 5.7　对于幂级数(5.3)，如果 $\lim\limits_{n\to\infty}\left|\dfrac{a_{n+1}}{a_n}\right|=\rho$，则有

(1) 当 $\rho\neq 0$ 时，$R=\dfrac{1}{\rho}$；

(2) 当 $\rho=0$ 时，$R=+\infty$；

(3) 当 $\rho=+\infty$ 时，$R=0$.

例 1　求下列幂级数的收敛半径.

(1) $\sum\limits_{n=1}^{\infty}\dfrac{(-1)^n}{3^n+1}x^n$；　(2) $\sum\limits_{n=0}^{\infty}\dfrac{x^n}{n!}$；　(3) $\sum\limits_{n=0}^{\infty}\dfrac{x^{2n}}{2^n}$

解　(1) 因为 $\rho=\lim\limits_{n\to\infty}\left|\dfrac{a_{n+1}}{a_n}\right|=\lim\limits_{n\to\infty}\left|\dfrac{\dfrac{(-1)^{n+1}}{3^{n+1}+1}}{\dfrac{(-1)^n}{3^n+1}}\right|=\lim\limits_{n\to\infty}\dfrac{3^n+1}{3^{n+1}+1}=\dfrac{1}{3}$，故收敛半径 $R=\dfrac{1}{\rho}=3$.

(2) $\rho=\lim\limits_{n\to\infty}\left|\dfrac{a_{n+1}}{a_n}\right|=\lim\limits_{n\to\infty}\left|\dfrac{\dfrac{1}{(n+1)!}}{\dfrac{1}{n!}}\right|=\lim\limits_{n\to\infty}\dfrac{1}{n+1}=0$，故收敛半径 $R=+\infty$.

(3) 用比值审敛法 $\lim\limits_{n\to\infty}\dfrac{\left|\dfrac{x^{2(n+1)}}{2^{n+1}}\right|}{\left|\dfrac{x^{2n}}{2^n}\right|}=\dfrac{1}{2}|x^2|=\dfrac{1}{2}|x|^2$，当 $\dfrac{1}{2}|x|^2<1$，即 $|x|<\sqrt{2}$ 时，级数 $\sum\limits_{n=0}^{\infty}\dfrac{x^{2n}}{2^n}$ 绝对收敛；当 $\dfrac{1}{2}|x|^2>1$，即 $|x|>\sqrt{2}$ 时，级数 $\sum\limits_{n=0}^{\infty}\dfrac{x^{2n}}{2^n}$ 发散，故收敛半径 $R=\sqrt{2}$.

例 2　求下列幂级数的收敛域.

(1) $\sum\limits_{n=1}^{\infty}\dfrac{(-1)^{n+1}}{n}x^n$；　(2) $\sum\limits_{n=1}^{\infty}\dfrac{(x-2)^n}{n^2}$.

解　(1) 因为 $\rho=\lim\limits_{n\to\infty}\left|\dfrac{a_{n+1}}{a_n}\right|=\lim\limits_{n\to\infty}\left|\dfrac{\dfrac{(-1)^{n+2}}{n+1}}{\dfrac{(-1)^{n+1}}{n}}\right|=\lim\limits_{n\to\infty}\dfrac{n}{n+1}=1$，所以，收敛半径

$R=\frac{1}{\rho}=1$,即在$(-1,1)$内级数绝对收敛;在端点$x=1$处,级数成为$\sum_{n=1}^{\infty}\frac{(-1)^{n+1}}{n}$,该级数是收敛级数;在端点$x=-1$处,级数成为$-\sum_{n=1}^{\infty}\frac{1}{n}$,该级数是发散级数,所以该级数的收敛域是$(-1,1]$.

(2) 令$t=x-2$,则所给级数变成$\sum_{n=1}^{\infty}\frac{t^n}{n^2}$.因为

$$\rho=\lim_{n\to\infty}\left|\frac{a_{n+1}}{a_n}\right|=\lim_{n\to\infty}\left|\frac{\frac{1}{(n+1)^2}}{\frac{1}{n^2}}\right|=\lim_{n\to\infty}\frac{n^2}{(n+1)^2}=1,$$

故级数$\sum_{n=1}^{\infty}\frac{t^n}{n^2}$的收敛半径$R=1$,即在区间$(-1,1)$内级数$\sum_{n=1}^{\infty}\frac{t^n}{n^2}$绝对收敛;在$t=1$处,级数$\sum_{n=1}^{\infty}\frac{t^n}{n^2}$变成$p-$级数$\sum_{n=1}^{\infty}\frac{1}{n^2}$,故收敛;在$t=-1$处,级数$\sum_{n=1}^{\infty}\frac{t^n}{n^2}$变成交错级数$\sum_{n=1}^{\infty}(-1)^n\frac{1}{n^2}$,也收敛.

因此,幂级数$\sum_{n=1}^{\infty}\frac{t^n}{n^2}$的收敛域为$[-1,1]$,从而级数$\sum_{n=1}^{\infty}\frac{(x-1)^n}{n^2}$的收敛域为$[1,3]$.

二、幂级数的运算及性质

1. 幂级数的运算

设幂级数$\sum_{n=0}^{\infty}a_nx^n$与$\sum_{n=0}^{\infty}b_nx^n$的收敛半径分别为$R_1$和$R_2$,令$R=\min\{R_1,R_2\}$,则在$(-R,R)$内有

(1) 加法 $\sum_{n=0}^{\infty}a_nx^n\pm\sum_{n=0}^{\infty}b_nx^n=\sum_{n=0}^{\infty}(a_n\pm b_n)x^n$;

(2) 乘法 $(\sum_{n=0}^{\infty}a_nx^n)\cdot(\sum_{n=0}^{\infty}b_nx^n)=\sum_{n=0}^{\infty}c_nx^n$,其中$c_n=a_0b_n+a_1b_{n-1}+\cdots+a_{n-1}b_1+a_nb_0$.

2. 幂级数的性质

设幂级数$\sum_{n=0}^{\infty}a_nx^n$在收敛区间$(-R,R)$内收敛于和函数$S(x)$,则

(1) 幂级数 $\sum_{n=0}^{\infty} a_n x^n$ 的和函数 $S(x)$ 在其收敛区间 $(-R,R)$ 内**连续**；

(2) 幂级数 $\sum_{n=0}^{\infty} a_n x^n$ 的和函数 $S(x)$ 在其收敛区间 $(-R,R)$ 内**可导**，且有逐项求导公式

$$S'(x) = (\sum_{n=0}^{\infty} a_n x^n)' = \sum_{n=0}^{\infty} (a_n x^n)' = \sum_{n=1}^{\infty} n a_n x^{n-1}, x \in (-R,R);$$

(3) 幂级数 $\sum_{n=0}^{\infty} a_n x^n$ 的和函数 $S(x)$ 在其收敛区间 $(-R,R)$ 内**可积**，且有逐项积分公式

$$\int_0^x S(x)\mathrm{d}x = \int_0^x (\sum_{n=0}^{\infty} a_n x^n)\mathrm{d}x = \sum_{n=0}^{\infty} \int_0^x a_n x^n \mathrm{d}x = \sum_{n=0}^{\infty} \frac{a_n}{n+1} x^{n+1}, x \in (-R,R).$$

注意　逐项求导和逐项积分前后，两幂级数具有相同的收敛半径，但在端点处的敛散性可能发生变化.

例 3　求下列幂级数的和函数.

(1) $\sum_{n=1}^{\infty} n x^{n-1} (-1 < x < 1)$；　(2) $\sum_{n=0}^{\infty} \frac{x^{n+1}}{n+1} (-1 < x < 1)$.

解　(1) 设 $S(x) = \sum_{n=1}^{\infty} n x^{n-1}, x \in (-1,1)$，先两端积分，得

$$\int_0^x S(x)\mathrm{d}x = \sum_{n=1}^{\infty} \int_0^x n x^{n-1} \mathrm{d}x = \sum_{n=1}^{\infty} x^n = \frac{x}{1-x},$$

再两端对 x 求导，得

$$S(x) = \frac{1}{(1-x)^2}, x \in (-1,1).$$

(2) 设 $S(x) = \sum_{n=0}^{\infty} \frac{x^{n+1}}{n+1}, x \in (-1,1)$，先两端对 x 求导，得

$$S'(x) = \sum_{n=0}^{\infty} (\frac{x^{n+1}}{n+1})' = \sum_{n=0}^{\infty} x^n = \frac{1}{1-x},$$

再对上式两端从 0 到 x 积分，得

$$S(x) - S(0) = \int_0^x \frac{1}{1-x}\mathrm{d}x = -\ln(1-x),$$

而 $S(0) = 0$，所以

$$S(x) = -\ln(1-x), x \in (-1,1).$$

习题 5-3

1. 求下列幂级数的收敛半径和收敛域.

(1) $\frac{x}{2}+\frac{x^2}{2\times 4}+\frac{x^3}{2\times 4\times 6}+\cdots$；　(2) $\frac{x}{1\times 3}+\frac{x^2}{2\times 3^2}+\frac{x^3}{3\times 3^3}+\cdots$；

(3) $\sum\limits_{n=1}^{\infty}(-1)^n\frac{x^{2n+1}}{2n+1}$；　(4) $\sum\limits_{n=1}^{\infty}\frac{(x-5)^n}{\sqrt{n}}$.

2. 利用逐项求导或逐项积分，求下列级数在收敛区间内的和函数.

(1) $\sum\limits_{n=1}^{\infty}\frac{x^{4n+1}}{4n+1}(-1<x<1)$；

(2) $\sum\limits_{n=1}^{\infty}nx^{n-1}$，并求级数 $\sum\limits_{n=1}^{\infty}\frac{n}{3^n}$ 的和.

第四节　函数展开成幂级数

上一节讨论了幂级数的收敛性及其和函数的性质，但在应用中，还需要考虑把一个已知函数展开成幂级数的问题. 将函数展开成幂级数的方法有两种：一种是直接展开法，另一种是间接展开法. 下面分别介绍这两种方法.

一、泰勒级数与麦克劳林级数

如果函数 $f(x)$ 在点 x_0 的某邻域 $U(x_0,\delta)$ 内有定义，且能展开成 $x-x_0$ 的幂级数，即对于任意的 $x\in U(x_0,\delta)$，有

$$f(x)=a_0+a_1(x-x_0)+a_2(x-x_0)^2+\cdots+a_n(x-x_0)^n+\cdots. \quad (5.5)$$

由幂级数的性质知，函数 $f(x)$ 在该邻区内一定具有任意阶导数，且

$$f^{(n)}(x)=n!a_n+(n+1)!a_{n+1}(x-x_0)+\cdots,n=1,2,\cdots. \quad (5.6)$$

在(5.5)式和(5.6)式中，令 $x=x_0$ 得到

$$a_0=f(x_0),a_1=\frac{f'(x_0)}{1!},\cdots,a_n=\frac{f^{(n)}(x_0)}{n!},\cdots, \quad (5.7)$$

再将(5.7)式代入(5.5)式中，有

$$f(x)=f(x_0)+\frac{f'(x_0)}{1!}(x-x_0)+\frac{f''(x_0)}{2!}(x-x_0)^2+\cdots+\frac{f^{(n)}(x_0)}{n!}(x-x_0)^n+\cdots. \quad (5.8)$$

这说明，如果函数 $f(x)$ 在 x_0 的某邻域 $U(x_0,\delta)$ 内能用形如(5.5)式的幂级数表示，则其系数必由(5.7)式确定，即函数 $f(x)$ 的幂级数展开式是唯一的.

定义 5.6　如果函数 $f(x)$ 在 x_0 的某邻域 $U(x_0,\delta)$ 内有任意阶导数，则称级数

$$f(x_0)+\frac{f'(x_0)}{1!}(x-x_0)+\frac{f''(x_0)}{2!}(x-x_0)^2+\cdots+\frac{f^{(n)}(x_0)}{n!}(x-x_0)^n+\cdots \tag{5.9}$$

为函数 $f(x)$ 在 x_0 处的**泰勒(Taylor)级数**.

函数 $f(x)$ 的泰勒级数(5.9)的前 $n+1$ 项之和记为 $S_{n+1}(x)$,即

$$S_{n+1}(x)=f(x_0)+\frac{f'(x_0)}{1!}(x-x_0)+\frac{f''(x_0)}{2!}(x-x_0)^2+\cdots+\frac{f^{(n)}(x_0)}{n!}(x-x_0)^n,$$

并把差式 $R_n(x)=f(x)-S_{n+1}(x)$ 叫做泰勒级数(5.9)的**余项**.余项有多种形式,这里只给出拉格朗日型余项:

$$R_n(x)=\frac{f^{(n+1)}(\xi)}{(n+1)!}(x-x_0)^{n+1}(\xi\text{ 介于 }x\text{ 与 }x_0\text{ 之间}).$$

当 $x_0=0$ 时,泰勒级数(5.9)变成

$$f(0)+\frac{f'(0)}{1!}x+\frac{f''(0)}{2!}x^2+\cdots+\frac{f^{(n)}(0)}{n!}x^n+\cdots, \tag{5.10}$$

称为**麦克劳林(Maclaurin)级数**,其余项为 $R_n(x)=\dfrac{f^{(n+1)}(\xi)}{(n+1)!}x^{n+1}$($\xi$ 介于 0 与 x 之间).

显然,只要函数 $f(x)$ 在点 x_0 的某邻域 $U(x_0,\delta)$ 内有任意阶导数,则它的泰勒级数(5.9)就能确定,但是级数(5.9)是否在 x_0 的某邻域 $U(x_0,\delta)$ 内收敛?若收敛,又是否以 $f(x)$ 为其和函数?为此有下面的定理.

定理 5.8 设数 $f(x)$ 在点 x_0 的某领域 $U(x_0,\delta)$ 内具有任意阶导数,则泰勒级数(5.9)在该领域内收敛于 $f(x)$ 的充要条件是对任意的 $x\in U(x_0,\delta)$,有 $\lim\limits_{n\to\infty}R_n(x)=0$.

二、函数展开成幂级数的方法

将函数展开成 $x-x_0$ 或 x 的幂级数,就是用其泰勒级数和麦克劳林级数表示函数 $f(x)$,下面结合例题研究如何将函数展开成幂级数.

1. 直接展开法

直接展开法就是指先讨论是否有 $\lim\limits_{n\to\infty}R_n(x)=0$,若 $\lim\limits_{n\to\infty}R_n(x)=0$,再利用公式(5.7)求出幂级数的系数,将函数展开成 x 的幂级数的方法.可按下列步骤将函数展开成 x 的幂级数(展开为 $x-x_0$ 的幂级数与之类似):

(1) 求出 $f(0),f'(0),f''(0),\cdots,f^{(n)}(0),\cdots$ 的值;

(2) 写出幂级数 $\sum\limits_{n=0}^{\infty}\dfrac{f^{(n)}(0)}{n!}x^n$,并求出其收敛半径 R 及收敛区间;

(3) 在收敛区间内分析拉格朗日型余项 $R_n(x)$ 的极限是否为零，若为零，第二步写出的幂级数就是 $f(x)$ 在收敛区间内的展开式，即

$$f(x)=f(0)+\frac{f'(0)}{1!}x+\frac{f''(0)}{2!}x^2+\cdots+\frac{f^{(n)}(0)}{n!}x^n+\cdots(x\in(-R,R)),$$

若不为零，第二步写出的幂级数虽然收敛，但它的和并不是所给的函数 $f(x)$.

例 1　将下列函数展开为 x 的幂级数.

(1) $f(x)=e^x$；　(2) $f(x)=\sin x$.

解　(1) 因为 $f(x)=e^x$，所以 $f(x)=f'(x)=f''(x)=\cdots=f^{(n)}(x)=f^{(n+1)}(x)=e^x$. 故 $f^{(n)}(0)=1(n=0,1,2,\cdots)$，这里 $f^{(0)}(0)=f(0)$. 写出幂级数

$$1+x+\frac{x^2}{2!}+\frac{x^3}{3!}+\cdots+\frac{x^n}{n!}+\cdots,$$

容易求得它的收敛半径 $R=+\infty$. 又因为

$$R_n(x)=\frac{e^{\xi}}{(n+1)!}x^{n+1}(\xi\text{介于 }0\text{ 与 }x\text{ 之间}),$$

所以有 $|R_n(x)|=\left|\frac{e^{\xi}}{(n+1)!}x^{n+1}\right|<e^{|x|}\frac{|x|^{n+1}}{(n+1)!}\to 0$（因为 $\frac{|x|^{n+1}}{(n+1)!}$ 是收敛级数 $\sum_{n=0}^{\infty}\frac{|x|^{n+1}}{(n+1)!}$ 的一般项，所以当 $n\to\infty$ 时，$\frac{|x|^{n+1}}{(n+1)!}\to 0$，从而 $e^{|x|}\frac{|x|^{n+1}}{(n+1)!}\to 0$）.

于是得展开式

$$e^x=1+x+\frac{x^2}{2!}+\frac{x^3}{3!}+\cdots+\frac{x^n}{n!}+\cdots(-\infty<x<+\infty).$$

(2) 因为 $f(x)=\sin x$，所以 $f^{(n)}(x)=\sin(x+\frac{n\pi}{2})(n=1,2,\cdots)$，则

$$f(0)=0,f'(0)=1,f''(0)=0,f'''(0)=-1,\cdots,$$
$$f^{(2n)}(0)=0,f^{(2n+1)}(0)=(-1)^n,\cdots,$$

写出幂级数

$$x-\frac{x^3}{3!}+\frac{x^5}{5!}-\frac{x^7}{7!}+\cdots+(-1)^n\frac{x^{2n+1}}{(2n+1)!}+\cdots,$$

它的收敛半径 $R=+\infty$.

对于任何有限的数 x，ξ（ξ 介于 0 与 x 之间）余项的绝对值

$$|R_n(x)|=\left|\sin(\xi+\frac{n+1}{2}\pi)\frac{x^{n+1}}{(n+1)!}\right|\leqslant\frac{|x|^{n+1}}{(n+1)!}\to 0(n\to\infty),$$

于是得展开式

$$\sin x=x-\frac{x^3}{3!}+\frac{x^5}{5!}-\cdots+(-1)^n\frac{x^{2n+1}}{(2n+1)!}+\cdots(-\infty<x<+\infty).$$

2. 间接展开法

以上两个例子是用直接展开法把函数展开为麦克劳林级数，直接展开法虽然步骤明确，但运算过于繁琐，尤其最后一步要考察 $n \to \infty$ 时余项 $R_n(x)$ 是否趋近于零，这不是一件容易的事. 下面从一些已知函数的幂级数展开式出发，利用变量代换或幂级数的运算性质，将所给的函数展开成幂级数，这种将函数展开成幂级数的方法叫间接展开法.

例 2 将下列函数展开为 x 的幂级数.

(1) $f(x) = \cos x$； (2) $f(x) = \ln(1+x)$.

解 (1) 将 $\sin x = \sum\limits_{n=0}^{\infty}(-1)^n \dfrac{x^{2n+1}}{(2n+1)!}(-\infty < x < +\infty)$ 两边对 x 逐项求导，便得

$$\cos x = 1 - \frac{x^2}{2!} + \frac{x^4}{4!} - \cdots + (-1)^n \frac{x^{2n}}{(2n)!} + \cdots(-\infty < x < +\infty).$$

(2) 因为 $\sum\limits_{n=0}^{\infty} x^n = \dfrac{1}{1-x}(-1 < x < 1)$，所以

$$\sum_{n=0}^{\infty}(-1)^n x^n = \frac{1}{1+x}(-1 < x < 1).$$

从 0 到 x 逐项积分，得

$$\int_0^x \left[\sum_{n=0}^{\infty}(-1)^n x^n\right]\mathrm{d}x = \int_0^x \frac{1}{1+x}\mathrm{d}x(-1 < x < 1),$$

即

$$\ln(1+x) = \sum_{n=0}^{\infty}(-1)^n \frac{1}{n+1}x^{n+1}(-1 < x < 1).$$

又因为当 $x = 1$ 时，上述级数为 $\sum\limits_{n=0}^{\infty}(-1)^n \dfrac{1}{n+1}$ 收敛，且函数 $\ln(1+x)$ 连续，即上式对 $x = 1$ 成立；当 $x = -1$ 时，上述级数为 $\sum\limits_{n=0}^{\infty} \dfrac{-1}{n+1}$ 发散. 所以

$$\ln(1+x) = \sum_{n=0}^{\infty}(-1)^n \frac{1}{n+1}x^{n+1}(-1 < x \leqslant 1).$$

习题 5-4

1. 将下列函数展开成 x 的幂级数，并指出其收敛区间.

(1) $f(x) = \dfrac{1}{3-x}$； (2) $f(x) = \cos^2 x$；

(3) $f(x) = a^x$； (4) $f(x) = \ln(a+x)(a > 0)$.

2. 将函数 $f(x)=\frac{1}{4-x}$ 展开成$(x-1)$的幂级数.

3. 将 $f(x)=\sin x$ 展开成$(x-\frac{\pi}{4})$的幂级数.

*第五节　用 Mathematica 进行级数运算

一、基本命令及示例

用 Mathematica 系统对无穷级数进行操作，通常可用到以下命令：

命令格式	代表含义
Sum[f[x],{i,imin,imax}]	求序列 f 的和 $\sum_{i=imin}^{imax} f$
Sum[f[x],{i,imin,imax,di}]	求序列 f 的和，下标 i 以步长 di 递增
Sum[f[x],{i,imin,imax},{j,jmin,jmax}]	求多重和 $\sum_{j=jmin}^{jmax}\sum_{i=imin}^{imax} f$
Series[expr,{x,x0,n}]	将 expr 在 x_0 点展开成泰勒级数到第 n 次幂

二、判断无穷级数的敛散性

例 1　判断下列无穷级数的敛散性.

(1) $\sum_{n=1}^{\infty}\frac{1}{n^2}$；　(2) $\sum_{n=1}^{\infty}\frac{(-1)^{n-1}}{n}$；　(3) $\sum_{n=1}^{\infty}\frac{1}{n!}$.

解　(1) In[1]:= Sum[1/n^2,{n,1,Infinity}]

Out[1] = $\frac{\pi^2}{6}$

(* 此级数有和存在，故为收敛级数 *)

(2) In[2]:= Sum[(-1)^(n-1)/ n,{n,1,Infinity}]

Out[2] = Log[2]

(* 此级数有和存在，故为收敛级数 *)

In[3]:= Sum[Abs[(-1)^(n-1)/ n],{n,1,Infinity}]

Sum::div: Sum does not converge.

(* 和不收敛，故绝对值级数发散，因此本例级数为条件收敛级数 *)

(3) In[4]:= Sum[1/n!,{n,1,Infinity}]

Out[4] =-1+e

(* 此级数有和存在，故为收敛级数 *)

三、求数列的有限和

例 2　计算下列结果.

(1) $1+2+\cdots+100$；　(2) $1-2+3-4+\cdots+201$；　(3) $2+2^3+2^5+\cdots+2^{101}$.

解　(1) In[1]: = Sum[n,{n,1,100}]

Out[1] = 5050

(2) In[2]: = Sum[(-1)^(n-1) * n,{n,1,201}]

Out[2] = 101

(3) In[3]: = Sum[2^n,{n,1,101,2}]

Out[3] = 3380401600608611737324541881002

四、将函数展开成为幂级数

例 3　将下列函数按要求展开成为幂级数.

(1) 将函数 $f(x)=\dfrac{1}{3-x}$ 展开到 x 的 5 次幂级数；

(2) 将函数 $f(x)=\dfrac{1}{x^2+3x+2}$ 展开到 $(x+4)$ 的 4 次幂级数.

解　(1) In[1]: = Series[1/(3-x),{x,0,5}]

$$\text{Out[1]} = \frac{1}{3}+\frac{x}{9}+\frac{x^2}{27}+\frac{x^3}{81}+\frac{x^4}{243}+\frac{x^5}{729}+O[x]^6$$

(2) In[2]: = a = Series[1/(x^2+3 * x+2),{x,-4,4}]

$$\text{Out[2]} = \frac{1}{6}+\frac{5(x+4)}{36}+\frac{19(x+4)^2}{216}+\frac{65(x+4)^3}{1296}+\frac{211(x+4)^4}{7776}+O[x+4]^5$$

In[3]: = Normal[a]　　　(* 去掉最后的高阶项记号 *)

$$\text{Out[3]} = \frac{1}{6}+\frac{5(4+x)}{36}+\frac{19(4+x)^2}{216}+\frac{65(4+x)^3}{1296}+\frac{211(4+x)^4}{7776}$$

五、求和函数和收敛域

例 4　求下列幂级数的收敛域，并在收敛区间内求和函数.

(1) $\sum\limits_{n=0}^{\infty}\dfrac{x^n}{n!}$；　(2) $\sum\limits_{n=1}^{\infty}\dfrac{(-1)^{n-1}x^n}{n}$.

解　(1) In[1]: = Clear[f,a,b,n]

In[2]: = f[x_]: = x^n/n!

In[3]: = a[n_]: = 1/n!

```
In[4]: = b = Limit[a[n]/a[n+1],n -> Infinity]
(* 计算收敛半径 *)
Out[4] = ∞            (* 所以本例收敛域为(-∞,+∞) *)
In[5]: = Sum[f[x],{n,0,Infinity}]         (* 计算和函数 *)
Out[5] = e^x
```

(2)
```
In[1]: = Clear[f,a,b,n]
In[2]: = f[x_]: = (-1)^(n-1) * x^n/n
In[3]: = a[n_]: = f[1]
In[4]: = b = Limit[Abs[a[n]/a[n+1]],n -> Infinity]
Out[4] = 1
In[5]: = Print["R =",b]       (* 输出收敛半径 R = 1 *)
                 R = 1
In[6]: = Sum[f[1],{n,1,Infinity}]
Out[6] = Log[2]          (* 端点 1 处级数收敛于 ln2 *)
In[7]: = Sum[f[-1],{n,1,Infinity}]
Sum::div: Sum does not converge.   (* 端点 -1 处级数发散 *)
(* 因而本例级数的收敛域为(-1,1] *)
In[8]: = Sum[f[x],{n,1,Infinity}]
Out[8] = Log[1+x]
```

* 习题 5-5

1. 判断下列级数的敛散性.

(1) $\sum\limits_{n=1}^{\infty}(-1)^n\frac{n}{3^n}$; (2) $\sum\limits_{n=1}^{\infty}(-1)^n(1+\frac{1}{n})^n$.

2. 求和式 $\sum\limits_{k=1}^{n}k$, $\sum\limits_{k=1}^{n}k^2$.

3. 将函数 $f(x)=\arcsin x$ 展开到 x 的 8 次幂级数.

4. 将函数 $f(x)=\ln x$ 展开到 $x-1$ 的 4 次幂级数.

5. 求幂级数 $\sum\limits_{n=1}^{\infty}\frac{x^{n+1}}{n+1}$ 的收敛域及和函数.

复习题五

一、填空题

1. 若 $\sum\limits_{n=1}^{\infty}u_n$ 发散,则 $\sum\limits_{n=1}^{\infty}ku_n(k\neq 0)$ ________.

2. 设级数 $\sum\limits_{n=1}^{\infty}(\frac{1}{2^n}+x^n)$,当 x 取________时该级数收敛.

3. 当 p 满足__________时，级数 $\sum_{n=1}^{\infty}(-1)^n \frac{1}{n^p}$ 是条件收敛的.

4. $\sin x =$ __________.

5. 幂级数 $\sum_{n=1}^{\infty}(-1)^n \frac{(x-1)^n}{3n}$ 的收敛域是__________.

二、选择题

1. 下列级数中发散的是(　　).

A. $\sum_{n=1}^{\infty}\frac{1}{n^2}$　　B. $\sum_{n=1}^{\infty}\frac{1}{3^n}$　　C. $\sum_{n=1}^{\infty}\frac{1}{3n}$　　D. $\sum_{n=1}^{\infty}\frac{2n}{3n+4}$

2. 若 $\sum_{n=1}^{\infty}u_n(u_n>0)$ 收敛，则下列级数中收敛的是(　　).

A. $\sum_{n=1}^{\infty}100u_n$　　B. $\sum_{n=1}^{\infty}(u_n+100)$　　C. $\sum_{n=1}^{\infty}(u_n-100)$　　D. $\sum_{n=1}^{\infty}100$

3. $\sum_{n=1}^{\infty}\frac{(-1)^n x^{2n}}{n!}$ 在 $-\infty<x<+\infty$ 内的和函数 $S(x)=$ (　　).

A. e^{x^2}　　B. e^{-x^2}　　C. $-e^{x^2}$　　D. $-e^{-x^2}$

4. 级数 $\sum_{n=1}^{\infty}\frac{x}{n}$ 的收敛域是(　　).

A. $[-1,1]$　　B. $[-1,1)$　　C. $(-1,1)$　　D. $(-1,1]$

三、综合题

1. 判断下列级数的敛散性.

(1) $\sum_{n=1}^{\infty}\frac{n+1}{n}$；　(2) $\sum_{n=1}^{\infty}\frac{1}{n(n+1)}$；　(3) $\sum_{n=1}^{\infty}\frac{1}{\sqrt{n}+\sqrt[5]{n}}$；　(4) $\sum_{n=1}^{\infty}\frac{n}{3^n}$.

2. 判断下列交错级数是否收敛?若收敛，指出是绝对收敛还是条件收敛.

(1) $\sum_{n=1}^{\infty}\frac{(-1)^n}{\sqrt{n}}$；　(2) $\sum_{n=1}^{\infty}\frac{(-1)^{n-1}}{2^n}$；　(3) $\sum_{n=1}^{\infty}(-1)^n\frac{n}{n+1}$.

3. 求下列幂级数的收敛半径和收敛域.

(1) $\sum_{n=1}^{\infty}\frac{nx^n}{2^n}$；　(2) $\sum_{n=1}^{\infty}\frac{(x+1)^n}{n}$.

4. 利用逐项求导或逐项积分，求下列幂级数的和函数.

(1) $\sum_{n=1}^{\infty}\frac{x^{2n+1}}{2n+1}\ |x|<1$；　(2) $\sum_{n=1}^{\infty}(n+1)x^n\ |x|<1$.

5. 将下列函数展开成 x 的幂级数.

(1) $f(x)=\frac{e^x-e^{-x}}{2}$；　(2) $f(x)=\frac{1}{x^2-5x+4}$.

6. 将 $f(x)=\frac{1}{x}$ 展开成 $(x-2)$ 的幂级数.

第六章　微积分的应用及数学模型初步

前面阐述了有关微积分的主要概念和计算方法，并运用它们解决了一些物理学和几何学中的问题．本章利用几个容易理解的经济函数，介绍微积分在经济分析中的应用，通过实例介绍数学模型的内容、意义和方法．

第一节　微积分在经济分析中的应用

一、经济学中的基础知识

（一）成本

定义 6.1　生产一定数量的产品所需的全部经济资源投入（劳力、设备、原料等）的价格或费用总额称为该产品的**总成本**，它由固定成本和可变成本两部分组成，是产量的函数．平均每单位产品的成本称为**平均成本**．

设 C 为总成本，C_1 为固定成本，C_2 为可变成本，$\overline{C}$ 为平均成本，q 为产量，则

$$C(q) = C_1 + C_2(q).$$

平均成本函数为

$$\overline{C}(q) = \frac{C(q)}{q} = \frac{C_1}{q} + \frac{C_2(q)}{q}.$$

（二）收益

定义 6.2　生产者出售一定量的产品所得的全部收入称为**总收益**，它是产品的销售价格与销售数量的乘积．出售一件商品所得的收入称为**平均收益**．

设 p 为商品价格，q 为商品量，R 为总收益，$\overline{R}$ 为平均收益，L 为总利润，则
总收益函数为

$$R(q) = pq,$$

总利润函数为

$$L(q) = R(q) - C(q),$$

平均收益函数为

$$\overline{R}(q) = \frac{pq}{q} = p.$$

(三) 需求函数与供给函数

1. 需求函数

定义 6.3　一定的价格条件下，消费者愿意购买且有支付能力购买的商品量称为**需求**.

作为市场中的一种商品，消费者对它的需求量受诸多因素影响，如该商品的价格，消费者的收入，消费者的偏好等. 为了讨论方便，我们忽略其他因素，假定市场需求量只与该商品的价格有关，即

$$q_d = q(p) = f(p) \text{ 或 } p = p(q_d) = f^{-1}(q_d).$$

其中 q_d 是商品的需求量，p 是商品的价格. 作为商品价格 p 的函数，商品的需求量一般来说随商品价格的上升而减少；随商品价格的下降而增加，即需求函数 $q_d = f(p)$ 一般是单调减少函数.

2. 供给函数

定义 6.4　在一定价格条件下，生产者愿意出售且有可供出售的商品量称为**供给**.

生产者的供给量也是受多种因素影响，如该商品的价格，生产者生产该商品所付出的成本等，我们也忽略其他因素，将供给量看成是该商品价格的函数，即 $q_s = \varphi(p)$，其中 q_s 是商品的供给量. 由于生产者向市场提供商品的目的是赚取利润，一般来讲，供给函数的情形恰好与需求函数相反，供给量是随着市场价格的上涨而增加的，即供给函数是单调增加函数.

(四) 均衡价格

定义 6.5　市场上一种商品的需求量与供给量相等时的价格称为**均衡价格**，即 $q_d = q_s$ 时的解 $p = p_0$ 就是均衡价格，而 $q_0 = q(p_0)$ 称为**均衡商品量**，也称为**市场均衡交易量**.

用 D 表示需求曲线，S 表示供给曲线，q_d，q_s 分别表示消费者希望购买的商品量与生产者愿意出卖的商品量. 当 $p = p_1 < p_0$ 时，$q_s < q_d$（见图 6-1），市场上会出现“供不应求”的现象，商品短缺，会产生抢购的现象；当 $p = p_2 > p_0$ 时，情形相反，市场上会出现“供过于求”的现象，商品滞销.

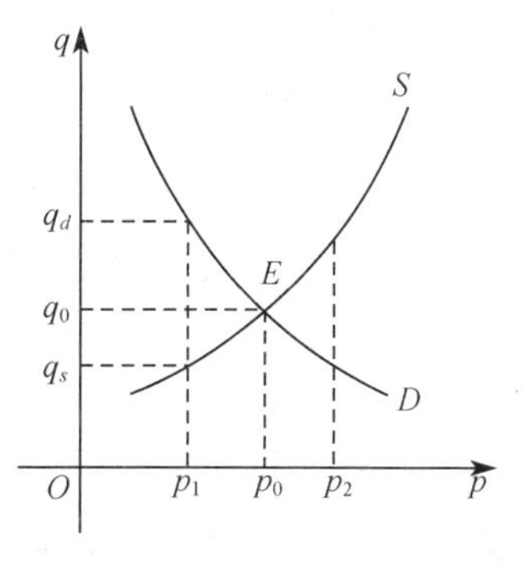

图 6-1

例 1　设某商品的需求和供给函数分别为 $q_d = 2 - 3p$，$q_s = 5p - 2$，求市场均衡交易量和均衡价格（单位：百万元 / 千吨）.

解 由均衡条件 $q_d = q_s$，得 $2-3p=5p-2$，解得 $p_0=\frac{1}{2}$. 又由 $q_0=q(p_0)$，得

$$q_0 = 2-3\times\frac{1}{2}=\frac{1}{2}.$$

即该商品的均衡价格为$\frac{1}{2}$百万元／千吨，均衡交易量为$\frac{1}{2}$千吨.

二、导数在经济分析中的应用

1. 边际函数

定义6.6 若函数 $y=f(x)$ 可导，则称导函数 $y'=f'(x)$ 为 $f(x)$ 的**边际函数**. $f'(x_0)$ 称为在 x_0 处的边际函数值，它表示 $f(x)$ 在 $x=x_0$ 处相对于自变量的变化速度.

若总成本函数 $C(q)$、总收益函数 $R(q)$、总利润函数 $L(q)$ 可微，则 $C'(q)$，$R'(q)$，$L'(q)$ 分别称为**边际成本**、**边际收益**、**边际利润**，分别表示产量增加一个单位时，成本、收益、利润增加的数值.

例2 设某种家具的需求函数为 $q=1\,200-3p$，其中 p（单位：元）为家具的价格，q（单位：件）为需求量. 求边际收益函数及 q 分别为 450，600，750 件时的边际收益.

解 由需求函数 $q=1\,200-3p$，得价格 $p=\frac{1}{3}(1\,200-q)$，则总收益函数为

$$R(q)=pq=400q-\frac{1}{3}q^2,$$

故边际收益函数为

$$R'(q)=(400q-\frac{1}{3}q^2)'=400-\frac{2}{3}q,$$

且

$$R'(450)=400-\frac{2}{3}\times 450=100,$$

$$R'(600)=400-\frac{2}{3}\times 600=0,$$

$$R'(750)=400-\frac{2}{3}\times 750=-100.$$

由例2可知，当家具的销售量为 450 件时，$R'(450)>0$，说明总收益函数 $R(x)$ 在 $x=450$ 附近是单调增加的，即增加销售可增加总收益，且多销售一件家具，总收益增加 100 元；当销售量为 600 件时，$R'(600)=0$，说明总收益达到最大值，再增加

销售量，总收益不会增加；当销售量为750件时，$R'(750)<0$，说明总收益函数$R(x)$在750件附近单调减少，且再多销售一件家具，总收益将减少100元.

2. 弹性分析

定义 6.7　若函数$y=f(x)$在$x=x_0$处可导，则函数$f(x)$在x_0处的相对改变量$\dfrac{\Delta y}{y_0}=\dfrac{f(x_0+\Delta x)-f(x_0)}{f(x_0)}$与自变量的相对改变量$\dfrac{\Delta x}{x_0}$之比$\dfrac{\frac{\Delta y}{y_0}}{\frac{\Delta x}{x_0}}$称为函数$y=f(x)$从点$x_0$到点$x_0+\Delta x$间的**弧弹性**；若$\lim\limits_{\Delta x\to 0}\dfrac{\frac{\Delta y}{y_0}}{\frac{\Delta x}{x_0}}$存在，则该极限称为函数$y=f(x)$在点$x_0$处的**弹性**（**或点弹性**），记做$\left.\dfrac{Ey}{Ex}\right|_{x=x_0}$或$\dfrac{E}{Ex}f(x_0)$，即

$$\left.\frac{Ey}{Ex}\right|_{x=x_0}=\lim_{\Delta x\to 0}\frac{\Delta y/y_0}{\Delta x/x_0}=\lim_{\Delta x\to 0}\frac{\Delta y}{\Delta x}\cdot\frac{x_0}{y_0}=f'(x_0)\cdot\frac{x_0}{f(x_0)}.$$

函数$y=f(x)$在任意点x处的弹性称为**弹性函数**，记做$\dfrac{Ey}{Ex}$或$\dfrac{E}{Ex}f(x)$，即

$$\frac{Ey}{Ex}=\lim_{\Delta x\to 0}\frac{\Delta y/y}{\Delta x/x}=\lim_{\Delta x\to 0}\frac{\Delta y}{\Delta x}\cdot\frac{x}{y}=f'(x)\cdot\frac{x}{f(x)}.$$

函数$y=f(x)$在点x处的弹性$\dfrac{Ey}{Ex}$反映了随x的变化，函数$y=f(x)$变化幅度的大小，也就是$y=f(x)$对x变化反应的强烈程度或灵敏度，即当x产生1%的变化时，$y=f(x)$近似地改变$\dfrac{Ey}{Ex}$%. 在应用问题中解释弹性的具体意义时，常常略去“近似”二字.

例 3　求$f(x)=ax+c$在x处的弹性函数.

解　$\dfrac{E}{Ex}f(x)=f'(x)\dfrac{x}{f(x)}=\dfrac{ax}{ax+c}.$

3. 函数的最大值和最小值问题

在经济管理中，常常需要解决一些在一定的条件下，费用最低、收入最高、利润最大的实际问题，这些问题反映在数学上，就是求函数的最大值和最小值问题. 下面仅以一元函数为例，对这个问题加以说明.

最大利润问题：由总利润$L(q)=R(q)-C(q)$，得边际利润为

$$L'(q)=R'(q)-C'(q).$$

于是，$L(q)$取得最大值的必要条件为

$$L'(q)=0,\text{即 }R'(q)=C'(q),$$

故取得最大利润的必要条件是边际收益等于边际成本.

$L(q)$ 取得最大值的充分条件为

$$L''(q)<0,\text{即 }R''(q)<C''(q),$$

故取得最大值的充分条件是边际收益的变化率小于边际成本的变化率.

通常利用驻点(或不可导点)左右两侧导数变号或用二阶导数的符号来判断极值点.而在实际问题中往往只有唯一驻点,且根据实际问题本身最大(小)值必然存在,则最大(小)值一定在唯一驻点处取得,一般不需要再用充分条件判别.

例 4 某工厂生产某种产品,固定成本 20 000 元,每生产一单位产品,成本增加 100 元,已知总收益函数是年产量 q 的函数

$$R(q)=\begin{cases}400q-\dfrac{1}{2}q^2, & 0\leqslant q\leqslant 400,\\ 80\,000, & q>400,\end{cases}$$

问每年生产多少产品时,总利润最大?此时总利润为多少?

解 由题意知,总成本函数为

$$C(q)=20\,000+100q,$$

所以,总利润函数为

$$L(q)=R(q)-C(q)=\begin{cases}300q-\dfrac{1}{2}q^2-20\,000, & 0\leqslant q\leqslant 400,\\ 60\,000-100q, & q>400,\end{cases}$$

边际利润为

$$L'(q)=\begin{cases}300-q, & 0\leqslant q\leqslant 400,\\ -100, & q>400.\end{cases}$$

令 $L'(q)=0$,得 $q=300$,$L(300)=25\,000$,即年产量 $q=300$ 个单位时,总利润最大,最大总利润为 25 000 元.

三、积分在经济分析中的应用

前面介绍了已知原函数求边际函数的简单应用,下面进一步介绍积分在经济分析中的具体应用.

(一) 由边际函数求原经济函数

由边际分析可知,对于某一已知经济函数 $F(x)$(如需求函数 $q(p)$、总成本函数 $C(q)$、总收入函数 $R(q)$ 和利润函数 $L(q)$ 等),其边际函数为它的导数 $F'(x)$.作为导数(或微分)运算的逆运算,若对已知的边际函数 $F'(x)$ 求不定积分 $\int F'(x)\mathrm{d}x$,可求

得原经济函数

$$F(x) = \int F'(x)\mathrm{d}x. \tag{6.1}$$

其中积分常数 C 由 $F(0) = F_0$ 的具体条件确定. 也可由牛顿—莱布尼茨公式 $\int_0^x F'(x)\mathrm{d}x = F(x) - F(0)$ 移项,从而由积分上限函数求得函数

$$F(x) = \int_0^x F'(x)\mathrm{d}x + F(0). \tag{6.2}$$

另外,牛顿—莱布尼茨公式也可用来求出经济函数从 a 到 b 的改变量(或称为增量),即

$$\Delta F = F(b) - F(a) = \int_a^b F'(x)\mathrm{d}x. \tag{6.3}$$

例 5　已知生产某产品 q 单位时的边际收入为 $R'(q) = 100 - 2q$(元/单位),求生产 40 单位时的总收入和平均收入,并求再增加 10 个单位时所增加的总收入.

解　由公式(6.2)求出总收入函数为

$$R(q) = \int_0^q R'(q)\mathrm{d}q = \int_0^q (100 - 2q)\mathrm{d}q = 100q - q^2.$$

所以 $R(40) = 100 \times 40 - 40^2 = 2\,400$(元).

平均收入为 $\bar{R}(40) = \dfrac{R(40)}{40} = \dfrac{2\,400}{40} = 60$(元).

在生产 40 单位后再生产 10 单位所增加的总收入可由公式(6.3)求得

$$\Delta R = \int_{40}^{50} (100 - 2q)\mathrm{d}q = (100q - q^2)\Big|_{40}^{50} = 100(\text{元}).$$

(二) 由边际函数求最优化问题

结合第二章求极值的方法,可讨论经济中的一些最优化问题.

例 6　已知生产某产品的边际成本为 $C'(q) = 1$(万元/百台),边际收益为 $R'(q) = 5 - q$(万元/百台). 求:(1) 利润最大时的产量?(2) 在最大利润的基础上再多生产 100 台,总利润将如何变化?

解　(1) 总成本函数与总收益函数分别为

$$C(q) = \int_0^q C'(q)\mathrm{d}q + C_0 = \int_0^q \mathrm{d}q + C_0 = q + C_0,$$

$$R(q) = \int_0^q R'(q)\mathrm{d}q = \int_0^q (5 - q)\mathrm{d}q = 5q - \frac{1}{2}q^2.$$

其中 C_0 为固定成本. 所以,总利润函数为

$$L(q) = R(q) - C(q) = 4q - \frac{1}{2}q^2 - C_0,$$

于是 $L'(q)=4-q=0, q=4$，即生产 400 台时，总利润最大.

(2) 又因为

$$\Delta L=\int_4^5 L'(q)\mathrm{d}q=\int_4^5(4-q)\mathrm{d}q=\left(4q-\frac{1}{2}q^2\right)\Big|_4^5$$
$$=\left(4\times5-\frac{1}{2}\times5^2\right)-\left(4\times4-\frac{1}{2}\times4^2\right)=-0.5.$$

因此，在 400 台的基础上再多生产 100 台，总利润不但未增加，反而减少 5 000 元.

***(三) 其他经济应用**

1. 消费者剩余

消费者剩余是消费者对某种商品所愿意付出的代价超过他实际付出的代价的余额，即

消费者剩余 = 愿意付出的金额 − 实际付出的金额.

消费者剩余可以衡量消费者所得到的额外满足，是经济学中的重要概念.

假定消费者愿意为某商品付出的价格 p 由其需求曲线 $p=D(q)$ 决定，其中 q 为需求量，它是价格的减函数，如图 6-2 所示.

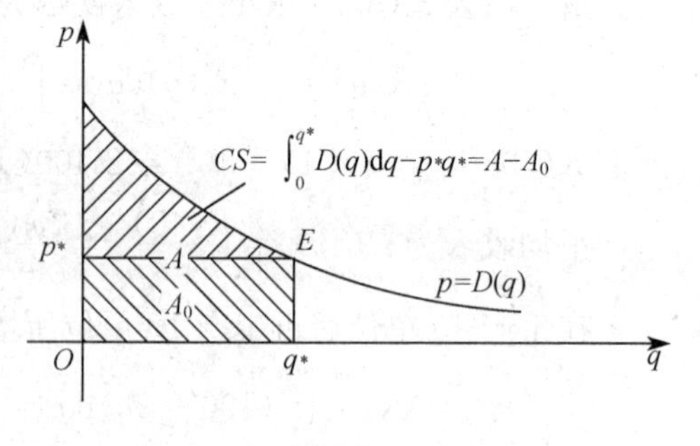

图 6-2

这表明，市场经济中某个消费者对价格为 p^* 的某商品购买量为 q^* 时，他所愿意付出的金额为面积 A，而实际付出的金额为矩形面积 A_0. 可见，该消费者愿意付出的金额超过他实际付出的金额为 $A-A_0$.

由定积分的意义可以得到

$$A=\int_0^{q^*}D(q)\mathrm{d}q, A_0=p^*q^*.$$

于是，当市场价格为 p^* 时，消费者剩余（简记为 CS）为

$$CS=\int_0^{q^*}D(q)\mathrm{d}q-p^*q^*. \tag{6.4}$$

例 7 若需求曲线为 $D(q)=18-3q$，并已知需求量为 2 个单位，试求消费者剩余 CS.

解 由需求量 q^* 为 2 个单位，可知市场价格为

$$p^*=D(q^*)=18-3\times2=12,$$

再由公式(6.4)得消费者剩余为

$$CS=\int_0^2(18-3q)\mathrm{d}q-12\times2=\left(18q-\frac{3}{2}q^2\right)\Big|_0^2-24=36-6-24=6.$$

2. 国民收入分配

先看图 6-3 中的劳伦茨(M. O. Lorenz) 曲线.

横轴 OH 表示人口(按收入由低到高分组) 的累计百分比,纵轴 OM 表示收入的累计百分比.

当收入完全平等时,人口累计百分比等于收入累计百分比,劳伦茨曲线为通过原点,倾角为 45° 的直线;当收入完全不平等时,极少部分(1%) 的人口却占有几乎全部(100%) 的收入,劳伦茨曲线为折线 OHL.

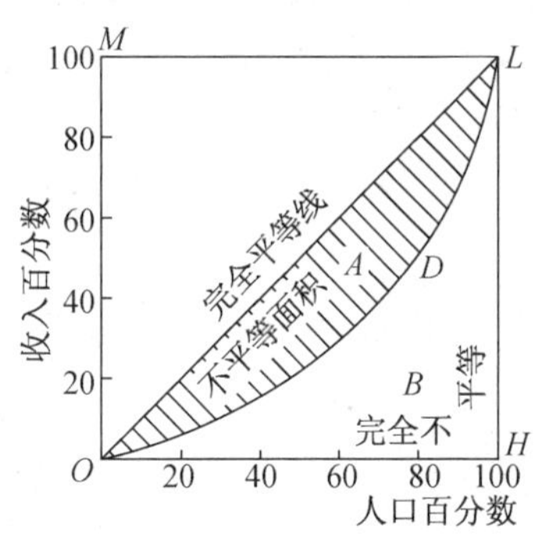

图 6-3

实际上,一般国家的收入分配,既不是完全平等,也不是完全不平等,而是在两者之间,即劳伦茨曲线如图 6-3 所示的位于完全平等线与完全不平等之间的凹曲线 ODL. 显然,劳伦茨曲线与完全平等线的偏离程度的大小(即图示阴影面积 $ODLO$) 决定了该国国民收入分配不平等的程度.

为方便计算,以横轴 OH 为 x 轴,纵轴 OM 为 y 轴,再假定该国某一时期国民收入分配的劳伦茨曲线可近似地由 $y=f(x)$ 表示,则

$$\begin{aligned} A &= ODLO\text{ 所围面积} = \int_0^1 [x-f(x)]\mathrm{d}x \\ &= \frac{1}{2}x^2\Big|_0^1 - \int_0^1 f(x)\mathrm{d}x = \frac{1}{2} - \int_0^1 f(x)\mathrm{d}x, \end{aligned}$$

即

$$\text{不平等面积 } A = \text{最大不平等面积}(A+B) - B = \frac{1}{2} - \int_0^1 f(x)\mathrm{d}x. \quad (6.5)$$

不平等面积 A 占最大不平等面积 $(A+B)$ 的比例 $\dfrac{A}{A+B}$ 表示一个国家国民收入在国民之间分配的不平等程度. 在经济学上, $\dfrac{A}{A+B}$ 称为**基尼(Gini) 系数**,记做 G. 显然, $G=0$ 时,是完全平等情形; $G=1$ 时,是完全不平等情形.

结合公式(6.5),可得基尼系数为

$$G = \frac{A}{A+B} = \frac{\dfrac{1}{2} - \displaystyle\int_0^1 f(x)\mathrm{d}x}{\dfrac{1}{2}} = 1 - 2\int_0^1 f(x)\mathrm{d}x. \quad (6.6)$$

例 8　某国某年国民收入在国民之间分配的劳伦茨曲线可近似地由 $y=x^2$,

$x\in[0,1]$ 表示，试求该国的基尼系数.

解 如图 6-4 所示，由公式(6.5)得

$$A=\frac{1}{2}-\int_0^1 f(x)\mathrm{d}x=\frac{1}{2}-\int_0^1 x^2\mathrm{d}x=\frac{1}{2}-\frac{1}{3}x^3\Big|_0^1=\frac{1}{6},$$

再由公式(6.6)，得基尼系数为

$$G=\frac{A}{A+B}=\frac{\frac{1}{6}}{\frac{1}{2}}=\frac{1}{3}.$$

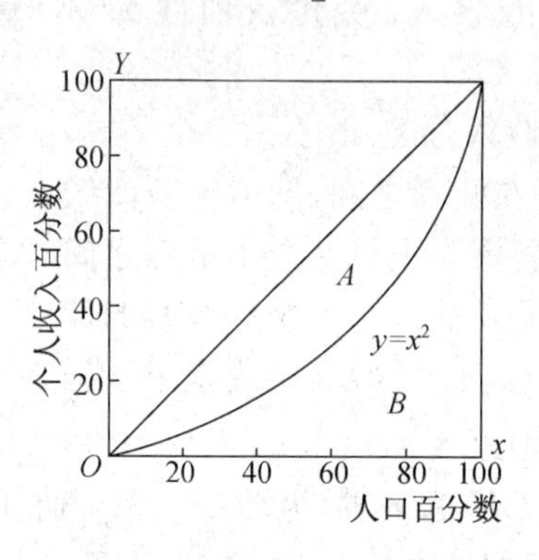

图 6-4

习题 6-1

1. 已知某商品的成本函数为

$$C=C(q)=100+\frac{1}{4}q^2,$$

求当 $q=10$ 时的总成本、平均成本及边际成本.

2. 已知生产某产品 x 吨的总成本为

$$C(x)=10\ 000+0.005x^3\text{(万元)},$$

问生产多少吨时，才能使平均每吨的成本最小？最小平均成本为多少？

3. 已知某商品的需求函数为 $q=50\ 000\mathrm{e}^{-2p}$，求：

(1) 需求弹性函数；(2) $p=2$ 时的需求弹性，并说明其经济意义.

4. 设某商品每周生产 x 个单位时，总费用 $F(x)$ 的变化率为 $f(x)=0.4x-12$(元/单位)，且已知 $F(0)=80$ 元.

(1) 求总费用函数 $F(x)$；

(2) 若该商品的销售单价为 20 元，求总利润 $L(x)$，并问每周生产多少个单位时，才能获最大利润？

5. 设某商品的需求量 q 对价格 p 的弹性为 $\frac{5p+2p^2}{q}$，又知该商品价格为 10 时的需求量为 500，

试求需求函数 q.

*6. 若需求曲线 $D(q)=50-0.02q^2$，并已知需求量为 20 个单位，试求消费剩余 CS.

*7. 假定某国某年的劳伦茨曲线近似地由 $y=x^3, x\in[0,1]$ 表示，试求该国的基尼系数.

第二节　数学模型初步

本节简要介绍数学模型的一些基本概念和基本方法. 由于数学模型的建立往往涉及许多数学分支(如微分方程，运筹学，概率论，数理统计，随机过程，模糊数学等)与专业知识. 所以，本节只简单地应用已学过的数学知识，通过实例提出合理的假设，建立相应的数学模型.

一、数学模型的定义

数学模型是针对现实世界的某一个特定对象，为了一个特定目的，根据特有的内在规律，作出必要的简化假设，运用适当的数学工具，采用形式化语言，概括或近似地表述出来的一个数学结构. 它或者能解释特定对象的现实性态，或者能预测对象的未来状态，或者能提供处理对象的最优决策或控制. 数学模型既源于现实又高于现实，不是实际原形，而是一种模拟，在数值上可以作为公式应用，可以推广到与原物相近的一类问题.

二、建立数学模型的步骤

建模要经过哪些步骤并没有一定的模式，通常与问题的性质、建模目的等有关. 下面简要介绍建立数学模型的步骤.

1. 模型准备

了解实际问题的背景，明确建模的目的和要求，收集必要的信息如数据、资料等，尽量弄清对象的主要特征，形成一个比较清晰的“问题”，由此初步确定用哪一类模型，这一过程也可称为建模准备.

2. 模型假设

根据对象的特征和建模目的，抓住问题的本质，忽略次要因素，作出必要的、合理的简化假设，这是非常重要和困难的一步. 通常，作假设的依据，一是出于对问题内在规律的认识，二是来自对现象、数据的分析，以及二者的综合.

3. 模型构建

根据所作的假设，用数学的语言、符号描述对象的内在规律，建立包含常量、变量等的数学模型. 这里除了需要一些相关学科的专业知识外，还常常需要较为广阔的应用数学方面的知识,同时可以借用已有的模型.

4. 模型求解

可以采用解方程、画图形、优化方法、数值计算、统计分析等各种数学方法,特别是数学软件和计算机技术.

5. 模型分析

对求解结果进行数学上的分析,如结果的误差分析、统计分析、模型对数据的灵敏性分析、对假设的强健性分析等.

6. 模型检验

把求解和分析结果返回到实际问题,与实际的现象、数据比较,检验模型的合理性和适用性,这一步对于模型是否真实有用非常关键.有些模型要经过反复测试,不断完善,直到检验结果获得某种程度上的满意.

7. 模型应用

应用的方式与问题的性质、建模目的及最终的结果有关.

应当指出,并不是所有问题的建模都要经过这些步骤,有时各步骤之间的界限也不那么分明,建模时不要拘泥于形式上的按部就班.

三、模型的分类

首先要指出的是,数学模型的分类没有什么特殊的意义.基于不同的出发点,根据问题的本身及解决问题的方法,可以有各种不同的分法,下面列举常见的几种分类法.

(1) 根据所用的数学方法分类,通常模型分为初等模型、微分方程模型、优化模型、控制模型等.

(2) 按研究对象所属的范畴分类,有人口模型、交通模型、经济模型、生态模型等.

(3) 根据问题中变量的特征分类,模型可分为确定性模型与随机模型、连续性模型和离散性模型.

(4) 按时间关系分类则有静态模型和动态模型.

四、应用举例

下面通过两个例子重点说明如何作出合理的、简化的假设,用数学语言确切地表述实际问题,以及怎样用模型的结果解释实际问题外.

1. 椅子问题

问题 把一个四条腿长度相等的椅子放在凹凸不平的地面上，四条腿能否一定同时着地？

这个问题初看与数学不相干，怎样才能把它抽象成一个数学问题？关键是怎样用数学方法来描述椅子着地的过程.

模型假设 对椅子和地面应该作一些必要的假设：

(1) 椅子四条腿一样长，椅脚与地面接触处可视为一个点，四脚的连线呈正方形.

(2) 地面高度是连续变化的，沿任何方向都不会出现间断(没有像台阶那样的情况)，即地面可视为数学上的连续曲面.

(3) 对于椅脚的间距和椅腿的长度而言，地面是相对平坦的，使椅子在任何位置至少有三只脚同时着地.

假设(1) 显然是合理的. 假设(2) 相当于给出了椅子放稳的条件，因为若地面高度不连续，如在有台阶的地方是无法使四只脚同时着地的. 至于假设(3) 是要排除这样的情况：地面上与椅脚间距和椅腿长度的尺寸大小相当的范围内，出现深沟或凸峰(即使是连续变化的) 致使三只脚无法同时着地.

模型建立 中心问题是用数学语言把椅子四只脚同时着地的条件和结论表示出来.

首先要用变量表示椅子的位置，注意到椅脚连线呈正方形，以中心为对称点，正方形绕中心旋转正好代表了椅子位置的改变，于是可以用旋转角度这一变量表示椅子的位置. 如图 6-5 建立坐标系，椅脚连线为正方形 $ABCD$，对角线 AC 与 x 轴重合，椅子绕中心 O 旋转角度 θ 后，正方形 $ABCD$ 转至 $A'B'C'D'$ 的位置，所以对角线 $A'C'$ 与 x 轴的夹角 θ 表示了椅子的位置.

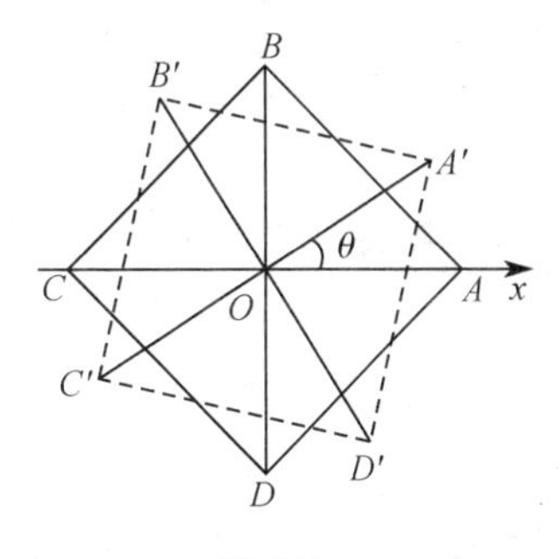

图 6-5

其次要把椅脚着地用数学符号表示出来. 若用某个变量表示椅脚与地面的竖直距离，则当这个距离为零时就是椅脚着地了. 椅子在不同位置时椅脚与地面的距离不同，所以这个距离是椅子位置变量 θ 的函数.

虽然椅子有四只脚，因而有四个距离，但是由于正方形的中心对称性，只要设两个距离函数就行了，记 A,C 两脚与地面距离之和为 $f(\theta)$，B,D 两脚与地面距离之和为 $g(\theta)$($f(\theta)$,$g(\theta) \geqslant 0$). 由假设(2)，$f(\theta)$ 与 $g(\theta)$ 为连续函数；由假设(3)，椅子在任何位置至少有三只脚着地，所以对于任意的 θ，$f(\theta)$ 与 $g(\theta)$ 中至少有一个为零. 当

$\theta=0$ 时不妨设 $g(\theta)=0, f(\theta)\geqslant 0$. 这样,改变椅子的位置使四只脚同时着地,就归结为证明如下的数学命题:

已知 $f(\theta), g(\theta)$ 是 θ 的连续函数,对任意 $\theta, f(\theta)\cdot g(\theta)=0$,且 $g(0)=0, f(0)>0$.

求证 至少存在一 θ_0,使 $f(\theta_0)=g(\theta_0)=0$.

模型求解 上述命题有多种证明方法,这里介绍其中比较简单,但是有些粗糙的一种.

证明 将椅子转动 $\frac{\pi}{2}$,即对角线 AC 与 BD 互换位置,则由 $g(0)=0, f(0)>0$ 可知,

$$g\left(\frac{\pi}{2}\right)>0, f\left(\frac{\pi}{2}\right)=0.$$

令 $h(\theta)=f(\theta)-g(\theta)$,显然有

$$h(0)=f(0)-g(0)=f(0)>0, h\left(\frac{\pi}{2}\right)=f\left(\frac{\pi}{2}\right)-g\left(\frac{\pi}{2}\right)<0,$$

显然,$h(\theta)$ 在 $\left[0,\frac{\pi}{2}\right]$ 上连续,由闭区间上连续函数的零点定理知,必至少存在一 $\theta_0\in\left(0,\frac{\pi}{2}\right)$,使

$$h(\theta_0)=g(\theta_0)-f(\theta_0)=0, \text{即 } f(\theta_0)=g(\theta_0),$$

又由已知,$f(\theta_0)\cdot g(\theta_0)=0$,所以

$$f(\theta_0)=g(\theta_0)=0.$$

结论 如果地面是连续曲面,则四条腿必可同时着地.

由于这个实际问题非常直观和简单,模型解释和验证就省略了.

2. 商人过河问题

用数学方法解决实际问题时往往首先会遇到如何将实际问题抽象成数、函数、符号或图形等用数学语言来描述的问题,然后才谈得上解决问题. 下面以一个智力游戏为例,说明如何用状态转移方法来描述和解决实际问题.

问题 三名商人各带一名随从,要乘一只最多能容纳二人的小船从河南岸到北岸去. 随从们密约,在河的任一岸,一旦他们的人数比商人多,就杀人越货,但是如何乘船由商人们决定. 商人们已获得此密约,请你为商人制定一个安全过河的方案.

对于这类智力游戏经过一番思索是可以找出解决办法的. 这里用数学模型求解. 一是为了给出建模的示例,二是因为这类模型可以解决相当广泛的一类问题,比逻辑思索的结果容易推广.

由于这个虚拟的问题已经理想化了，所以不必再作假设. 安全渡河问题可以视为一个多决策过程. 每一步，即船由此岸驶向彼岸或从彼岸驶回此岸，要对船上的人员(商人，随从各几人)作出决策，在保证安全的前提下(两岸的随从人数都不能多于商人人数)，在有限步内全部人员过河. 用状态(变量)表示某一岸的人员状况，决策(变量)表示船上的人员状况，可以找出状况随决策变化的规律，问题转化为在状况的允许变化范围内(即安全渡河条件)，确定每一步的决策，达到渡河的目的.

模型建立　记第 k 次渡河前南岸的商人数为 x_k，随从数为 $y_k(k=1,2,\cdots;x_k,y_k=0,1,2,3)$. 将二维向量 $s_k=(x_k,y_k)$ 定义为**状态**. 安全渡河条件下的状态集合称为**允许状态集合**，记为 S.

$$S=\{(x,y)\mid x=0,y=0,1,2,3;x=3,y=0,1,2,3;x=y=1,2\}. \tag{6.7}$$

不难验证，S 对南岸和北岸都是安全的.

记第 k 次渡船上的商人数为 u_k，随从数为 v_k. 将二维向量 $d_k=(u_k,v_k)$ 定义为**决策**. 允许决策集合记做 D，由小船的容量可知

$$D=\{(u,v)\mid 1\leqslant u+v\leqslant 2,u,v=0,1,2\}. \tag{6.8}$$

因为 k 为奇数时船从南岸驶向北岸，k 为偶数时从北岸驶回南岸，所以状态 s_k 随决策 d_k 变化的规律是

$$s_{k+1}=s_k+(-1)^k d_k. \tag{6.9}$$

(6.9) 式称为**状态转移律**. 这样，制定安全渡河方案归结为如下的**多步决策模型**:

求决策 $d_k\in D(k=1,2,\cdots,n)$，使状态 $s_k\in S$ 按转移律(6.9)，由初始状态 $s_1=(3,3)$ 经有限步 n 到达状态 $s_{n+1}=(0,0)$.

模型求解　根据(6.7)－(6.9)式编一段程序用计算机求解上述多步决策问题是可行的. 不过对于商人和随从人数不大的简单情况，用图解法解这个模型更为方便.

在 xOy 平面坐标系上画出如图 6-6 所示的方格，方格点表示状态 $s=(x,y)$. 允许状态集合 S 是用圆点表出的10个格子点. 允许决策 d_k 是沿方格线移动1或2格，k 为奇数时向左、向下方移动；k 为偶数时向右、向上方移动. 要确定一系列的 d_k 使由 $s_1=(3,3)$ 经过哪些圆点最终移至原点(0,0).

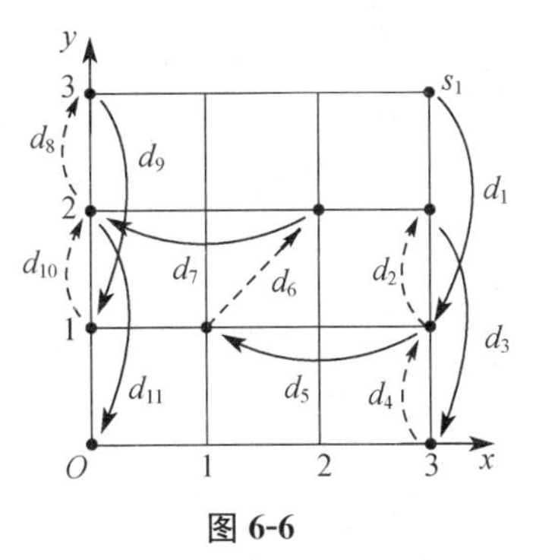

图 6-6

图 6-6 给出了一种移动方案，经过决策 $d_1,d_2,d_3,\cdots,d_{11}$，最终有 $s_{12}=(0,0)$. 这个结果很容易翻译成渡河的方案.

评注 这里介绍的是一种规格化的方法，所建立的多步决策模型可以用计算机求解，从而具有推广的意义. 如当商人和随从人数增加或小船的容量加大时，靠逻辑思考就困难了，而用这种模型则仍可方便地求解. 读者不妨考虑四名商人各带一个随从的情况(小船同前).

适当地设置状态和决策，确定状态转移律，建立多步决策模型，是有效地解决很广泛的一类问题的方法.

习题 6-2

设有一居住地为一圆周，圆周内部不可能居住. 在此地有三家商店，记为 A_1，A_2，A_3，如图所示，三家商店位于圆周上. 它们均出售同一种商品，在三个商店中的价格各定为 p_1，p_2，p_3. 顾客选择某家商店根据此家出售此种商品的价格以及从顾客居住地到此家商店的来回交通费用总开销多少决定. 为简化问题，假定顾客居住地在圆周上均匀分布.

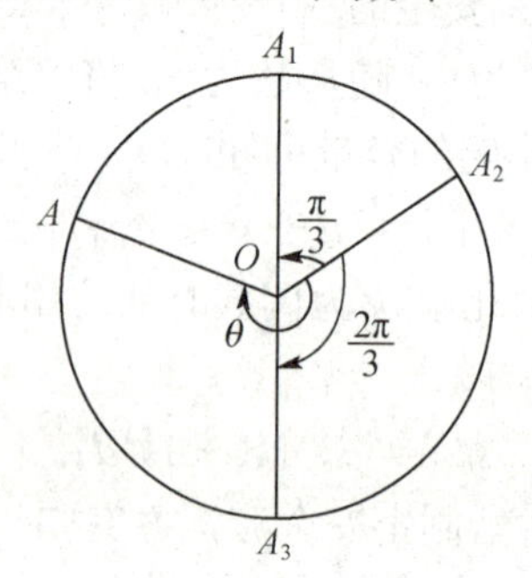

问题：当商店 A_2，A_3 的价格 p_2，p_3 确定时，商店 A_1 如何制定价格 p_1 可使该店获得最大的收益.

复习题六

一、选择题

1. 设生产 x 个单位产品的总成本函数为 $C(x)=9+\frac{x^2}{12}$，则生产 6 个单位产品时的边际成本为(　　).

A. 1　　B. 2　　C. 6　　D. 12

2. 设某产品的价格 p 与销量 q 的关系为 $p=10-0.2q$，则当 $q=5$ 时的边际收益为(　　).

A. -0.2　　B. 8　　C. 9　　D. 10

3. 设某商品的需求函数为 $q=a-bp$($a>0$，$b>0$ 为常数)，则需求量 q 对价格 p 的弹性 $\eta=$(　　).

A. $\frac{bp}{a-b}$　　B. $-\frac{bp}{a-b}$　　C. $\frac{bp}{a-bp}$　　D. $-\frac{bp}{a-bp}$

4. 设某商品在 200 元的价格水平下的弹性 $\eta = 0.12$，它说明价格在 200 元基础上上涨 1%，需求量下降(　　).

A. 0.12　　　　B. 12　　　　C. 0.12%　　　　D. 12%

二、计算题

1. 某工厂生产的某种产品，固定成本为 400 元，多生产一单位产品，成本增加 10 元. 设产品产销平衡且产品的需求函数为 $q = 1\,000 - 50p$(q 为产量，p 为价格).

(1) 问该厂生产多少产品时获最大利润?最大利润是多少?

(2) 求出获最大利润时产品的平均成本及单价.

2. 已知生产某种产品 x 件时总收益 $R(x)$ 的变化率为 $R'(x) = 100 - \frac{x}{20}$(元 / 件)，试求生产 1 000 件时的总收益和从 1 000 件到 2 000 件时增加的收益，以及产量为 1 000 件时的平均收益.

第七章 线性代数

线性代数是工科数学的一个重要分支,是学习现代科学技术的重要基础,在自然科学和工程技术中都有着广泛的应用.本章讨论线性代数的基本内容:行列式、矩阵、向量组、线性方程组等.

第一节 行 列 式

在线性代数中,行列式是一个十分有用的工具.本节主要介绍 n 阶行列式的概念、基本性质及按行(或列)展开.

一、二阶和三阶行列式

1. 二阶行列式

行列式的概念起源于解二元线性方程组

$$\begin{cases} a_{11}x_1 + a_{12}x_2 = b_1, \\ a_{21}x_1 + a_{22}x_2 = b_2. \end{cases} \tag{7.1}$$

由消元法,得

$$(a_{11}a_{22} - a_{12}a_{21})x_1 = b_1a_{22} - b_2a_{12},$$
$$(a_{11}a_{22} - a_{12}a_{21})x_2 = b_2a_{11} - b_1a_{21},$$

则当 $a_{11}a_{22} - a_{12}a_{21} \neq 0$ 时,方程组(7.1)有唯一解

$$\begin{cases} x_1 = \dfrac{b_1a_{22} - b_2a_{12}}{a_{11}a_{22} - a_{12}a_{21}}, \\ x_2 = \dfrac{b_2a_{11} - b_1a_{21}}{a_{11}a_{22} - a_{12}a_{21}}. \end{cases} \tag{7.2}$$

(7.2)式给出了方程组(7.1)在条件 $a_{11}a_{22} - a_{12}a_{21} \neq 0$ 时解的一般公式,但该解形式比较复杂,不便记忆.为了便于使用,引入新的记号,将方程组(7.1)的解表达为比较简洁的形式.

用记号

$$\begin{vmatrix} a_{11} & a_{12} \\ a_{21} & a_{22} \end{vmatrix} \tag{7.3}$$

表示代数和$a_{11}a_{22}-a_{12}a_{21}$，并称(7.3)式为**二阶行列式**，称$a_{11}a_{22}-a_{12}a_{21}$为二阶行列式(7.3)的**值**，即

$$\begin{vmatrix} a_{11} & a_{12} \\ a_{21} & a_{22} \end{vmatrix} = a_{11}a_{22}-a_{12}a_{21}.$$

其中横排称**行**，竖排称**列**，数$a_{ij}(i,j=1,2)$称为行列式(7.3)的**元素**. 元素a_{ij}的第一个下标i称为**行标**，表明该元素位于第i行；第二个下标j称为**列标**，表明该元素位于第j列.

计算二阶行列式的值可用对角线法则：将a_{11}到a_{22}的实连线称为**主对角线**，a_{12}到a_{21}的虚连线称为**次对角线**，于是二阶行列式的值等于主对角线上两元素之积减去次对角线上两元素之积(见图 7-1).

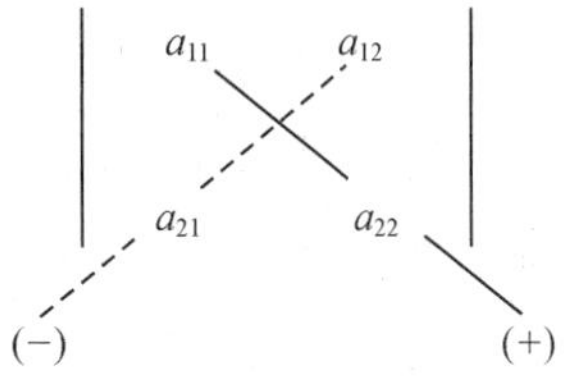

a_{11} a_{12} a_{21} a_{22} (−) (+)

图 7-1

根据二阶行列式的概念，(7.2)式中x_1,x_2的分子分母均可用二阶行列式表示，若记

$$D = \begin{vmatrix} a_{11} & a_{12} \\ a_{21} & a_{22} \end{vmatrix} = a_{11}a_{22}-a_{12}a_{21},$$

$$D_1 = \begin{vmatrix} b_1 & a_{12} \\ b_2 & a_{22} \end{vmatrix} = b_1a_{22}-b_2a_{12},$$

$$D_2 = \begin{vmatrix} a_{11} & b_1 \\ a_{21} & b_2 \end{vmatrix} = b_2a_{11}-b_1a_{21}.$$

其中$D=\begin{vmatrix} a_{11} & a_{12} \\ a_{21} & a_{22} \end{vmatrix}$是方程组(7.1)的系数所确定的二阶行列式，称为**系数行列式**；将D中x_1和x_2所在列的系数分别换成方程组(7.1)的常数项b_1,b_2，就得到行列式D_1,D_2. 当线性方程组(7.1)的系数行列式$D\neq 0$时，它的唯一解可记为$\begin{cases} x_1=\dfrac{D_1}{D}, \\ x_2=\dfrac{D_2}{D}. \end{cases}$

例 1 解二元线性方程组$\begin{cases} 3x_1-2x_2=12, \\ 2x_1+x_2=1. \end{cases}$

解 由于$D=\begin{vmatrix} 3 & -2 \\ 2 & 1 \end{vmatrix}=3-(-4)=7\neq 0$，$D_1=\begin{vmatrix} 12 & -2 \\ 1 & 1 \end{vmatrix}=12-(-2)=14$，$D_2=\begin{vmatrix} 3 & 12 \\ 2 & 1 \end{vmatrix}=3-24=-21$，所以

$$\begin{cases} x_1 = \dfrac{D_1}{D} = \dfrac{14}{7} = 2, \\ x_2 = \dfrac{D_2}{D} = \dfrac{-21}{7} = -3. \end{cases}$$

2. 三阶行列式

对于三元线性方程组

$$\begin{cases} a_{11}x_1 + a_{12}x_2 + a_{13}x_3 = b_1, \\ a_{21}x_1 + a_{22}x_2 + a_{23}x_2 = b_2, \\ a_{31}x_1 + a_{32}x_2 + a_{33}x_3 = b_3 \end{cases} \tag{7.4}$$

由消元法,得

$$x_1 = \frac{b_1a_{22}a_{33} + b_3a_{12}a_{23} + b_2a_{13}a_{32} - b_3a_{13}a_{22} - b_2a_{12}a_{33} - b_1a_{23}a_{32}}{a_{11}a_{22}a_{33} + a_{12}a_{23}a_{31} + a_{13}a_{21}a_{32} - a_{13}a_{22}a_{31} - a_{12}a_{21}a_{33} - a_{11}a_{23}a_{32}}.$$

用类似的方法可求得 x_2 与 x_3.

与解二元线性方程组时遇到的问题一样,上述公式既不便于记忆也不便于应用.为此,用记号

$$\begin{vmatrix} a_{11} & a_{12} & a_{13} \\ a_{21} & a_{22} & a_{23} \\ a_{31} & a_{32} & a_{33} \end{vmatrix} \tag{7.5}$$

表示

$$a_{11}a_{22}a_{33} + a_{12}a_{23}a_{31} + a_{13}a_{21}a_{32} - a_{13}a_{22}a_{31} - a_{12}a_{21}a_{33} - a_{11}a_{23}a_{32}, \tag{7.6}$$

并称(7.5)式为**三阶行列式**,称(7.6)式为**三阶行列式的值**.

计算三阶行列式(7.5)的对角线法则是:图 7-2 中各实线连结的三个元素的乘积项取正号,各虚线连结的三个元素的乘积项取负号,然后作代数和.

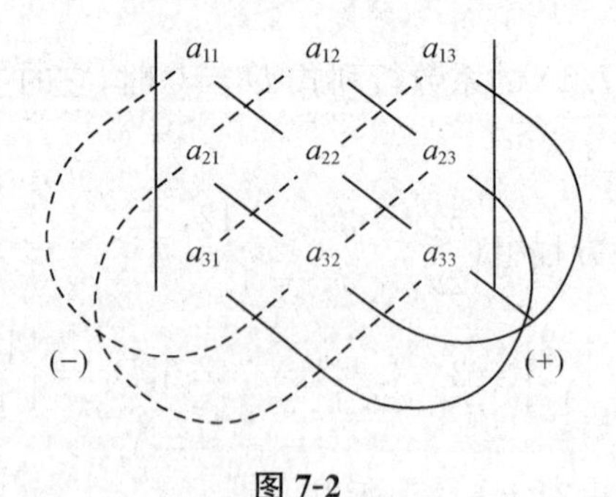

图 7-2

于是,对于三元线性方程组(7.4),若记

$$D=\begin{vmatrix} a_{11} & a_{12} & a_{13} \\ a_{21} & a_{22} & a_{23} \\ a_{31} & a_{32} & a_{33} \end{vmatrix}, D_1=\begin{vmatrix} b_1 & a_{12} & a_{13} \\ b_2 & a_{22} & a_{23} \\ b_3 & a_{32} & a_{33} \end{vmatrix},$$

$$D_2=\begin{vmatrix} a_{11} & b_1 & a_{13} \\ a_{21} & b_2 & a_{23} \\ a_{31} & b_3 & a_{33} \end{vmatrix}, D_3=\begin{vmatrix} a_{11} & a_{12} & b_1 \\ a_{21} & a_{22} & b_2 \\ a_{31} & a_{32} & b_3 \end{vmatrix}.$$

其中 D 是方程组(7.4)的系数行列式,D_1,D_2,D_3 分别是把 D 中第一列、第二列、第三列元素换成方程组(7.4)的常数项得到的三阶行列式.则当 $D\neq 0$ 时,线性方程组(7.4)有唯一解

$$x_1=\frac{D_1}{D}, x_2=\frac{D_2}{D}, x_3=\frac{D_3}{D}.$$

例 2 求解方程组

$$\begin{cases} x_1+2x_2+x_3=0, \\ 2x_1-x_2+x_3=1, \\ x_1-x_2+2x_3=3. \end{cases}$$

解 由于

$$D=\begin{vmatrix} 1 & 2 & 1 \\ 2 & -1 & 1 \\ 1 & -1 & 2 \end{vmatrix}=-2+2-2+1+1-8=-8\neq 0,$$

$$D_1=\begin{vmatrix} 0 & 2 & 1 \\ 1 & -1 & 1 \\ 3 & -1 & 2 \end{vmatrix}=4, D_2=\begin{vmatrix} 1 & 0 & 1 \\ 2 & 1 & 1 \\ 1 & 3 & 2 \end{vmatrix}=4, D_3=\begin{vmatrix} 1 & 2 & 0 \\ 2 & -1 & 1 \\ 1 & -1 & 3 \end{vmatrix}=-12.$$

所以,原方程组的解为

$$x_1=\frac{D_1}{D}=-\frac{1}{2}, x_2=\frac{D_2}{D}=-\frac{1}{2}, x_3=\frac{D_3}{D}=\frac{3}{2}.$$

注意 对角线法则只适用于二阶和三阶行列式.

二、排列的奇偶性

为了把二阶和三阶行列式推广到 n 阶行列式,下面首先介绍有关全排列的知识,然后引入 n 阶行列式的概念.

1. 排列

定义 7.1 由 $1,2,3,\cdots,n$ 组成的一个有序数组称为一个 n **级排列**.

例如,132 是一个 3 级排列,2431 是一个 4 级排列,54132 是一个 5 级排列.

由 $1,2,3,\cdots,n$ 组成的所有不同的 n 级排列共有 $n!$ 个. 例如,3 级排列共有 $3! = 6$ 个,它们是

$$123,231,312,132,213,321.$$

在所有 $n!$ 个 n 级排列中,按自然顺序(即递增的顺序)构成的排列,称为**标准排列**.

2. 排列的奇偶性

定义 7.2 在一个排列中,若排在前面的数大于排在它后面的数,则称这两个数构成一个**逆序**(或**反序**). 一个排列中所有逆序的总数称为这个排列的**逆序数**,将逆序数为奇数的排列叫做**奇排列**,逆序数为偶数的排列叫做**偶排列**. 规定标准排列的逆序数为零,是偶排列.

通常用记号 $\tau(j_1j_2\cdots j_n)$ 表示排列 $j_1j_2\cdots j_n$ 的逆序数.

例如,排列 312 共有 3 对数 31,32,12,其中 31,32 构成逆序,12 不构成逆序(或称其逆序为零),所以排列 312 的逆序数为 2,记做 $\tau(312) = 2$,是一个偶排列.

下面就来讨论计算排列逆序数的方法.

在排列 $j_1j_2\cdots j_n$ 中,考虑元素 $j_i(i = 1,2,\cdots,n)$,若排在 j_i 前面且比 j_i 大的元素有 t_i 个,就说这个元素的逆序数是 t_i,则全体元素的逆序数的总和就是这个排列的逆序数,即

$$\tau(j_1j_2\cdots j_n) = t_1 + t_2 + \cdots + t_n = \sum_{i=1}^{n} t_i.$$

例如,$\tau(35142) = 0 + 0 + 2 + 1 + 3 = 6$.

3. 对换

在排列中,将任意两个元素对调,而其余元素不动,就得到一个新排列. 这样的变换称为一个**对换**. 将相邻两个元素的对换称为**相邻对换**. 通常将两元素 i_s,i_t 的对换记做 (i_s,i_t).

例如,排列 $24135 \xrightarrow{(2,1)} (14235) \xrightarrow{(4,2)} (12435) \xrightarrow{(4,3)} 12345$.

分析上例可知,对换与排列的奇偶性有如下关系.

定理 7.1 对一个排列作一次对换,所得到的排列与原排列的奇偶性相反.

由定理 7.1 可知,排列经奇数次对换改变其奇偶性,经偶数次对换奇偶性保持不变,即对换的次数就是排列奇偶性改变的次数.

推论 任一排列都可以经过若干次对换变成标准排列,并且该排列与所作对换次数具有相同的奇偶性,即奇排列调成标准排列的对换次数为奇数;偶排列调成标准排列的对换次数为偶数.

三、n 阶行列式的定义

现在用排列的知识分析二阶、三阶行列式的结构规律，然后利用这些规律定义 n 阶行列式.

在三阶行列式(7.5)中，容易看出：

(1) 三阶行列式(7.5)的值(7.6)式是 $3!=6$ 个乘积项的代数和；

(2) (7.6)式中的每个乘积项都是位于行列式(7.5)中不同行、不同列的三个元素的乘积. 若将行标排成标准排列，则乘积项的一般形式为 $a_{1j_1}a_{2j_2}a_{3j_3}$，其中 $j_1j_2j_3$ 是一个 3 级排列；

(3) 当 $\tau(j_1j_2j_3)$ 为偶数时，$a_{1j_1}a_{2j_2}a_{3j_3}$ 取正号；当 $\tau(j_1j_2j_3)$ 为奇数时，$a_{1j_1}a_{2j_2}a_{3j_3}$ 取负号，即 $a_{1j_1}a_{2j_2}a_{3j_3}$ 所带的符号为 $(-1)^{\tau(j_1j_2j_3)}$.

综上所述，(7.6)式可以表示为

$$\sum_{j_1j_2j_3}(-1)^{\tau(j_1j_2j_3)}a_{1j_1}a_{2j_2}a_{3j_3},$$

其中 $j_1j_2j_3$ 是一个 3 级排列，$\sum\limits_{j_1j_2j_3}$ 表示对所有 3 级排列求和.

同理，二阶行列式可写为

$$\begin{vmatrix} a_{11} & a_{12} \\ a_{21} & a_{22} \end{vmatrix}=\sum_{j_1j_2}(-1)^{\tau(j_1j_2)}a_{1j_1}a_{2j_2}.$$

根据上述规律，可给出 n 阶行列式的定义.

定义 7.3　由 n^2 个元素 $a_{ij}(i,j=1,2,\cdots,n)$ 组成的记号

$$D=\begin{vmatrix} a_{11} & a_{12} & \cdots & a_{1n} \\ a_{21} & a_{22} & \cdots & a_{2n} \\ \vdots & \vdots & & \vdots \\ a_{n1} & a_{n2} & \cdots & a_{nn} \end{vmatrix}$$

称为 n **阶行列式**，横排称**行**，纵排称**列**. 它表示所有取自不同行不同列的 n 个元素乘积的代数和，各乘积项的符号是：当该项的行标按标准排列后，对应的列标是偶排列时取正号；对应的列标是奇排列时取负号，即

$$D=\begin{vmatrix} a_{11} & a_{12} & \cdots & a_{1n} \\ a_{21} & a_{22} & \cdots & a_{2n} \\ \vdots & \vdots & & \vdots \\ a_{n1} & a_{n2} & \cdots & a_{nn} \end{vmatrix}=\sum_{j_1j_2\cdots j_n}(-1)^{\tau(j_1j_2\cdots j_n)}a_{1j_1}a_{2j_2}\cdots a_{nj_n},$$

其中 $\tau(j_1j_2\cdots j_n)$ 是 n 级排列 $j_1j_2\cdots j_n$ 的逆序数，符号 $\sum\limits_{j_1j_2\cdots j_n}$ 表示对所有的 n 级排列求

和. 行列式可简记为$|a_{ij}|$或$\det(a_{ij})$.

注意 (1) 当$n=1$时，一阶行列式$|a|=a$，不要与绝对值符号相混淆.

(2) 当$n\geqslant 4$时，不能用对角线法则计算n阶行列式.

例3 计算n阶下三角行列式

$$D=\begin{vmatrix} a_{11} & 0 & \cdots & 0 \\ a_{21} & a_{22} & \cdots & 0 \\ \vdots & \vdots & & \vdots \\ a_{n1} & a_{n2} & \cdots & a_{nn} \end{vmatrix}$$

的值，其中$a_{ii}\neq 0, i=1,2,\cdots,n$.

解 设D的一般项为

$$(-1)^{\tau(j_1j_2\cdots j_n)}a_{1j_1}a_{2j_2}\cdots a_{nj_n}.$$

第一行只有$a_{11}\neq 0$，从而$j_1=1$，含第一行其他元素的乘积皆为零；第二行a_{21}已不能取，只有$a_{22}\neq 0$，含第二行其余元素的乘积皆为零，从而$j_2=2$；同理，有$j_3=3, j_4=4,\cdots,j_n=n$. 因此，$D$中只有一项$a_{11}a_{22}\cdots a_{nn}$不为零，又$\tau(12\cdots n)=0$，可知这一项取正号. 所以

$$D=a_{11}a_{22}\cdots a_{nn}.$$

同理可得，上三角行列式$D=\begin{vmatrix} a_{11} & a_{12} & \cdots & a_{1n} \\ 0 & a_{22} & \cdots & a_{2n} \\ \vdots & \vdots & & \vdots \\ 0 & 0 & \cdots & a_{nn} \end{vmatrix}=a_{11}a_{22}\cdots a_{nn}$，

主对角线行列式$D=\begin{vmatrix} a_{11} & 0 & \cdots & 0 \\ 0 & a_{22} & \cdots & 0 \\ \vdots & \vdots & & \vdots \\ 0 & 0 & \cdots & a_{nn} \end{vmatrix}=a_{11}a_{22}\cdots a_{nn}$.

最后指出，由于数的乘法满足交换律，因而行列式中每项的n个元素可按任意顺序排列. 若将每一项的n个元素依列标按自然顺序排列，可以证明

$$D=\sum_{i_1i_2\cdots i_n}(-1)^{\tau(i_1i_2\cdots i_n)}a_{i_11}a_{i_22}\cdots a_{i_nn};$$

若将每一项中的n个元素按任意顺序排列，也可证明

$$D=\sum_{i_1\cdots i_n,j_1\cdots j_n}(-1)^{\tau(i_1i_2\cdots i_n)+\tau(j_1j_2\cdots j_n)}a_{i_1j_1}a_{i_2j_2}\cdots a_{i_nj_n}.$$

四、行列式的性质

n阶行列式的值是$n!$个乘积项的代数和，当n较大时，$n!$是一个相当大的数，因

此，直接利用定义计算高阶行列式是比较困难的. 下面给出行列式的一些性质，这些性质不仅可以简化行列式的计算，而且具有重要的理论意义.

将行列式 D 的行与列按原次序互换后得到的行列式，称为 D 的**转置行列式**，记为 D^{T} 或 D'，即若 $D=\begin{vmatrix} a_{11} & a_{12} & \cdots & a_{1n} \\ a_{21} & a_{22} & \cdots & a_{2n} \\ \vdots & \vdots & & \vdots \\ a_{n1} & a_{n2} & \cdots & a_{nn} \end{vmatrix}$，则 $D^{\mathrm{T}}=\begin{vmatrix} a_{11} & a_{21} & \cdots & a_{n1} \\ a_{12} & a_{22} & \cdots & a_{n2} \\ \vdots & \vdots & & \vdots \\ a_{1n} & a_{2n} & \cdots & a_{nn} \end{vmatrix}$.

性质 1 行列式与它的转置行列式相等.

性质 1 表明，行列式的行具有的性质，对列来说也同样成立.

性质 2 交换行列式的两行(列)，行列式改变符号，即若

$$D=\begin{vmatrix} \cdots & \cdots & \cdots & \cdots \\ a_{i1} & a_{i2} & \cdots & a_{in} \\ \vdots & \vdots & & \vdots \\ a_{s1} & a_{s2} & \cdots & a_{sn} \\ \cdots & \cdots & \cdots & \cdots \end{vmatrix}\begin{matrix} \\ i\text{ 行} \\ , \\ s\text{ 行} \\ \end{matrix} \qquad D_1=\begin{vmatrix} \cdots & \cdots & \cdots & \cdots \\ a_{s1} & a_{s2} & \cdots & a_{sn} \\ \vdots & \vdots & & \vdots \\ a_{i1} & a_{i2} & \cdots & a_{in} \\ \cdots & \cdots & \cdots & \cdots \end{vmatrix}\begin{matrix} \\ i\text{ 行} \\ , \\ s\text{ 行} \\ \end{matrix}$$

则 $D_1=-D$.

推论 若行列式中有两行(列)的对应元素完全相同，则该行列式的值为零.

性质 3 用数 k 乘行列式的一行(列)，等于用数 k 乘此行列式，即若 $D=|a_{ij}|$，则

$$D_1=\begin{vmatrix} \cdots & \cdots & \cdots & \cdots \\ ka_{i1} & ka_{i2} & \cdots & ka_{in} \\ \cdots & \cdots & \cdots & \cdots \end{vmatrix}=k\begin{vmatrix} \cdots & \cdots & \cdots & \cdots \\ a_{i1} & a_{i2} & \cdots & a_{in} \\ \cdots & \cdots & \cdots & \cdots \end{vmatrix}=kD.$$

推论 1 若行列式有两行(列)对应元素成比例，则该行列式的值为零.

推论 2 若行列式某行(列)的所有元素有公因子，则公因子可以提到行列式外面.

推论 3 若行列式中有一行(列)的元素全为零，则该行列式的值为零.

性质 4 若行列式 D 的某行(列)元素都是两数之和，如

$$D=\begin{vmatrix} \cdots & \cdots & \cdots & \cdots \\ a_{i1}+a'_{i1} & a_{i2}+a'_{i2} & \cdots & a_{in}+a'_{in} \\ \cdots & \cdots & \cdots & \cdots \end{vmatrix},$$

则 D 等于下列两个行列式之和

$$D=\begin{vmatrix}\cdots & \cdots & \cdots & \cdots\\ a_{i1} & a_{i2} & \cdots & a_{in}\\ \cdots & \cdots & \cdots & \cdots\end{vmatrix}+\begin{vmatrix}\cdots & \cdots & \cdots & \cdots\\ a'_{i1} & a'_{i2} & \cdots & a'_{in}\\ \cdots & \cdots & \cdots & \cdots\end{vmatrix}=D_1+D_2.$$

性质5 若用数k乘行列式某行(列)的各元素加到另一行(列)的对应元素上，则行列式的值不变.

为了方便地表述行列式的变形过程，常用如下记号：

(1)r_i：表示行列式的第i行；

(2)c_j：表示行列式的第j列；

(3)$r_i\leftrightarrow r_j$(或$c_i\leftrightarrow c_j$)：表示将行列式的第i行(列)与第j行(列)的对应元素互换；

(4)kr_i(或kc_i)：表示将行列式的第i行(列)元素同乘以数k；

(5)r_i+kr_j(或c_i+kc_j)：表示将行列式的第j行(列)元素同乘以数k后加到第i行(列)的对应元素上.

下面举例说明如何利用行列式的性质来计算行列式.

例4 计算行列式

$$D=\begin{vmatrix}1 & 2 & 0 & 1\\ 1 & \frac{3}{2} & 5 & 0\\ 0 & 1 & \frac{5}{3} & 6\\ 1 & 2 & 3 & \frac{4}{5}\end{vmatrix}.$$

解 先使行列式元素变成整数，再用行列式性质化D为三角行列式.

$$D=\frac{1}{2\times3\times5}\begin{vmatrix}1 & 2 & 0 & 1\\ 2 & 3 & 10 & 0\\ 0 & 3 & 5 & 18\\ 5 & 10 & 15 & 4\end{vmatrix}\xlongequal[r_4-5r_1]{r_2-2r_1}\frac{1}{30}\begin{vmatrix}1 & 2 & 0 & 1\\ 0 & -1 & 10 & -2\\ 0 & 3 & 5 & 18\\ 0 & 0 & 15 & -1\end{vmatrix}$$

$$\xlongequal{r_3+3r_2}\frac{1}{30}\begin{vmatrix}1 & 2 & 0 & 1\\ 0 & -1 & 10 & -2\\ 0 & 0 & 35 & 12\\ 0 & 0 & 15 & -1\end{vmatrix}\xlongequal{r_3-2r_4}\frac{1}{30}\begin{vmatrix}1 & 2 & 0 & 1\\ 0 & -1 & 10 & -2\\ 0 & 0 & 5 & 14\\ 0 & 0 & 15 & -1\end{vmatrix}$$

$$\xlongequal{r_4-3r_3}\frac{1}{30}\begin{vmatrix}1 & 2 & 0 & 1\\ 0 & -1 & 10 & -2\\ 0 & 0 & 5 & 14\\ 0 & 0 & 0 & -43\end{vmatrix}=\frac{1}{30}(5\times43)=\frac{43}{6}.$$

例 5 计算 n 阶行列式 $D_n = \begin{vmatrix} x & a & a & \cdots & a & a \\ a & x & a & \cdots & a & a \\ \vdots & \vdots & \vdots & & \vdots & \vdots \\ a & a & a & \cdots & x & a \\ a & a & a & \cdots & a & x \end{vmatrix}$.

解 由于 D_n 的特点是每一行(列)元素的和都相等,因此将第 2 列,第 3 列,…,第 n 列加到第 1 列上,然后将第 1 列的公因子提出来,即得

$$D_n \xlongequal{c_1+c_2+\cdots+c_n} \begin{vmatrix} x+(n-1)a & a & a & \cdots & a & a \\ x+(n-1)a & x & a & \cdots & a & a \\ x+(n-1)a & a & x & \cdots & a & a \\ \vdots & \vdots & \vdots & & \vdots & \vdots \\ x+(n-1)a & a & a & \cdots & x & a \\ x+(n-1)a & a & a & \cdots & a & x \end{vmatrix}$$

$$= [x+(n-1)a] \begin{vmatrix} 1 & a & a & \cdots & a & a \\ 1 & x & a & \cdots & a & a \\ 1 & a & x & \cdots & a & a \\ \vdots & \vdots & \vdots & & \vdots & \vdots \\ 1 & a & a & \cdots & x & a \\ 1 & a & a & \cdots & a & x \end{vmatrix}$$

$$\xlongequal[\substack{r_{n-1}-r_1 \\ r_n-r_1}]{\substack{r_2-r_1 \\ r_3-r_1 \\ \cdots}} [x+(n-1)a] \begin{vmatrix} 1 & a & a & \cdots & a & a \\ 0 & x-a & 0 & \cdots & 0 & 0 \\ 0 & 0 & x-a & \cdots & 0 & 0 \\ \vdots & \vdots & \vdots & & \vdots & \vdots \\ 0 & 0 & 0 & \cdots & x-a & 0 \\ 0 & 0 & 0 & \cdots & 0 & x-a \end{vmatrix}$$

$$= [x+(n-1)a](x-a)^{n-1}.$$

例 6 证明:$\begin{vmatrix} a_1+b_1 & b_1+c_1 & c_1+a_1 \\ a_2+b_2 & b_2+c_2 & c_2+a_2 \\ a_3+b_3 & b_3+c_3 & c_3+a_3 \end{vmatrix} = 2\begin{vmatrix} a_1 & b_1 & c_1 \\ a_2 & b_2 & c_2 \\ a_3 & b_3 & c_3 \end{vmatrix}$.

证法 1 由于

$$左端 = \begin{vmatrix} a_1 & b_1+c_1 & c_1+a_1 \\ a_2 & b_2+c_2 & c_2+a_2 \\ a_3 & b_3+c_3 & c_3+a_3 \end{vmatrix} + \begin{vmatrix} b_1 & b_1+c_1 & c_1+a_1 \\ b_2 & b_2+c_2 & c_2+a_2 \\ b_3 & b_3+c_3 & c_3+a_3 \end{vmatrix} = D_1 + D_2.$$

$$\text{又由于 } D_1 \xlongequal{c_3-c_1} \begin{vmatrix} a_1 & b_1+c_1 & c_1 \\ a_2 & b_2+c_2 & c_2 \\ a_3 & b_3+c_3 & c_3 \end{vmatrix} \xlongequal{c_2-c_3} \begin{vmatrix} a_1 & b_1 & c_1 \\ a_2 & b_2 & c_2 \\ a_3 & b_3 & c_3 \end{vmatrix};$$

$$D_2 \xlongequal{c_2-c_1} \begin{vmatrix} b_1 & c_1 & c_1+a_1 \\ b_2 & c_2 & c_2+a_2 \\ b_3 & c_3 & c_3+a_3 \end{vmatrix} \xlongequal{c_3-c_2} \begin{vmatrix} b_1 & c_1 & a_1 \\ b_2 & c_2 & a_2 \\ b_3 & c_3 & a_3 \end{vmatrix}$$

$$\xlongequal{c_2 \leftrightarrow c_3} -\begin{vmatrix} b_1 & a_1 & c_1 \\ b_2 & a_2 & c_2 \\ b_3 & a_3 & c_3 \end{vmatrix} \xlongequal{c_1 \leftrightarrow c_2} \begin{vmatrix} a_1 & b_1 & c_1 \\ a_2 & b_2 & c_2 \\ a_3 & b_3 & c_3 \end{vmatrix},$$

所以，

$$\text{左端} = 2D_1 = 2\begin{vmatrix} a_1 & b_1 & c_1 \\ a_2 & b_2 & c_2 \\ a_3 & b_3 & c_3 \end{vmatrix} = \text{右端}.$$

证法 2　由于

$$\text{左端} \xlongequal{c_1+c_2+c_3} 2\begin{vmatrix} a_1+b_1+c_1 & b_1+c_1 & c_1+a_1 \\ a_2+b_2+c_2 & b_2+c_2 & c_2+a_2 \\ a_3+b_3+c_3 & b_3+c_3 & c_3+a_3 \end{vmatrix} \xlongequal{c_1-c_2} 2\begin{vmatrix} a_1 & b_1+c_1 & c_1+a_1 \\ a_2 & b_2+c_2 & c_2+a_2 \\ a_3 & b_3+c_3 & c_3+a_3 \end{vmatrix}$$

$$\xlongequal{c_3-c_1} 2\begin{vmatrix} a_1 & b_1+c_1 & c_1 \\ a_2 & b_2+c_2 & c_2 \\ a_3 & b_3+c_3 & c_3 \end{vmatrix} \xlongequal{c_2-c_3} 2\begin{vmatrix} a_1 & b_1 & c_1 \\ a_2 & b_2 & c_2 \\ a_3 & b_3 & c_3 \end{vmatrix} = \text{右端}.$$

五、行列式按行(列)展开

由于低阶行列式的计算比高阶行列式的计算简便，这就需要研究用低阶行列式表示高阶行列式的问题. 这就是下面要介绍的行列式按行(列)展开. 为此，先引入余子式和代数余子式的概念.

定义 7.4　在 n 阶行列式 $D=|a_{ij}|$ 中，划去元素 a_{ij} 所在的第 i 行和第 j 列元素，由剩下的元素按原来顺序组成的 $n-1$ 阶行列式称为元素 a_{ij} 的**余子式**，记做 M_{ij}，即

$$M_{ij}=\begin{vmatrix} a_{11} & \cdots & a_{1,j-1} & a_{1,j+1} & \cdots & a_{1n} \\ \vdots & & \vdots & \vdots & & \vdots \\ a_{i-1,1} & \cdots & a_{i-1,j-1} & a_{i-1,j+1} & \cdots & a_{i-1,n} \\ a_{i+1,1} & \cdots & a_{i+1,j-1} & a_{i+1,j+1} & \cdots & a_{i+1,n} \\ \vdots & & \vdots & \vdots & & \vdots \\ a_{n1} & \cdots & a_{n,j-1} & a_{n,j+1} & \cdots & a_{nn} \end{vmatrix}.$$

a_{ij} 的余子式M_{ij} 带上符号$(-1)^{i+j}$，称为 a_{ij} 的**代数余子式**，记做 A_{ij}，即

$$A_{ij}=(-1)^{i+j}M_{ij}.$$

例如，在四阶行列式$D=\begin{vmatrix} a_{11} & a_{12} & a_{13} & a_{14} \\ a_{21} & a_{22} & a_{23} & a_{24} \\ a_{31} & a_{32} & a_{33} & a_{34} \\ a_{41} & a_{42} & a_{43} & a_{44} \end{vmatrix}$中，元素$a_{23}$的余子式和代数余子式分别为$M_{23}=\begin{vmatrix} a_{11} & a_{12} & a_{14} \\ a_{31} & a_{32} & a_{34} \\ a_{41} & a_{42} & a_{44} \end{vmatrix}$，$A_{23}=(-1)^{2+3}M_{23}=-M_{23}$.

引理　在 n 阶行列式$D=|a_{ij}|$中，若第 i 行(或第 j 列)中仅有 a_{ij} 不为零，其余元素都为零，则 D 等于a_{ij} 与它的代数余子式A_{ij} 的乘积，即 $D=a_{ij}A_{ij}$.

定理 7.2(行列式按行(列)展开法则)　n 阶行列式$D=|a_{ij}|$等于它的任一行(列)的各元素与其对应的代数余子式的乘积之和，即

$$D=a_{i1}A_{i1}+a_{i2}A_{i2}+\cdots+a_{in}A_{in}\ (i=1,2,\cdots,n)$$

或

$$D=a_{1j}A_{1j}+a_{2j}A_{2j}+\cdots+a_{nj}A_{nj}\ (j=1,2,\cdots,n).$$

定理 7.3　n 阶行列式$D=|a_{ij}|$的某一行(列)的元素与另一行(列)对应元素的代数余子式乘积之和为零，即

$$a_{i1}A_{s1}+a_{i2}A_{s2}+\cdots+a_{in}A_{sn}=0\ (i\neq s).$$

行列式按行(列)展开法则的作用是将高阶行列式化为低阶行列式. 但若直接使用，需要计算n个$n-1$阶行列式，一般情况下并不能简化运算，只有某行(列)有较多的零元素时，按该行(列)展开，才显示出其优越性. 因此，常常先把某行(列)更多的元素化为零，然后再按该行(列)展开.

例 7　计算行列式 $D=\begin{vmatrix} 3 & 1 & -1 & 2 \\ -5 & 1 & 3 & -4 \\ 2 & 0 & 1 & -1 \\ 1 & -5 & 3 & -3 \end{vmatrix}$.

解 $D \xlongequal[c_4+c_3]{c_1-2c_3} \begin{vmatrix} 5 & 1 & -1 & 1 \\ -11 & 1 & 3 & -1 \\ 0 & 0 & 1 & 0 \\ -5 & -5 & 3 & 0 \end{vmatrix} = 1\times(-1)^{3+3}\begin{vmatrix} 5 & 1 & 1 \\ -11 & 1 & -1 \\ -5 & -5 & 0 \end{vmatrix}$

$\xlongequal{r_2+r_1} \begin{vmatrix} 5 & 1 & 1 \\ -6 & 2 & 0 \\ -5 & -5 & 0 \end{vmatrix} = 1\times(-1)^{1+3}\begin{vmatrix} -6 & 2 \\ -5 & -5 \end{vmatrix}$

$\xlongequal{c_1-c_2} \begin{vmatrix} -8 & 2 \\ 0 & -5 \end{vmatrix} = 40.$

六、行列式的应用

设含 n 个未知数 n 个方程的线性方程组

$$\begin{cases} a_{11}x_1+a_{12}x_2+\cdots+a_{1n}x_n=b_1, \\ a_{21}x_1+a_{22}x_2+\cdots+a_{2n}x_n=b_2, \\ \cdots \\ a_{n1}x_1+a_{n2}x_2+\cdots+a_{nn}x_n=b_n, \end{cases} \tag{7.7}$$

其中 $a_{ij},b_i(i,j=1,2,\cdots,n)$ 是常数. 方程组(7.7)的系数行列式记为

$$D=\begin{vmatrix} a_{11} & a_{12} & \cdots & a_{1n} \\ a_{21} & a_{22} & \cdots & a_{2n} \\ \vdots & \vdots & & \vdots \\ a_{n1} & a_{n2} & \cdots & a_{nn} \end{vmatrix}.$$

定理 7.4(克拉默(Cramer)法则) 若线性方程组(7.7)的系数行列式 $D\neq 0$，则它有且仅有唯一解

$$x_1=\frac{D_1}{D},x_2=\frac{D_2}{D},\cdots,x_n=\frac{D_n}{D}.$$

其中 $D_j(j=1,2,\cdots,n)$ 是将系数行列式 D 中的第 j 列元素对应地换成方程组的常数项 $b_1,b_2,\cdots,b_n$ 得到的 n 阶行列式，即

$$D_j=\begin{vmatrix} a_{11} & \cdots & a_{1,j-1} & b_1 & a_{1,j+1} & \cdots & a_{1n} \\ a_{21} & \cdots & a_{2,j-1} & b_2 & a_{2,j+1} & \cdots & a_{2n} \\ \vdots & & \vdots & \vdots & \vdots & & \vdots \\ a_{n1} & \cdots & a_{n,j-1} & b_n & a_{n,j+1} & \cdots & a_{nn} \end{vmatrix}.$$

例 8　求解线性方程组$\begin{cases} x_1-x_2+x_3-2x_4=2, \\ 2x_1-x_3+4x_4=4, \\ 3x_1+2x_2+x_3=-1, \\ -x_1+2x_2-x_3+2x_4=-4. \end{cases}$

解　由于系数行列式 $D=\begin{vmatrix} 1 & -1 & 1 & -2 \\ 2 & 0 & -1 & 4 \\ 3 & 2 & 1 & 0 \\ -1 & 2 & -1 & 2 \end{vmatrix}=-2\neq 0$，根据克拉默法则，该线性方程组有唯一解. 又由于

$$D_1=\begin{vmatrix} 2 & -1 & 1 & -2 \\ 4 & 0 & -1 & 4 \\ -1 & 2 & 1 & 0 \\ -4 & 2 & -1 & 2 \end{vmatrix}=-2, D_2=\begin{vmatrix} 1 & 2 & 1 & -2 \\ 2 & 4 & -1 & 4 \\ 3 & -1 & 1 & 0 \\ -1 & -4 & -1 & 2 \end{vmatrix}=4,$$

$$D_3=\begin{vmatrix} 1 & -1 & 2 & -2 \\ 2 & 0 & 4 & 4 \\ 3 & 2 & -1 & 0 \\ -1 & 2 & -4 & 2 \end{vmatrix}=0, D_4=\begin{vmatrix} 1 & -1 & 1 & 2 \\ 2 & 0 & -1 & 4 \\ 3 & 2 & 1 & -1 \\ -1 & 2 & -1 & -4 \end{vmatrix}=-1.$$

所以，原方程组的解为

$$x_1=\frac{D_1}{D}=1, x_2=\frac{D_2}{D}=-2, x_3=\frac{D_3}{D}=0, x_4=\frac{D_4}{D}=\frac{1}{2}.$$

克拉默法则揭示了线性方程组的解与它的系数和常数项之间的关系. 用克拉默法则解 n 元线性方程组有两个前提条件：

(1) 方程组中方程的个数与未知数个数相等；

(2) 系数行列式 D 不等于零.

对于齐次线性方程组

$$\begin{cases} a_{11}x_1+a_{12}x_2+\cdots+a_{1n}x_n=0, \\ a_{21}x_1+a_{22}x_2+\cdots+a_{2n}x_n=0, \\ \cdots \\ a_{n1}x_1+a_{n2}x_2+\cdots+a_{nn}x_n=0, \end{cases} \tag{7.8}$$

显然，$x_1=x_2=\cdots=x_n=0$ 是线性方程组(7.8) 的解，称为**零解**(也称平凡解). 若存在一组不全为零的数满足方程组(7.8)，则称其为齐次线性方程组(7.8) 的**非零解**.

根据克拉默法则容易得出下面的定理.

定理 7.5　若齐次线性方程组(7.8) 的系数行列式 $D\neq 0$，则其只有零解；反之，

若齐次线性方程组(7.8)有非零解，则它的系数行列式 $D=0$.

例 9 k 取何值时，齐次线性方程组 $\begin{cases}3x+ky-z=0,\\4y+z=0,\\kx-5y-z=0\end{cases}$ 有非零解？

解 因为方程组的系数行列式

$$D=\begin{vmatrix}3 & k & -1\\0 & 4 & 1\\k & -5 & -1\end{vmatrix}=-12+k^2+4k+15=k^2+4k+3=(k+1)(k+3),$$

由定理 7.5 知，若齐次线性方程组有非零解，则它的系数行列式 $D=0$，即 $(k+1)(k+3)=0$，解得 $k_1=-1$ 或 $k_2=-3$.

所以，当 $k_1=-1$ 或 $k_2=-3$ 时原方程组有非零解.

习题 7-1

1. 用二阶、三阶行列式解下列方程组.

(1) $\begin{cases}7x+8y=6,\\3x-5y=11;\end{cases}$ (2) $\begin{cases}6a-4b=10,\\5a+7b=29;\end{cases}$

(3) $\begin{cases}2x+3y-z=-4,\\x-y+z=5,\\7x-6y-4z=1;\end{cases}$ (4) $\begin{cases}a+2b+4c=31,\\5a+b+2c=29,\\3a-b+c=10.\end{cases}$

2. 求下列排列的逆序数.

(1) 23541； (2) 631254； (3) $n(n-1)\cdots21$； (4) $246\cdots(2n)135\cdots(2n-1)$.

3. 五阶行列式中，项 $a_{12}a_{53}a_{41}a_{24}a_{35}$ 的符号是正还是负？

4. 利用行列式的性质计算下列行列式的值.

(1) $\begin{vmatrix}1 & -1 & 2\\3 & 2 & 1\\0 & 1 & 4\end{vmatrix}$； (2) $\begin{vmatrix}2 & 0 & 3\\7 & 1 & 6\\6 & 0 & 5\end{vmatrix}$；

(3) $\begin{vmatrix}-ab & ac & ae\\bd & -cd & de\\bf & cf & -ef\end{vmatrix}$； (4) $\begin{vmatrix}2 & 1 & 4 & 1\\3 & -1 & 2 & 1\\1 & 2 & 3 & 2\\5 & 0 & 6 & 2\end{vmatrix}$.

5. 将下列行列式化为上三角行列式，并计算其值.

(1) $\begin{vmatrix}-2 & 2 & -4 & 0\\4 & -1 & 3 & 5\\3 & 1 & -2 & -3\\2 & 0 & 5 & 1\end{vmatrix}$； (2) $\begin{vmatrix}2 & -5 & 1 & 2\\-3 & 7 & -1 & 4\\5 & -9 & 2 & 7\\4 & -6 & 1 & 2\end{vmatrix}$； (3) $\begin{vmatrix}0 & 1 & 1 & 1\\1 & 0 & 1 & 1\\1 & 1 & 0 & 1\\1 & 1 & 1 & 0\end{vmatrix}$.

6. 计算下列 n 阶行列式.

(1) $\begin{vmatrix} 1 & 2 & 3 & \cdots & n \\ -1 & 0 & 3 & \cdots & n \\ -1 & -2 & 0 & \cdots & n \\ \vdots & \vdots & \vdots & & \vdots \\ -1 & -2 & -3 & \cdots & 0 \end{vmatrix}$；(2) $\begin{vmatrix} 3 & 2 & 2 & \cdots & 2 \\ 2 & 3 & 2 & \cdots & 2 \\ 2 & 2 & 3 & \cdots & 2 \\ \vdots & \vdots & \vdots & & \vdots \\ 2 & 2 & 2 & \cdots & 3 \end{vmatrix}$；

(3) $\begin{vmatrix} 0 & 1 & 1 & \cdots & 1 \\ 1 & a_1 & 0 & \cdots & 0 \\ 1 & 0 & a_2 & \cdots & 0 \\ \vdots & \vdots & \vdots & & \vdots \\ 1 & 0 & 0 & \cdots & a_{n-1} \end{vmatrix}$，其中 $a_i \neq 0, i = 1,2,\cdots,n-1$.

7. 证明下列恒等式.

(1) $\begin{vmatrix} 1 & 1 & 1 \\ a & b & c \\ bc & ca & ab \end{vmatrix} = (a-b)(b-c)(c-a)$；　(2) $\begin{vmatrix} a^2 & ab & b^2 \\ 2a & a+b & 2b \\ 1 & 1 & 1 \end{vmatrix} = (a-b)^3$.

8. 用克拉默法则解下列方程组.

(1) $\begin{cases} 2x+5y+4z=10, \\ x+3y+2z=6, \\ 2x+10y+9z=20; \end{cases}$　(2) $\begin{cases} 4a-3b+c+5d=7, \\ a-2b-2c-3d=3, \\ 3a-b+2c=-1, \\ 2a+3b+2c-8d=-7. \end{cases}$

9. λ,μ 为何值时，齐次线性方程组 $\begin{cases} \lambda x+y+z=0, \\ x+\mu y+z=0, \\ x+2\mu y+z=0 \end{cases}$ 有非零解？

第二节　矩　　阵

矩阵是线性代数的主要研究对象，它不仅在线性代数和数学的许多分支中有重要应用，而且其理论在自然科学、工程技术和国民经济的许多领域中都有着广泛的应用.本节介绍矩阵的概念，矩阵的基本运算，矩阵的秩，可逆矩阵以及矩阵的初等变换，分块矩阵的概念及其运算.

一、矩阵的概念

1. 矩阵的概念

为了引出矩阵的概念，先看下面两个例子.

引例 1　线性方程组

$$\begin{cases}2a-b+c-d=1,\\5a+6b+c-2d=2,\\2a+3b-c=-1.\end{cases}$$

这是一个未知数的个数大于方程个数的线性方程组.从求解角度来看,该方程组的特性完全由未知数的12个系数和3个常数项所确定.若把这些系数和常数项按其在方程中的行列次序排成一张矩形数表

$$\begin{bmatrix}2 & -1 & 1 & -1 & 1\\5 & 6 & 1 & -2 & 2\\2 & 3 & -1 & 0 & -1\end{bmatrix},$$

则原方程组完全由该矩形数表确定.

引例2 设某企业有甲、乙、丙3种产品和一、二、三、四4个销售地区.考察期间甲、乙、丙产品在一、二、三、四个地区的累计销售量分别为30,65,53,47;21,71,84,51;89,85,81,69.

该企业的销售状况也可由数表$\begin{bmatrix}30 & 65 & 53 & 47\\21 & 71 & 84 & 51\\89 & 85 & 81 & 69\end{bmatrix}$完全确定.

火车时刻表、网络通讯等等都是数据表问题,由此抽象出矩阵的概念.

定义7.5 由$m\times n$个数$a_{ij}(i=1,2,\cdots,m;j=1,2,\cdots,n)$排成的矩形数表

$$\begin{bmatrix}a_{11} & a_{12} & \cdots & a_{1n}\\a_{21} & a_{22} & \cdots & a_{2n}\\\vdots & \vdots & & \vdots\\a_{m1} & a_{m2} & \cdots & a_{mn}\end{bmatrix}$$

称为一个m行n列**矩阵**,简称$m\times n$矩阵.其中横排称**行**,纵排称**列**,a_{ij}是位于矩阵第i行第j列的元素.通常用大写字母$\boldsymbol{A},\boldsymbol{B},\cdots$表示矩阵.可记做$\boldsymbol{A}_{m\times n}$或$\boldsymbol{A}=(a_{ij})_{m\times n}$,也可简记做$\boldsymbol{A}$或$\boldsymbol{A}=(a_{ij})$.

若两个矩阵的行数相等,列数也相等,则称这两个矩阵为**同型矩阵**.

定义7.6 若矩阵$\boldsymbol{A}=(a_{ij})_{m\times n}$与$\boldsymbol{B}=(b_{ij})_{s\times t}$满足:

(1)$m=s,n=t$; (2)$a_{ij}=b_{ij}(i=1,2,\cdots,m;j=1,2,\cdots,n)$,

则称矩阵$\boldsymbol{A}$与矩阵$\boldsymbol{B}$相等,记做$\boldsymbol{A}=\boldsymbol{B}$.

矩阵和行列式比较,除了行数与列数可以不相等以外,还有本质的区别,即行列式包含着一种运算,它实质上对应一个数或代数式,而矩阵只是一张数表.

2. 几种特殊的矩阵

(1) 零矩阵:所有元素都为零的矩阵称为**零矩阵**,记做$\boldsymbol{O}$或$\boldsymbol{O}_{m\times n}$.

(2) 行矩阵、列矩阵:

只有一行的矩阵 $\boldsymbol{A}=[a_{11}a_{12}\cdots a_{1n}](n>1)$ 称为**行矩阵**;

只有一列的矩阵 $\boldsymbol{A}=\begin{bmatrix}a_{11}\\a_{21}\\\vdots\\a_{m1}\end{bmatrix}(m>1)$ 称为**列矩阵**.

(3) n 阶方阵:行数和列数都是 n 的矩阵称为 n **阶方阵**,记做 $\boldsymbol{A}_n$ 或 $\boldsymbol{A}=(a_{ij})_n$,即

$$\boldsymbol{A}_n=\begin{bmatrix}a_{11}&a_{12}&\cdots&a_{1n}\\a_{21}&a_{22}&\cdots&a_{2n}\\\vdots&\vdots&&\vdots\\a_{n1}&a_{n2}&\cdots&a_{nn}\end{bmatrix},$$

其中 $a_{11},a_{22},\cdots,a_{nn}$ 称为**主对角元**.

① 对角矩阵:除主对角元外的元素全为零的方阵称为**对角矩阵**. 如 $\boldsymbol{A}=\begin{bmatrix}a_{11}&&&\\&a_{22}&&\\&&\ddots&\\&&&a_{nn}\end{bmatrix}$ 为 n 阶对角矩阵,其中未标出的元素全为零,即 $a_{ij}=0(i\neq j,i,j=1,2,\cdots,n)$.

② 数量矩阵:主对角元全相等的对角矩阵称为**数量矩阵**. 如 $\boldsymbol{A}=\begin{bmatrix}\lambda&&&\\&\lambda&&\\&&\ddots&\\&&&\lambda\end{bmatrix}$($\lambda$ 为常数)为 n 阶数量矩阵.

③ 单位矩阵:主对角元全为 1 的数量矩阵称为**单位矩阵**,简记为 $\boldsymbol{E}$ 或 $\boldsymbol{I}$. 有时为了表明矩阵的阶数,将阶数写在下标处,如 $\boldsymbol{E}_n=\begin{bmatrix}1&&&\\&1&&\\&&\ddots&\\&&&1\end{bmatrix}$ 表示 n 阶单位矩阵.

④ 三角矩阵:主对角线下(上)方的元素全为零的方阵称为**上(下)三角矩阵**. 如

$$\boldsymbol{A}=\begin{bmatrix}a_{11}&a_{12}&\cdots&a_{1n}\\&a_{22}&\cdots&a_{2n}\\&&\ddots&\vdots\\&&&a_{nn}\end{bmatrix},\boldsymbol{B}=\begin{bmatrix}b_{11}&&&\\b_{12}&b_{22}&&\\\vdots&\vdots&\ddots&\\b_{n1}&b_{n2}&\cdots&b_{nn}\end{bmatrix}.$$

$\boldsymbol{A}$ 为 n 阶上三角矩阵，即 $a_{ij}=0(i>j,i,j=1,2,\cdots,n)$；$\boldsymbol{B}$ 为 n 阶下三角矩阵，即 $b_{ij}=0(i<j,i,j=1,2,\cdots,n)$.

⑤ 对称矩阵：在方阵 $\boldsymbol{A}=(a_{ij})_{n\times n}$ 中，若 $a_{ij}=a_{ji}(i,j=1,2,\cdots,n)$，则称 $\boldsymbol{A}$ 为**对称矩阵**.

二、矩阵的运算

1. 矩阵的加法

矩阵作为新的讨论对象，可以定义它们的一些运算.

定义 7.7 将矩阵 $\boldsymbol{A}=(a_{ij})_{m\times n}$，$\boldsymbol{B}=(b_{ij})_{m\times n}$ 的对应元素相加，得到的矩阵

$$\begin{bmatrix} a_{11}+b_{11} & a_{12}+b_{12} & \cdots & a_{1n}+b_{1n} \\ a_{21}+b_{21} & a_{22}+b_{22} & \cdots & a_{2n}+b_{2n} \\ \vdots & \vdots & & \vdots \\ a_{m1}+b_{m1} & a_{m2}+b_{m2} & \cdots & a_{mn}+b_{mn} \end{bmatrix}=(a_{ij}+b_{ij})_{m\times n},$$

叫做矩阵 $\boldsymbol{A}$ 与 $\boldsymbol{B}$ 的和，记为 $\boldsymbol{A}+\boldsymbol{B}$. 求矩阵和的运算称为**矩阵的加法**.

注意 只有两个同型矩阵才能作加法运算.

定义 7.8 将矩阵 $\boldsymbol{A}=(a_{ij})_{m\times n}$ 的所有元素都改变符号，得到的矩阵称为矩阵 $\boldsymbol{A}$ 的**负矩阵**，记做 $-\boldsymbol{A}$，即 $-\boldsymbol{A}=-(a_{ij})_{m\times n}=(-a_{ij})_{m\times n}$.

由此定义矩阵的减法为 $\boldsymbol{A}-\boldsymbol{B}=\boldsymbol{A}+(-\boldsymbol{B})$，即若 $\boldsymbol{A}=(a_{ij})_{m\times n}$，$\boldsymbol{B}=(b_{ij})_{m\times n}$，则

$$\boldsymbol{A}-\boldsymbol{B}=\boldsymbol{A}+(-\boldsymbol{B})=(a_{ij})_{m\times n}+(-b_{ij})_{m\times n}=(a_{ij}-b_{ij})_{m\times n}.$$

矩阵的加法满足下列运算律：

(1) 交换律：$\boldsymbol{A}+\boldsymbol{B}=\boldsymbol{B}+\boldsymbol{A}$；

(2) 结合律：$(\boldsymbol{A}+\boldsymbol{B})+\boldsymbol{C}=\boldsymbol{A}+(\boldsymbol{B}+\boldsymbol{C})$；

(3) $\boldsymbol{A}+\boldsymbol{O}=\boldsymbol{A}$；

(4) $\boldsymbol{A}+(-\boldsymbol{A})=\boldsymbol{O}$.

其中 $\boldsymbol{A},\boldsymbol{B},\boldsymbol{C}$ 都是 $m\times n$ 矩阵，$\boldsymbol{O}$ 是 $m\times n$ 的零矩阵.

2. 数与矩阵的乘法

定义 7.9 设 k 是一个常数，$\boldsymbol{A}=(a_{ij})_{m\times n}$，用数 k 乘矩阵 $\boldsymbol{A}$ 的所有元素，得到的矩阵

$$\begin{bmatrix} ka_{11} & ka_{12} & \cdots & ka_{1n} \\ ka_{21} & ka_{22} & \cdots & ka_{2n} \\ \vdots & \vdots & & \vdots \\ ka_{m1} & ka_{m2} & \cdots & ka_{mn} \end{bmatrix}=(ka_{ij})_{m\times n}$$

叫做用数 k 乘矩阵 $\boldsymbol{A}$ 所得的**数量乘积**，记做 $k\boldsymbol{A}$ 或 $\boldsymbol{A}k$. 求数量乘积的运算叫做矩阵的

数量乘法.

注意 数 k 乘一个矩阵 $\boldsymbol{A}$ 时，要用 k 去乘矩阵 $\boldsymbol{A}$ 的每一个元素，这与行列式的性质不同.

容易验证，矩阵的数量乘法满足下列运算律：

(1) 分配律：$k(\boldsymbol{A}+\boldsymbol{B})=k\boldsymbol{A}+k\boldsymbol{B}$；

(2) 分配律：$(k+l)\boldsymbol{A}=k\boldsymbol{A}+l\boldsymbol{A}$；

(3) 结合律：$(kl)\boldsymbol{A}=k(l\boldsymbol{A})$.

其中 l,k 为常数，$\boldsymbol{A},\boldsymbol{B}$ 是 $m\times n$ 矩阵.

例1 已知 $\boldsymbol{A}=\begin{bmatrix}3&-1&2&0\\1&5&7&9\\2&4&6&8\end{bmatrix}$，$\boldsymbol{B}=\begin{bmatrix}7&5&-2&4\\5&1&9&7\\3&2&-1&6\end{bmatrix}$，且 $\boldsymbol{A}+2\boldsymbol{X}=\boldsymbol{B}$，求 $\boldsymbol{X}$.

解 $\boldsymbol{X}=\dfrac{1}{2}(\boldsymbol{B}-\boldsymbol{A})=\dfrac{1}{2}\begin{bmatrix}4&6&-4&4\\4&-4&2&-2\\1&-2&-7&-2\end{bmatrix}=\begin{bmatrix}2&3&-2&2\\2&-2&1&-1\\\dfrac{1}{2}&-1&-\dfrac{7}{2}&-1\end{bmatrix}$.

3. 矩阵的乘法

微课

矩阵的乘法

引例3 某地区有4个工厂Ⅰ、Ⅱ、Ⅲ、Ⅳ，生产甲、乙、丙三种产品. 矩阵 $\boldsymbol{A}$ 表示一年中各工厂生产各种产品的数量，矩阵 $\boldsymbol{B}$ 表示各种产品的单位价格(元)及单位利润(元)，矩阵 $\boldsymbol{C}$ 表示各工厂的总收入及总利润.

$$\boldsymbol{A}=\begin{bmatrix}a_{11}&a_{12}&a_{13}\\a_{21}&a_{22}&a_{23}\\a_{31}&a_{32}&a_{33}\\a_{41}&a_{42}&a_{43}\end{bmatrix}\begin{matrix}\text{Ⅰ}\\\text{Ⅱ}\\\text{Ⅲ}\\\text{Ⅳ}\end{matrix},\quad \boldsymbol{B}=\begin{bmatrix}b_{11}&b_{12}\\b_{21}&b_{22}\\b_{31}&b_{32}\end{bmatrix}\begin{matrix}\text{甲}\\\text{乙}\\\text{丙}\end{matrix},\quad \boldsymbol{C}=\begin{bmatrix}c_{11}&c_{12}\\c_{21}&c_{22}\\c_{31}&c_{32}\\c_{41}&c_{42}\end{bmatrix}\begin{matrix}\text{Ⅰ}\\\text{Ⅱ}\\\text{Ⅲ}\\\text{Ⅳ}\end{matrix},$$

甲 乙 丙　　单位价格 单位利润　　总收入 总利润

其中 $a_{ik}(i=1,2,3,4;k=1,2,3)$ 是第 i 个工厂生产第 k 种产品的数量，b_{k1} 及 b_{k2} $(k=1,2,3)$ 分别是第 k 种产品的单位价格及单位利润，c_{i1} 及 $c_{i2}(i=1,2,3,4)$ 分别是第 i 个工厂生产三种产品的总收入和总利润，则矩阵 $\boldsymbol{A},\boldsymbol{B},\boldsymbol{C}$ 的元素之间有下列关系：

$$\begin{bmatrix}a_{11}b_{11}+a_{12}b_{21}+a_{13}b_{31}&a_{11}b_{12}+a_{12}b_{22}+a_{13}b_{32}\\a_{21}b_{11}+a_{22}b_{21}+a_{23}b_{31}&a_{21}b_{12}+a_{22}b_{22}+a_{23}b_{32}\\a_{31}b_{11}+a_{32}b_{21}+a_{33}b_{31}&a_{31}b_{12}+a_{32}b_{22}+a_{33}b_{32}\\a_{41}b_{11}+a_{42}b_{21}+a_{43}b_{31}&a_{41}b_{12}+a_{42}b_{22}+a_{43}b_{32}\end{bmatrix}=\begin{bmatrix}c_{11}&c_{12}\\c_{21}&c_{22}\\c_{31}&c_{32}\\c_{41}&c_{42}\end{bmatrix},$$

其中 $c_{ij}=a_{i1}b_{1j}+a_{i2}b_{2j}+a_{i3}b_{3j}(i=1,2,3,4;j=1,2)$，即矩阵 $\boldsymbol{C}$ 中第 i 行第 j 列的

元素等于矩阵$\boldsymbol{A}$中第i行元素与矩阵$\boldsymbol{B}$的第j列对应元素乘积之和.这就是矩阵的乘法.

定义 7.10 设$\boldsymbol{A}=(a_{ij})_{m\times s}$,$\boldsymbol{B}=(b_{ij})_{s\times n}$,则矩阵$\boldsymbol{C}=(c_{ij})_{m\times n}$称为矩阵$\boldsymbol{A}$与$\boldsymbol{B}$的乘积,记做$\boldsymbol{C}=\boldsymbol{A}\times\boldsymbol{B}=(c_{ij})_{m\times n}$.其中$c_{ij}=a_{i1}b_{1j}+a_{i2}b_{2j}+\cdots+a_{is}b_{sj}=\sum\limits_{k=1}^{s}a_{ik}b_{kj}$ $(i=1,2,\cdots,m;j=1,2,\cdots,n)$,即$c_{ij}$为矩阵$\boldsymbol{A}$中第$i$行元素与矩阵$\boldsymbol{B}$的第$j$列对应元素乘积之和.

例 2 设$\boldsymbol{A}=\begin{bmatrix}3 & 0 & 4\\ -1 & 5 & 2\end{bmatrix}$,$\boldsymbol{B}=\begin{bmatrix}1 & 0\\ 0 & -1\\ 1 & 1\end{bmatrix}$,求$\boldsymbol{AB}$与$\boldsymbol{BA}$.

解
$$\boldsymbol{AB}=\begin{bmatrix}3\times1+0\times0+4\times1 & 3\times0+0\times(-1)+4\times1\\ -1\times1+5\times0+2\times1 & -1\times0+5\times(-1)+2\times1\end{bmatrix}=\begin{bmatrix}7 & 4\\ 1 & -3\end{bmatrix},$$

$$\boldsymbol{BA}=\begin{bmatrix}1\times3+0\times(-1) & 1\times0+0\times5 & 1\times4+0\times2\\ 0\times3+(-1)\times(-1) & 0\times0+(-1)\times5 & 0\times4+(-1)\times2\\ 1\times3+1\times(-1) & 1\times0+1\times5 & 1\times4+1\times2\end{bmatrix}=\begin{bmatrix}3 & 0 & 4\\ 1 & -5 & -2\\ 2 & 5 & 6\end{bmatrix}.$$

注意 (1) 只有左边矩阵$\boldsymbol{A}$的列数等于右边矩阵$\boldsymbol{B}$的行数时,$\boldsymbol{AB}$才有意义.例如,若$\boldsymbol{A}=\begin{bmatrix}1 & 2\\ 0 & 5\end{bmatrix}$,$\boldsymbol{B}=\begin{bmatrix}-1\\ 1\end{bmatrix}$,则$\boldsymbol{AB}=\begin{bmatrix}1 & 2\\ 0 & 5\end{bmatrix}\begin{bmatrix}-1\\ 1\end{bmatrix}=\begin{bmatrix}1\times(-1)+2\times1\\ 0\times(-1)+5\times1\end{bmatrix}=\begin{bmatrix}1\\ 5\end{bmatrix}$,而$\boldsymbol{BA}$无意义.

(2) 矩阵乘法一般不满足交换律,即$\boldsymbol{AB}\neq\boldsymbol{BA}$.所以矩阵相乘时,一定要分清是$\boldsymbol{A}$左乘$\boldsymbol{B}$还是$\boldsymbol{A}$右乘$\boldsymbol{B}$.例如,若$\boldsymbol{A}=\begin{bmatrix}1 & 1\\ -1 & -1\end{bmatrix}$,$\boldsymbol{B}=\begin{bmatrix}1 & -1\\ -1 & 1\end{bmatrix}$,则

$$\boldsymbol{AB}=\begin{bmatrix}1 & 1\\ -1 & -1\end{bmatrix}\begin{bmatrix}1 & -1\\ -1 & 1\end{bmatrix}=\begin{bmatrix}0 & 0\\ 0 & 0\end{bmatrix},$$

$$\boldsymbol{BA}=\begin{bmatrix}1 & -1\\ -1 & 1\end{bmatrix}\begin{bmatrix}1 & 1\\ -1 & -1\end{bmatrix}=\begin{bmatrix}2 & 2\\ -2 & -2\end{bmatrix}.$$

这里$\boldsymbol{A}\neq\boldsymbol{O}$,$\boldsymbol{B}\neq\boldsymbol{O}$,但$\boldsymbol{AB}=\boldsymbol{O}$,即非零矩阵的乘积有可能为零矩阵.

(3) 矩阵乘法一般不满足消去律. 即若 $\boldsymbol{AC}=\boldsymbol{BC}$，但 $\boldsymbol{A}$ 不一定等于 $\boldsymbol{B}$. 例如，若 $\boldsymbol{A}=\begin{bmatrix}-4 & 1\\ 5 & 8\end{bmatrix}$，$\boldsymbol{B}=\begin{bmatrix}2 & 1\\ 3 & 8\end{bmatrix}$，$\boldsymbol{C}=\begin{bmatrix}0 & 0\\ 2 & 3\end{bmatrix}$，则 $\boldsymbol{AC}=\begin{bmatrix}2 & 3\\ 16 & 24\end{bmatrix}=\boldsymbol{BC}$ 且 $\boldsymbol{C}\neq\boldsymbol{O}$，但 $\boldsymbol{A}\neq\boldsymbol{B}$.

容易验证，矩阵乘法满足下列运算律：

(1) 结合律：$(\boldsymbol{AB})\boldsymbol{C}=\boldsymbol{A}(\boldsymbol{BC})$；

(2) 左分配律：$\boldsymbol{C}(\boldsymbol{A}+\boldsymbol{B})=\boldsymbol{CA}+\boldsymbol{CB}$，

右分配律：$(\boldsymbol{A}+\boldsymbol{B})\boldsymbol{C}=\boldsymbol{AC}+\boldsymbol{BC}$；

(3) $k(\boldsymbol{AB})=(k\boldsymbol{A})\boldsymbol{B}=\boldsymbol{A}(k\boldsymbol{B})$（$k$ 为常数）.

4. 矩阵的转置

定义 7.11 把矩阵 $\boldsymbol{A}$ 的行与列依次互换得到的新矩阵称为矩阵 $\boldsymbol{A}$ 的**转置矩阵**，记做 $\boldsymbol{A}^{\mathrm{T}}$ 或 $\boldsymbol{A}'$，即若 $\boldsymbol{A}=\begin{bmatrix}a_{11} & a_{12} & \cdots & a_{1n}\\ a_{21} & a_{22} & \cdots & a_{2n}\\ \vdots & \vdots & & \vdots\\ a_{m1} & a_{m2} & \cdots & a_{mn}\end{bmatrix}_{m\times n}$，则 $\boldsymbol{A}^{\mathrm{T}}=\begin{bmatrix}a_{11} & a_{21} & \cdots & a_{m1}\\ a_{12} & a_{22} & \cdots & a_{m2}\\ \vdots & \vdots & & \vdots\\ a_{1n} & a_{2n} & \cdots & a_{mn}\end{bmatrix}_{n\times m}$.

矩阵的转置运算有如下性质：

(1) $(\boldsymbol{A}^{\mathrm{T}})^{\mathrm{T}}=\boldsymbol{A}$；

(2) $(\boldsymbol{A}+\boldsymbol{B})^{\mathrm{T}}=\boldsymbol{A}^{\mathrm{T}}+\boldsymbol{B}^{\mathrm{T}}$；

(3) $(k\boldsymbol{A})^{\mathrm{T}}=k\boldsymbol{A}^{\mathrm{T}}$（$k$ 为常数）；

(4) $(\boldsymbol{AB})^{\mathrm{T}}=\boldsymbol{B}^{\mathrm{T}}\boldsymbol{A}^{\mathrm{T}}$.

例 3 已知 $\boldsymbol{A}=\begin{bmatrix}2 & 0 & -1\\ 1 & 3 & 2\end{bmatrix}$，$\boldsymbol{B}=\begin{bmatrix}1 & 7 & -1\\ 4 & 2 & 3\\ 2 & 0 & 1\end{bmatrix}$，求 $(\boldsymbol{AB})^{\mathrm{T}}$.

解法 1 因为 $\boldsymbol{AB}=\begin{bmatrix}2 & 0 & -1\\ 1 & 3 & 2\end{bmatrix}\begin{bmatrix}1 & 7 & -1\\ 4 & 2 & 3\\ 2 & 0 & 1\end{bmatrix}=\begin{bmatrix}0 & 14 & -3\\ 17 & 13 & 10\end{bmatrix}$，所以

$$(\boldsymbol{AB})^{\mathrm{T}}=\begin{bmatrix}0 & 17\\ 14 & 13\\ -3 & 10\end{bmatrix}.$$

解法 2 $(\boldsymbol{AB})^{\mathrm{T}}=\boldsymbol{B}^{\mathrm{T}}\boldsymbol{A}^{\mathrm{T}}=\begin{bmatrix}1 & 4 & 2\\ 7 & 2 & 0\\ -1 & 3 & 1\end{bmatrix}\begin{bmatrix}2 & 1\\ 0 & 3\\ -1 & 2\end{bmatrix}=\begin{bmatrix}0 & 17\\ 14 & 13\\ -3 & 10\end{bmatrix}$.

5. 方阵行列式的运算性质

定义 7.12 由 n 阶方阵 $\boldsymbol{A}=(a_{ij})$ 的元素构成的 n 阶行列式

$$\begin{vmatrix} a_{11} & a_{12} & \cdots & a_{1n} \\ a_{21} & a_{22} & \cdots & a_{2n} \\ \vdots & \vdots & & \vdots \\ a_{n1} & a_{n2} & \cdots & a_{nn} \end{vmatrix}$$

称为方阵 $\boldsymbol{A}$ 的行列式,记做 $|\boldsymbol{A}|$ 或 $\det\boldsymbol{A}$.

注意 只有方阵才有对应的行列式,一般的矩阵是无行列式的.

设 $\boldsymbol{A}$ 为 n 阶方阵,若 $|\boldsymbol{A}|=0$,则称 $\boldsymbol{A}$ 为**奇异方阵**;若 $|\boldsymbol{A}|\neq 0$,则称 $\boldsymbol{A}$ 为**非奇异方阵**.

方阵的行列式有以下性质:

(1) $|\boldsymbol{A}^{\mathrm{T}}|=|\boldsymbol{A}|$;

(2) $|k\boldsymbol{A}|=k^n|\boldsymbol{A}|$($k$ 为常数);

(3) $|\boldsymbol{AB}|=|\boldsymbol{A}||\boldsymbol{B}|$.

例 4 设 $\boldsymbol{A}=\begin{bmatrix} 3 & 4 \\ -2 & 1 \end{bmatrix}$,$\boldsymbol{B}=\begin{bmatrix} -1 & 1 \\ 2 & 1 \end{bmatrix}$,求 $|\boldsymbol{AB}|$.

解 由于 $\boldsymbol{AB}=\begin{bmatrix} 3 & 4 \\ -2 & 1 \end{bmatrix}\begin{bmatrix} -1 & 1 \\ 2 & 1 \end{bmatrix}=\begin{bmatrix} 5 & 7 \\ 4 & -1 \end{bmatrix}$,所以

$$|\boldsymbol{AB}|=\begin{vmatrix} 5 & 7 \\ 4 & -1 \end{vmatrix}=-33.$$

或者 $$|\boldsymbol{AB}|=|\boldsymbol{A}||\boldsymbol{B}|=\begin{vmatrix} 3 & 4 \\ -2 & 1 \end{vmatrix}\begin{vmatrix} -1 & 1 \\ 2 & 1 \end{vmatrix}=-33.$$

三、可逆矩阵

1. 可逆矩阵的定义

由数的运算可知,若 $ab=ba=1$,则 b 为 a 的倒数,记做 $a^{-1}=b$. 矩阵也有类似的运算形式.

定义 7.13 对于 n 阶方阵 $\boldsymbol{A}$,若存在一个 n 阶方阵 $\boldsymbol{B}$,使得 $\boldsymbol{AB}=\boldsymbol{BA}=\boldsymbol{E}$,则称 $\boldsymbol{A}$ 是可逆的,并称 $\boldsymbol{B}$ 是 $\boldsymbol{A}$ 的逆矩阵,记做 $\boldsymbol{B}=\boldsymbol{A}^{-1}$.

例如,$\boldsymbol{A}=\begin{bmatrix} 1 & 0 \\ 0 & 2 \end{bmatrix}$,$\boldsymbol{B}=\begin{bmatrix} 1 & 0 \\ 0 & \frac{1}{2} \end{bmatrix}$,则 $\boldsymbol{AB}=\begin{bmatrix} 1 & 0 \\ 0 & 1 \end{bmatrix}=\boldsymbol{BA}=\boldsymbol{E}$,即 $\boldsymbol{B}$ 为 $\boldsymbol{A}$ 的逆矩阵,记做 $\boldsymbol{B}=\boldsymbol{A}^{-1}$.

若是 $\boldsymbol{A}$ 可逆方阵，则 $\boldsymbol{A}$ 的逆矩阵是唯一的. 若 $\boldsymbol{B}$ 和 $\boldsymbol{C}$ 都是 $\boldsymbol{A}$ 的逆矩阵，则

$$\boldsymbol{AB}=\boldsymbol{BA}=\boldsymbol{E},\boldsymbol{AC}=\boldsymbol{CA}=\boldsymbol{E},$$

所以

$$\boldsymbol{B}=\boldsymbol{EB}=(\boldsymbol{CA})\boldsymbol{B}=\boldsymbol{C}(\boldsymbol{AB})=\boldsymbol{CE}=\boldsymbol{C}.$$

易知，若 $\boldsymbol{B}$ 是 $\boldsymbol{A}$ 的逆矩阵，则 $\boldsymbol{B}$ 也是可逆的，且 $\boldsymbol{B}^{-1}=\boldsymbol{A}$.

单位矩阵 $\boldsymbol{E}$ 是一个可逆矩阵. 因为 $\boldsymbol{EE}=\boldsymbol{E}$，所以 $\boldsymbol{E}=\boldsymbol{E}^{-1}=\boldsymbol{E}$，即单位矩阵的逆矩阵是它本身.

n 阶零矩阵不是可逆矩阵. 因为对任意 n 阶矩阵 $\boldsymbol{A}$ 都有 $\boldsymbol{AO}=\boldsymbol{OA}=\boldsymbol{O}$.

但并不是每个非零矩阵都是可逆矩阵，如 $\boldsymbol{A}=\begin{bmatrix}1&0\\0&0\end{bmatrix}$就不可逆. 因为对于任意二阶矩阵 $\boldsymbol{B}$，乘积 $\boldsymbol{AB}$ 的第 2 行元素都是 0，所以 $\boldsymbol{AB}\neq\boldsymbol{E}$. 那么方阵满足什么条件才可逆呢？

2. 方阵可逆的条件

定义 7.14　设 $\boldsymbol{A}=(a_{ij})_{n\times n}$，由行列式 $|\boldsymbol{A}|$ 中元素 $a_{ij}(i,j=1,2,\cdots,n)$ 的代数余子式 A_{ij} 构成的矩阵 $\begin{bmatrix}A_{11}&A_{21}&\cdots&A_{n1}\\A_{12}&A_{22}&\cdots&A_{n2}\\\vdots&\vdots&&\vdots\\A_{1n}&A_{2n}&\cdots&A_{nn}\end{bmatrix}$ 称为矩阵 $\boldsymbol{A}$ 的**伴随方阵**，记为 $\boldsymbol{A}^*$.

例 5　设 $\boldsymbol{A}=\begin{bmatrix}1&2&3\\2&2&1\\3&4&3\end{bmatrix}$，求矩阵 $\boldsymbol{A}$ 的伴随方阵.

解　行列式 $|\boldsymbol{A}|=\begin{vmatrix}1&2&3\\2&2&1\\3&4&3\end{vmatrix}$ 中各元素的代数余子式分别为

$$A_{11}=\begin{vmatrix}2&1\\4&3\end{vmatrix}=2,A_{12}=-\begin{vmatrix}2&1\\3&3\end{vmatrix}=-3,A_{13}=\begin{vmatrix}2&2\\3&4\end{vmatrix}=2,$$

$$A_{21}=-\begin{vmatrix}2&3\\4&3\end{vmatrix}=6,A_{22}=\begin{vmatrix}1&3\\3&3\end{vmatrix}=-6,A_{23}=-\begin{vmatrix}1&2\\3&4\end{vmatrix}=2,$$

$$A_{31}=\begin{vmatrix}2&3\\2&1\end{vmatrix}=-4,A_{32}=-\begin{vmatrix}1&3\\2&1\end{vmatrix}=5,A_{33}=\begin{vmatrix}1&2\\2&2\end{vmatrix}=-2.$$

所以矩阵 $\boldsymbol{A}$ 的伴随方阵为 $\boldsymbol{A}^*=\begin{bmatrix}2&6&-4\\-3&-6&5\\2&2&-2\end{bmatrix}$.

设 $\boldsymbol{A}=(a_{ij})_{n\times n}$ 是 n 阶方阵，由定理 7.2 与定理 7.3 不难证明

$$\boldsymbol{A}\boldsymbol{A}^{*}=\boldsymbol{A}^{*}\boldsymbol{A}=|\boldsymbol{A}|\cdot\boldsymbol{E}.$$

由此可以给出矩阵 $\boldsymbol{A}$ 可逆的一个充分必要条件.

定理 7.6 n 阶方阵可逆的充要条件是 $\boldsymbol{A}$ 非奇异，且

$$\boldsymbol{A}^{-1}=\frac{1}{|\boldsymbol{A}|}\boldsymbol{A}^{*}.$$

该定理表明，方阵的可逆性与其非奇异性一致，也就是说，可逆方阵即为非奇异方阵.

例 6 判断方阵 $\boldsymbol{A}=\begin{bmatrix}1 & 2 & -1\\ 3 & -2 & 1\\ 1 & -1 & -1\end{bmatrix}$ 是否可逆?若可逆，求逆阵 $\boldsymbol{A}^{-1}$.

解 因为 $|\boldsymbol{A}|=\begin{vmatrix}1 & 2 & -1\\ 3 & -2 & 1\\ 1 & -1 & -1\end{vmatrix}=12\neq 0$，所以 $\boldsymbol{A}$ 可逆. 又因为

$$A_{11}=3,\quad A_{21}=3,\quad A_{31}=0,\quad A_{12}=4,\quad A_{22}=0,$$
$$A_{32}=-4,\quad A_{13}=-1,\quad A_{23}=3,\quad A_{33}=-8.$$

因此 $\boldsymbol{A}^{-1}=\dfrac{1}{|\boldsymbol{A}|}\boldsymbol{A}^{*}=\dfrac{1}{12}\begin{bmatrix}3 & 3 & 0\\ 4 & 0 & -4\\ -1 & 3 & -8\end{bmatrix}$.

推论 设 $\boldsymbol{A},\boldsymbol{B}$ 是 n 阶方阵，若 $\boldsymbol{AB}=\boldsymbol{E}$（或 $\boldsymbol{BA}=\boldsymbol{E}$），则 $\boldsymbol{A},\boldsymbol{B}$ 都可逆，且 $\boldsymbol{A}^{-1}=\boldsymbol{B}$，$\boldsymbol{B}^{-1}=\boldsymbol{A}$.

3. 可逆矩阵的性质

可以证明可逆矩阵具有下列性质：

(1) 可逆矩阵 $\boldsymbol{A}$ 的逆矩阵 $\boldsymbol{A}^{-1}$ 也可逆，且 $(\boldsymbol{A}^{-1})^{-1}=\boldsymbol{A}$；

(2) 若 $\boldsymbol{A}$ 可逆，数 $\lambda\neq 0$，则 $\lambda\boldsymbol{A}$ 也可逆，且 $(\lambda\boldsymbol{A})^{-1}=\dfrac{1}{\lambda}\boldsymbol{A}^{-1}$；

(3) 若 $\boldsymbol{A},\boldsymbol{B}$ 为同阶可逆方阵，则 $\boldsymbol{AB}$ 也可逆，且 $(\boldsymbol{AB})^{-1}=\boldsymbol{B}^{-1}\boldsymbol{A}^{-1}$；

性质(3) 可推广到有限个可逆矩阵的情形，即若 $\boldsymbol{A}_1,\boldsymbol{A}_2,\cdots,\boldsymbol{A}_{s-1},\boldsymbol{A}_s$ 均为同阶可逆方阵，则

$$(\boldsymbol{A}_1\boldsymbol{A}_2\cdots\boldsymbol{A}_{s-1}\boldsymbol{A}_s)^{-1}=\boldsymbol{A}_s^{-1}\boldsymbol{A}_{s-1}^{-1}\cdots\boldsymbol{A}_2^{-1}\boldsymbol{A}_1^{-1}.$$

(4) 可逆矩阵 $\boldsymbol{A}$ 的转置矩阵 $\boldsymbol{A}^{\mathrm{T}}$ 也可逆，且 $(\boldsymbol{A}^{\mathrm{T}})^{-1}=(\boldsymbol{A}^{-1})^{\mathrm{T}}$；

(5) 若 $\boldsymbol{A}$ 可逆且 $\boldsymbol{AB}=\boldsymbol{AC}$，则 $\boldsymbol{B}=\boldsymbol{C}$.

性质(5) 说明，只要 $\boldsymbol{A}$ 可逆，$\boldsymbol{AB}=\boldsymbol{AC}$ 满足消去律.

例 7 试用逆矩阵求解线性方程组$\begin{cases} x_1+2x_2-x_3=1, \\ 3x_1-2x_2+x_3=0, \\ x_1-x_2-x_3=2. \end{cases}$

解 设$\boldsymbol{A}=\begin{bmatrix} 1 & 2 & -1 \\ 3 & -2 & 1 \\ 1 & -1 & -1 \end{bmatrix}$，$\boldsymbol{X}=\begin{bmatrix} x_1 \\ x_2 \\ x_3 \end{bmatrix}$，$\boldsymbol{B}=\begin{bmatrix} 1 \\ 0 \\ 2 \end{bmatrix}$，则原方程组可表示为矩阵形式$\boldsymbol{AX}=\boldsymbol{B}$.

因为$|\boldsymbol{A}|=\begin{vmatrix} 1 & 2 & -1 \\ 3 & -2 & 1 \\ 1 & -1 & -1 \end{vmatrix}=12\neq 0$，所以$\boldsymbol{A}$可逆，且$\boldsymbol{A}^{-1}=\frac{1}{12}\begin{bmatrix} 3 & 3 & 0 \\ 4 & 0 & -4 \\ -1 & 3 & -8 \end{bmatrix}$，从而

$$\boldsymbol{X}=\boldsymbol{A}^{-1}\boldsymbol{B}=\frac{1}{12}\begin{bmatrix} 3 & 3 & 0 \\ 4 & 0 & -4 \\ -1 & 3 & -8 \end{bmatrix}\begin{bmatrix} 1 \\ 0 \\ 2 \end{bmatrix}=\begin{bmatrix} \frac{1}{4} \\ -\frac{1}{3} \\ -\frac{17}{12} \end{bmatrix}.$$

故原方程组的解为$\begin{cases} x_1=\frac{1}{4}, \\ x_2=-\frac{1}{3}, \\ x_3=-\frac{17}{12}. \end{cases}$

四、矩阵的初等变换

微课
矩阵的初等变换

矩阵的初等变换是线性代数的基本运算，熟练地掌握矩阵的初等变换是至关重要的. 线性代数中一些很重要的运算，如求可逆方阵的逆矩阵，求矩阵的秩，求线性方程组的解等，都可以利用矩阵的初等变换求解.

1. 矩阵初等变换的概念

定义 7.15 对矩阵的行(列)施行下列 3 种变换，称为矩阵的**初等行(列)变换**.

(1) 交换矩阵的第 i,j 两行(列)，记做 $r_i\leftrightarrow r_j(c_i\leftrightarrow c_j)$；

(2) 用数 $k\neq 0$ 乘矩阵的第 i 行(列)，记做 $kr_i(kc_i)$；

(3) 用数 k 乘矩阵的第 j 行(列) 加到第 i 行(列) 上,记做 $r_i+kr_j(c_i+kc_j)$.

矩阵的初等行变换与初等列变换统称为矩阵的**初等变换**.

为了便于讨论,下面引入矩阵行等价的概念.

定义 7.16 若矩阵 $\boldsymbol{A}$ 经过有限次初等行变换化为矩阵 $\boldsymbol{B}$,则称矩阵 $\boldsymbol{A}$ **行等价于**矩阵 $\boldsymbol{B}$,记做 $\boldsymbol{A}\xrightarrow{r}\boldsymbol{B}$.

显然,等价矩阵是同型矩阵. 等价是矩阵间的一种关系,易证等价关系具有以下性质:

(1) 自反律:对任意矩阵 $\boldsymbol{A}$,有 $\boldsymbol{A}\xrightarrow{r}\boldsymbol{A}$;

(2) 对称律:若 $\boldsymbol{A}\xrightarrow{r}\boldsymbol{B}$,则 $\boldsymbol{B}\xrightarrow{r}\boldsymbol{A}$;

(3) 传递律:若 $\boldsymbol{A}\xrightarrow{r}\boldsymbol{B}$,$\boldsymbol{B}\xrightarrow{r}\boldsymbol{C}$,则 $\boldsymbol{A}\xrightarrow{r}\boldsymbol{C}$.

因此,通过一系列初等行变换,就可以把矩阵化为需要的行等价形式. 下面介绍两种常见的矩阵行等价形式.

定义 7.17 若一个矩阵中每个非零行的首元素(第一个非零元素) 出现在上一行非零首元素右边,同时没有一个非零行出现在零行之下,则称这个矩阵为**行阶梯形矩阵**.

例如,矩阵

$$\begin{bmatrix}1 & 5 & 2 & 3\\0 & 2 & -1 & 0\\0 & 0 & 0 & 3\end{bmatrix},\begin{bmatrix}0 & 3 & -2 & 4 & 1\\0 & 0 & 0 & 2 & 3\\0 & 0 & 0 & 0 & 0\end{bmatrix}$$

是行阶梯形矩阵.

定义 7.18 每一个非零行的非零首元素为 1,且包含非零首元素的列中其他元素均为零的行阶梯形矩阵称为**行最简阶梯形矩阵**.

例如,矩阵 $\begin{bmatrix}0 & 1 & -3 & 0 & 2\\0 & 0 & 0 & 1 & 3\\0 & 0 & 0 & 0 & 0\end{bmatrix}$ 是行最简阶梯形矩阵.

例 8 用初等行变换把矩阵 $\boldsymbol{A}=\begin{bmatrix}0 & 0 & 1 & 2 & -1\\1 & 3 & -2 & 2 & -1\\2 & 6 & -4 & 5 & 7\\-1 & -3 & 4 & 0 & -19\end{bmatrix}$ 化为行阶梯形矩阵和行最简阶梯形矩阵.

解 $\boldsymbol{A}\xrightarrow{r_1\leftrightarrow r_2}\begin{bmatrix}1 & 3 & -2 & 2 & -1\\0 & 0 & 1 & 2 & -1\\2 & 6 & -4 & 5 & 7\\-1 & -3 & 4 & 0 & -19\end{bmatrix}\xrightarrow[r_4+r_1]{r_3-2r_1}\begin{bmatrix}1 & 3 & -2 & 2 & -1\\0 & 0 & 1 & 2 & -1\\0 & 0 & 0 & 1 & 9\\0 & 0 & 2 & 2 & -20\end{bmatrix}$

$$\xrightarrow[r_4-2r_2]{r_1+2r_2}\begin{bmatrix}1&3&0&6&-3\\0&0&1&2&-1\\0&0&0&1&9\\0&0&0&-2&-18\end{bmatrix}\xrightarrow{r_4+2r_3}\boldsymbol{A}_1=\begin{bmatrix}1&3&0&6&-3\\0&0&1&2&-1\\0&0&0&1&9\\0&0&0&0&0\end{bmatrix}$$

$$\xrightarrow[r_2-2r_3]{r_1-6r_3}\boldsymbol{B}=\begin{bmatrix}1&3&0&0&-57\\0&0&1&0&-19\\0&0&0&1&9\\0&0&0&0&0\end{bmatrix},$$

其中 $\boldsymbol{A}_1$ 是行阶梯形矩阵,$\boldsymbol{B}$ 是最简行阶梯形矩阵.

定理 7.7 任何非零矩阵 $\boldsymbol{A}=(a_{ij})_{m\times n}$ 都可通过若干次初等行变换化为行阶梯形矩阵.

2. 初等矩阵

定义 7.19 单位矩阵 $\boldsymbol{E}$ 经过一次初等变换得到的矩阵,称为**初等矩阵**(或**初等方阵**).

由定义可知,与各类初等变换相对应的初等矩阵有以下三类:

交换 $\boldsymbol{E}$ 中第 i,j 两行(列)得到的矩阵称为**初等换法矩阵**,记为 $\boldsymbol{E}(i,j)$,即

$$\boldsymbol{E}(i,j)=\begin{bmatrix}1&&&&&&&&\\&\ddots&&&&&&&\\&&0&\cdots&\cdots&\cdots&1&&\\&&&1&&&&&\\&&&&1&&&&\\&&&&&\ddots&&&\\&&1&\cdots&\cdots&\cdots&0&&\\&&&&&&&1&\\&&&&&&&&\ddots&\\&&&&&&&&&1\end{bmatrix}\begin{matrix}\\\\i\text{ 行}\\\\\\\\j\text{ 行}\\\\\\\\\end{matrix}.$$

$$\qquad\qquad i\text{ 列}\qquad\qquad j\text{ 列}$$

用数 $k\neq 0$ 乘 $\boldsymbol{E}$ 的第 i 行(列)得到的矩阵称为**初等倍法矩阵**,记做 $\boldsymbol{E}(i(k))$,即

$$E[i(k)]=\begin{bmatrix}1 & & & & & & \\ & \ddots & & & & & \\ & & 1 & & & & \\ & & & k & & & \\ & & & & 1 & & \\ & & & & & \ddots & \\ & & & & & & 1\end{bmatrix} i \text{行}.$$

i 列

用数 k 乘 $\boldsymbol{E}$ 的第 j 行加到第 i 行(或用数 k 乘 $\boldsymbol{E}$ 的第 i 列加到第 j 列)上得到的记做称为**初等消法矩阵**,记做 $\boldsymbol{E}[i,j(k)]$,即

$$E[i,j(k)]=\begin{bmatrix}1 & & & & & & \\ & \ddots & & & & & \\ & & 1 & \cdots & k & & \\ & & & \ddots & \vdots & & \\ & & & & 1 & & \\ & & & & & \ddots & \\ & & & & & & 1\end{bmatrix}\begin{matrix} \\ \\ i \text{行} \\ \\ j \text{行} \\ \\ \\ \end{matrix}$$

i 列　　j 列

显然,$|\boldsymbol{E}(i,j)|=-1$,$|\boldsymbol{E}(i(k))|=k$,$|\boldsymbol{E}[i,j(k)]|=1$,所以初等矩阵都是可逆矩阵,且有

$$\boldsymbol{E}(i,j)^{-1}=\boldsymbol{E}(i,j),\boldsymbol{E}[i(k)]^{-1}=\boldsymbol{E}\left[i\left(\frac{1}{k}\right)\right],\boldsymbol{E}[i,j(k)]^{-1}=\boldsymbol{E}[i,j(-k)].$$

初等矩阵的作用表现在下面的定理中.

定理 7.8　对一个 $m\times n$ 矩阵 $\boldsymbol{A}$ 作一次初等行(列)变换,相当于在 $\boldsymbol{A}$ 的左(右)边乘一个相应的 $m(n)$ 阶初等矩阵,即若 $\boldsymbol{A}=(a_{ij})_{m\times n}$,则

(1) 交换 $\boldsymbol{A}$ 的第 i,j 两行相当于 $\boldsymbol{E}_m(i,j)\boldsymbol{A}$,交换 $\boldsymbol{A}$ 的第 i,j 两列相当于 $\boldsymbol{A}\boldsymbol{E}_n(i,j)$;

(2) 用数 k 乘 $\boldsymbol{A}$ 的第 i 行相当于 $\boldsymbol{E}_m[i(k)]\boldsymbol{A}$,用数 k 乘 $\boldsymbol{A}$ 的第 i 列相当于 $\boldsymbol{A}\boldsymbol{E}_n[i(k)]$;

(3) 用数 k 乘 $\boldsymbol{A}$ 的第 j 行加到第 i 行上相当于 $\boldsymbol{E}_m[i,j(k)]\boldsymbol{A}$,用数 k 乘 $\boldsymbol{A}$ 的第 i 列加到第 j 列上相当于 $\boldsymbol{A}\boldsymbol{E}_n[i,j(k)]$.

3. 用初等变换求逆矩阵

定理 7.9　若 n 阶方阵 $\boldsymbol{A}$ 可逆,则 $\boldsymbol{A}$ 经过有限次初等行变换可化为 n 阶单位阵.

由定理7.9知，n 阶可逆方阵 $\boldsymbol{A}$ 经过有限次初等行变换可化为 n 阶单位矩阵，即存在一组初等方阵 $\boldsymbol{P}_1,\boldsymbol{P}_2,\cdots,\boldsymbol{P}_s$，使得

$$\boldsymbol{P}_s\cdots\boldsymbol{P}_2\boldsymbol{P}_1\boldsymbol{A}=\boldsymbol{E}. \tag{7.9}$$

(7.9)式两端右乘 $\boldsymbol{A}^{-1}$，得

$$\boldsymbol{P}_s\cdots\boldsymbol{P}_2\boldsymbol{P}_1\boldsymbol{E}=\boldsymbol{A}^{-1}. \tag{7.10}$$

(7.10)式表明，对 n 阶单位阵 $\boldsymbol{E}$ 施行与 $\boldsymbol{A}$ 相同的初等行变换可化为 $\boldsymbol{A}^{-1}$，将(7.9)式与(7.10)式合并表示为

$$\boldsymbol{P}_s\cdots\boldsymbol{P}_2\boldsymbol{P}_1(\boldsymbol{A}\,\vdots\,\boldsymbol{E})=(\boldsymbol{E}\,\vdots\,\boldsymbol{A}^{-1}),$$

即

$$(\boldsymbol{A}\,\vdots\,\boldsymbol{E})\xrightarrow{\text{初等行变换}}(\boldsymbol{E}\,\vdots\,\boldsymbol{A}^{-1}).$$

例9 设 $\boldsymbol{A}=\begin{bmatrix}0&1&2\\1&1&4\\2&-1&0\end{bmatrix}$，求 $\boldsymbol{A}^{-1}$.

解
$$(\boldsymbol{A}\,\vdots\,\boldsymbol{E})=\left[\begin{array}{ccc:ccc}0&1&2&1&0&0\\1&1&4&0&1&0\\2&-1&0&0&0&1\end{array}\right]\xrightarrow{r_1\leftrightarrow r_2}\left[\begin{array}{ccc:ccc}1&1&4&0&1&0\\0&1&2&1&0&0\\2&-1&0&0&0&1\end{array}\right]$$

$$\xrightarrow{r_3-2r_1}\left[\begin{array}{ccc:ccc}1&1&4&0&1&0\\0&1&2&1&0&0\\0&-3&-8&0&-2&1\end{array}\right]\xrightarrow{r_3+3r_2}\left[\begin{array}{ccc:ccc}1&1&4&0&1&0\\0&1&2&1&0&0\\0&0&-2&3&-2&1\end{array}\right]$$

$$\xrightarrow{r_1-r_2}\left[\begin{array}{ccc:ccc}1&0&2&-1&1&0\\0&1&2&1&0&0\\0&0&-2&3&-2&1\end{array}\right]\xrightarrow[r_2+r_3]{r_1+r_3}\left[\begin{array}{ccc:ccc}1&0&0&2&-1&1\\0&1&0&4&-2&1\\0&0&-2&3&-2&1\end{array}\right]$$

$$\xrightarrow{-\frac{1}{2}r_3}\left[\begin{array}{ccc:ccc}1&0&0&2&-1&1\\0&1&0&4&-2&1\\0&0&1&-\frac{3}{2}&1&-\frac{1}{2}\end{array}\right],$$

所以 $\boldsymbol{A}^{-1}=\begin{bmatrix}2&-1&1\\4&-2&1\\-\frac{3}{2}&1&-\frac{1}{2}\end{bmatrix}$.

五、矩阵的秩

矩阵的秩反映了矩阵内在的重要特征，它在线性代数中起着十分重要的作用.

1. 矩阵的秩的概念

定义 7.20 在矩阵 $\boldsymbol{A}=(a_{ij})_{m\times n}$ 中任取 k 行 k 列 $(1\leqslant k\leqslant \min(m,n))$，由这些行和列相交处的元素按原来的相应位置组成的 k 阶行列式，称为矩阵 $\boldsymbol{A}$ 的一个 **k 阶子式**.

显然，$m\times n$ 矩阵的 k 阶子式共有 $C_m^k C_n^k$ 个.

定义 7.21 在矩阵 $\boldsymbol{A}=(a_{ij})_{m\times n}$ 中，一切非零子式的最高阶数称为矩阵 $\boldsymbol{A}$ 的**秩**. 即矩阵 $\boldsymbol{A}$ 中至少有一个 r 阶子式不等于零，且所有 $r+1$ 阶子式(若有的话)都等于零，则称 r 为矩阵 $\boldsymbol{A}$ 的秩，记做 $R(\boldsymbol{A})=r$.

规定：零矩阵的秩是零.

由定义可知，$R(\boldsymbol{A})\leqslant \min(m,n)$. 当 $R(\boldsymbol{A})=\min(m,n)$ 时，称 $\boldsymbol{A}$ 为**满秩矩阵**；当 $R(\boldsymbol{A})<\min(m,n)$ 时，称 $\boldsymbol{A}$ 为**降秩矩阵**.

例 10 求矩阵 $\boldsymbol{A}=\begin{bmatrix}2 & 1 & -1 & -1\\ 0 & 2 & -1 & 0\\ 2 & 3 & -2 & -1\end{bmatrix}$ 的秩.

解 $\boldsymbol{A}$ 的三阶子式共有 $C_3^3C_4^3=4$ 个，计算如下：

$$\begin{vmatrix}2 & 1 & -1\\ 0 & 2 & -1\\ 2 & 3 & -2\end{vmatrix}=0,\begin{vmatrix}2 & 1 & -1\\ 0 & 2 & 0\\ 2 & 3 & -1\end{vmatrix}=0,\begin{vmatrix}2 & -1 & -1\\ 0 & -1 & 0\\ 2 & -2 & -1\end{vmatrix}=0,\begin{vmatrix}1 & -1 & -1\\ 2 & -1 & 0\\ 3 & -2 & -1\end{vmatrix}=0,$$

由于二阶子式 $\begin{vmatrix}2 & 1\\ 0 & 2\end{vmatrix}=4\neq 0$，所以 $R(\boldsymbol{A})=2$.

例 11 求行阶梯形矩阵 $\boldsymbol{A}=\begin{bmatrix}1 & 3 & -2 & 4 & 5\\ 0 & 2 & 1 & 5 & 8\\ 0 & 0 & 0 & 2 & 3\\ 0 & 0 & 0 & 0 & 0\\ 0 & 0 & 0 & 0 & 0\end{bmatrix}$ 的秩.

解 按每个非零首元素取 1,2,4 列，且只考虑前三行，得 $\boldsymbol{A}$ 的三阶子式

$$\begin{vmatrix}1 & 3 & 4\\ 0 & 2 & 5\\ 0 & 0 & 2\end{vmatrix}=4\neq 0,$$

而 $\boldsymbol{A}$ 中所有的四阶子式必为 0，所以 $R(\boldsymbol{A})=3$.

一般地，凡是行阶梯形矩阵，它的非零子式的最高阶数都等于它的非零行的个数，即行阶梯形矩阵的秩等于其非零行的行数.

2. 用初等变换求矩阵的秩

一般来说，行数与列数较高的矩阵利用定义求秩是很麻烦的. 但对于行阶梯形矩阵，它的秩等于其非零行的行数. 因此，自然联想到用初等变换把矩阵化为行阶梯形矩阵，但是等价矩阵的秩是否相等呢？下面的定理对此作出了肯定的回答.

定理 7.10 初等变换不会改变矩阵的秩.

由定理 7.10 可知，求矩阵的秩时，只要用初等变换把矩阵化为行阶梯形矩阵(或最简行阶梯形矩阵)，则非零行的行数(或非零首元素 1 的个数) 就是矩阵的秩.

例 12 求矩阵 $\boldsymbol{A}=\begin{bmatrix}0&2&-4\\-1&-4&5\\3&1&7\\0&5&-10\\2&3&0\end{bmatrix}$ 的秩.

解 对 $\boldsymbol{A}$ 施行初等行变换

$$\boldsymbol{A}\xrightarrow[r_5+2r_2]{r_3+3r_2}\begin{bmatrix}0&2&-4\\-1&-4&5\\0&-11&22\\0&5&-10\\0&-5&10\end{bmatrix}\xrightarrow{\frac{1}{2}r_1,\ \frac{1}{11}r_3,\ \frac{1}{5}r_4,\ \frac{1}{5}r_5}\begin{bmatrix}0&1&-2\\-1&-4&5\\0&-1&2\\0&1&-2\\0&-1&2\end{bmatrix}\xrightarrow[r_5+r_1]{r_3+r_1,\ r_4-r_1}\begin{bmatrix}0&1&-2\\-1&-4&5\\0&0&0\\0&0&0\\0&0&0\end{bmatrix},$$

此时已能观察出有两行非零元素，所以 $R(\boldsymbol{A})=2$.

倘若要继续化成阶梯形，只需

$$\begin{bmatrix}0&1&-2\\-1&-4&5\\0&0&0\\0&0&0\\0&0&0\end{bmatrix}\xrightarrow{r_1\leftrightarrow r_2}\begin{bmatrix}-1&-4&5\\0&1&-2\\0&0&0\\0&0&0\\0&0&0\end{bmatrix}.$$

再要化成最简行阶梯形矩阵，有

$$\xrightarrow{(-1)r_1}\begin{bmatrix}1&4&-5\\0&1&-2\\0&0&0\\0&0&0\\0&0&0\end{bmatrix}\xrightarrow{r_1-4r_2}\begin{bmatrix}1&0&3\\0&1&-2\\0&0&0\\0&0&0\\0&0&0\end{bmatrix}.$$

观察行阶梯形矩阵和最简行阶梯形矩阵，皆有 $R(\boldsymbol{A})=2$.

若再利用初等列变换，还可把 $\boldsymbol{A}$ 最终简化成标准形，即

$$\xrightarrow{c_3-3c_1}\begin{bmatrix}1&0&0\\0&1&-2\\0&0&0\\0&0&0\\0&0&0\end{bmatrix}\xrightarrow{c_3+2c_2}\begin{bmatrix}1&0&0\\0&1&0\\0&0&0\\0&0&0\\0&0&0\end{bmatrix}.$$

此标准形的左上角是一个二阶单位阵，显然有 $R(\mathbf{A})=2$.

一般地，矩阵 $\mathbf{A}=(a_{ij})_{m\times n}$ 均可经过初等变换化为最简形式：

$$\boldsymbol{I}=\begin{bmatrix}1&0&\cdots&0&\cdots&0\\0&1&\cdots&0&\cdots&0\\\vdots&\vdots&&\vdots&&\vdots\\0&0&\cdots&1&\cdots&0\\0&0&\cdots&0&\cdots&0\\\vdots&\vdots&&\vdots&&\vdots\\0&0&\cdots&0&\cdots&0\end{bmatrix}.$$

$\boldsymbol{I}$ 称为 $\mathbf{A}$ 的**标准形**，其特点是 $\boldsymbol{I}$ 的左上角是一个 r 阶单位矩阵，其他元素都是零. 显然 $R(\mathbf{A})=r$. 当 $r=\min(m,n)$ 时，$\mathbf{A}$ 满秩；当 $r<\min(m,n)$ 时，$\mathbf{A}$ 降秩. 特别地，n 阶可逆方阵的标准形就是 n 阶单位矩阵.

习题 7-2

1. 设矩阵

$$\boldsymbol{A}=\begin{bmatrix}1&-2&2\\0&3&5\end{bmatrix},\boldsymbol{B}=\begin{bmatrix}3&-1&1\\-2&0&1\end{bmatrix},$$

求 $\boldsymbol{A}+\boldsymbol{B},\boldsymbol{A}-\boldsymbol{B},\boldsymbol{A}\boldsymbol{B}^{\mathrm{T}},3\boldsymbol{A}-2\boldsymbol{B}$.

2. 计算下列矩阵的乘积.

(1) $\begin{bmatrix}3&2&1\end{bmatrix}\begin{bmatrix}1\\2\\3\end{bmatrix}$；　(2) $\begin{bmatrix}1\\1\\4\end{bmatrix}\begin{bmatrix}-2&1\end{bmatrix}$；　(3) $\begin{bmatrix}a_{11}&a_{12}&a_{13}\\a_{21}&a_{22}&a_{23}\\a_{31}&a_{32}&a_{33}\end{bmatrix}\begin{bmatrix}x_1\\x_2\\x_3\end{bmatrix}$；

(4) $\begin{bmatrix}4&3\\7&5\end{bmatrix}\begin{bmatrix}-28&93\\38&-126\end{bmatrix}\begin{bmatrix}7&3\\2&1\end{bmatrix}$；　(5) $\begin{bmatrix}2&1&4&0\\1&-1&3&4\end{bmatrix}\begin{bmatrix}1&3&1\\0&-1&2\\1&-3&1\\4&0&-2\end{bmatrix}$.

3. 利用伴随矩阵求下列矩阵的逆矩阵.

(1) $\begin{bmatrix}a&b\\c&d\end{bmatrix}$；　(2) $\begin{bmatrix}\cos\theta&-\sin\theta\\\sin\theta&\cos\theta\end{bmatrix}$；

(3) $\begin{bmatrix} 1 & 2 & 2 \\ 0 & 1 & -2 \\ 0 & -1 & 1 \end{bmatrix}$；　(4) $\begin{bmatrix} 1 & 2 & 0 & 0 \\ 2 & 3 & 0 & 0 \\ 1 & 0 & 1 & -2 \\ 0 & 1 & -2 & 6 \end{bmatrix}$.

4. 解下列矩阵方程.

(1) $\begin{bmatrix} 3 & -1 \\ 5 & -2 \end{bmatrix} \boldsymbol{X} \begin{bmatrix} 5 & 6 \\ 7 & 8 \end{bmatrix} = \begin{bmatrix} 14 & 16 \\ 9 & 10 \end{bmatrix}$；　(2) $\begin{bmatrix} 1 & 2 & -3 \\ 3 & 2 & -4 \\ 2 & -1 & 0 \end{bmatrix} \boldsymbol{X} = \begin{bmatrix} 1 & -3 & 0 \\ 10 & 2 & 7 \\ 10 & 7 & 8 \end{bmatrix}$.

5. 利用逆矩阵解下列方程组.

(1) $\begin{cases} 2x+2y-z=6, \\ x-2y+4z=3, \\ 5x+7y+z=28; \end{cases}$　(2) $\begin{cases} x+2y+3z=1, \\ 2x+2y+5z=2, \\ 3x+5y+z=3. \end{cases}$

6. 用初等行变换化下列矩阵为最简行阶梯形矩阵.

(1) $\begin{bmatrix} 1 & -3 & 2 \\ -3 & 0 & 1 \\ 1 & 1 & -1 \end{bmatrix}$；　(2) $\begin{bmatrix} 1 & 1 & 2 & 1 \\ 2 & -1 & 2 & 4 \\ 1 & -2 & 0 & 3 \\ 4 & 1 & 4 & 2 \end{bmatrix}$；

(3) $\begin{bmatrix} 1 & -2 & 3 & -4 & 4 \\ 0 & 1 & -1 & 1 & -3 \\ 1 & 3 & 0 & -3 & 1 \\ 0 & -7 & 3 & 1 & -3 \end{bmatrix}$.

7. 用初等变换求下列矩阵的逆矩阵.

(1) $\begin{bmatrix} 1 & 0 & 1 \\ 2 & 1 & 0 \\ -3 & 2 & 5 \end{bmatrix}$；　(2) $\begin{bmatrix} 1 & 2 & 3 \\ 2 & 2 & 4 \\ 3 & 4 & 3 \end{bmatrix}$；

(3) $\begin{bmatrix} 1 & 2 & 3 & 4 \\ 2 & 3 & 1 & 2 \\ 1 & 1 & 1 & -1 \\ 1 & 0 & -2 & -6 \end{bmatrix}$；　(4) $\begin{bmatrix} 1 & 2 & 0 & 0 \\ -1 & -2 & 1 & 3 \\ 0 & 0 & 2 & 4 \\ 3 & 6 & 1 & 2 \end{bmatrix}$.

8. 用初等变换求下列矩阵的秩.

(1) $\begin{bmatrix} 3 & 2 & -1 & -3 & -2 \\ 2 & -1 & 3 & 1 & -3 \\ 7 & 0 & 5 & -1 & -8 \end{bmatrix}$；　(2) $\begin{bmatrix} 4 & -2 & 1 \\ 1 & 2 & -2 \\ -1 & 8 & -7 \\ 2 & 14 & 13 \end{bmatrix}$；

(3) $\begin{bmatrix} 1 & 1 & 2 & 2 & 1 \\ 0 & 2 & 1 & 5 & -1 \\ 2 & 0 & 3 & -1 & 3 \\ 1 & 1 & 0 & 4 & -1 \end{bmatrix}$；　(4) $\begin{bmatrix} 1 & -1 & 2 & 1 & 0 \\ 2 & -2 & 4 & -2 & 0 \\ 3 & 0 & 6 & -1 & 1 \\ 0 & 3 & 0 & 0 & 1 \end{bmatrix}$；

(5) $\begin{bmatrix} 6 & -1 & 5 & 7 & 2 \\ 1 & 5 & 6 & -4 & -10 \\ 2 & 3 & 5 & -1 & -6 \\ -4 & 6 & 2 & -10 & -12 \end{bmatrix}$.

9. 在秩为 r 的矩阵中，有没有等于 0 的 $r-1$ 阶子式？有没有等于 0 的 r 阶子式？有没有不等于 0 的 $r+1$ 阶子式？试举例说明.

第三节　一般线性方程组

线性方程组是线性代数的重要内容之一，它在数学的许多分支（如计算方法、概率统计、微分方程）及自然科学和社会科学（如物理学、经济学、管理学）中有非常广泛的应用. 实际问题中提出的线性方程组，一般来说未知量的个数和方程的个数是不相同的，因此无法用第一节中的克拉默法则及第二节中的逆矩阵法求解方程组. 本节将讨论一般线性方程组的求解及解的结构.

一、向量组的线性相关性

为了深入讨论线性方程组的问题，本节首先介绍 n 维向量的有关概念.

1. *n* 维向量

定义 7.22　n 个实数组成的有序数组 $[a_1, a_2, \cdots, a_n]$，$\begin{bmatrix} x_1 \\ x_2 \\ \vdots \\ x_n \end{bmatrix}$ 分别称为 n **维行向量**和 n **维列向量**. 其中 a_i 与 x_i 称为向量的第 i 个分量. n 维向量一般用字母 $\boldsymbol{\alpha}, \boldsymbol{\beta}, \boldsymbol{\gamma}$ 等表示.

要把行（列）向量写成列（行）向量，可用转置记号. 例如，若 $\boldsymbol{\alpha} = [x_1, x_2, \cdots, x_n]$，则

$$\boldsymbol{\alpha}^{\mathrm{T}} = \begin{bmatrix} x_1 \\ x_2 \\ \vdots \\ x_n \end{bmatrix}.$$

定义 7.23　若两个 n 维向量 $\boldsymbol{\alpha} = [a_1, a_2, \cdots, a_n]$，$\boldsymbol{\beta} = [b_1, b_2, \cdots, b_n]$ 满足 $a_i = b_i (i = 1, 2, \cdots, n)$，则称向量 $\boldsymbol{\alpha}$ 与 $\boldsymbol{\beta}$ **相等**，记为 $\boldsymbol{\alpha} = \boldsymbol{\beta}$.

显然，不同维数的向量不可能相等.

定义 7.24　若 n 维向量 $\boldsymbol{\alpha} = [a_1, a_2, \cdots, a_n]$ 满足 $a_1 = a_2 = \cdots = a_n = 0$，则称

$\boldsymbol{\alpha}$ 为零向量,记为 $\mathbf{0}$.

注意　不同维数的零向量是不相等的.

定义 7.25　向量 $[-a_1,-a_2,\cdots,-a_n]$ 称为向量 $\boldsymbol{\alpha}=[a_1,a_2,\cdots,a_n]$ 的**负向量**,记为 $-\boldsymbol{\alpha}$.

定义 7.26　向量 $\boldsymbol{\gamma}=[a_1+b_1,a_2+b_2,\cdots,a_n+b_n]$ 称为向量 $\boldsymbol{\alpha}=[a_1,a_2,\cdots,a_n]$ 与向量 $\boldsymbol{\beta}=[b_1,b_2,\cdots,b_n]$ 的**和**,记为 $\boldsymbol{\gamma}=\boldsymbol{\alpha}+\boldsymbol{\beta}$.

定义 7.27　$\boldsymbol{\alpha}-\boldsymbol{\beta}=\boldsymbol{\alpha}+(-\boldsymbol{\beta})$.

定义 7.28　设 k 是一个常数,向量 $[ka_1,ka_2,\cdots,ka_n]$ 称为向量 $\boldsymbol{\alpha}=[a_1,a_2,\cdots,a_n]$ 与数 k 的**数乘向量**.

向量的加法及数乘运算统称为向量的线性运算,它满足下列运算规律($\boldsymbol{\alpha},\boldsymbol{\beta},\boldsymbol{\gamma}$ 是 n 维向量,k,l 是常数):

(1) 交换律:$\boldsymbol{\alpha}+\boldsymbol{\beta}=\boldsymbol{\beta}+\boldsymbol{\alpha}$;

(2) 结合律:$(\boldsymbol{\alpha}+\boldsymbol{\beta})+\boldsymbol{\gamma}=\boldsymbol{\alpha}+(\boldsymbol{\beta}+\boldsymbol{\gamma})$;

(3) 零向量律:$\boldsymbol{\alpha}+\mathbf{0}=\boldsymbol{\alpha}$;

(4) 负向量律:$\boldsymbol{\alpha}+(-\boldsymbol{\alpha})=\mathbf{0}$;

(5) $1\cdot\boldsymbol{\alpha}=\boldsymbol{\alpha}$;

(6) 数乘向量的结合律:$k(l\boldsymbol{\alpha})=(kl)\boldsymbol{\alpha}$;

(7) 数乘向量的分配律:$k(\boldsymbol{\alpha}+\boldsymbol{\beta})=k\boldsymbol{\alpha}+k\boldsymbol{\beta}$;

(8) 数乘向量的分配律:$(k+l)\boldsymbol{\alpha}=k\boldsymbol{\alpha}+l\boldsymbol{\alpha}$.

有了向量的加法和数乘运算,就可以用向量来表示线性方程组

$$\begin{cases}a_{11}x_1+a_{12}x_2+\cdots+a_{1n}x_n=b_1,\\a_{21}x_1+a_{22}x_2+\cdots+a_{2n}x_n=b_2,\\\qquad\cdots\\a_{m1}x_1+a_{m2}x_2+\cdots+a_{mn}x_n=b_m.\end{cases}$$

若令 $\boldsymbol{\alpha}_1=\begin{bmatrix}a_{11}\\a_{21}\\\vdots\\a_{m1}\end{bmatrix},\cdots,\boldsymbol{\alpha}_n=\begin{bmatrix}a_{1n}\\a_{2n}\\\vdots\\a_{mn}\end{bmatrix},\boldsymbol{\beta}=\begin{bmatrix}b_1\\b_2\\\vdots\\b_m\end{bmatrix}$,则该线性方程组的向量形式为

$$x_1\boldsymbol{\alpha}_1+x_2\boldsymbol{\alpha}_2+\cdots+x_n\boldsymbol{\alpha}_n=\boldsymbol{\beta}.\tag{7.11}$$

当 $\boldsymbol{\beta}=\mathbf{0}$ 时,有 $x_1\boldsymbol{\alpha}_1+x_2\boldsymbol{\alpha}_2+\cdots+x_n\boldsymbol{\alpha}_n=\mathbf{0}$.　　(7.12)

2. 向量组的线性相关性

定义 7.29　对于 n 维向量组 $\boldsymbol{\alpha}_1,\boldsymbol{\alpha}_2,\cdots,\boldsymbol{\alpha}_m,\boldsymbol{\beta}$,若存在一组不全为 0 的数 $k_1,k_2,\cdots,k_m$,使得

$$\boldsymbol{\beta}=k_1\boldsymbol{\alpha}_1+k_2\boldsymbol{\alpha}_2+\cdots+k_m\boldsymbol{\alpha}_m,$$

则称向量 $\boldsymbol{\beta}$ 是向量 $\boldsymbol{\alpha}_1,\boldsymbol{\alpha}_2,\cdots,\boldsymbol{\alpha}_m$ 的**线性组合**,或称向量 $\boldsymbol{\beta}$ 由向量组 $\boldsymbol{\alpha}_1,\boldsymbol{\alpha}_2,\cdots,\boldsymbol{\alpha}_m$ **线性表出**,$k_1,k_2,\cdots,k_m$ 称为**线性组合系数**或**线性表出系数**.

由定义 7.29 知,线性方程组(7.11)有解的充分必要条件是向量 $\boldsymbol{\beta}$ 可由向量组 $\boldsymbol{\alpha}_1,\boldsymbol{\alpha}_2,\cdots,\boldsymbol{\alpha}_n$ 线性表出.

定义 7.30 对于向量组 $\boldsymbol{\alpha}_1,\boldsymbol{\alpha}_2,\cdots,\boldsymbol{\alpha}_n$,若存在一组不全为零的数 $k_1,k_2,\cdots,k_n$,使得

$$k_1\boldsymbol{\alpha}_1+k_2\boldsymbol{\alpha}_2+\cdots+k_m\boldsymbol{\alpha}_n=\boldsymbol{0},$$

则称向量组 $\boldsymbol{\alpha}_1,\boldsymbol{\alpha}_2,\cdots,\boldsymbol{\alpha}_n$ **线性相关**,否则,称向量组 $\boldsymbol{\alpha}_1,\boldsymbol{\alpha}_2,\cdots,\boldsymbol{\alpha}_n$ **线性无关**.

由定义 7.30 知,向量组 $\boldsymbol{\alpha}_1,\boldsymbol{\alpha}_2,\cdots,\boldsymbol{\alpha}_n$ 线性相关的充分必要条件是线性方程组(7.12)有非零解;向量组 $\boldsymbol{\alpha}_1,\boldsymbol{\alpha}_2,\cdots,\boldsymbol{\alpha}_n$ 线性无关的充分必要条件是线性方程组(7.12)只有零解.

例 1 判断向量组 $\boldsymbol{\alpha}_1=[5,2,9],\boldsymbol{\alpha}_2=[2,-1,-1],\boldsymbol{\alpha}_3=[7,1,8]$ 的线性相关性.

解 设存在一组数 k_1,k_2,k_3,使得 $k_1\boldsymbol{\alpha}_1+k_2\boldsymbol{\alpha}_2+k_3\boldsymbol{\alpha}_3=\boldsymbol{0}$,则 $k_1[5,2,9]+k_2[2,-1,-1]+k_3[7,1,8]=\boldsymbol{0}$,即

$$\begin{cases}5k_1+2k_2+7k_3=0,\\2k_1-k_2+k_3=0,\\9k_1-k_2+8k_3=0.\end{cases}$$

由于该线性方程组的系数行列式 $\begin{vmatrix}5&2&7\\2&-1&1\\9&-1&8\end{vmatrix}=0$,即该方程组有非零解,所以向量组 $\boldsymbol{\alpha}_1,\boldsymbol{\alpha}_2,\boldsymbol{\alpha}_3$ 线性相关.

例 2 证明:n 维单位向量组 $\boldsymbol{\varepsilon}_1=[1,0,\cdots,0],\boldsymbol{\varepsilon}_2=[0,1,\cdots,0],\cdots,\boldsymbol{\varepsilon}_n=[0,0,\cdots,1]$ 线性无关.

证明 设存在一组数 $k_1,k_2,\cdots,k_n$,使 $k_1\boldsymbol{\varepsilon}_1+k_2\boldsymbol{\varepsilon}_2+\cdots+k_n\boldsymbol{\varepsilon}_n=\boldsymbol{0}$,则

$$[k_1,k_2,\cdots,k_n]=[0,0,\cdots,0],$$

即 $k_1=k_2=\cdots=k_n=0$,从而 $\boldsymbol{\varepsilon}_1,\boldsymbol{\varepsilon}_2,\cdots,\boldsymbol{\varepsilon}_n$ 线性无关.

关于向量组的线性相关性,可用定义推出以下重要结论:

(1) 只含一个向量的向量组,当 $\boldsymbol{\alpha}=\boldsymbol{0}$ 时线性相关;当 $\boldsymbol{\alpha}\neq\boldsymbol{0}$ 时线性无关.

(2) 只含两个向量 $\boldsymbol{\alpha}_1$ 与 $\boldsymbol{\alpha}_2$ 的向量组线性相关的充分必要条件是 $\boldsymbol{\alpha}_1$ 与 $\boldsymbol{\alpha}_2$ 的对应分量成比例.

(3) 含有零向量的向量组一定线性相关.

(4) 若向量组 $\boldsymbol{\alpha}_1,\boldsymbol{\alpha}_2,\cdots,\boldsymbol{\alpha}_n$ 线性无关,则由该向量组的一部分向量所组成的向量组也线性无关,简称"全体无关,部分无关".

(5) 若向量组 $\boldsymbol{\alpha}_1,\boldsymbol{\alpha}_2,\cdots,\boldsymbol{\alpha}_n$ 中的一部分向量构成的向量组线性相关,则 $\boldsymbol{\alpha}_1,\boldsymbol{\alpha}_2,\cdots,$

$\boldsymbol{\alpha}_n$ 线性相关,简称“部分相关,全体相关”.

(6) 若向量组 $\boldsymbol{\alpha}_1,\boldsymbol{\alpha}_2,\cdots,\boldsymbol{\alpha}_n,\boldsymbol{\beta}$ 线性相关,而 $\boldsymbol{\alpha}_1,\boldsymbol{\alpha}_2,\cdots,\boldsymbol{\alpha}_n$ 线性无关,则向量 $\boldsymbol{\beta}$ 可由向量组 $\boldsymbol{\alpha}_1,\boldsymbol{\alpha}_2,\cdots,\boldsymbol{\alpha}_n$ 线性表出.

3. 向量组的秩

定义 7.31 若向量组 $\boldsymbol{\alpha}_1,\boldsymbol{\alpha}_2,\cdots,\boldsymbol{\alpha}_n$ 的部分向量组 $\boldsymbol{\alpha}_1,\boldsymbol{\alpha}_2,\cdots,\boldsymbol{\alpha}_r(r\leqslant n)$ 满足:

(1) $\boldsymbol{\alpha}_1,\boldsymbol{\alpha}_2,\cdots,\boldsymbol{\alpha}_r(r\leqslant n)$ 线性无关;

(2) 向量组 $\boldsymbol{\alpha}_1,\boldsymbol{\alpha}_2,\cdots,\boldsymbol{\alpha}_n$ 中任一向量都可由部分向量组 $\boldsymbol{\alpha}_1,\boldsymbol{\alpha}_2,\cdots,\boldsymbol{\alpha}_r$ 线性表出,则称部分向量组 $\boldsymbol{\alpha}_1,\boldsymbol{\alpha}_2,\cdots,\boldsymbol{\alpha}_r$ 为向量组 $\boldsymbol{\alpha}_1,\boldsymbol{\alpha}_2,\cdots,\boldsymbol{\alpha}_n$ 的一个**极大无关组**.

注意 若向量组线性无关,则它本身就是极大无关组;全是零向量的向量组没有极大无关组,但只要含有非零向量,它一定有极大无关组.

例 3 求向量组 $\boldsymbol{\alpha}_1=[1,2,-1],\boldsymbol{\alpha}_2=[0,2,2],\boldsymbol{\alpha}_3=[2,6,0]$ 的一个极大无关组.

解 因为 $\boldsymbol{\alpha}_1,\boldsymbol{\alpha}_2$ 线性无关,而 $\boldsymbol{\alpha}_3=2\boldsymbol{\alpha}_1+\boldsymbol{\alpha}_2$,所以向量组 $\boldsymbol{\alpha}_1,\boldsymbol{\alpha}_2$ 是向量组 $\boldsymbol{\alpha}_1,\boldsymbol{\alpha}_2,\boldsymbol{\alpha}_3$ 的一个极大无关组.

此例说明,线性无关的部分向量组中含向量个数最多的就是极大无关组,极大无关组不唯一,但每个极大无关组所含向量的个数相等.

定义 7.32 向量组 $\boldsymbol{\alpha}_1,\boldsymbol{\alpha}_2,\cdots,\boldsymbol{\alpha}_n$ 的极大无关组所含向量的个数称为该向量组的**秩**,记为 $R(\boldsymbol{\alpha}_1,\boldsymbol{\alpha}_2,\cdots,\boldsymbol{\alpha}_n)$.

二、齐次线性方程组

1. 线性方程组的基本概念

定义 7.33 n 元一次方程组

$$\begin{cases}a_{11}x_1+a_{12}x_2+\cdots+a_{1n}x_n=b_1,\\ a_{21}x_1+a_{22}x_2+\cdots+a_{2n}x_n=b_2,\\ \qquad\cdots\\ a_{m1}x_1+a_{m2}x_2+\cdots+a_{mn}x_n=b_m\end{cases}\tag{7.13}$$

称为 n 元**线性方程组**,其中系数 a_{ij} 和常数项 b_i 都是已知实数,$i=1,2,\cdots,m;j=1,2,\cdots,n,x_1,x_2,\cdots,x_n$ 是未知量(也叫“元”). 当 $b_1=b_2=\cdots=b_n=0$ 时,方程组(7.13)称为**齐次线性方程组**;当 $b_1,b_2,\cdots,b_n$ 不全为零时,方程组(7.13)称为**非齐次线性方程组**. 方程组(7.13)的系数矩阵 $\boldsymbol{A}$,增广矩阵 $\widetilde{\boldsymbol{A}}$,未知量矩阵 $\boldsymbol{X}$,常数项矩阵 $\boldsymbol{B}$ 分别为

$$\boldsymbol{A}=\begin{bmatrix}a_{11}&a_{12}&\cdots&a_{1n}\\a_{21}&a_{22}&\cdots&a_{2n}\\\vdots&\vdots&&\vdots\\a_{m1}&a_{m2}&\cdots&a_{mn}\end{bmatrix},\widetilde{\boldsymbol{A}}=\begin{bmatrix}a_{11}&a_{12}&\cdots&a_{1n}&b_1\\a_{21}&a_{22}&\cdots&a_{2n}&b_2\\\vdots&\vdots&&\vdots&\vdots\\a_{m1}&a_{m2}&\cdots&a_{mn}&b_m\end{bmatrix},\boldsymbol{X}=\begin{bmatrix}x_1\\x_2\\\vdots\\x_n\end{bmatrix},\boldsymbol{B}=\begin{bmatrix}b_1\\b_2\\\vdots\\b_n\end{bmatrix},$$

则方程组(7.13)的矩阵形式为

$$\boldsymbol{AX}=\boldsymbol{B}. \tag{7.14}$$

2. 齐次线性方程组解的性质

齐次线性方程组 $\boldsymbol{AX}=\boldsymbol{0}$ 必然有解(至少有一组零解),由它的解组成的向量称为解向量,解向量具有如下性质.

性质1 若 $\boldsymbol{X}_1,\boldsymbol{X}_2$ 是 $\boldsymbol{AX}=\boldsymbol{0}$ 的两个解向量,则 $\boldsymbol{X}_1+\boldsymbol{X}_2$ 也是 $\boldsymbol{AX}=\boldsymbol{0}$ 的解向量.

性质2 若 $\boldsymbol{X}_1$ 是 $\boldsymbol{AX}=\boldsymbol{0}$ 的解向量,k 为任意常数,则 $k\boldsymbol{X}_1$ 也是 $\boldsymbol{AX}=\boldsymbol{0}$ 的解向量.

性质3 若 $\boldsymbol{X}_1,\boldsymbol{X}_2,\cdots,\boldsymbol{X}_n$ 都是 $\boldsymbol{AX}=\boldsymbol{0}$ 的解向量,则其线性组合 $k_1\boldsymbol{X}_1+k_2\boldsymbol{X}_2+\cdots+k_n\boldsymbol{X}_n$ 也是 $\boldsymbol{AX}=\boldsymbol{0}$ 的解向量(其中 $k_1,k_2,\cdots,k_n$ 是任意常数).

3. 齐次线性方程组的基础解系

定义7.34 若向量组 $\boldsymbol{X}_1,\boldsymbol{X}_2,\cdots,\boldsymbol{X}_r$ 是 $\boldsymbol{AX}=\boldsymbol{0}$ 的解向量组的一个极大无关组,则称 $\boldsymbol{X}_1,\boldsymbol{X}_2,\cdots,\boldsymbol{X}_r$ 为齐次线性方程组 $\boldsymbol{AX}=\boldsymbol{0}$ 的一个**基础解系**.

由定义7.34和性质3可知,若 $\boldsymbol{X}_1,\boldsymbol{X}_2,\cdots,\boldsymbol{X}_r$ 是 $\boldsymbol{AX}=\boldsymbol{0}$ 的一个基础解系,则 $k_1\boldsymbol{X}_1+k_2\boldsymbol{X}_2+\cdots+k_r\boldsymbol{X}_r(k_1,k_2,\cdots,k_r\in\mathbf{R})$ 就是方程组 $\boldsymbol{AX}=\boldsymbol{0}$ 的全部解向量的集合,称为方程组 $\boldsymbol{AX}=\boldsymbol{0}$ 的**通解**(或**一般解**).所以,求方程组 $\boldsymbol{AX}=\boldsymbol{0}$ 的通解,就归结为求它的一个基础解系.

下面通过例子讨论齐次线性方程组的基础解系及通解的求法.

例4 解齐次线性方程组$\begin{cases}x_1-x_2-x_3+x_4=0,\\x_1-x_2+x_3-3x_4=0,\\x_1-x_2-2x_3+3x_4=0.\end{cases}$

解 对系数矩阵 $\boldsymbol{A}$ 施行初等行变换化为行最简阶梯形矩阵

$$\boldsymbol{A}=\begin{bmatrix}1&-1&-1&1\\1&-1&1&-3\\1&-1&-2&3\end{bmatrix}\xrightarrow[r_3+(-1)r_1]{r_2+(-1)r_1}\begin{bmatrix}1&-1&-1&1\\0&0&2&-4\\0&0&-1&2\end{bmatrix}$$

$$\xrightarrow[\frac{1}{2}r_2]{r_3+\frac{1}{2}r_2}\begin{bmatrix}1&-1&-1&1\\0&0&1&-2\\0&0&0&0\end{bmatrix}\xrightarrow{r_1+r_2}\begin{bmatrix}1&-1&0&-1\\0&0&1&-2\\0&0&0&0\end{bmatrix}=\boldsymbol{B}.$$

由行最简阶梯形矩阵 $\boldsymbol{B}$ 得到原方程组的同解方程组 $\begin{cases} x_1 = x_2 + x_4, \\ x_3 = 2x_4, \end{cases}$ 其中 x_2, x_4 为自由未知量. 令

$$\begin{bmatrix} x_2 \\ x_4 \end{bmatrix} = \begin{bmatrix} 1 \\ 0 \end{bmatrix}, \begin{bmatrix} x_2 \\ x_4 \end{bmatrix} = \begin{bmatrix} 0 \\ 1 \end{bmatrix},$$

得原方程组的一个基础解系为 $\boldsymbol{X}_1 = (1,1,0,0)^{\mathrm{T}}, \boldsymbol{X}_2 = (1,0,2,1)^{\mathrm{T}}$. 因此,原方程组的通解为

$$\boldsymbol{X} = k_1\boldsymbol{X}_1 + k_2\boldsymbol{X}_2 = k_1\begin{bmatrix} 1 \\ 1 \\ 0 \\ 0 \end{bmatrix} + k_2\begin{bmatrix} 1 \\ 0 \\ 2 \\ 1 \end{bmatrix} (k_1, k_2 \text{ 为任意常数}).$$

由例 4 归纳出求解齐次线性方程组 $\boldsymbol{AX} = \boldsymbol{0}$ 的一般步骤:

(1) 用初等行变换把系数矩阵 $\boldsymbol{A}$ 化为行最简阶梯形矩阵;

(2) 写出行最简阶梯形矩阵对应的同解方程组,右端项是自由未知量的组合;

(3) 令第 k 个自由未知量为 1(或其他常数),其余全为 0 的方法,求出 $n-r$ 个线性无关的解向量 $\boldsymbol{X}_1, \boldsymbol{X}_2, \cdots, \boldsymbol{X}_{n-r}$,即为该方程组的一个基础解系;

(4) 写出原方程组的通解.

三、非齐次线性方程组

1. 非齐次线性方程组解的判定

例 5　讨论非齐次线性方程组 $\begin{cases} x + y - 2z = 1, \\ 2x + 4y + 5z = -3, \\ -2x - 2y + 4z = 0 \end{cases}$ 解的情况.

解　对增广矩阵 $\widetilde{\boldsymbol{A}}$ 施行初等行变换化为行最简阶梯形矩阵

$$\widetilde{\boldsymbol{A}} = \begin{bmatrix} 1 & 1 & -2 & 1 \\ 2 & 4 & 5 & -3 \\ -2 & -2 & 4 & 0 \end{bmatrix} \to \begin{bmatrix} 1 & 0 & -\frac{13}{2} & 0 \\ 0 & 1 & \frac{9}{2} & 0 \\ 0 & 0 & 0 & 1 \end{bmatrix} = \boldsymbol{B},$$

行最简阶梯形矩阵 $\boldsymbol{B}$ 对应的同解方程组为 $\begin{cases} x - \frac{13}{2}z = 0, \\ y + \frac{9}{2}z = 0, \\ 0 = 1. \end{cases}$

方程组中出现了矛盾方程 $0=1$，所以原方程组无解.

由例 5 可以看出，若增广矩阵经初等行变换化为行最简阶梯形矩阵后，其对应的方程组中出现矛盾方程（此时，方程组的系数矩阵 $\boldsymbol{A}$ 与增广矩阵 $\widetilde{\boldsymbol{A}}$ 的秩不相等），则该方程组无解；否则方程组有解. 一般地，有下述定理.

定理 7.11 对于 n 元非齐次线性方程组(7.13)，

(1) 若 $R(\boldsymbol{A})\neq R(\widetilde{\boldsymbol{A}})$，则方程组(7.13) 无解；

(2) 若 $R(\boldsymbol{A})=R(\widetilde{\boldsymbol{A}})$，则方程组(7.13) 有解；

(3) 若 $R(\boldsymbol{A})=R(\widetilde{\boldsymbol{A}})=r$，当 $r<n$ 时，方程组(7.13) 有无穷多组解；当 $r=n$ 时，方程组(7.13) 有唯一组解.

推论 1 齐次线性方程组有非零解的充分必要条件是系数矩阵的秩小于未知量的个数.

推论 2 n 个未知量，n 个方程的齐次线性方程组有非零解的充分必要条件是系数行列式等于零.

2. 非齐次线性方程组解的结构

非齐次线性方程组 $\boldsymbol{AX}=\boldsymbol{B}$ 与其对应的齐次线性方程组 $\boldsymbol{AX}=\boldsymbol{0}$ 的解有如下性质.

性质 1 非齐次线性方程组 $\boldsymbol{AX}=\boldsymbol{B}$ 的任意两个解之差为其对应的齐次线性方程组 $\boldsymbol{AX}=\boldsymbol{0}$ 的解.

推论 $\boldsymbol{AX}=\boldsymbol{B}$ 的任一解与 $\boldsymbol{AX}=\boldsymbol{0}$ 的任一解之和是 $\boldsymbol{AX}=\boldsymbol{B}$ 的解.

性质 2 设 $\boldsymbol{\xi}$ 是非齐次线性方程组 $\boldsymbol{AX}=\boldsymbol{B}$ 的某一个解（称为特解），$\boldsymbol{X}_1,\boldsymbol{X}_2,\cdots,\boldsymbol{X}_{n-r}$ 是对应齐次线性方程组 $\boldsymbol{AX}=\boldsymbol{0}$ 的一个基础解系，则 $\boldsymbol{AX}=\boldsymbol{B}$ 的通解可表示为

$$\boldsymbol{X}=\boldsymbol{\xi}+k_1\boldsymbol{X}_1+k_2\boldsymbol{X}_2+\cdots+k_{n-r}\boldsymbol{X}_{n-r},$$

其中 $k_1,k_2,\cdots,k_{n-r}$ 为任意常数.

证明 由于 $\boldsymbol{X}_1,\boldsymbol{X}_2,\cdots,\boldsymbol{X}_{n-r}$ 是齐次线性方程组 $\boldsymbol{AX}=\boldsymbol{0}$ 的一个基础解系，则 $k_1\boldsymbol{X}_1+k_2\boldsymbol{X}_2+\cdots+k_{n-r}\boldsymbol{X}_{n-r}$ 也是方程组 $\boldsymbol{AX}=\boldsymbol{0}$ 的解，又因 $\boldsymbol{\xi}$ 是非齐次线性方程组 $\boldsymbol{AX}=\boldsymbol{B}$ 的解，因此，由性质 1 的推论知，$\boldsymbol{\xi}+k_1\boldsymbol{X}_1+k_2\boldsymbol{X}_2+\cdots+k_{n-r}\boldsymbol{X}_{n-r}$ 是 $\boldsymbol{AX}=\boldsymbol{B}$ 的解.

又设 $\boldsymbol{X}$ 是方程组 $\boldsymbol{AX}=\boldsymbol{B}$ 的任一解，由性质 1 知，$\boldsymbol{X}-\boldsymbol{\xi}$ 是方程组 $\boldsymbol{AX}=\boldsymbol{0}$ 的解，所以 $\boldsymbol{X}-\boldsymbol{\xi}$ 可用方程组 $\boldsymbol{AX}=\boldsymbol{0}$ 的基础解系线性表出，即

$$\boldsymbol{X}-\boldsymbol{\xi}=k_1\boldsymbol{X}_1+k_2\boldsymbol{X}_2+\cdots+k_{n-r}\boldsymbol{X}_{n-r},$$

即

$$\boldsymbol{X}=\boldsymbol{\xi}+k_1\boldsymbol{X}_1+k_2\boldsymbol{X}_2+\cdots+k_{n-r}\boldsymbol{X}_{n-r}.$$

例6 求方程组$\begin{cases}x_1+x_2+x_3+x_4+x_5=2,\\x_1+2x_2-4x_5=-2,\\x_1+2x_3+2x_4+6x_5=6,\\4x_1+5x_2+3x_3+3x_4-x_5=4\end{cases}$的一个特解和对应齐次方程组的一个基础解系,并写出其通解.

解 对增广矩阵$\widetilde{\boldsymbol{A}}$施行初等行变换化为行最简阶梯形矩阵.

$$\widetilde{\boldsymbol{A}}=\begin{bmatrix}1&1&1&1&1&2\\1&2&0&0&-4&-2\\1&0&2&2&6&6\\4&5&3&3&-1&4\end{bmatrix}\xrightarrow[r_4+(-4)r_1]{\substack{r_2+(-1)r_1\\r_3+(-1)r_1}}\begin{bmatrix}1&1&1&1&1&2\\0&1&-1&-1&-5&-4\\0&-1&1&1&5&4\\0&1&-1&-1&-5&-4\end{bmatrix}$$

$$\xrightarrow[r_4+(-1)r_2]{r_3+r_2}\begin{bmatrix}1&1&1&1&1&2\\0&1&-1&-1&-5&-4\\0&0&0&0&0&0\\0&0&0&0&0&0\end{bmatrix}\xrightarrow{r_1+(-1)r_2}$$

$$\begin{bmatrix}1&0&2&2&6&6\\0&1&-1&-1&-5&-4\\0&0&0&0&0&0\\0&0&0&0&0&0\end{bmatrix}=\boldsymbol{B}.$$

行最简阶梯形矩阵$\boldsymbol{B}$的秩小于未知元的个数,故原方程组有无穷多组解.行最简阶梯形矩阵$\boldsymbol{B}$对应的同解方程组为$\begin{cases}x_1=6-2x_3-2x_4-6x_5,\\x_2=-4+x_3+x_4+5x_5,\end{cases}$其中$x_3,x_4,x_5$为自由未知量.

令$x_3=x_4=x_5=0$,解得$x_1=6,x_2=-4$,即得非齐次方程组的一个特解

$$\boldsymbol{\xi}=(6,-4,0,0,0)^{\mathrm{T}}.$$

$\boldsymbol{B}$对应的齐次方程组的同解方程组为

$$\begin{cases}x_1=-2x_3-2x_4-6x_5,\\x_2=x_3+x_4+5x_5,\end{cases}$$

令(x_3,x_4,x_5)分别取$(1,0,0),(0,1,0),(0,0,1)$,从而得到对应齐次方程组的一个基础解系

$$\boldsymbol{X}_1=(-2,1,1,0,0)^{\mathrm{T}},\boldsymbol{X}_2=(-2,1,0,1,0)^{\mathrm{T}},\boldsymbol{X}_3=(-6,5,0,0,1)^{\mathrm{T}},$$

故原方程组对应的齐次方程组的通解为$\boldsymbol{X}=k_1\boldsymbol{X}_1+k_2\boldsymbol{X}_2+k_3\boldsymbol{X}_3$.

所以,非齐次方程组的通解为

$$\begin{bmatrix} x_1 \\ x_2 \\ x_3 \\ x_4 \\ x_5 \end{bmatrix} = \begin{bmatrix} 6 \\ -4 \\ 0 \\ 0 \\ 0 \end{bmatrix} + k_1 \begin{bmatrix} -2 \\ 1 \\ 1 \\ 0 \\ 0 \end{bmatrix} + k_2 \begin{bmatrix} -2 \\ 1 \\ 0 \\ 1 \\ 0 \end{bmatrix} + k_3 \begin{bmatrix} -6 \\ 5 \\ 0 \\ 0 \\ 1 \end{bmatrix},$$

其中 k_1,k_2,k_3 为任意常数.

根据上例的求解方法,可归纳出求解非齐次线性方程组(7.13)的具体步骤:

(1) 写出 $\tilde{\boldsymbol{A}}$ 并施以初等行变换,将其化为阶梯形矩阵;

(2) 根据对应方程组是否有矛盾方程,判断方程组是否有解;在有解的情况下,继续用初等行变换将阶梯形矩阵化为行最简阶梯形矩阵,写出同解方程组;

(3) 令自由未知元为特殊值,求出方程组(7.13)的一个特解,再求出对应齐次方程组的基础解系,写出方程组(7.13)的通解.

习题 7-3

1. 若 $\boldsymbol{\alpha}_1=[2,3,0,1]$,$\boldsymbol{\alpha}_2=[0,1,0,1]$,且 $3(\boldsymbol{\alpha}_1-\boldsymbol{\alpha})+(\boldsymbol{\alpha}_2+\boldsymbol{\alpha})=5(\boldsymbol{\alpha}_1+\boldsymbol{\alpha}_2)$,求 $\boldsymbol{\alpha}$.

2. 判断下列向量组的线性相关性.

(1)$\boldsymbol{\alpha}_1=[2,6,0]$,$\boldsymbol{\alpha}_2=[-1,-3,0]$,$\boldsymbol{\alpha}_3=[4,5,6]$;

(2)$\boldsymbol{\alpha}_1=[1,1,3,1]$,$\boldsymbol{\alpha}_2=[3,-1,2,4]$,$\boldsymbol{\alpha}_3=[2,2,7,-1]$.

3. 设 $\boldsymbol{\alpha}_1=[1,1,1]$,$\boldsymbol{\alpha}_2=[1,2,3]$,$\boldsymbol{\alpha}_3=[1,3,\lambda]$,求

(1)λ 为何值时,$\boldsymbol{\alpha}_1,\boldsymbol{\alpha}_2,\boldsymbol{\alpha}_3$ 线性无关;

(2)λ 为何值时,$\boldsymbol{\alpha}_1,\boldsymbol{\alpha}_2,\boldsymbol{\alpha}_3$ 线性相关,并将 $\boldsymbol{\alpha}_3$ 表示成 $\boldsymbol{\alpha}_1,\boldsymbol{\alpha}_2$ 的线性组合.

4. 设向量组 $\boldsymbol{\alpha}_1,\boldsymbol{\alpha}_2,\boldsymbol{\alpha}_3$ 线性无关,证明:$\boldsymbol{\alpha}_1-\boldsymbol{\alpha}_2,\boldsymbol{\alpha}_2-\boldsymbol{\alpha}_3,2\boldsymbol{\alpha}_1+\boldsymbol{\alpha}_2+\boldsymbol{\alpha}_3$ 也线性无关.

5. 求下列齐次线性方程组的基础解系,并求其通解.

(1)$\begin{cases} x_1+2x_2+4x_3+x_4=0, \\ 2x_1+4x_2+8x_3+2x_4=0, \\ 3x_1+6x_2+2x_3=0; \end{cases}$ (2)$\begin{cases} x_1+x_2+x_3+x_4=0, \\ 3x_1+2x_2+x_3+x_4=0, \\ x_2+2x_3+2x_4=0, \\ 5x_1+4x_2+3x_3+3x_4=0. \end{cases}$

6. 判断下列非齐次线性方程组是否有解?若有解,求其通解.

(1)$\begin{cases} 2x_1-3x_2+x_3+5x_4=6, \\ -3x_1+x_2+2x_3-4x_4=5, \\ -x_1-2x_2+3x_3+x_4=11; \end{cases}$ (2)$\begin{cases} 2x_1-3x_2+x_3+5x_4=6, \\ -3x_1+x_2+2x_3-4x_4=5, \\ x_1+2x_2-3x_3-x_4=2. \end{cases}$

7. 讨论 λ 为何值时,方程组

$$\begin{cases} \lambda x+y+z=1, \\ x+\lambda y+z=1, \\ x+y+\lambda z=1 \end{cases}$$

有唯一解,无解或有无穷多组解?并在有无穷多组解时求出其通解.

*第四节 用 Mathematica 进行矩阵运算

Mathematica 系统的矩阵运算可以处理数值矩阵和符号矩阵,能够自动应用高效算法来读取大型数据.本节介绍用 Mathematica 实现线性代数运算的各种专用函数,它们基本上满足了线性代数计算的需求.

一、基本命令及示例

命令格式	代表含义
MatrixForm[list]	将表 list 按矩阵形式输出
Table[f,循环范围]	定义向量或矩阵
Array[A,{m,n},{m_0,n_0}]	定义 m 行 n 列的矩阵 $\boldsymbol{A}$,m_0,n_0 表示行和列起始下标,默认都是 1
LinearSolve[A,B]	求解满足方程组 $\boldsymbol{AX}=\boldsymbol{B}$ 的一个解
Det[A]	求方阵 $\boldsymbol{A}$ 的行列式
Transpose[A]	求矩阵 $\boldsymbol{A}$ 的转置
Inverse[A]	求方阵 $\boldsymbol{A}$ 的逆矩阵
Tr[A]	求方阵 $\boldsymbol{A}$ 的迹,即方阵 $\boldsymbol{A}$ 的对角线之和
MatrixRank[A]	求矩阵 $\boldsymbol{A}$ 的秩
IdentityMatrix [n]	定义 n 维单位矩阵
DiagonalMatrix [list]	对角线为表 list 元素的对角矩阵
Table[If [i>=j,f,0],{i,m},{j,n}]	m 行 n 列的元素是 f 的下三角矩阵
Table[If[i<=j,f,0],{i,m },{j,n}]	m 行 n 列的元素是 f 的上三角矩阵

二、矩阵的转置和逆矩阵

例 1 求 $\boldsymbol{A}=\begin{pmatrix}3&0&2\\4&3&0\\0&1&2\end{pmatrix}$ 的转置矩阵和逆矩阵.

解 In[1]:= MatrixForm[A = {{3,0,2},{4,3,0},{0,1,2}}]

Out[1]//MatrixForm =

$$\begin{pmatrix} 3 & 0 & 2 \\ 4 & 3 & 0 \\ 0 & 1 & 2 \end{pmatrix}$$

In[2]:= Transpose[A]

Out[2] = {{3,4,0},{0,3,1},{2,0,2}}

In[3]:= MatrixForm[%]　　　(* 输出上一结果的矩阵形式 *)

Out[3]//MatrixForm =

$$\begin{pmatrix} 3 & 4 & 0 \\ 0 & 3 & 1 \\ 2 & 0 & 2 \end{pmatrix}$$

In[4]:= Inverse[A]

Out[4] = $\{\{\frac{3}{13},\frac{1}{13},-\frac{3}{13}\},\{-\frac{4}{13},\frac{3}{13},\frac{4}{13}\},\{\frac{2}{13},-\frac{3}{26},-\frac{9}{26}\}\}$

三、线性方程组的解

例 2　已知 $A=\begin{pmatrix} 1 & 1 & 1 & 1 \\ 1 & 0 & -1 & 1 \\ 3 & 1 & -1 & 3 \\ 3 & 2 & 1 & 3 \end{pmatrix}$,求矩阵 A 的秩,并求解齐次方程 $AX=0$ 的通解.

解　In[1]:= MatrixForm[A = {{1,1,1,1},{1,0,-1,1},{3,1,-1,3},{3,2,1,3}}]

Out[1]//MatrixForm =

$$\begin{pmatrix} 1 & 1 & 1 & 1 \\ 1 & 0 & -1 & 1 \\ 3 & 1 & -1 & 3 \\ 3 & 2 & 1 & 3 \end{pmatrix}$$

In[2]:= RowReduce[A]　　　(* 对矩阵进行行初等变换化为行最简形式 *)

Out[2] = {{1,0,-1,1},{0,1,2,0},{0,0,0,0},{0,0,0,0}}

(* A 的秩为 2 *)

In[3]:= NullSpace[A]　　　(* 求方程 $AX=0$ 的基础解系 *)

Out[3] = {{-1,0,0,1},{1,-2,1,0}}

In[4]:= m * %[[1]] + n * %[[2]]

(* 方程 $AX=0$ 的所有解,m,n 是任意常数 *)

Out[4] = {−m+n, −2n,n,m}

例 3　求非齐次线性方程组$\begin{cases} x_1-3x_2-x_3+x_4=1, \\ 3x_1-x_2-3x_3+4x_4=4, \\ x_1+5x_2-9x_3-8x_4=6 \end{cases}$的解.

解　In[1]: = A = {{1, −3, −1,1},{3, −1, −3,4},{1,5, −9, −8}}

Out[1] = {{1, −3, −1,1},{3, −1, −3,4},{1,5, −9, −8}}

In[2]: = B = {1,4,6}

Out[2] = {1,4,6}

In[3]: = LinearSolve[A,B]　　（* 给出方程 $\boldsymbol{AX}=\boldsymbol{B}$ 的一个特解 *）

Out[3] = $\{\frac{7}{8},\frac{1}{8},-\frac{1}{2},0\}$

In[4]: = NullSpace[A]　　（* 求齐次方程 $\boldsymbol{AX}=\boldsymbol{0}$ 的基础解系 *）

Out[4] = {{−21, −1, −10,8}}

In[5]: = x = k * %[[1]] + %%

（* x 为 $\boldsymbol{AX}=\boldsymbol{B}$ 的全部解, k 为任意常数 *）

Out[5] = $\{\frac{7}{8}-21k,\frac{1}{8}-k,-\frac{1}{2}-10k,8k\}$

*习题 7-4

1. 求矩阵 $\boldsymbol{A}=\begin{pmatrix} 1 & 2 & 2 \\ 0 & 1 & -2 \\ 0 & -1 & 1 \end{pmatrix}$的行列式、转置矩阵,并判断 $\boldsymbol{A}$ 是否可逆,若可逆求其逆矩阵.

2. 求线性方程组$\begin{cases} 2x+y+3z=9, \\ 3x-5y+z=-4, \\ 4x-7y+z=5 \end{cases}$的系数矩阵的秩,并求方程组的通解.

复习题七

一、填空题

1. $\begin{vmatrix} 1 & -1 & 4 \\ 2 & 0 & 6 \\ 3 & 5 & 7 \end{vmatrix}$的代数余子式 $A_{23}=$ ________.

2. $\begin{vmatrix} 1 & 1 & 1 & 1 \\ 1 & 1 & -1 & -1 \\ 1 & -1 & 1 & -1 \\ x & -1 & -1 & 1 \end{vmatrix}=0$ 的根是________.

3. $(\boldsymbol{ABC})^{-1} =$ ________.

4. 矩阵 $\boldsymbol{A}_{m\times n}$ 与 $\boldsymbol{B}_{r\times s}$ 满足________时，方可相乘，积 $\boldsymbol{AB}$ 是一个________矩阵.

5. 互换 $m\times n$ 矩阵 $\boldsymbol{A}$ 的 i,j 两行，相当于用________阶的初等方阵 $\boldsymbol{E}(i,j)$ ________乘矩阵 A.

二、选择题

1. 设矩阵 $\boldsymbol{A}=\begin{bmatrix}1&2\\3&4\end{bmatrix}$，则 $\boldsymbol{A}$ 的伴随矩阵 $\boldsymbol{A}^*$ 为(　　).

A. $\begin{bmatrix}4&-2\\-3&1\end{bmatrix}$　　B. $\begin{bmatrix}1&-2\\-3&4\end{bmatrix}$　　C. $\begin{bmatrix}4&3\\2&1\end{bmatrix}$　　D. $\begin{bmatrix}1&3\\2&4\end{bmatrix}$

2. 若 $\boldsymbol{A},\boldsymbol{B}$ 为 n 阶方阵，则必有(　　).

A. $|\boldsymbol{A}+\boldsymbol{B}|=|\boldsymbol{A}|+|\boldsymbol{B}|$　　B. $\boldsymbol{AB}=\boldsymbol{BA}$

C. $|\boldsymbol{AB}|=|\boldsymbol{BA}|$　　D. $(\boldsymbol{A}+\boldsymbol{B})^{-1}=\boldsymbol{A}^{-1}+\boldsymbol{B}^{-1}$

3. 已知 $f(x)=\begin{vmatrix}x&1&2\\2&x&1\\1&2&x\end{vmatrix}$，则 $f(x)=$ (　　).

A. x^3+9　　B. x^3-6x^2+6x+9

C. x^3+6x^2+6x+9　　D. x^3-6x+9

4. 设矩阵 $\boldsymbol{A}=a\begin{bmatrix}1&a&a\\a&1&a\\a&a&1\end{bmatrix}$ 的秩为 2，则常数 a 的值为(　　).

A. 1　　B. $-\dfrac{1}{2}$　　C. $\dfrac{1}{2}$　　D. 2

5. 若 n 维向量组 $\boldsymbol{\alpha}_1,\boldsymbol{\alpha}_2,\cdots,\boldsymbol{\alpha}_m$ 线性相关($m<n$)，则该向量组的秩 r 满足(　　).

A. $r>m$　　B. $r>n$　　C. $r<m$　　D. $r<n$

三、综合题

1. 计算下列行列式的值.

(1) $\begin{vmatrix}1&0&-2\\2&1&3\\-2&3&1\end{vmatrix}$；　　(2) $\begin{vmatrix}a&b&c\\a^2&b^2&c^2\\b+c&c+a&a+b\end{vmatrix}$；

(3) $\begin{vmatrix}3&1&4&1\\3&-1&2&1\\1&2&-3&2\\5&0&6&2\end{vmatrix}$；　　(4) $\begin{vmatrix}a&b&b&b\\b&a&a&a\\b&b&a&a\\b&b&b&a\end{vmatrix}$.

2. 设 $F(x)=\begin{vmatrix}x&x^2&x^3\\1&2x&3x^2\\0&2&6x\end{vmatrix}$，求 $F'(x)$.

3. 用克拉默法则解下列方程组.

(1) $\begin{cases} x+2y+4z=31, \\ 5x+y+2z=29, \\ 3x-y+z=10; \end{cases}$ (2) $\begin{cases} 2a+3b+11c+5d=6, \\ a+b+5c+2d=2, \\ 2a+b+3c+4d=2, \\ a+b+3c+4d=2. \end{cases}$

4. k 取什么值时，齐次线性方程组 $\begin{cases} (5-k)x+2y+2z=0, \\ 2x+(6-k)y=0, \\ 2x+(4-k)z=0 \end{cases}$ 有非零解？

5. 计算下列矩阵的乘积.

(1) $\begin{bmatrix} 1 \\ 2 \\ 3 \\ 4 \end{bmatrix} \begin{bmatrix} -1 & 2 \end{bmatrix}$； (2) $\begin{bmatrix} 1 & 2 & 3 \\ -2 & 1 & 2 \end{bmatrix} \begin{bmatrix} 1 & 2 & 0 \\ 0 & 1 & 1 \\ 3 & 0 & -1 \end{bmatrix}$；

(3) $\begin{bmatrix} 3 & 1 & 2 \\ 0 & 3 & 1 \end{bmatrix} \begin{bmatrix} 1 & 0 & 1 \\ 0 & 2 & -1 \\ -1 & 1 & 0 \end{bmatrix} \begin{bmatrix} 1 \\ -1 \\ 0 \end{bmatrix}$.

6. 求下列矩阵的逆矩阵.

(1) $\begin{bmatrix} 5 & 2 \\ 3 & 1 \end{bmatrix}$； (2) $\begin{bmatrix} 1 & 2 & -3 \\ 0 & 1 & 2 \\ 0 & 0 & 1 \end{bmatrix}$； (3) $\begin{bmatrix} 2 & 2 & 3 \\ 1 & -1 & 0 \\ -1 & 2 & 1 \end{bmatrix}$； (4) $\begin{bmatrix} 2 & 3 & 0 & 0 \\ 4 & 5 & 0 & 0 \\ 0 & 0 & 4 & 1 \\ 0 & 0 & 6 & 2 \end{bmatrix}$.

7. 求下列矩阵的秩.

(1) $\begin{bmatrix} 3 & 1 & 0 & 2 \\ 1 & -1 & 2 & -1 \\ 1 & 3 & -4 & 4 \end{bmatrix}$； (2) $\begin{bmatrix} 1 & 2 & 2 & 2 & 1 \\ 0 & 2 & 1 & 5 & -1 \\ 2 & 0 & 3 & -1 & 3 \\ 1 & 1 & 0 & 4 & -1 \end{bmatrix}$；

(3) $\begin{bmatrix} 1 & 1 & 1 & 0 & 5 \\ 2 & 1 & -1 & 1 & 1 \\ 1 & 2 & -1 & 1 & 2 \\ 0 & 1 & 2 & 3 & 3 \end{bmatrix}$.

8. 设 n 维向量组 $\boldsymbol{\alpha}_1,\boldsymbol{\alpha}_2,\cdots,\boldsymbol{\alpha}_s$ 线性无关，证明：向量组

$$\boldsymbol{\beta}_1=\boldsymbol{\alpha}_2+\boldsymbol{\alpha}_3+\cdots+\boldsymbol{\alpha}_s,\boldsymbol{\beta}_2=\boldsymbol{\alpha}_1+\boldsymbol{\alpha}_3+\cdots+\boldsymbol{\alpha}_s,\cdots,\boldsymbol{\beta}_s=\boldsymbol{\alpha}_1+\boldsymbol{\alpha}_2+\cdots+\boldsymbol{\alpha}_{s-1}$$

线性无关.

9. 判断向量组的线性相关性.

(1) $\boldsymbol{\alpha}_1=[1,2,3,4],\boldsymbol{\alpha}_2=[2,4,6,8],\boldsymbol{\alpha}_3=[-1,-5,7,11]$；

(2) $\boldsymbol{\alpha}_1=[1,0,0,5],\boldsymbol{\alpha}_2=[0,1,0,4],\boldsymbol{\alpha}_3=[0,0,1,7],\boldsymbol{\alpha}_4=[2,-3,4,12]$.

10. 求下列线性方程组的通解.

(1) $\begin{cases}3x_1+4x_2+2x_3+2x_4-2x_5=2,\\2x_1+3x_2+x_3+x_4-3x_5=0,\\3x_1+5x_2+x_3+x_4-7x_5=-2;\end{cases}$ (2) $\begin{cases}x_1+2x_2+3x_3-x_4=1,\\3x_1+2x_2+x_3-x_4=1,\\2x_1+3x_2+x_3+x_4=1,\\2x_1+2x_2+2x_3-x_4=1.\end{cases}$

11. 问 a,b 为何值时,线性方程组

$$\begin{cases}x_1+x_2+x_3+x_4=0,\\x_2+2x_3+2x_4=1,\\-x_2+(a-3)x_3-2x_4=b,\\3x_1+2x_2+x_3+ax_4=-1\end{cases}$$

有唯一解,无解,无穷多组解?并求出其通解.

第八章　概率论与数理统计

概率论与数理统计是一门研究和揭示客观世界中随机现象统计规律的学科. 它的思想和方法渗透到自然科学、技术科学、社会科学、工农业生产等各个领域,在近代物理、现代生物、工程技术、质量控制、农业试验、公共事业等方面也都有非常广泛的应用,成为高等学校许多专业的基础理论课. 本章主要介绍概率论的基本概念和主要结论以及数理统计的基本方法.

第一节　随机事件及其概率

一、随机事件

(一) 随机事件与样本空间

1. 随机现象与统计规律

自然界和人类社会中存在的现象可以归结为两类:一类是在一定的条件下必然发生(或必然不发生). 例如,在标准大气压下,纯水加热到 100℃ 必然沸腾;生铁在室温下必然不熔化等. 另一类现象是在一定的条件下可能发生也可能不发生. 例如,抛掷一枚质地均匀且对称的硬币,可能出现正面(有花的一面),也可能出现反面(有字的一面);某人射击一次,可能命中 1 环,2 环,…,10 环等.

定义 8.1　在一定的条件下必然发生(或必然不发生) 的现象称为**必然现象**(或**确定性现象**).

定义 8.2　在同一条件下具有多种可能结果,且事先不能确定哪种结果出现的现象称为**随机现象**(或**不确定性现象**).

经过长期实践并深入研究之后,人们发现随机现象虽然就每次试验或观测来说具有不确定性(随机性),但在大量重复试验或观测下,它的结果呈现某种规律性. 例如,在相同的条件下,重复多次抛掷一枚质地均匀的硬币,就会发现出现正面或出现反面的次数大致是抛掷总次数的一半.

定义 8.3　在同等条件下大量试验或观测中所呈现出的规律性称为**统计规

律性.

2. 随机试验

在概率论中，人们对一类现象进行研究时，常常对其进行观察、测量、记录或实验，完成这些工作统称为**试验**.

定义 8.4 在概率论中所说的实验具有以下特征：

(1) 可以在相同的条件下重复进行；

(2) 有多种可能结果，且试验前不能预言会出现哪种结果；

(3) 知道试验可能出现的全部结果.

具有以上三个特征的试验称为**随机试验**，简称为**试验**，并用字母 E 表示.

例如，E_1：记录单位时间内某电话交换台接到的呼叫次数；E_2：抛一枚硬币，观察所出现的面；E_3：检查自动机床生产产品的质量指标；E_4：掷一粒骰子，观察其出现的点数.

显然，试验 E_1, E_2, E_3, E_4 都满足随机试验的三个条件，故都是随机试验.

3. 随机事件与样本空间

定义 8.5 在随机试验中，可能发生也可能不发生的每一个结果称为该随机试验的**随机事件**，简称为**事件**，一般用字母 $A, B, C, \cdots$ 表示.

例如，在试验 E_2 中，"出现正面"是随机事件；在试验 E_4 中，"出现5点"、"出现偶数点"也是随机事件.

定义 8.6 随机试验中，不可再分解的事件称为**基本事件**(或**样本点**)，用 e 来表示. 由若干基本事件组合而成的事件，即可以分解为两个或多个基本事件的随机事件称为**复合事件**. 随机试验中必然发生的事件称为**必然事件**，用 Ω 表示. 随机试验中不可能发生的事件称为**不可能事件**，用 $\varnothing$ 表示. 全体基本事件的集合称为该试验的**样本空间**，用 Ω 表示.

例如，在试验 E_4 中，令 $e_i=\{$出现 i 点$\}$，则 $e_i(i=1,2,\cdots,6)$ 为基本事件；样本空间 $\Omega=\{e_1,e_2,\cdots,e_6\}$；$A=\{$出现偶数点$\}=\{e_2,e_4,e_6\}$，$B=\{$出现的点数小于3$\}=\{e_1,e_2\}$ 是复合事件；$C=\{$出现的点数不大于6$\}=\{e_1,e_2,\cdots,e_6\}=\Omega$ 是必然事件；$D=\{$出现的点数大于 6$\}=\varnothing$ 是不可能事件.

从本质上来说，必然事件和不可能事件都不是随机事件，但为了以后分析和解决问题的需要，把必然事件和不可能事件当作特殊的随机事件.

(二) 随机事件的关系和运算

由于随机事件是一个集合，因而可以借助集合论中集合之间的关系和运算来处理随机事件间的关系和运算.

1. 事件的包含与相等关系

(1) 若事件 A 发生导致事件 B 必然发生，则称**事件 B 包含事件 A**，或称**事件 A 包含于事件 B**，也称**事件 A 为事件 B 的子事件**，记做 $A \subset B$ 或 $B \supset A$. 事件 A,B 与样本空间之间的关系如图 8-1 所示.

例如，在产品抽检中，$A=\{$取到 2 件次品$\}$，$B=\{$至少取到 1 件次品$\}$，则$A \subset B$.

(2) 若 $A \subset B$，且 $B \subset A$，则称事件 A 与事件 B **相等(等价)**，记做 $A=B$. 这时事件 A 与事件 B 的基本事件完全相同.

2. 事件的运算

(1) 事件 A 与事件 B 中至少有一个发生的事件称为事件 A 与 B 的**和**，记做 $A \cup B$(或 $A+B$)，即

$$A \cup B=\{e \mid e \in A \text{ 或 } e \in B\}.$$

如图 8-2 阴影部分所示.

类似地，称 $\bigcup\limits_{i=1}^{n} A_i$ 为 n 个事件 $A_1,A_2,\cdots,A_n$ 的和；称 $\bigcup\limits_{i=1}^{\infty} A_i$ 为可列个事件 A_1，$A_2,\cdots$ 的和.

(2) 事件 A 与事件 B 同时发生的事件称为事件 A 与 B 的**积**，记做 AB(或 $A \cap B$)，即 $A \cap B=\{e \mid e \in A \text{ 且 } e \in B\}$. 如图 8-3 阴影部分所示.

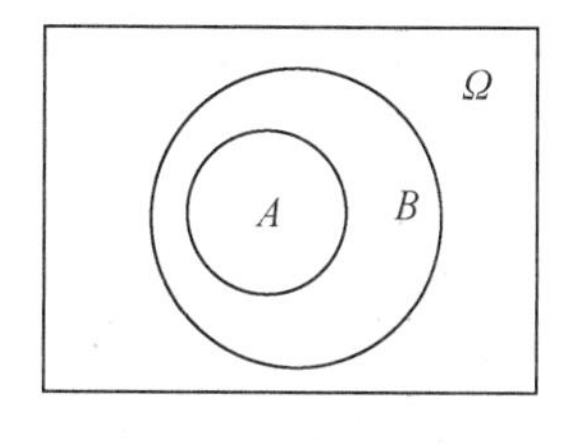

图 8-1

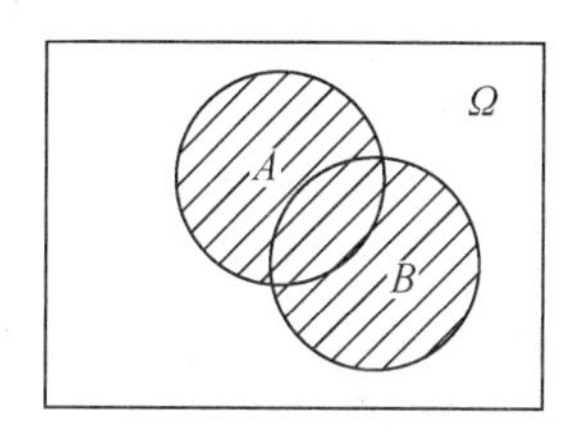

图 8-2

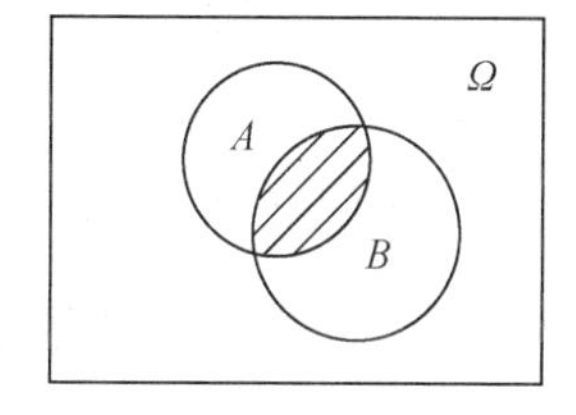

图 8-3

例如，甲、乙两人射击一目标，当两人同时击中时，目标被击毁，设 $A=\{$甲击中目标$\}$，$B=\{$乙击中目标$\}$，$C=\{$目标被击毁$\}$，则 $C=AB$.

类似地，称 $\bigcap\limits_{i=1}^{n} A_i$ 为 n 个事件 $A_1,A_2,\cdots,A_n$ 的积；称 $\bigcap\limits_{i=1}^{\infty} A_i$ 为可列个事件 A_1，$A_2,\cdots$ 的积.

(3) 事件 A 发生且事件 B 不发生的事件称为事件 A 与 B 的**差**，记 $A-B=\{e \mid e \in A \text{ 且 } e \notin B\}$. 如图 8-4 阴影部分所示.

例如，在试验 E_4 中，$A=\{e_2,e_4,e_6\}$，$B=\{e_1,e_2\}$，则 $A-B=\{e_4,e_6\}$.

(4) 如果事件 A 与事件 B 不可能同时发生，即 $AB=\varnothing$，则称事件 A 与事件 B 是

互不相容的(或**互斥的**). 如图 8-5 所示.

注意 基本事件是两两互不相容的.

(5) 如果事件 A 与事件 B 中必有一个发生,且仅有一个发生,即 $AB=\varnothing$,$A\cup B=\Omega$,则称事件 A 与事件 B 互为**对立事件**(或互为**逆事件**),并称事件 B 是事件 A 的逆(或对立)事件,记做 $B=\overline{A}$,$\overline{B}=A$,即 $\overline{A}=\Omega-A$. 如图 8-6 的阴影部分所示.

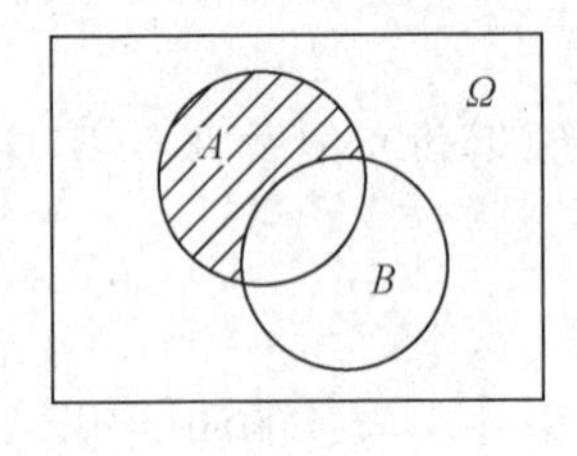

图 8-4

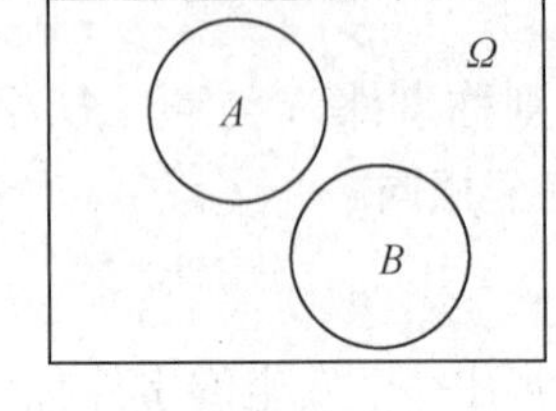

图 8-5

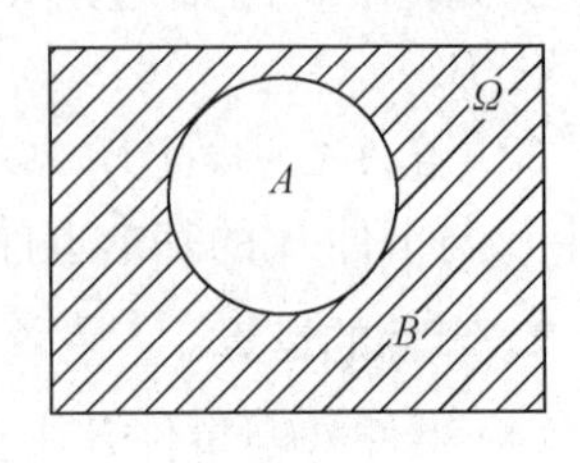

图 8-6

由于事件关系和运算与集合关系和运算是一致的,集合运算的各种运算律也适合于事件的运算,这里不再赘述.

例 1 一个工人生产了三个零件,设 $A_1=\{$第 1 个零件是正品$\}$,$A_2=\{$第 2 个零件是正品$\}$,$A_3=\{$第 3 个零件是正品$\}$,试用 A_1,A_2,A_3 表示下列事件.

(1) 没有一个零件是次品; (2) 只有第一个零件是次品;

(3) 恰有一个零件是次品; (4) 至少有一个零件是次品.

解 (1)$A_1A_2A_3$;(2)$\overline{A}_1A_2A_3$;(3)$\overline{A}_1A_2A_3\cup A_1\overline{A}_2A_3\cup A_1A_2\overline{A}_3$;(4)$\overline{A}_1\cup\overline{A}_2\cup\overline{A}_3$ 或$\overline{A_1A_2A_3}$.

二、随机事件的概率

在一次随机试验中,除必然事件和不可能事件外,任一随机事件可能发生也可能不发生,在试验完成之前对这一事件的发生与否是不可准确预测的. 然而,这一事件发生的可能性的大小是客观存在的,它可以用数量指标来度量. 用来刻画事件发生可能性大小的数量指标就是事件发生的概率,用 $P(A)$ 表示.

(一) 概率的统计定义

概率的统计定义是以大量重复试验为前提的,为此,引入频率及其稳定性概念.

1. 频率及其稳定性

定义 8.7 若在相同条件下进行的 n 次重复试验中,事件 A 发生了 n_A 次,则比值$\frac{n_A}{n}$ 称为事件 A 发生的**频率**,记做 $f_n(A)$,即 $f_n(A)=\frac{n_A}{n}$.

由频率定义,我们不难得到以下基本性质:

(1) 对任一事件 A，有 $0 \leqslant f_n(A) \leqslant 1$；(2) $f_n(\varnothing) = 0$，$f_n(\Omega) = 1$.

为了研究频率的规律性，历史上曾有不少人做过大量抛掷硬币的试验，所得结果见表 8-1.

表 8-1

实 验 者	抛掷硬币次数	出现正面的次数	出现正面的频率
浦丰	4 040	2 048	0.506 9
皮尔逊	12 000	6 019	0.501 6
皮尔逊	24 000	12 012	0.500 5
维尼	30 000	14 994	0.499 8

从表 8-1 可见，出现正面的频率总在 0.5 附近摆动，随着试验次数的增加，频率逐渐稳定于数 0.5，说明 0.5 这个数反映了正面出现的可能性的大小. 即当 n 很大时，事件 A 的频率 $f_n(A)$ 会在某个常数附近摆动，而且随着试验次数 n 的增大，摆动幅度会越来越小，这就是频率的**稳定性**. 由于频率反映了事件发生的频繁程度，其大小也能用来度量一个事件发生的可能性大小. 基于频率的稳定性质，给出了如下概率的统计定义.

2. 概率的统计定义

定义 8.8(概率的统计定义)　设在相同条件下进行重复试验，若事件 A 发生的频率在某一常数 p 附近摆动，且随着试验次数的增加，摆动的幅度越来越小，则常数 p 称为事件 A 发生的**概率**，记做 $P(A) = p$.

统计概率虽然说明任一事件的概率是客观存在的，但在实际问题中对某一实验进行无限多次往往是做不到的，因此常用频率来近似的代表概率. 于是概率 $P(A)$ 也具有相应的性质：

(1) 对任一事件 A，有 $0 \leqslant P(A) \leqslant 1$；(2) $P(\varnothing) = 0$，$P(\Omega) = 1$.

(二) 概率的古典定义

下面介绍一类可以直接计算随机事件概率的简单随机试验 —— 古典概型.

1. 古典概型

在概率论的发展历史上，最早研究的一类试验(随机现象)具有如下的两个特征：

(1) 有限性：试验的所有可能结果(样本点)只有有限多个，即样本空间是有限集；

(2) 等可能性：在一次试验中，每个可能结果出现的可能性相等，即它们出现的概率一样.

具有上述两个特征的随机试验称为**古典概型随机试验**,简称为**古典概型**.

例如,抛掷一枚硬币,观察出现的结果是古典概型;但将一粒骰子连续抛掷两次,记录出现的点数之和不是古典概型.尽管第二个试验的所有可能结果是有限多个,然而在一次试验中各结果出现的可能性是不相等的,如出现"和为8点"比出现"和为2点"的可能性大得多.

2. 概率的古典定义

定义 8.9(概率的古典定义) 设古典概型的样本空间包含有 n 个样本点,事件 A 包含 m 个样本点,则比值 $\frac{m}{n}$ 称为事件 A 的**概率** $P(A)$,即

$$P(A)=\frac{A\text{包含的样本点数}\,m}{\text{样本点总数}\,n}=\frac{m}{n}.$$

例 2 盒中装有8只白球4只黑球,从中任取一球,求取得的是白球的概率.

解 "任取一球"表示每个球被取到的可能性相同,因此,试验有12个等可能结果,用 A 表示事件"取到白球",则

$$P(A)=\frac{C_8^1}{C_{12}^1}=\frac{8}{12}=\frac{2}{3}.$$

例 3 在100只同类型的产品中有60只优等品,40只合格品.现从中任意接连抽取三次,每次取一只,求事件 $A=\{$被取出的三只都是优等品$\}$ 的概率.假定抽样按以下两种方式进行:

(1) 每次取出一只,经测试后放回,再取下一只,这种抽样称为**放回抽样**;

(2) 每次取出一只,经测试后不放回,再取下一只,这种抽样称为**不放回抽样**.

解 (1) 放回抽样的情形:

因为抽样是放回的,所以每次都有100种取法,接连取三次,总共有 100^3 种取法,即基本事件总数为 100^3;事件 A 所包含的基本事件数相当于从60只优等品中接连取三次(每次取一只)的所有可能的取法数为 60^3,故

$$P(A)=\frac{60^3}{100^3}=0.216.$$

(2) 不放回抽样的情形:

因为抽样是不放回的,所以每抽取一次就要减少一只产品,于是

$$P(A)=\frac{60\times 59\times 58}{100\times 99\times 98}\approx 0.212.$$

(三) 概率的加法

1. 互不相容事件概率的加法公式

加法公式 1　若事件 A 与 B 为互不相容事件,则

$$P(A\cup B)=P(A)+P(B).$$

推论 1　若事件 $A_1,A_2,\cdots,A_n$ 两两互不相容,则

$$P(A_1\cup A_2\cup\cdots\cup A_n)=P(A_1)+P(A_2)+\cdots+P(A_n).$$

推论 2　对任一事件 A,有 $P(A)+P(\overline{A})=1$,即 $P(A)=1-P(\overline{A})$.

推论 3　对任意事件 A,B,有 $P(A-B)=P(A)-P(AB)$,当 $B\subset A$ 时,有 (1)$P(A-B)=P(A)-P(B)$;(2)$P(B)\leqslant P(A)$.

例 4　某班有 35 名学生,其中女生 13 名,拟组建有 5 名同学参加的班委会. 试求该班委会中至少有 1 名女生的概率.

解法 1　设 $A=\{$班委会中至少有 1 名女生$\}$,$A_i=\{$班委会中恰有 i 名女生$\}$,其中 $i=1,2,\cdots,5$,则由题意知,$A_1,A_2,\cdots,A_5$ 两两互不相容,且 $A=A_1\cup A_2\cup\cdots\cup A_5$,故有

$$P(A)=P(A_1\cup A_2\cup\cdots\cup A_5),$$

其中 $P(A_i)=\dfrac{C_{13}^{i}C_{22}^{5-i}}{C_{35}^{5}}$,$i=1,2,\cdots,5$. 由此可得

$$P(A)\approx 0.2929+0.3700+0.2035+0.0485+0.0040=0.9189.$$

解法 2　$\overline{A}=\{$班委会中没有女生$\}$,则根据推论 2 有

$$P(A)=1-P(\overline{A})=1-\frac{C_{22}^{5}}{C_{35}^{5}}\approx 1-0.0811=0.9189.$$

解法 1 称为直接解法,其思路直观,但计算烦琐;解法 2 从对立事件入手,通常称为间接解法,它巧妙应用推论 2,减少计算量,特别当构成和事件的互不相容事件个数较多时,利用间接法就更简便.

2. 任意事件概率的加法公式

加法公式 2　若 A,B 为任意事件,则

$$P(A\cup B)=P(A)+P(B)-P(AB).$$

推论 1　若 A,B 为任意事件,则

$$P(A\cup B)\leqslant P(A)+P(B).$$

推论 2　若 A,B,C 为任意事件,则

$$P(A\cup B\cup C)=P(A)+P(B)+P(C)-P(AB)-P(AC)-P(BC)+P(ABC).$$

例 5　某市发行日报和晚报两种报纸,该市住户中订日报的占 50%,订晚报的占 60%,既订晚报又订日报的占 30%,求该市中下列住户所占的百分比.

(1) 至少订一种报纸；(2) 至多订一种报纸；(3) 两种报纸都不订.

解 设 $A=\{$订日报$\}$，$B=\{$订晚报$\}$，$C=\{$至少订一种报纸$\}$，$D=\{$至多订一种报纸$\}$，$E=\{$两种报纸都不订$\}$，则 $AB=\{$既订晚报又订日报$\}$，$C=A\cup B$，$D=\overline{AB}$，$E=\overline{A}\,\overline{B}$，根据题意，有

$$P(A)=0.5,P(B)=0.6,P(AB)=0.3.$$

(1)$P(C)=P(A\cup B)=P(A)+P(B)-P(AB)=0.5+0.6-0.3=0.8.$

(2)$P(D)=P(\overline{AB})=1-P(AB)=1-0.3=0.7.$

(3)$P(E)=P(\overline{A}\,\overline{B})=P(\overline{A\cup B})=1-P(A\cup B)=1-0.8=0.2.$

所以该市住户中至少订一份报纸的占 80%，至多订一份报纸的占 70%，两种报纸都不订的占 20%.

三、条件概率与全概率公式

(一) 条件概率与乘法公式

在实际问题中，常常需要计算某个事件 B 已经发生的条件下，另一个事件 A 发生的**条件概率**，记为 $P(A\mid B)$.

例如，某工厂有职工 500 人，男女各占一半，男女职工中技术优秀的分别为 40 人与 10 人. 现从中选一名职工，试问：

(1) 该职工为优秀职工的概率是多少？

(2) 已知选出的是女职工，她为优秀职工的概率是多少？

设 $A=\{$选出的职工为优秀职工$\}$，$B=\{$选出的职工为女职工$\}$，则

(1)$P(A)=\dfrac{40+10}{500}=\dfrac{1}{10}$；(2)$P(A\mid B)=\dfrac{10}{250}=\dfrac{1}{25}$.

进一步地，可由

$$P(A\mid B)=\frac{10}{250}=\frac{\frac{10}{500}}{\frac{250}{500}}=\frac{P(AB)}{P(B)}$$

得到条件概率的定义.

定义 8.10 设 A,B 为任意两个事件，且 $P(B)>0$，则称$\dfrac{P(AB)}{P(B)}$为事件 B 发生的条件下事件 A 发生的**条件概率**，记做 $P(A\mid B)$，即

$$P(A\mid B)=\frac{P(AB)}{P(B)}(P(B)>0).$$

类似地，有
$$P(B\mid A)=\frac{P(AB)}{P(A)}(P(A)>0).$$

条件概率 $P(A \mid B)$ 既然是一个概率,也具有相应的性质与计算公式.例如,

$$P(A \mid B) = 1 - P(\overline{A} \mid B).$$

例 6　某种电池可使用 80 小时以上的概率为 0.90,可使用 100 小时以上的概率为 0.65.一只电池已经使用了 80 小时,求它还可以使用至少 20 小时的概率.

解　设 $A = \{$使用 80 小时以上$\}$,$B = \{$使用 100 小时以上$\}$,则 $P(A) = 0.90$,$P(B) = 0.65$.由题意所求概率为

$$P(B \mid A) = \frac{P(AB)}{P(A)},$$

又因为 $B \subset A$,故 $AB = B$,$P(AB) = P(B)$,所以

$$P(B \mid A) = \frac{P(AB)}{P(A)} = \frac{0.65}{0.90} \approx 0.722.$$

由条件概率的定义可得积事件的计算公式:

乘法公式 1　(1) 当 $P(A) > 0$ 时,$P(AB) = P(A)P(B|A)$;

(2) 当 $P(B) > 0$ 时,$P(AB) = P(B)P(A|B)$.

乘法公式可以推广到有限多个事件同时发生的情形.

乘法公式 2　对于 n 个事件 $A_1, A_2, \cdots, A_n$,当 $P(A_1A_2\cdots A_{n-1}) > 0$ 时,

$$P(A_1A_2\cdots A_n) = P(A_1)P(A_2 \mid A_1)P(A_3 \mid A_1A_2)\cdots P(A_n \mid A_1A_2\cdots A_{n-1}).$$

例 7　四个人进行抽签,其中三张签是空的,一张签是球赛票,求每个人抽到球赛票的概率.

解　设 $A_i = \{$第 i 个人抽到球赛票$\}(i = 1,2,3,4)$,$B_i = \{$第 i 次抽到球赛票$\}(i = 1,2,3,4)$,则

$$P(A_1) = P(B_1) = \frac{1}{4},$$

$$P(A_2) = P(\overline{B_1}B_2) = P(\overline{B_1})P(B_2 \mid \overline{B_1}) = \frac{3}{4} \cdot \frac{1}{3} = \frac{1}{4},$$

$$P(A_3) = P(\overline{B_1}\,\overline{B_2}B_3) = P(\overline{B_1})P(\overline{B_2} \mid \overline{B_1})P(B_3 \mid \overline{B_1}\,\overline{B_2}) = \frac{3}{4} \cdot \frac{2}{3} \cdot \frac{1}{2} = \frac{1}{4},$$

$$P(A_4) = P(\overline{B_1}\,\overline{B_2}\,\overline{B_3}B_4) = P(\overline{B_1})P(\overline{B_2} \mid \overline{B_1})P(\overline{B_3} \mid \overline{B_1}\,\overline{B_2})P(B_4 \mid \overline{B_1}\,\overline{B_2}\,\overline{B_3})$$
$$= \frac{3}{4} \cdot \frac{2}{3} \cdot \frac{1}{2} \cdot \frac{1}{1} = \frac{1}{4}.$$

可见每人抽到球赛票的概率是一样的,并且与抽签的次序无关.

*(二) 全概率公式与贝叶斯公式

全概率公式和贝叶斯公式在生产生活和工程技术中有着许多重要的应用.下面简单介绍这两个公式.

1. 全概率公式

设 B 是任一事件，事件组 $A_1, A_2, \cdots, A_n$ 满足：

(1) $A_1, A_2, \cdots, A_n$ 两两互不相容，且 $P(A_i) > 0 (i = 1, 2, \cdots, n)$；

(2) $\bigcup_{i=1}^{n} A_i = \Omega$，则

$$P(B) = \sum_{i=1}^{n} P(A_i) P(B \mid A_i). \tag{8.1}$$

(8.1) 式称为**全概率公式**，称 $A_1, A_2, \cdots, A_n$ 为一个**完备事件组**（或 Ω 的一个划分）.

全概率公式是概率论中的一个基本公式，当直接计算事件 B 的概率困难时，则可以寻求样本空间 Ω 的一个完备事件组 $A_1, A_2, \cdots, A_n$，而 $P(A_i)$ 和 $P(B \mid A_i)$ 又容易计算时，便可以利用全概率公式. 利用全概率公式的关键是找出样本空间的一个完备事件组.

例 8 设有甲、乙两个袋子，甲袋中装有 2 只白球和 1 只红球，乙袋中装有 1 只白球和 2 只红球. 由甲袋中任取一球放入乙袋，再从乙袋中任取一球，求从乙袋中取出白球的概率.

解 设 $B = \{$从乙袋中取出的是白球$\}$，$A_1 = \{$从甲袋中取出放入乙袋的是白球$\}$，$A_2 = \{$从甲袋中取出放入乙袋的是红球$\}$，则 A_1, A_2 互不相容，且 $A_1 \cup A_2 = \Omega$，故

$$P(B) = P(A_1)P(B \mid A_1) + P(A_2)P(B \mid A_2) = \frac{2}{3} \cdot \frac{2}{4} + \frac{1}{3} \cdot \frac{1}{4} = \frac{5}{12}.$$

2. 贝叶斯公式

若 $A_1, A_2, \cdots, A_n$ 是样本空间 Ω 的一个完备事件组，且 $P(A_i) > 0$，其中 $i = 1, 2, \cdots, n$，则对任一概率不为零的事件 B，有

$$P(A_i \mid B) = \frac{P(A_i B)}{P(B)} = \frac{P(A_i)P(B \mid A_i)}{\sum_{j=1}^{n} P(A_j)P(B \mid A_j)}. \tag{8.2}$$

(8.2) 式称为**贝叶斯公式**.

例 9 假设某厂甲、乙、丙 3 个车间生产同一种产品，产品依次占全厂的 45%，35%，20%，且各车间的次品率依次为 4%，2%，5%. 现从待出厂产品中检查出了一个次品，问该产品是由哪个车间生产的可能性大?

解 设 $B = \{$产品为次品$\}$，$A_1 = \{$甲车间生产的产品$\}$，$A_2 = \{$乙车间生产的产品$\}$，$A_3 = \{$丙车间生产的产品$\}$，则 $P(A_1) = 0.45, P(A_2) = 0.35, P(A_3) = 0.2$，

$$P(B \mid A_1) = 0.04, P(B \mid A_2) = 0.02, P(B \mid A_3) = 0.05,$$

从而 $P(B) = P(A_1)P(B \mid A_1) + P(A_2)P(B \mid A_2) + P(A_3)P(B \mid A_3)$

$$= 0.45 \times 0.04 + 0.35 \times 0.02 + 0.2 \times 0.05 = 0.035,$$

于是 $$P(A_1 \mid B) = \frac{P(A_1)P(B \mid A_1)}{P(B)} = \frac{0.45 \times 0.04}{0.035} \approx 0.514,$$

$$P(A_2 \mid B) \frac{P(A_2)P(B \mid A_2)}{P(B)} = \frac{0.35 \times 0.02}{0.035} = 0.2,$$

$$P(A_3 \mid B) = \frac{P(A_3)P(B \mid A_3)}{P(B)} = \frac{0.2 \times 0.05}{0.035} \approx 0.286.$$

可知该产品是由甲车间生产的可能性最大.

四、事件的独立性与伯努利实验

1. 事件的独立性

在一般情况下,$P(B \mid A)$ 与 $P(B)$ 是不相等的,但在某些特殊情况下它们是相等的. 例如,将一枚硬币连续抛掷两次,用 A,B 分别表示第一、二次出现正面,则 $P(B) = P(B \mid A) = 0.5$,即事件 A 的发生不影响事件 B 的概率. 这就是事件独立的含义,事件的独立性是概率论中一个基本概念.

微课
事件的独立性

定义 8.11　设事件 A,B 是试验 E 的两个事件,若 $P(A) > 0$ 时,有

$$P(B \mid A) = P(B)$$

成立,则称事件 B 对事件 A **独立**. 显然,事件 B 对事件 A 独立时,事件 A 对事件 B 也一定独立. 因此,满足上式的事件 A 与事件 B 是**相互独立**的,简称事件 A,B 独立.

定理 8.1　事件 A 与 B 独立的充分必要条件是 $P(AB) = P(A)P(B)$.

定理 8.2　若事件 A,B 相互独立,则$\overline{A}$ 与 B,A 与$\overline{B}$,$\overline{A}$ 与$\overline{B}$ 也相互独立.

事件的独立性概念可以推广.

定义 8.12　设有 n 个事件 $A_1, A_2, \cdots, A_n$. 若对任意正整数 $k(2 \leqslant k \leqslant n)$ 及任意的 $i_1, i_2, \cdots, i_k (1 \leqslant i_1 < i_2 < \cdots < i_k \leqslant n)$,有

$$P(A_{i_1} A_{i_2} \cdots A_{i_k}) = P(A_{i_1}) P(A_{i_2}) \cdots P(A_{i_k})$$

成立,则称事件 $A_1, A_2, \cdots, A_n$ **相互独立**.

只有当 n 个事件中的任意 2 个,任意 3 个,…,任意 n 个事件的积事件的概率都等于各事件概率的积时,n 个事件才相互独立. 当 n 较大时,用定义来判断事件的独立性是很困难的. 在应用中,事件之间是否相互独立,常常根据问题的性质来判断.

例 10　一个元件能正常工作的概率称为该元件的可靠度,由元件组成的系统能正常工作的概率称为该系统的可靠度. 设构成系统的每个元件的可靠度均为 $r(0 < r < 1)$,而各个元件能否正常工作是相互独立的,试求:

(1) 由 3 个元件组成的串联系统(见图 8-7(a)) 的可靠度;

(2) 由 3 个元件组成的并联系统(见图 8-7(b)) 的可靠度.

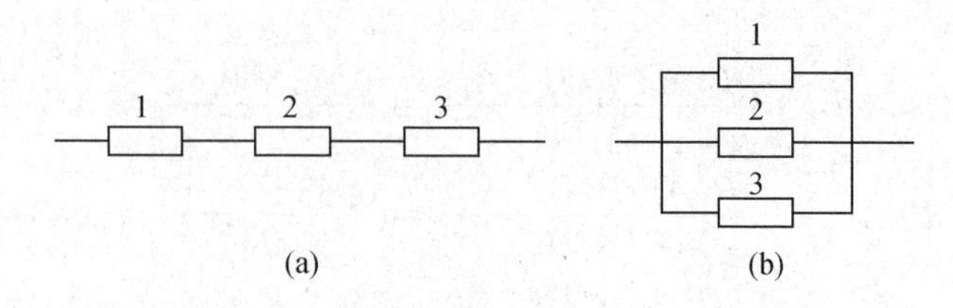

图 8-7

解 设 $A_i=\{$第 i 个元件正常工作$\}(i=1,2,3)$，$A=\{$串联系统正常工作$\}$，$B=\{$并联系统正常工作$\}$，则

(1) 显然 $A=A_1A_2A_3$，又由于 A_1,A_2,A_3 相互独立，故

$$P(A)=P(A_1A_2A_3)=P(A_1)P(A_2)P(A_3)=r^3.$$

(2) 显然 $B=A_1\cup A_2\cup A_3$，$\overline{B}=\overline{A_1\cup A_2\cup A_3}=\overline{A_1}\,\overline{A_2}\,\overline{A_3}$，故

$$P(B)=1-P(\overline{B})=1-P(\overline{A_1}\,\overline{A_2}\,\overline{A_3})=1-P(\overline{A_1})P(\overline{A_2})P(\overline{A_3})$$
$$=1-(1-r)^3=3r-3r^2+r^3.$$

例 11 设某种高炮每次击中目标的概率是 0.2，问至少需要多少门高炮同时独立发射（每门射一次）才能使击中目标的概率至少达到 95%.

解 设需要 n 门高炮，$A=\{$击中目标$\}$，$A_i=\{$第 i 门高炮击中目标$\}(i=1,2,\cdots,n)$，则根据题意，得

$$P(A)=P(A_1\cup A_2\cup\cdots\cup A_n)\geqslant 0.95,$$

即 $$1-P(\overline{A_1\cup A_2\cup\cdots\cup A_n})=1-P(\overline{A_1})P(\overline{A_2})\cdots P(\overline{A_n})\geqslant 0.95.$$

将 $P(A_i)=0.2$ 代入，得

$$1-(1-0.2)^n\geqslant 0.95,$$

即 $$0.8^n\leqslant 0.05,$$

解得 $$n\geqslant 14.$$

所以至少需要 14 门高炮才能有 95% 以上的把握击中目标.

2. 伯努利试验

定义 8.13 只有两个可能结果的试验称为**伯努利试验**. 在相同的条件下，将伯努利试验独立地重复进行 n 次，则称这 n 次试验为 n **重伯努利试验**，也称为 n **重伯努利概型或重复独立试验概型**.

在 n 重伯努利实验中，一次试验的两个可能结果表示为 A 与 $\overline{A}$，每次试验在相同的条件下进行，事件 A 发生的概率不变，记做 $P(A)=p$，则 $P(\overline{A})=1-p$，并记 n 重伯努利试验中事件 A 恰好出现 $k(0\leqslant k\leqslant n)$ 次的概率为 $P_n(k)$. 下面给出 $P_n(k)$ 的计算公式.

定理 8.3(伯努利定理)　若每次试验中事件 A 发生的概率为 $P(A)=p(0<p<1)$，则事件 A 在 n 重伯努利试验中恰好出现 k 次的概率为

$$P_n(k)=\mathrm{C}_n^k p^k(1-p)^{n-k}(k=0,1,2,\cdots,n).$$

由于上式的右端恰好是 $[p+(1-p)]^n$ 按二项公式展开时的各项，故称此公式为**二项概率公式**.

例 12　一幢大楼装有五个同类型的独立供水设备，调查表明，在任一时刻 t，每个设备被使用的概率为 0.1，问在同一时刻

(1) 恰有两个设备被使用的概率是多少？

(2) 至少有三个设备被使用的概率是多少？

(3) 至多有三个设备被使用的概率是多少？

(4) 至少有一个设备被使用的概率是多少？

解　在同一时刻观察五个设备，它们工作与否是相互独立的，故可视为 5 重伯努利试验，且 $p=0.1$，于是可得

(1) $P_5(2)=\mathrm{C}_5^2(0.1)^2(1-0.1)^{5-2}=0.0729$.

(2) $P_5(3)+P_5(4)+P_5(5)=\sum\limits_{k=3}^{5}\mathrm{C}_5^k(0.1)^k(1-0.1)^{5-k}=0.00856$.

(3) $P_5(0)+P_5(1)+P_5(2)+P_5(3)=\sum\limits_{k=0}^{3}\mathrm{C}_5^k(0.1)^k(1-0.1)^{5-k}=0.99954$.

(4) $1-P_5(0)=1-(1-0.1)^5=0.40951$.

例 13　一大批某型号的电子管，已知一级品率为 0.3，现从中随机地抽查 20 只，问其中有一级品的概率是多少？

解　由于这批电子管的总数很大，而抽取的 20 只相对很小，故可将抽查 20 只电子管近似地看做有放回抽样，将“抽查一只”作为一次试验，则“抽查 20 只”为 20 重伯努利试验. 设 $A=\{$其中有一级品$\}$，由二项概率公式及逆事件关系，得

$$P(A)=1-P(\overline{A})=1-P_{20}(0)=1-\mathrm{C}_{20}^0(0.3)^0(1-0.3)^{20}\approx 0.9992.$$

在本例中，所抽 20 只中不含一级品的概率 $P(\overline{A})\approx 0.0007979$，小于万分之八. 实践表明，这种概率很小的事件在一次试验中几乎不可能发生. 这一事实称为小概率事件的实际不可能原理，它是数理统计中进行统计推断的主要依据.

习题 8-1

1. 写出下列事件的样本空间.

(1) 将一枚硬币连续投掷三次，记录出现的面；

(2) 从甲、乙、丙、丁四位学生中推选两位参加体育比赛，其中一位参加省级比赛，另一位参加全国比赛.

2. 用A,B,C表示下列事件.

(1)A发生，B与C不发生；(2)A,B,C中至少有一个不发生；(3)A,B,C都不发生；(4)A,B,C中不多于一个发生；(5)A,B,C中至少有两个发生.

3. 已知$\Omega=\{x\mid 2<x<9\}$，$A=\{x\mid 4\leqslant x<6\}$，$B=\{x\mid 3<x\leqslant 7\}$，求：

(1) $\overline{A}$；(2)AB；(3) $\overline{A}\,\overline{B}$；(4) $\overline{A}\cup B$；(5)$A-B$；(6) $\overline{\overline{A}B}$.

4. 从一批由37件正品，3件次品组成的产品中任取3件，求：

(1)3件中恰有1件次品的概率；(2)3件全是次品的概率；(3)3件全是正品的概率；(4)3件中至少有一件是次品的概率；(5)3件中至多有1件是次品的概率.

5. 从2个伍分硬币，3个贰分硬币，5个壹分硬币中任取5个. 试求其和不小于一角的概率.

6. 从一副扑克的52张牌中，任取两张，求恰好都是黑桃的概率.

7. 某校有50%的学生坚持晨练，65%的学生坚持晨读，85%的学生至少坚持这两项活动中的一项. 求同时坚持这两项活动的学生的百分比.

8. 甲、乙两城市都位于长江下游，根据长期的气象记录知道，甲、乙两城市一年中雨天占的比例分别是20%和18%，两地同时下雨占的比例是12%，求：

(1) 乙市为雨天时，甲市也为雨天的概率；(2) 甲市为雨天时，乙市也为雨天的概率；(3) 甲、乙两城市中至少有一个为雨天的概率.

9. 一批产品共100个，次品率为10%. 每次从中取一个，取后不放回，求第三次才取到正品的概率.

*10. 甲、乙两个盒子，甲盒中装有a只白球b只黑球，乙盒中装有c只白球d只黑球，现先从甲盒中任取一球放入乙盒，再从乙盒中任取一球，求取到的球为白球的概率.

*11. 3台机床加工同样的零件，其废品率分别为0.03，0.02，0.01. 一批零件中3台机床加工的份额分别是$\frac{1}{2}$，$\frac{1}{3}$，$\frac{1}{6}$，求从这批零件中任取一件为合格品的概率.

*12. 在11题中，若从该批零件中任取一件，取得的是废品，问该废品由哪台机床加工的可能性大？

*13. 数据分析表明，当机器调整良好时，产品的合格率为98%，而当机器发生故障时，其合格率为55%，每天早上机器开动时，机器调整得良好的概率为95%. 已知某日早上第一件产品是合格品，求此日机器调整得良好的概率.

14. 三人独立地破译一个密码，他们能译出的概率分别是$\frac{1}{5}$，$\frac{1}{3}$，$\frac{1}{4}$. 问能将此密码译出的概率是多少？

15. 一个人看管3台机床，每台机床正常工作（不需要人照顾）的概率分别是0.9，0.8，0.85，求：

(1)3台机床都正常工作的概率；(2)3台机床中至少有一台正常工作的概率.

16. 设每个元件的可靠度为$r(0<r<1)$，求下列系统的可靠度.

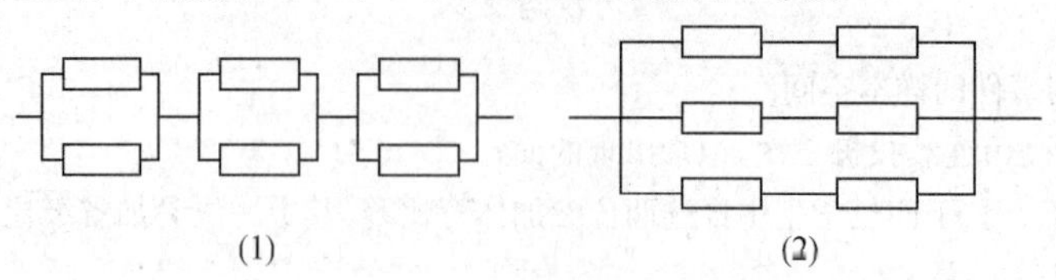

(1)　　　　(2)

17. n 个单位各自独立地进行一种新产品的研制. 设每个单位研制成功的概率 p 都为 0.4，若要新产品能有不低于 0.95 的把握研制成功，问 n 至少应为多少？

第二节　随机变量及其分布

一、随机变量及其分布函数

(一) 随机变量的概念

在一些随机试验中，其样本点自然地与数量相对应. 例如，抛掷一粒骰子，观察其出现的点数；测量某机床加工轴的长度；测量弹着点距靶心的距离等. 但也有的随机试验其样本点不直接与数量相对应. 例如，抛掷一枚硬币，观察出现的面，其样本点只有两个：$e_1=\{正面\}$，$e_2=\{反面\}$. 虽然这两个结果与数量没有直接的关系，但当规定 e_1 对应数“1”，e_2 对应数“0”时，这个试验的样本点也与数量有对应关系. 不论是自然存在的，还是人为规定的这种样本点与数量间的对应关系中，数量随试验结果(样本点)的变化而变化，因而是一个变量. 由于样本点出现的随机性，导致这样的变量取值的随机性. 这样的变量就是随机变量.

定义 8.14　设试验的样本空间为 Ω，若对任意样本点 $e\in\Omega$，按照某种规则，都有唯一确定的实数 $X(e)$ 与之对应，则称 $X(e)$ 为**随机变量**，简记为 X.

通常用大写字母 $X,Y,Z,\cdots$ 表示随机变量，用小写字母 $x,y,z,\cdots$ 表示它们可能的取值.

随机变量是定义在样本空间上的函数. 由于试验的样本空间在试验确定后即已确定，因此随机变量的值域在试验确定后也确定了，但在每次试验中其取值却是随机的.

对应任何实数 x，样本空间的子集：

$$\{X=x\}=\{e\mid X(e)=x,e\in\Omega\},\{X\leqslant x\}=\{e\mid X(e)\leqslant x,e\in\Omega\}$$

都是随机变量，并且理论上都可以计算它们的概率.

例 1　从次品率为 $p(0<p<1)$ 的一批产品中任取一件，规定随机变量 X 为

$$X=\begin{cases}0, & 取出的一件是正品,\\ 1, & 取出的一件是次品,\end{cases}$$ 求 $P\{X=0\},P\{X=1\},P\{X=2\},P\left\{X\leqslant\frac{1}{2}\right\}$.

解　$P\{X=0\}=P\{取出的一件是正品\}=1-p$,

$P\{X=1\}=P\{取出的一件是次品\}=p$,

$P\{X=2\}=P\{\varnothing\}=0$,

$$P\left\{X\leqslant\frac{1}{2}\right\}=P\{X=0\}=1-p.$$

例 2 将一枚硬币连续抛掷两次，用 X 表示正面出现的次数，规定随机变量 X 为 $X=\begin{cases}0, & \text{两次均为反面}, \\ 1, & \text{一次正面一次反面}, \\ 2, & \text{两次均为正面},\end{cases}$ 求 $P\{X=0\}, P\{X=1\}, P\{X=2\}, P\{X\leqslant 2.1\}$.

解 $P\{X=0\}=P\{\text{两次均为反面}\}=\dfrac{1}{4}$,

$P\{X=1\}=P\{\text{一次正面一次反面}\}=\dfrac{1}{2}$,

$P\{X=2\}=P\{\text{两次均为正面}\}=\dfrac{1}{4}$,

$P\{X\leqslant 2.1\}=P\{X=0\}+P\{X=1\}+P\{X=2\}=1$.

(二) 随机变量的分布函数

1. 分布函数的概念

由于有许多随机变量的概率分布情况不能以其取某个值的概率来表示，故需要讨论随机变量 X 的取值落在某一区间内的概率，即取定 $x_1, x_2(x_1<x_2)$，讨论 $P\{x_1<X\leqslant x_2\}$.

因为 $P\{x_1<X\leqslant x_2\}=P\{X\leqslant x_2\}-P\{X\leqslant x_1\}$，所以对任一实数 x，只需知道 $P\{X\leqslant x\}$ 就可知道随机变量 X 的取值落在任一区间的概率. 为此，用 $P\{X\leqslant x\}$ 来讨论随机变量 X 的概率分布情况.

定义 8.15 设 X 为一个随机变量，$x\in\mathbf{R}$，则函数

$$F(x)=P\{X\leqslant x\}$$

称为随机变量 X 的**分布函数**.

有了分布函数的概念，对任一实数 $x_1, x_2(x_1<x_2)$，随机变量 X 落在区间 $(x_1, x_2]$ 内的概率可用分布函数来计算：

$$P\{x_1<X\leqslant x_2\}=P\{X\leqslant x_2\}-P\{X\leqslant x_1\}=F(x_2)-F(x_1).$$

例 3 求例 1 中随机变量 X 的分布函数.

解 当 $x<0$ 时，$F(x)=P\{X\leqslant x\}=0$；

当 $0\leqslant x<1$ 时，$F(x)=P\{X\leqslant x\}=P\{X=0\}=1-p$；

当 $x\geqslant 1$ 时，$F(x)=P\{X\leqslant x\}=P\{X=0\}+P\{X=1\}=1-p+p=1$.

综上所述，随机变量 X 的分布函数为

$$F(x)=\begin{cases}0, & x<0, \\ 1-p, & 0\leqslant x<1, \\ 1, & x\geqslant 1.\end{cases}$$

2. 分布函数的性质

性质 1　对任意实数 x,有 $0 \leqslant F(x) \leqslant 1$.

性质 2　对任意两个实数 x_1, x_2,当 $x_1 \leqslant x_2$ 时,有 $F(x_1) \leqslant F(x_2)$.

由于 $F(x_2) - F(x_1) = P\{x_1 < X \leqslant x_2\} \geqslant 0$,即 $F(x_1) \leqslant F(x_2)$.

还可证明如下的公式:

$$P\{X = x_0\} = F(x_0) - F(x_0 - 0);$$
$$P\{x_1 \leqslant X \leqslant x_2\} = F(x_2) - F(x_1 - 0);$$
$$P\{x_1 < X < x_2\} = F(x_2 - 0) - F(x_1);$$
$$P\{x_1 \leqslant X < x_2\} = F(x_2 - 0) - F(x_1 - 0).$$

其中 $F(x_i - 0)(i = 0,1,2)$ 表示 $F(x)$ 在 x_i 的左极限.

性质 3　$\lim\limits_{x \to -\infty} F(x) = F(-\infty) = 0$; $\lim\limits_{x \to +\infty} F(x) = F(+\infty) = 1$.

这里 $F(-\infty) = \lim\limits_{x \to -\infty} F(x) = \lim\limits_{x \to -\infty} P\{X \leqslant x\}$ 可以理解为不可能事件 $\{X \leqslant -\infty\}$ 的概率;$F(+\infty) = \lim\limits_{x \to +\infty} F(x) = \lim\limits_{x \to +\infty} P\{X \leqslant x\}$ 可以理解为必然事件 $\{X \leqslant +\infty\}$ 的概率.

性质 4　对任意实数 x_0,有 $\lim\limits_{x \to x_0^+} F(x) = F(x_0)$.

上述性质表明,随机变量 X 的分布函数 $F(x)$ 是实数集上的非降、有界、右连续的函数. 还可证明,任何满足上述 4 条性质的函数,必定是某个随机变量的分布函数.

例 4　已知随机变量 X 的分布函数为

$$F(x) = \begin{cases} 0, & x < 0, \\ Ax, & 0 \leqslant x \leqslant 3, \\ 1, & x > 3. \end{cases}$$

(1) 求常量 A;(2) 计算 $P\{X \leqslant -1\}$, $P\{1 < X \leqslant 2\}$, $P\{X = 1.8\}$, $P\{X > 2.5\}$, $P\{X < 1\}$.

解　(1) 由分布函数的右连续性,得

$$\lim_{x \to 3^+} F(x) = 1 = F(3) = 3A,$$

即 $A = \dfrac{1}{3}$. 从而

$$F(x) = \begin{cases} 0, & x < 0, \\ \dfrac{1}{3}x, & 0 \leqslant x \leqslant 3, \\ 1, & x > 3. \end{cases}$$

(2) $P\{X \leqslant -1\} = F(-1) = 0$,

$P\{1 < X \leqslant 2\} = F(2) - F(1) = \frac{2}{3} - \frac{1}{3} = \frac{1}{3}$,

$P\{X = 1.8\} = F(1.8) - F(1.8 - 0) = 0$,

$P\{X > 2.5\} = 1 - P\{X \leqslant 2.5\} = 1 - F(2.5) = \frac{1}{6}$,

$P\{X < 1\} = P\{X \leqslant 1\} - P\{X = 1\} = F(1) - 0 = \frac{1}{3}$.

由本例可见,分布函数能完全反映随机变量的概率分布规律.

下面分别讨论两类最常见的随机变量 —— 离散型随机变量和连续型随机变量.

二、离散型随机变量及其分布

(一) 离散型随机变量及其概率分布

定义 8.16 若随机变量 X 只有有限个或无穷可列个可能的取值,则称随机变量 X 为**离散型随机变量**.

定义 8.17 若随机变量 X 的可能取值为 $x_1, x_2, \cdots, x_n, \cdots$,则

$$P\{X = x_k\} = p_k (k = 1, 2, \cdots)$$

称为离散型随机变量 X 的**概率分布**或**分布律**. 也可用表格形式表示分布律:

X	x_1	x_2	$\cdots$	x_n	$\cdots$
P	p_1	p_2	$\cdots$	p_n	$\cdots$

其中 $p_k (k = 1, 2, \cdots)$ 具有下面两个性质:

(1) $p_k \geqslant 0 (k = 1, 2, \cdots)$; (2) $\sum_k p_k = 1$.

设离散型随机变量 X 有分布律 $P\{X = x_k\} = p_k (k = 1, 2, \cdots)$ 时,易得分布函数

$$F(x) = P\{X \leqslant x\} = P\{\bigcup_{x_k \leqslant x} \{X = x_k\}\} = \sum_{x_k \leqslant x} P\{X = x_k\} = \sum_{x_k \leqslant x} p_k,$$

而 $p_k = P\{x_{k-1} < X \leqslant x_k\} = F(x_k) - F(x_{k-1})$.

由此可知,离散型随机变量 X 的分布函数是阶梯函数. $x_1, x_2, \cdots$ 是 $F(x)$ 的第一类间断点,而 X 在 $x_k (k = 1, 2, \cdots)$ 处的概率就是 $F(x)$ 在这些间断点处的跃度.

例 5 10 件产品中,8 件为正品,2 件为次品. 从中不放回地任取 4 件,用 X 表示 4 件中的次品件数,求 X 的分布律及分布函数.

解 显然 X 的可能取值为 0,1,2,且

$$P\{X = 0\} = P\{4\text{ 件均为正品}\} = \frac{C_8^4}{C_{10}^4} = \frac{1}{3},$$

$$P\{X=1\}=P\{4\text{ 件中恰有 }1\text{ 件次品}\}=\frac{C_2^1C_8^3}{C_{10}^4}=\frac{8}{15},$$

$$P\{X=2\}=P\{4\text{ 件中恰有 }2\text{ 件次品}\}=\frac{C_2^2C_8^2}{C_{10}^4}=\frac{2}{15}.$$

用表格表示 X 的分布律为

X	0	1	2
P	$\frac{1}{3}$	$\frac{8}{15}$	$\frac{2}{15}$

根据离散型随机变量的分布函数的表达式，

当 $x<0$ 时，$F(x)=0$；

当 $0\leqslant x<1$ 时，$F(x)=P\{X=0\}=\frac{1}{3}$；

当 $1\leqslant x<2$ 时，$F(x)=P\{X=0\}+P\{X=1\}=\frac{1}{3}+\frac{8}{15}=\frac{13}{15}$；

当 $x\geqslant 2$ 时，$F(x)=P\{X=0\}+P\{X=1\}+P\{X=2\}=\frac{1}{3}+\frac{8}{15}+\frac{2}{15}=1.$

故 X 的分布函数为

$$F(x)=\begin{cases}0, & x<0,\\ \frac{1}{3}, & 0\leqslant x<1,\\ \frac{13}{15}, & 1\leqslant x<2,\\ 1, & x\geqslant 2.\end{cases}$$

(二) 几种常见的离散型随机变量的概率分布

1. 两点分布

微课

几种常见的离散型分布

定义 8.18　若随机变量 X 的概率分布为

$$P\{X=1\}=p, P\{X=0\}=1-p(0<p<1),$$

则称 X 服从参数为 p 的**两点分布**(或$(0-1)$ **分布**)，记为 $X\sim(0,1)$.

凡是只有两个结果的试验均可用两点分布来描述.

2. 二项分布

定义 8.19　若随机变量 X 的概率分布为

$$P\{X=k\}=C_n^kp^kq^{n-k}(k=0,1,2,\cdots,n,0<p<1,q=1-p),$$

则称 X 服从参数为 n,p 的**二项分布**，记为 $X\sim B(n,p)$.

在 n 重伯努利试验中，事件 A 恰好发生 k 次的概率与二项分布的一般表达式相同,所以在 n 重伯努利试验中,事件 A 发生的次数满足 $X \sim B(n,p)$,其中 $p=P(A)$.

特别地,当 $n=1$ 时的二项分布即为两点分布.

例6 医生对5人做疫苗接种试验,设对试验反应呈阳性的概率为0.45,且每个人的反应是相互独立的.若 X 表示反应为阳性的人数,求:

(1) X 的分布律;(2) 恰有2人反应为阳性的概率;(3) 至少有2人反应为阳性的概率.

解 一个人对接种疫苗的反应要么阳性(用 A 表示),要么不是阳性(表示为 $\overline{A}$),且 $P(A)=0.45$.对5个人做试验就是5重伯努利试验,因此5人中对接种疫苗反应阳性的人数 $X \sim B(5,0.45)$,由二项分布表达式,得

(1) X 的分布律

$$P\{X=k\}=\mathrm{C}_5^k(0.45)^k(0.55)^{5-k}(k=0,1,2,\cdots,5).$$

(2) 恰有2人反应为阳性的概率为

$$P\{X=2\}=\mathrm{C}_5^2(0.45)^2(0.55)^{5-2}\approx 0.34.$$

(3) 至少有2人反应为阳性的概率为

$$\begin{aligned}P\{X\geqslant 2\}&=1-P\{X<2\}=1-P\{X=0\}-P\{X=1\}\\&=1-\mathrm{C}_5^0(0.45)^0(0.55)^5-\mathrm{C}_5^1(0.45)^1(0.55)^4\approx 0.74.\end{aligned}$$

3. 几何分布

定义8.20 若随机变量 X 的概率分布为

$$P\{X=k\}=pq^{k-1}(k=1,2,\cdots,0<p<1,q=1-p),$$

则称 X 服从参数为 p 的**几何分布**,记为 $X \sim G(p)$.

在 n 重伯努利试验中,事件 A 首次出现概率为 $p_k=pq^{k-1}(k=1,2,\cdots)$,通常称 k 为事件 A 的首次发生次数.若用 X 表示事件 A 的首次发生次数,则 X 服从几何分布.

例7 某射手连续向同一目标射击,直到命中为止,设该射手每次射击命中目标的概率是0.8.若用 X 表示首次击中目标的次数,求:

(1) 射击3次才击中目标的概率;(2) 至多射击3次即可命中目标的概率.

解 由于随机变量 X 服从参数 $p=0.8$ 的几何分布,则

(1) 射击3次才击中目标的概率为

$$P\{X=3\}=0.8\times 0.2^2=0.032.$$

(2) 至多射击3次即可命中目标的概率为

$$\begin{aligned}P\{X\leqslant 3\}&=P\{X=1\}+P\{X=2\}+P\{X=3\}\\&=0.8+0.8\times 0.2+0.8\times 0.2^2=0.992.\end{aligned}$$

4. 泊松分布

定义 8.21　若随机变量 X 的概率分布为

$$P\{X=k\}=\frac{\lambda^k}{k!}e^{-\lambda}(k=0,1,2,\cdots,\lambda>0),$$

则称 X 服从参数为 λ 的**泊松分布**,记为 $X\sim P(\lambda)$.

服从泊松分布的随机变量是常见的.例如,某电话交换台 1 小时内的呼叫次数;1 天内到商店来的顾客数;某容器内的细菌数;布的疵点数;1 页书中印刷错误的个数等,都服从或近似服从泊松分布.

例 8　已知某产品表面上的疵点数服从参数 $\lambda=0.8$ 的泊松分布,若规定疵点数不超过 1 个的产品为一等品,大于 1 个不多于 4 个的产品为二等品,4 个以上者为废品.求:

(1) 产品为一等品的概率;(2) 若一、二等品为合格品,求产品的合格率;(3) 产品为废品的概率.

解　设 X 表示产品的疵点数,则 $X\sim P(0.8)$,即

$$P\{X=k\}=\frac{0.8^k}{k!}e^{-0.8}(k=0,1,2,\cdots).$$

$$\begin{aligned}(1)P\{\text{产品为一等品}\}&=P\{X\leqslant 1\}=P\{X=0\}+P\{X=1\}\\&=e^{-0.8}+0.8e^{-0.8}\approx 0.8088.\end{aligned}$$

$$\begin{aligned}(2)P\{\text{产品为合格品}\}&=P\{X\leqslant 4\}\\&=P\{X=0\}+P\{X=1\}+P\{X=2\}+P\{X=3\}+\\&\quad P\{X=4\}\\&=(1+0.8+\frac{0.8^2}{2!}+\frac{0.8^3}{3!}+\frac{0.8^4}{4!})e^{-0.8}\approx 0.9986.\end{aligned}$$

$$(3)P\{\text{产品为废品}\}=P\{X>4\}=1-P\{X\leqslant 4\}\approx 1-0.9986=0.0014.$$

三、连续型随机变量及其概率密度函数

(一) 连续型随机变量的概念

定义 8.22　设 $F(x)$ 为随机变量 X 的分布函数,若存在非负可积函数 $f(x)$ 对任意实数 x,都有

$$F(x)=\int_{-\infty}^{x}f(t)dt$$

成立,则称 X 为**连续型随机变量**. $f(x)$ 为 X 的**概率密度函数**,简称为**密度函数**或**概率密度**,$f(x)$ 的图形称为**密度曲线**.

由密度函数的定义及微积分理论可知,密度函数具有以下性质:

性质 1 $f(x) \geqslant 0, x \in \mathbf{R}$;

性质 2 $\int_{-\infty}^{+\infty} f(x)\mathrm{d}x = 1$;

性质 3 对任意实数 $x_1, x_2(x_1 \leqslant x_2)$,有

$$P\{x_1 < X \leqslant x_2\} = F(x_2) - F(x_1) = \int_{x_1}^{x_2} f(x)\mathrm{d}x;$$

性质 4 若 $f(x)$ 在点 x 处连续,则 $F'(x) = f(x)$.

注意 连续型随机变量 X 取任一定值 x_0 的概率为 0,即 $P\{X = x_0\} = 0$. 因此,对连续型随机变量 X 落入某区间的概率,不必区分是否包括区间端点在内,即

$$\begin{aligned} P\{x_1 < X \leqslant x_2\} &= P\{x_1 \leqslant X < x_2\} = P\{x_1 < X < x_2\} \\ &= P\{x_1 \leqslant X \leqslant x_2\} = \int_{x_1}^{x_2} f(x)\mathrm{d}x. \end{aligned}$$

例 9 设随机变量 X 具有密度函数

$$f(x) = \begin{cases} Ax^2, 0 < x < 2, \\ 0, \quad 其他. \end{cases}$$

(1) 求常数 A;(2) 计算 $P\{0 \leqslant X \leqslant 1.5\}, P\{|X| < 1\}, P\{X > 1\}$.

解 (1) 由性质 2,得

$$1 = \int_{-\infty}^{+\infty} f(x)\mathrm{d}x = \int_0^2 Ax^2 \mathrm{d}x = \frac{8}{3}A,$$

故 $A = \frac{3}{8}$.

(2) 由性质 3,得

$$P\{0 \leqslant X \leqslant 1.5\} = \int_0^{1.5} f(x)\mathrm{d}x = \int_0^{1.5} \frac{3}{8}x^2 \mathrm{d}x = \frac{27}{64},$$

$$P\{|X| < 1\} = P\{-1 < X < 1\} = \int_{-1}^0 0\mathrm{d}x + \int_0^1 \frac{3}{8}x^2 \mathrm{d}x = \frac{1}{8},$$

$$P\{X > 1\} = \int_1^{+\infty} f(x)\mathrm{d}x = \int_1^2 \frac{3}{8}x^2 \mathrm{d}x = \frac{7}{8}.$$

(二) 几种常见的连续型随机变量及其分布

1. 均匀分布

定义 8.23 若连续型随机变量 X 具有密度函数

$$f(x) = \begin{cases} \frac{1}{b-a}, & a < x < b, \\ 0, & 其他, \end{cases}$$

则称 X 在区间 (a,b) 上服从**均匀分布**,记为 $X \sim U(a,b)$.

如果随机变量 $X \sim U(a,b)$，那么，对于任意实数 $c,d(a \leqslant c < d \leqslant b)$，由连续型随机变量的性质 3，有

$$P\{c < X \leqslant d\} = \int_c^d f(x)\mathrm{d}x = \int_c^d \frac{1}{b-a} = \frac{d-c}{b-a}.$$

上式表明，X 落在 (a,b) 内任一子区间上的概率与该子区间的长度成正比，而与该子区间的位置无关.

在 (a,b) 上服从均匀分布的随机变量 X 的分布函数为

$$F(x) = \begin{cases} 0, & x < a, \\ \dfrac{x-a}{b-a}, & a \leqslant x < b, \\ 1, & x \geqslant b. \end{cases}$$

$f(x)$ 和 $F(x)$ 的图形如图 8-8 和图 8-9 所示.

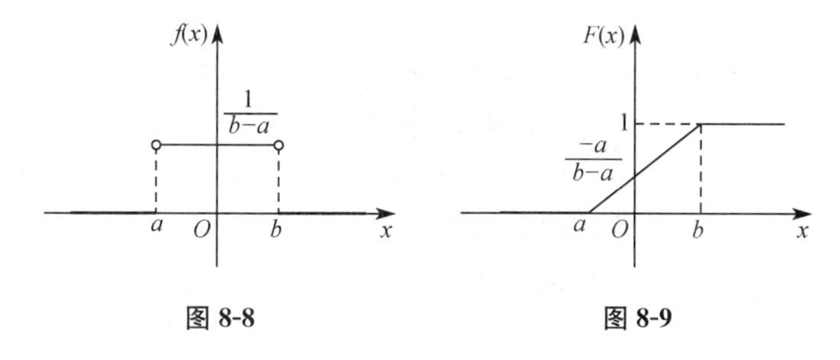

图 8-8　　　　图 8-9

2. 指数分布

定义 8.24　若连续型随机变量 X 的密度函数为

$$f(x) = \begin{cases} \lambda \mathrm{e}^{-\lambda x}, x \geqslant 0, \\ 0, \quad x < 0 \end{cases} (\lambda > 0),$$

则称 X 服从参数为 λ 的**指数分布**，记为 $X \sim E(\lambda)$. X 的分布函数为

$$F(x) = \begin{cases} 1 - \mathrm{e}^{-\lambda x}, x \geqslant 0, \\ 0, \quad x < 0. \end{cases}$$

$f(x)$ 和 $F(x)$ 的图形如图 8-10 和图 8-11 所示.

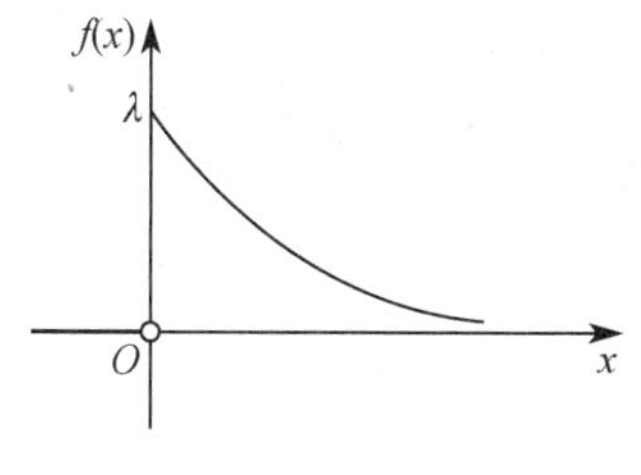

图 8-10

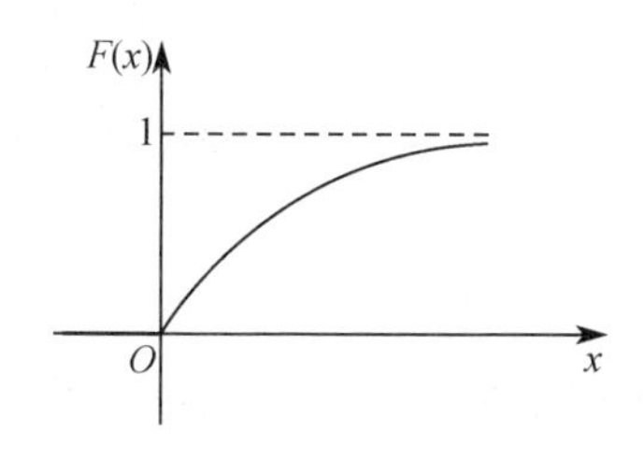

图 8-11

指数分布在可靠性及排队论中有重要的应用，常用来作为各种"寿命"分布的近似.例如，无线电元件的寿命，随机服务系统中的服务时间等常被假定是服从指数分布的.

例 10　设 X 服从参数为 3 的指数分布，求 X 的密度函数及 $P\{X\geqslant 1\}$ 和 $P\{-1<X\leqslant 2\}$ 的值.

解　X 的密度函数为

$$f(x)=\begin{cases}3\mathrm{e}^{-3x}, & x\geqslant 0,\\ 0, & x<0,\end{cases}$$

$$P\{X\geqslant 1\}=\int_1^{+\infty}f(x)\mathrm{d}x=\int_1^{+\infty}3\mathrm{e}^{-3x}\mathrm{d}x=(-\mathrm{e}^{-3x})\Big|_1^{+\infty}=\mathrm{e}^{-3},$$

$$P\{-1<X\leqslant 2\}=\int_{-1}^{2}f(x)\mathrm{d}x=\int_0^2 3\mathrm{e}^{-3x}\mathrm{d}x=1-\mathrm{e}^{-6}.$$

3. 正态分布

正态分布是一种最常见且最重要的分布.在历史上，高斯(Gauss)曾对正态分布的研究作出巨大贡献，因此正态分布也称为高斯分布.在自然现象和社会现象中，大量的随机变量都服从或近似服从正态分布.例如，测量误差，各种产品的质量指标，人的身高和体重，某城市一天的用电量等.

定义 8.25　若连续型随机变量 X 的密度函数为

$$f(x)=\frac{1}{\sqrt{2\pi}\sigma}\mathrm{e}^{-\frac{(x-\mu)^2}{2\sigma^2}}\ (x\in\mathbf{R},\mu\in\mathbf{R},\sigma>0),$$

则称 X 服从参数为 μ,σ 的**正态分布**，记为 $X\sim N(\mu,\sigma^2)$.其分布函数为

$$F(x)=\frac{1}{\sqrt{2\pi}\sigma}\int_{-\infty}^{x}\mathrm{e}^{-\frac{(t-\mu)^2}{2\sigma^2}}\mathrm{d}t\ (x\in\mathbf{R}).$$

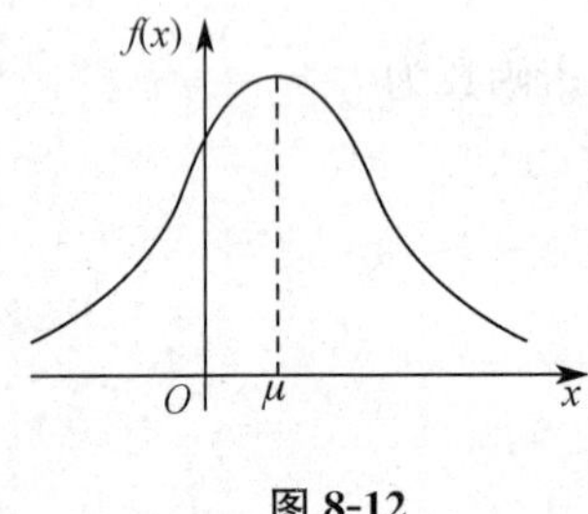

图 8-12

正态分布的密度函数的图形如图 8-12 所示，它是一条中间高，两边低，左右对称的悬钟形曲线，称为正态曲线.具有如下性质：

(1) 曲线 $y=f(x)$ 关于直线 $x=\mu$ 对称，在 $x=\mu$ 处 $f(x)$ 取得最大值 $\frac{1}{\sqrt{2\pi}\sigma}$，当 $x\to\pm\infty$ 时，以 x 轴为水平渐近线，曲线有拐点 $\left(\mu\pm\sigma,\frac{1}{\sqrt{2\pi}\sigma}\mathrm{e}^{-\frac{1}{2}}\right)$；

(2) $\int_{-\infty}^{+\infty}f(x)\mathrm{d}x=1$；

(3) 正态曲线的位置由 μ 决定，形状由 σ 决定.

当固定σ,改变μ时,图形沿x轴平行移动,形状不变(如图8-13所示). 当固定μ,改变σ时,σ越大,曲线越平缓,X的取值越分散;σ越小,曲线越陡峭,X的取值越集中(如图 8-14 所示).

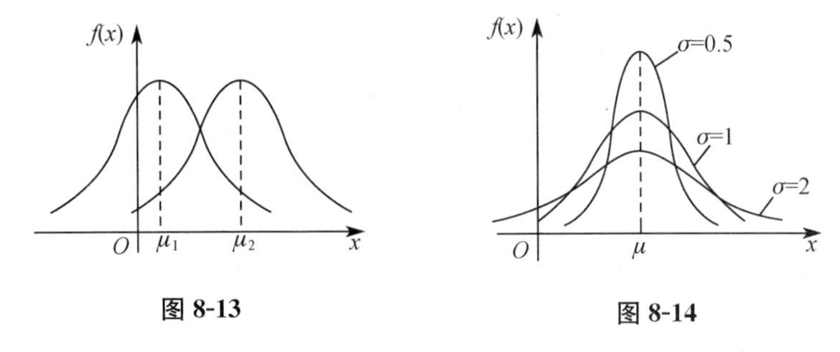

图 8-13　　图 8-14

定义 8.26　当$\mu=0,\sigma=1$时的正态分布称为**标准正态分布**,记为$X\sim N(0,1)$. 其密度函数和分布函数分别为

$$\varphi(x)=\frac{1}{\sqrt{2\pi}}\mathrm{e}^{-\frac{x^2}{2}}(x\in\mathbf{R}),\Phi(x)=\frac{1}{\sqrt{2\pi}}\int_{-\infty}^{x}\mathrm{e}^{-\frac{t^2}{2}}\mathrm{d}t.$$

$\varphi(x)$,$\Phi(x)$ 的图形分别如图 8-15 和图 8-16 所示.

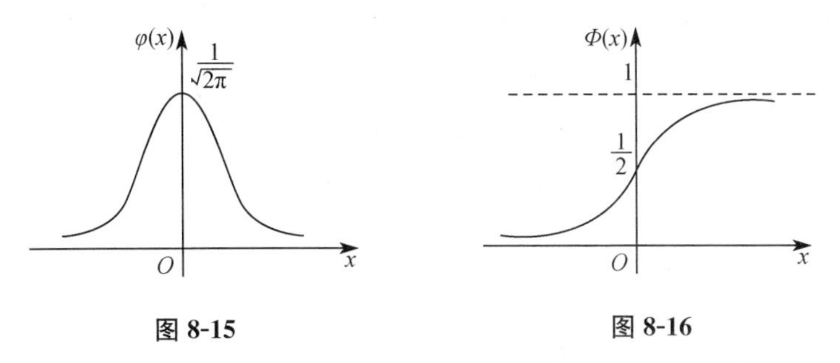

图 8-15　　图 8-16

易知,$\Phi(x)$ 具有性质: $\Phi(-x)=1-\Phi(x)$, 且对任意实数 $a,b(a<b)$, 有 $P\{a<X\leqslant b\}=\Phi(b)-\Phi(a)$.

为了便于计算,人们编制了 $\Phi(x)$ 的数值表,称为标准正态分布表(见附表 B),标准正态分布的概率计算只要查表即可.

例 11　设$X\sim N(0,1)$,求:(1)$P\{-1<X\leqslant 2\}$;(2)$P\{|X|<1\}$;(3)$P\{X\geqslant 1\}$.

解　查附表 B 可得 $\Phi(1)=0.841\,3$,$\Phi(2)=0.977\,2$,故

(1)$P\{-1<X\leqslant 2\}=\Phi(2)-\Phi(1)=0.977\,2-0.841\,3=0.135\,9$.

(2)$P\{|X|<1\}=\Phi(1)-\Phi(-1)=2\Phi(1)-1=2\times 0.841\,3-1=0.682\,6$.

(3)$P\{X\geqslant 1\}=1-P\{X<1\}=1-\Phi(1)=1-0.841\,3=0.158\,7$.

一般地,若随机变量 $X\sim N(\mu,\sigma^2)$,则可应用定积分的换元法将其标准化,然后

利用标准正态分布函数来计算 X 在某区间上取值的概率. 若 $X \sim N(\mu,\sigma^2)$，则对任意实数 $a,b(a<b)$，有

$$P\{a<X\leqslant b\}=\frac{1}{\sqrt{2\pi}\sigma}\int_a^b \mathrm{e}^{-\frac{(x-\mu)^2}{2\sigma^2}}\mathrm{d}x$$

$$\xlongequal{\text{令}\frac{x-\mu}{\sigma}=t}\int_{\frac{a-\mu}{\sigma}}^{\frac{b-\mu}{\sigma}}\frac{1}{\sqrt{2\pi}}\mathrm{e}^{-\frac{t^2}{2}}\mathrm{d}t$$

$$=\Phi\left(\frac{b-\mu}{\sigma}\right)-\Phi\left(\frac{a-\mu}{\sigma}\right).$$

若记 $X\sim N(\mu,\sigma^2)$ 的分布函数为 $F(x)$，则有 $F(x)=\Phi\left(\frac{x-\mu}{\sigma}\right)$.

例 12 设 $X\sim N(1.5,4)$，计算 $P\{X\leqslant 3.5\}$，$P\{X>2.5\}$，$P\{|X|<3\}$.

解 $P\{X\leqslant 3.5\}=F(3.5)=\Phi\left(\frac{3.5-1.5}{2}\right)=\Phi(1)=0.841\,3$，

$$P\{X>2.5\}=1-P\{X\leqslant 2.5\}=1-F(2.5)=1-\Phi\left(\frac{2.5-1.5}{2}\right)$$
$$=1-\Phi(0.5)=1-0.691\,5=0.308\,5,$$

$$P\{|X|<3\}=P\{-3<X<3\}=F(3)-F(-3)$$
$$=\Phi\left(\frac{3-1.5}{2}\right)-\Phi\left(\frac{-3-1.5}{2}\right)=\Phi(0.75)-\Phi(-2.25)$$
$$=\Phi(0.75)-1+\Phi(2.25)=0.773\,4-1+0.987\,8=0.761\,2.$$

例 13 设 $X\sim N(\mu,\sigma^2)$，求 $P\{|X-\mu|<\sigma\}$，$P\{|X-\mu|<2\sigma\}$，$P\{|X-\mu|<3\sigma\}$.

解 $P\{|X-\mu|<\sigma\}=P\{\mu-\sigma<X<\mu+\sigma\}$

$$=\Phi\left(\frac{\mu+\sigma-\mu}{\sigma}\right)-\Phi\left(\frac{\mu-\sigma-\mu}{\sigma}\right)$$
$$=\Phi(1)-\Phi(-1)=2\Phi(1)-1$$
$$=2\times 0.841\,3-1=0.682\,6,$$

同理可得

$$P\{|X-\mu|<2\sigma\}=2\Phi(2)-1=0.954\,4,$$
$$P\{|X-\mu|<3\sigma\}=2\Phi(3)-1=0.997\,4.$$

上例说明了统计工作者经常使用的“3σ”规则，即服从正态分布 $N(\mu,\sigma^2)$ 的随机变量的取值大约有 99.7% 落入$(\mu-3\sigma,\mu+3\sigma)$，仅大约有 3% 落在$(\mu-3\sigma,\mu+3\sigma)$之外.

*四、随机变量函数的分布

在很多实际问题中，我们不仅要了解随机变量的分布，而且还要讨论随机变量

的函数及其函数分布.

设 $g(x)$ 是定义在随机变量 X 的一切可能取值 x 的集合上的函数,若当 X 取值为 x 时,随机变量 Y 的取值为 $y=g(x)$,则称**随机变量 Y 是随机变量 X 的函数**,记做 $Y=g(X)$. 下面讨论如何根据 X 的分布来导出 $Y=g(X)$ 的概率分布.

1. 离散型随机变量函数的分布

设 X 是离散型随机变量,其概率分布为 $P\{X=x_k\}=p_k,k=1,2,\cdots$,若 X 的函数 $Y=g(X)$ 的所有取值为 $y_k,k=1,2,\cdots$,则随机变量 X 的函数 $Y=g(X)$ 的分布律为

$$P\{Y=y_k\}=q_k,k=1,2,\cdots,$$

其中 q_k 是所有满足 $g(x_k)=y_k$ 的 x_k 对应的 X 的概率 $P\{X=x_k\}=p_k$ 的和,即

$$P\{Y=y_k\}=\sum_{g(x_k)=y_k}P\{X=x_k\}.$$

例 14　设随机变量 X 有以下的分布律

X	-1	0	1	2
P	0.2	0.3	0.1	0.4

求随机变量函数 $Y=(X-1)^2$ 的分布律.

解　当 X 取值 $-1,0,1,2$ 时,$Y=(X-1)^2$ 的所有可能取值为 $0,1,4$. 由

$P\{Y=0\}=P\{(X-1)^2=0\}=P\{X=1\}=0.1,$

$P\{Y=1\}=P\{(X-1)^2=1\}=P\{X=0\}+P\{X=2\}=0.3+0.4=0.7,$

$P\{Y=4\}=P\{(X-1)^2=4\}=P\{X=-1\}=0.2.$

故得 $Y=(X-1)^2$ 的分布律为

$Y=(X-1)^2$	0	1	4
P	0.1	0.7	0.2

2. 连续型随机变量函数的分布

设随机变量 X 的密度函数为 $f_X(x)(x\in\mathbf{R})$,则 $Y=g(X)$ 的分布函数为

$$F_Y(y)=P\{Y\leqslant y\}=P\{g(X)\leqslant y\}=\int_{g(x)\leqslant y}f_X(x)\mathrm{d}x,$$

则 $Y=g(X)$ 的密度函数为

$$f_Y(y)=\frac{\mathrm{d}F_Y(y)}{\mathrm{d}y}.$$

例 15　设随机变量 X 的密度函数为 $f_X(x)(x\in\mathbf{R})$,求 $Y=X^2$ 的概率密度.

解　当 $y\leqslant 0$ 时,$F_Y(y)=0$;当 $y>0$ 时,有

$$F_Y(y)=P\{Y\leqslant y\}=P\{X^2\leqslant y\}=P\{-\sqrt{y}\leqslant X\leqslant\sqrt{y}\}=\int_{-\sqrt{y}}^{\sqrt{y}}f_X(x)\mathrm{d}x.$$

由此可知,$Y=X^2$ 的密度函数为

$$f_Y(y)=\frac{\mathrm{d}F_Y(y)}{\mathrm{d}y}=\begin{cases}\dfrac{1}{2\sqrt{y}}[f_X(\sqrt{y})+f_X(-\sqrt{y})], & y>0,\\ 0, & y\leqslant 0.\end{cases}$$

若 $X\sim N(0,1)$,则 X 的密度函数为

$$\varphi(x)=\frac{1}{\sqrt{2\pi}}\mathrm{e}^{-\frac{x^2}{2}},x\in\mathbf{R},$$

则 $Y=X^2$ 的密度函数为

$$f_Y(y)=\begin{cases}\dfrac{1}{\sqrt{2\pi}}y^{-\frac{1}{2}}\mathrm{e}^{-\frac{y}{2}}, & y>0,\\ 0, & y\leqslant 0.\end{cases}$$

此时称 $Y=X^2$ 服从自由度为 1 的 χ^2 分布,此结果在数理统计中很重要.

五、随机变量的数字特征

随机变量的分布函数能够完整地描述随机变量的统计规律性,但在一些实际问题中,不需要完全地考查随机变量的变化情况,只需要知道随机变量的某些特征,因而并不需要求出它的分布函数.例如,评定某一地区粮食产量的水平时,在许多情况下只需知道该地区的平均产量;又如在研究棉花的质量时,既需要注意纤维的平均长度,又需要注意纤维长度与平均长度的偏离程度,平均长度较大,偏离程度较小,质量就比较好.可以看到,与随机变量有关的某些数值,虽然不能完整地描述随机变量,但能描述随机变量在某些方面的重要特征,这些数字特征在理论和实际上都具有十分重要的意义.下面介绍反映随机变量的平均取值与偏差的两个数字特征:数学期望与方差.

微课

数学期望及其性质

(一) 数学期望

1. 数学期望的定义

先看一个实例.某公司员工的月收入分四档,每档中员工人数如下表:

月收入/元	2 500	3 000	3 500	5 000
人数	4	16	4	1
频率	$\frac{4}{25}$	$\frac{16}{25}$	$\frac{4}{25}$	$\frac{1}{25}$

则该公司员工的人均月收入为

$$\frac{1}{25}(2\,500\times4+3\,000\times16+3\,500\times4+5\,000\times1)$$

$$=2\,500\times\frac{4}{25}+3\,000\times\frac{16}{25}+3\,500\times\frac{4}{25}+5\,000\times\frac{1}{25}.$$

可见,员工的人均月收入为每档工资值与其出现频率(概率)的乘积之和.也就是说随机变量的平均值为随机变量的一切可能取值与其对应的概率乘积之和,即以概率为权数的加权平均值.这就是数学期望.

定义 8.27　设离散型随机变量 X 的分布律为

$$P\{X=x_k\}=p_k(k=1,2,\cdots).$$

若级数 $\sum\limits_{k=1}^{\infty}x_kp_k$ 绝对收敛,则级数 $\sum\limits_{k=1}^{\infty}x_kp_k$ 的和称为离散型随机变量 X 的**数学期望**(**或均值**),记做 $E(X)$,即

$$E(X)=\sum_{k=1}^{\infty}x_kp_k.$$

定义 8.28　设连续型随机变量 X 的概率密度函数为 $f(x)$,若积分 $\int_{-\infty}^{+\infty}xf(x)\mathrm{d}x$ 绝对收敛,则称积分 $\int_{-\infty}^{+\infty}xf(x)\mathrm{d}x$ 为连续型随机变量 X 的**数学期望**(**或均值**),记做 $E(X)$,即

$$E(X)=\int_{-\infty}^{+\infty}xf(x)\mathrm{d}x.$$

例 16　在射击训练中,甲、乙两射手各进行 100 次射击,甲命中 8 环、9 环、10 环分别为 30 次、10 次、60 次,乙命中 8 环、9 环、10 环分别为 20 次、50 次、30 次.试评定甲、乙射手的技术优劣.

解　设 X,Y 分别表示甲、乙射手命中的环数,则其分布律为

X	8	9	10
P	0.3	0.1	0.6

Y	8	9	10
P	0.2	0.5	0.3

故

$$E(X)=8\times0.3+9\times0.1+10\times0.6=9.3,$$

$$E(Y)=8\times0.2+9\times0.5+10\times0.3=9.1.$$

所以,就平均水平来说甲射手的技术优于乙射手的技术.

例 17　设服从拉普拉斯分布的随机变量 X 的密度函数为 $f(x)=\frac{1}{2}\mathrm{e}^{-|x|}(x\in\mathbf{R})$,求 $E(X)$.

解 $E(X)=\int_{-\infty}^{+\infty}xf(x)\mathrm{d}x=\int_{-\infty}^{+\infty}x\frac{1}{2}\mathrm{e}^{-|x|}\mathrm{d}x=0$（奇函数在对称区间上的积分为0）.

2. 随机变量函数的数学期望

在实际问题与理论研究中，常常遇到求随机变量函数的数学期望问题.

若已知随机变量 X 的概率分布，求其函数 $Y=g(X)$ 的数学期望可利用下面的定理.

定理 8.4 设 Y 是随机变量 X 的函数：$Y=g(X)$（g 是连续函数）.

(1) 若 X 为离散型随机变量，其分布律为

$$P\{X=x_k\}=p_k(k=1,2,\cdots),$$

若级数 $\sum_{k=1}^{\infty}g(x_k)p_k$ 绝对收敛，则

$$E(Y)=E[g(X)]=\sum_{k=1}^{\infty}g(x_k)p_k.$$

(2) 若 X 为连续型随机变量，其概率密度函数为 $f(x)$，若 $\int_{-\infty}^{+\infty}g(x)f(x)\mathrm{d}x$ 绝对收敛，则

$$E(Y)=E[g(X)]=\int_{-\infty}^{+\infty}g(x)f(x)\mathrm{d}x.$$

例 18 设随机变量 X 的概率分布为

X	-2	-1	0	1
P	0.1	0.3	0.4	0.2

且 $Y_1=2X+1, Y_2=X^2$，求 $E(Y_1), E(Y_2)$.

解
$$\begin{aligned}E(Y_1)&=E(2X+1)\\&=[2\times(-2)+1]\times0.1+[2\times(-1)+1]\times0.3+(2\times0+1)\times\\&\quad 0.4+(2\times1+1)\times0.2\\&=0.4,\end{aligned}$$

$$E(Y_2)=E(X^2)=(-2)^2\times0.1+(-1)^2\times0.3+0^2\times0.4+1^2\times0.2=0.9.$$

例 19 设风速 X 是一个随机变量，且在 $(0,a)(a>0)$ 上服从均匀分布. 飞机两翼上受到的压力 Y 与风速的平方成正比，即 $Y=kX^2(k>0)$，求 $E(Y)$.

解 X 的密度函数为

$$f(x)=\begin{cases}\frac{1}{a},0<x<a,\\0,\ 其他,\end{cases}$$

由于 $Y=kX^2$，有

$$E(Y)=\int_{-\infty}^{+\infty}g(x)f(x)\mathrm{d}x=\int_{-\infty}^{+\infty}kx^2f(x)\mathrm{d}x=\int_0^a kx^2\frac{1}{a}\mathrm{d}x=\frac{ka^2}{3}.$$

3. 数学期望的性质

下面给出数学期望的几个性质，并假设所提到的数学期望都存在.

性质 1　设 k 为常数，则 $E(k)=k$.

性质 2　设 X 是随机变量，k 为常数，则 $E(kX)=kE(X)$.

性质 3　设 X,Y 是任意两个随机变量，则

$$E(X\pm Y)=E(X)\pm E(Y).$$

推论　设 $X_1,X_2,\cdots,X_n$ 是任意 n 个随机变量，则

$$E(X_1\pm X_2\pm\cdots\pm X_n)=E(X_1)\pm E(X_2)\pm\cdots\pm E(X_n).$$

性质 4　设 X 与 Y 是两个相互独立的随机变量，则

$$E(XY)=E(X)E(Y).$$

推论　设 $X_1,X_2,\cdots,X_n$ 是 n 个相互独立的随机变量，则

$$E(X_1X_2\cdots X_n)=E(X_1)E(X_2)\cdots E(X_n).$$

例 20　设 X 表示某产品的日产量，Y 表示相应的成本，每件产品的成本为 6 元，而每天固定设备的折旧费为 600 元，若平均日产量 $E(X)=50$ 件，求每天生产产品所需的平均成本.

解　$Y=600+6X$，由数学期望的性质得

$$E(Y)=E(600+6X)=600+6E(X)=600+6\times 50=900.$$

故每天生产产品的平均成本为 900 元.

例 21　一电路中，电流 I 与电阻 R 是两个相互独立的随机变量，它们的密度函数分别为

$$f_I(i)=\begin{cases}3i^2, & 0<i<1,\\ 0, & 其他,\end{cases}\quad f_R(r)=\begin{cases}\dfrac{1}{10}, & 0<r<10,\\ 0, & 其他,\end{cases}$$

试求电压 $V=IR$ 的数学期望.

解　$E(I)=\int_{-\infty}^{+\infty}if_I(i)\mathrm{d}i=\int_0^1 3i^3\mathrm{d}i=\frac{3}{4}$,

$$E(R)=\int_{-\infty}^{+\infty}rf_R(r)\mathrm{d}r=\int_0^{10}\frac{r}{10}\mathrm{d}r=5,$$

由性质 4，得

$$E(V)=E(IR)=E(I)E(R)=\frac{3}{4}\times 5=\frac{15}{4}.$$

(二) 方差

随机变量 X 的数学期望体现了随机变量 X 的均值，它是随机变量的一个重要的数字特征. 但在许多实际问题中，还需要了解随机变量与其均值的偏离程度，对于这一数字特征，用方差来刻画.

微课

方差及其性质

1. 方差的定义

定义 8.29 设 X 是一个随机变量. 若 $E\{[X-E(X)]^2\}$ 存在，则 $E\{[X-E(X)]^2\}$ 称为随机变量 X 的**方差**，记做 $D(X)$，即

$$D(X)=E\{[X-E(X)]^2\}.$$

$\sqrt{D(X)}$ 称为 X 的**标准差或均方差**，记做 $\sigma(X)$.

由定义，随机变量 X 的方差反映了 X 的取值与其数学期望的偏离程度. 方差越小，则 X 取值越集中；方差越大，则 X 取值越分散.

方差实际上是随机变量 X 的函数的数学期望，所以有如下的计算方法：

(1) 若 X 为离散型随机变量，则

$$D(X)=\sum_{k=1}^{\infty}[x_k-E(X)]^2 p_k,$$

其中 $P\{X=x_k\}=p_k(k=1,2,\cdots)$ 为 X 的分布律.

(2) 若 X 为连续型随机变量，其密度函数为 $f(x)$，则

$$D(X)=\int_{-\infty}^{+\infty}[x-E(X)]^2 f(x)\mathrm{d}x.$$

(3) 重要公式 $D(X)=E(X^2)-[E(X)]^2$.

例 22 设甲、乙两人加工同种零件，两人每天加工的零件数相等，所出的成品率分别为 X 和 Y，且 X 和 Y 的概率分布分别为

X	0	1	2
P	0.6	0.1	0.3

Y	0	1	2
P	0.5	0.3	0.2

试对甲、乙两人的技术进行比较.

解 $E(X)=0\times0.6+1\times0.1+2\times0.3=0.7$,

$E(X)=0\times0.5+1\times0.3+2\times0.2=0.7$,

$D(X)=(0-0.7)^2\times0.6+(1-0.7)^2\times0.1+(2-0.7)^2\times0.3=0.81$,

$D(Y)=(0-0.7)^2\times0.5+(1-0.7)^2\times0.3+(2-0.7)^2\times0.2=0.61$.

由于 $E(X)=E(Y)$，所以甲、乙两人技术水平相当，而 $D(X)>D(Y)$，故乙的技术水平比甲稳定.

例 23 设随机变量 X 具有密度函数

$$f(x)=\begin{cases}x+1, & -1\leqslant x\leqslant 0,\\ 1-x, & 0<x\leqslant 1,\end{cases}$$

求 $D(X)$.

解 $E(X)=\int_{-\infty}^{+\infty}xf(x)\mathrm{d}x=\int_{-1}^{0}x(1+x)\mathrm{d}x+\int_{0}^{1}x(1-x)\mathrm{d}x=0$,

$$E(X^2)=\int_{-\infty}^{+\infty}x^2f(x)\mathrm{d}x=\int_{-1}^{0}x^2(1+x)\mathrm{d}x+\int_{0}^{1}x^2(1-x)\mathrm{d}x=\frac{1}{6},$$

故
$$D(X)=E(X^2)-[E(X)]^2=\frac{1}{6}.$$

2. 方差的性质

下面给出方差的性质,并假设所涉及的随机变量的期望或方差均存在.

性质 1　设 k 为常数,则 $D(k)=0$.

性质 2　设 k 为常数,则 $D(kX)=k^2D(X)$.

性质 3　设随机变量 X,Y 相互独立,则

$$D(X\pm Y)=D(X)+D(Y).$$

推论　设 $X_1,X_2,\cdots,X_n$ 是 n 个相互独立的随机变量,则

$$D(X_1\pm X_2\pm\cdots\pm X_n)=D(X_1)+D(X_2)+\cdots+D(X_n).$$

例 24　设随机变量 $X_1,X_2,\cdots,X_n$ 相互独立且同分布,且 $E(X_i)=\mu,D(X_i)=\delta^2$,求 $\overline{X}=\frac{1}{n}\sum_{i=1}^{n}X_i$ 的期望和方差.

解　由期望和方差的性质,有

$$E(\overline{X})=E(\frac{1}{n}\sum_{i=1}^{n}X_i)=\frac{1}{n}\sum_{i=1}^{n}E(X_i)=\frac{1}{n}\cdot n\mu=\mu,$$

$$D(\overline{X})=D(\frac{1}{n}\sum_{i=1}^{n}X_i)=\frac{1}{n^2}\sum_{i=1}^{n}D(X_i)=\frac{1}{n^2}\cdot n\delta^2=\frac{\delta^2}{n}.$$

(三) 常用分布的数学期望和方差

1. 两点分布

设随机变量 X 具有两点分布,其分布律为

$$P\{X=1\}=p,P\{X=0\}=1-p=q,$$

则
$$E(X)=p,D(X)=pq.$$

证明　$E(X)=1\times p+0\times q=p$,

$E(X^2)=1^2\times p+0^2\times q=p$,

由公式,得

$$D(X)=E(X^2)-[E(X)]^2=p-p^2=pq.$$

2. 二项分布

设 $X \sim B(n,p)$，$q = 1 - p$，则 $E(X) = np$，$D(X) = npq$.

证明从略.

3. 泊松分布

设 $X \sim P(\lambda)$，则 $E(X) = \lambda$，$D(X) = \lambda$.

证明从略.

4. 均匀分布

设 $X \sim U(a,b)$，则 $E(X) = \dfrac{a+b}{2}$，$D(X) = \dfrac{(b-a)^2}{12}$.

证明 X 的密度函数为

$$f(x) = \begin{cases} \dfrac{1}{b-a}, & a < x < b, \\ 0, & \text{其他}, \end{cases}$$

$$E(X) = \int_{-\infty}^{+\infty} x f(x) \mathrm{d}x = \int_a^b x \frac{1}{b-a} \mathrm{d}x = \frac{a+b}{2},$$

$$D(X) = E(X^2) - [E(X)]^2 = \int_a^b x^2 \frac{1}{b-a} \mathrm{d}x - \left(\frac{a+b}{2}\right)^2 = \frac{(b-a)^2}{12}.$$

5. 指数分布

设 $X \sim E(\lambda)$，则 $E(X) = \dfrac{1}{\lambda}$，$D(X) = \dfrac{1}{\lambda^2}$.

证明从略.

6. 正态分布

设 $X \sim N(\mu, \sigma^2)$，则 $E(X) = \mu$，$D(X) = \sigma^2$.

证明从略.

习题 8-2

1. 20 件同类产品中有 5 件次品，从中不放回地任取 3 件，以 X 表示其中的次品数. 求 X 的分布律.

2. 若 X 服从两点分布，且 $P\{X = 1\} = 2P\{X = 0\}$，求 X 的分布律.

3. 传送 15 个信号，每个信号在传送过程中失真的概率为 0.6，每个信号是否失真相互独立. 求：

(1) 恰有 1 个信号失真的概率；(2) 至少有 2 个信号失真的概率.

4. 进行某项试验，设试验成功的概率为 $p(0 < p < 1)$，求试验获得首次成功所需要的试验次数 X 的概率分布.

5. 一电话交换台每分钟接到的传呼次数满足 $X \sim P(4)$，求：

(1) 每分钟恰有 8 次传呼的概率；(2) 每分钟至少接到 2 次传呼的概率.

6. 设连续型随机变量 X 的密度函数为

$$f(x)=\begin{cases}a\cos x, & -\frac{\pi}{2}<x<\frac{\pi}{2},\\ 0, & 其他,\end{cases}$$

求:(1) 系数 a;(2) 求随机变量落在区间 $(0,\frac{\pi}{4})$ 内的概率.

7. 某城市每天用电量不超过百万度,以 X 表示每天的耗电率(即用电量除以百万度之商),它的密度函数为

$$f(x)=\begin{cases}12x(1-x)^2, & 0<x<1,\\ 0, & 其他,\end{cases}$$

若该城市发电厂每天供电量为 80 万度,求供电量不能满足需要(即耗电率大于 0.8) 的概率.

8. 一袋内装有 5 个相同的球,分别标有 1,2,3,4,5,从中任取三个,令 X 表示三个球中的最大号码,试求:(1)X 的分布律;(2)X 的分布函数;(3)$P\{X\leqslant 2\}$;(4)$P\{3<X\leqslant 5\}$.

9. 随机变量 X 的密度函数为

$$f(x)=\begin{cases}x, & 0<x<1,\\ 2-x, & 1\leqslant x<2,\\ 0, & 其他,\end{cases}$$

求 X 的分布函数 $F(x)$ 及概率 $P\left\{\frac{2}{3}<X<\frac{3}{2}\right\}$.

10. 设连续型随机变量 X 的分布函数为

$$F(x)=\begin{cases}\frac{1}{2}e^x, & x<0,\\ \frac{1}{2}+\frac{x}{4}, & 0\leqslant x<2,\\ 1, & x\geqslant 2,\end{cases}$$

求(1)$P\{-1<X\leqslant 1\}$ 及 $P\{1<X\leqslant 3\}$;(2)X 的密度函数.

11. 设 $X\sim N(\mu,\sigma^2)$,X 的密度函数为 $f(x)=k_1 e^{-\frac{x^2-4x+k_2}{32}}$,试确定 k_1,k_2,μ,σ 的值.

12. 已知 $X\sim N(-1,4)$,求概率 $P\{X>1\}$,$P\{|X|\leqslant 1\}$,$P\{|X+1|>1\}$,$P\{0\leqslant X\leqslant 2\}$.

*13. 设随机变量 X 的概率分布律为

X	-3	-1	0	1	2
P	0.1	0.2	0.25	0.2	0.25

求 $Y=-2X+1$ 的分布律.

*14. 设 $X\sim N(0,1)$,求 $Y=2X^2+1$ 的密度函数.

15. 设随机变量 X 的分布律为

X	-2	0	2
P	0.4	0.3	0.3

求 $E(X)$,$E(2X-1)$,$E(X^2)$,$D(X)$.

16. 设随机变量 X 的密度函数为

$$f(x)=\begin{cases}x, & 0\leqslant x<1,\\ 2-x, & 1\leqslant x\leqslant 2,\\ 0, & x<0 \text{ 或 } x>2,\end{cases}$$

求 $E(X)$,$D(X)$.

17. 已知随机变量 X 的密度函数为

$$f(x)=\begin{cases}Ax^{\alpha}, & 0<x<4,\\ 0, & \text{其他},\end{cases}$$

且 $E(X)=\dfrac{12}{5}$,求常数 A,α 及 $D(X)$.

18. 设随机变量 X 在 $(-0.5,0.5)$ 内服从均匀分布,求 $Y=\sin\pi X$ 的数学期望.

第三节　数理统计

本节主要介绍数理统计的基本概念、常用统计量的分布及参数的点估计和区间估计.

一、总体、样本与统计量

微课

样本与统计量

(一) 总体与样本

在实际中,我们往往通过观察和试验来获取研究对象的信息.但如果把全体研究对象逐个检查,常常是不必要的或不可能的.例如,研究灯泡的寿命、横梁的耐冲击强度等都是破坏性试验,逐个检查将失去生产的意义.所以,只能通过测试部分对象的数据来推断全体研究对象的性质,这是数理统计的基本问题.

定义 8.30　所研究对象的全体称为**总体**,它是随机变量,常用 X 表示.总体中的每个元素称为**个体**,总体中所包含的元素的个数称为总体的**容量**.容量为有限的总体称为**有限总体**,容量为无限的总体称为**无限总体**.

从总体中抽取的部分个体 $X_1,X_2,\cdots,X_n$ 称为来自于总体 X 的一个**随机样本**,n 称为**样本容量**,$X_1,X_2,\cdots,X_n$ 的 n 个观察值 $x_1,x_2,\cdots,x_n$ 称为**样本值**.若 X_1,$X_2,\cdots,X_n$ 是一组相互独立且与总体 X 有相同分布的样本,则称其为**简单随机样本**,简称**样本**.

(二) 统计量

样本是进行统计推断的依据,但在应用中,往往不是直接使用样本本身,而是针对不同的问题构造样本的适当函数,利用这些样本的函数进行统计推断.

1. 统计量的定义

定义 8.31 设 $X_1,X_2,\cdots,X_n$ 是来自总体 X 的一个样本，$g(X_1,X_2,\cdots,X_n)$ 为样本的连续函数，若 $g(X_1,X_2,\cdots,X_n)$ 中不含任何未知参数，则 $g(X_1,X_2,\cdots,X_n)$ 称为**统计量**.

若 $x_1,x_2,\cdots,x_n$ 是 $X_1,X_2,\cdots,X_n$ 的一组观察值，则 $g(x_1,x_2,\cdots,x_n)$ 是 $g(X_1,X_2,\cdots,X_n)$ 的一个观察值.

2. 常用统计量

设 $X_1,X_2,\cdots,X_n$ 是来自总体 X 的一个样本，$x_1,x_2,\cdots,x_n$ 是该样本的一组观察值.

(1) 样本均值 $\overline{X}=\dfrac{1}{n}\sum\limits_{i=1}^{n}X_i$；

(2) 样本方差 $S^2=\dfrac{1}{n-1}\sum\limits_{i=1}^{n}(X_i-\overline{X})^2=\dfrac{1}{n-1}(\sum\limits_{i=1}^{n}X_i^2-n\overline{X}^2)$；

(3) 样本标准差 $S=\sqrt{S^2}=\sqrt{\dfrac{1}{n-1}\sum\limits_{i=1}^{n}(X_i-\overline{X})^2}$；

(4) 样本 k 阶(原点)矩 $A_k=\dfrac{1}{n}\sum\limits_{i=1}^{n}X_i^k,k=1,2,\cdots$；

(5) 样本 k 阶中心矩 $B_k=\dfrac{1}{n}\sum\limits_{i=1}^{n}(X_i-\overline{X})^k,k=2,3,\cdots$.

它们的观察值分别为：

$\bar{x}=\dfrac{1}{n}\sum\limits_{i=1}^{n}x_i$；$s^2=\dfrac{1}{n-1}\sum\limits_{i=1}^{n}(x_i-\bar{x})^2=\dfrac{1}{n-1}(\sum\limits_{i=1}^{n}x_i^2-n\bar{x}^2)$；$s=\sqrt{\dfrac{1}{n-1}\sum\limits_{i=1}^{n}(x_i-\bar{x})^2}$；$a_k=\dfrac{1}{n}\sum\limits_{i=1}^{n}x_i^k,k=1,2,\cdots$；$b_k=\dfrac{1}{n}\sum\limits_{i=1}^{n}(x_i-\bar{x})^k,k=2,3,\cdots$.

例 1 从总体 X 中抽得一样本值如下：

78.1，72.4，76.2，74.3，77.4，78.4，76.0，75.5，76.7，77.3，

试求样本均值和样本方差.

解 样本容量 $n=10$，故有

$$\bar{x}=\frac{1}{10}(78.1+72.4+76.2+74.3+77.4+78.4+76.0+75.5+76.7+77.3)$$
$$=76.23,$$

$$s^2=\frac{1}{9}[(78.1-76.23)^2+\cdots+(77.3-76.23)^2]\approx 3.325.$$

二、常用统计量的分布

统计量 $g(X_1,X_2,\cdots,X_n)$ 也是随机变量，也存在分布问题. 由于生产和试验中的许多量都服从或近似服从正态分布，所以只介绍几个常用的且与正态总体有关的统计量的概率分布.

1. 样本均值的分布

定理 8.5 设 $X_1,X_2,\cdots,X_n$ 是来自总体 $X\sim N(\mu,\sigma^2)$ 的一个样本，$\overline{X}=\frac{1}{n}\sum_{i=1}^{n}X_i$ 为样本均值，则

(1)$\overline{X}\sim N(\mu,\frac{\sigma^2}{n})$；(2) $\dfrac{\overline{X}-\mu}{\frac{\sigma}{\sqrt{n}}}\sim N(0,1)$.

在讨论正态总体的有关问题时，常用到标准正态分布的上分位点，为此有如下定义.

定义 8.32 设 $U\sim N(0,1)$，对给定的 $\alpha(0<\alpha<1)$，满足条件

$$P\{U>U_\alpha\}=\int_{U_\alpha}^{+\infty}\frac{1}{\sqrt{2\pi}}e^{-\frac{t^2}{2}}dt=\alpha(\text{或 }P\{U\leqslant U_\alpha\}=1-\alpha)$$

的点 U_α 称为标准正态分布的**上 α 分位点**(或**上侧临界值**)，简称为**上 α 点**；满足条件

$$P\{|U|>U_{\frac{\alpha}{2}}\}=\alpha$$

的点 $U_{\frac{\alpha}{2}}$ 称为标准正态分布的**双侧 α 分位点**(或**双侧临界值**)，简称**双 α 点**.

例如，取 $\alpha=0.05$，由于 $P\{U>1.645\}=1-\Phi(1.645)=0.05$，故

$$U_{0.05}=1.645.$$

实际中常用到的临界值有 $U_{0.05}=1.645, U_{0.01}=2.326, U_{\frac{0.05}{2}}=1.96, U_{\frac{0.01}{2}}=2.576$.

2. χ^2 分布

定义 8.33 设 $X_1,X_2,\cdots,X_n$ 是来自总体 $X\sim N(0,1)$ 的一个样本，则统计量 $\chi^2=X_1^2+X_2^2+\cdots+X_n^2$ 称为服从自由度为 n 的 **χ^2 分布**，记做 $\chi^2\sim\chi^2(n)$.

χ^2 分布的密度函数中含有 Γ 函数，直接计算比较困难，为了使用方便，数学研究者对不同的自由度 n 及不同的数 $\alpha(0<\alpha<1)$ 编制了 χ^2 分布表(见附表 C).

对于给定的 $\alpha(0<\alpha<1)$，通过查表可求得满足条件

$$P\{\chi^2(n)>\chi_\alpha^2(n)\}=\alpha$$

的点 $\chi_\alpha^2(n)$，并称为 χ^2 分布的**上 α 分位点**(或**上侧临界值**)，简称为**上 α 点**.

当自由度 n 确定后，$\chi_\alpha^2(n)$ 的值与 α 有关. 例如，当 $n=10,\alpha=0.05$ 时，查附表 C 得 $\chi_{0.05}^2(10)=18.307$，即 $P\{\chi^2(10)>18.307\}=0.05$.

χ^2 分布有如下的性质：

(1) $E(\chi^2)=n, D(\chi^2)=2n$；

(2) 若 $\chi_i^2 \sim \chi^2(n_i)(i=1,2,\cdots,k)$ 且相互独立，则

$$\sum_{i=1}^{k}\chi_i^2 \sim \chi^2(n_1+n_2+\cdots+n_k)；$$

(3) 设 $X_1,X_2,\cdots,X_n$ 为来自总体 $X\sim N(\mu,\sigma^2)$ 的样本，则

$$\frac{(n-1)S^2}{\sigma^2} \sim \chi^2(n-1).$$

3. t 分布

定义 8.34　设 $X\sim N(0,1)$，$Y\sim\chi^2(n)$，且 X,Y 相互独立，则随机变量 $T=\frac{X}{\sqrt{Y/n}}$ 称为服从自由度为 n 的 **t 分布**，记为 $T\sim t(n)$.

t 分布的密度函数 $f(x)$ 的图形关于 y 轴对称，当 n 很大时，其图形类似于标准正态分布的密度函数图形. 也就是说，当 n 足够大时，t 分布近似于标准正态分布. 但对于较小的 n，t 分布与标准正态分布相差较大.

对于给定的 $\alpha(0<\alpha<1)$，通过查附表 D 可求得满足条件

$$P\{t(n)>t_\alpha(n)\}=\alpha$$

的点 $t_\alpha(n)$，称为 t 分布的**上 α 分位点**(**或上侧临界值**)，简称为**上 α 点**.

当 $n>45$ 时，可用标准正态分布代替 t 分布查 $t_\alpha(n)$ 的值，即 $t_\alpha(n)\approx U_\alpha$.

定理 8.6　设总体 $X\sim N(\mu,\sigma^2)$，$X_1,X_2,\cdots,X_n$ 是来自总体的样本，则

$$\frac{\overline{X}-\mu}{S/\sqrt{n}} \sim t(n-1).$$

三、参数估计

根据取得的样本，对总体分布中的未知参数进行估计的问题称为**参数估计**. 参数估计分为两种；一种是从总体中抽取随机样本，利用统计量来估计总体的参数值称为**点估计**；另一种是以一定的可靠程度，利用统计量估计未知参数所在的区间称为**区间估计**.

(一) 点估计

设总体 X 的分布函数为 $F(x,\theta)$，其中 θ 为未知参数，根据样本 $X_1,X_2,\cdots,X_n$ 构造一个统计量 $\hat{\theta}(X_1,X_2,\cdots,X_n)$ 来估计总体的未知参数 θ. 统计量 $\hat{\theta}(X_1,X_2,\cdots,X_n)$ 称为 θ 的**点估计量**；对于样本观察值 $x_1,x_2,\cdots,x_n$，$\hat{\theta}(x_1,x_2,\cdots,x_n)$ 称为 θ 的**点估计值**. 在不混淆的情况下，点估计量和点估计值统称为点估计. 注意估计量是随机变

量，而估计值是数值.

参数点估计方法主要有两种：矩估计法和极大似然估计法. 在这里只介绍矩估计法.

由于样本来自于总体，假定总体的 k 阶矩存在，则样本的 k 阶矩在一定程度上反映了总体 k 阶矩的特征. 用样本 k 阶矩作为相应的总体 k 阶矩的估计量，从而得到未知参数的估计量的方法称为参数的**矩估计法**. 在矩估计法中最常用的是样本均值 $\overline{X}$ 作为总体数学期望（也称为总体均值）$E(X)$ 的估计量，样本方差 $S^2=\dfrac{1}{n-1}\sum\limits_{i=1}^{n}(X_i-\overline{X})^2$ 作为总体方差 $D(X)$ 的估计量.

例 2 设灯泡的寿命 $X\sim N(\mu,\sigma^2)$，其中参数 μ,σ^2 是未知的. 现随机抽取 5 个灯泡，测得其寿命（单位：小时）分别为 1 502，1 578，1 454，1 366，1 650. 试用矩估计法估计总体的均值和方差.

解 因为总体均值 $E(X)=\mu$，总体方差 $D(X)=\sigma^2$. 用样本均值 $\overline{x}$ 和样本方差 s^2 分别作为 μ,σ^2 的估计值，即有

$$\hat{\mu}=\overline{x}=\frac{1}{5}(1\,502+1\,578+1\,454+1\,366+1\,650)=1\,510;$$

$$\begin{aligned}\hat{\sigma}^2&=\frac{1}{5-1}[(1\,502-1\,510)^2+(1\,578-1\,510)^2+(1\,454-1\,510)^2+\\&\quad(1\,366-1\,510)^2+(1\,650-1\,510)^2]\\&=12\,040.\end{aligned}$$

例 3 设随机变量 X 服从均匀分布，其密度函数为 $f(x,\theta)=\begin{cases}\dfrac{1}{\theta}, & 0<x<\theta,\\ 0, & \text{其他},\end{cases}$ $X_1,X_2,\cdots,X_n$ 是 X 的样本. 试用矩估计法求 θ 的估计量.

解 总体 X 的一阶原点矩为

$$E(X)=\int_{-\infty}^{+\infty}xf(x)\mathrm{d}x=\int_0^{\theta}x\cdot\frac{1}{\theta}\mathrm{d}x=\frac{\theta}{2},$$

由于 $E(X)$ 的估计量为 $\overline{X}$，故有

$$\overline{X}=\hat{E}(X)=\frac{\hat{\theta}}{2},$$

解得 θ 的矩估计量为
$$\hat{\theta}=2\,\overline{X}=\frac{2}{n}\sum_{i=1}^{n}X_i.$$

***（二）区间估计**

定义 8.35 设 θ 为总体分布的未知参数，$X_1,X_2,\cdots,X_n$ 是总体 X 的样本，$\hat{\theta}_1,\hat{\theta}_2$ 是由该样本确定的两个统计量，若对给定的概率 $\alpha(0<\alpha<1)$，有

$$P\{\hat{\theta}_1 < \theta < \hat{\theta}_2\} = 1-\alpha,$$

则称 $1-\alpha$ 为**置信度**(置信区间的可靠程度),随机区间$(\hat{\theta}_1, \hat{\theta}_2)$为 θ 的置信度为 $1-\alpha$ 的**置信区间**,$\hat{\theta}_1$,$\hat{\theta}_2$ 分别称为**置信下限**和**置信上限**,统称为**置信限**.

在实际问题中,一般取 $\alpha = 0.10, 0.05, 0.01$,即置信度为 90%,95%,99%.

下面分别讨论正态总体参数的区间估计.

1. 正态均值的区间估计

设总体 $X \sim N(\mu, \sigma^2)$,$X_1, X_2, \cdots, X_n$ 是 X 的样本,求参数 μ 的置信度为 $1-\alpha$ 的置信区间.

(1) 方差 σ^2 已知

由定理 8.5 知,随机变量 $Z = \dfrac{\overline{X}-\mu}{\sigma/\sqrt{n}} \sim N(0,1)$,其中 $\overline{X} = \dfrac{1}{n}\sum\limits_{i=1}^{n} X_i$ 为样本均值.

对于给定的置信度 $1-\alpha$,由标准正态分布的性质,有

$$P\{|Z| < z_{\frac{\alpha}{2}}\} = 1-\alpha,\text{即 } P\left\{\left|\frac{\overline{X}-\mu}{\sigma/\sqrt{n}}\right| < z_{\frac{\alpha}{2}}\right\} = 1-\alpha,$$

从而有

$$P\left\{\overline{X} - \frac{\sigma}{\sqrt{n}} z_{\frac{\alpha}{2}} < \mu < \overline{X} + \frac{\sigma}{\sqrt{n}} z_{\frac{\alpha}{2}}\right\} = 1-\alpha.$$

所以方差 σ^2 已知时,μ 的置信度为 $1-\alpha$ 的置信区间为$\left(\overline{X} - \dfrac{\sigma}{\sqrt{n}} z_{\frac{\alpha}{2}}, \overline{X} + \dfrac{\sigma}{\sqrt{n}} z_{\frac{\alpha}{2}}\right)$.

例 4　某车间生产滚珠,据生产统计资料分析,滚珠直径 $X \sim N(\mu, \sigma^2)$. 设某批滚珠直径的方差 $\sigma^2 = 0.05\ \text{mm}^2$,现从中随机抽取 6 个,测得直径 14.6,15.1,14.9,14.8,15.2,15.1,给出置信度为 95%,求该批滚珠平均直径 μ 的置信区间.

解　根据题意,知 $n = 6$,$\sigma^2 = 0.05$,$1-\alpha = 95\%$,

$$\overline{x} = \frac{1}{6}(14.6 + 15.1 + 14.9 + 14.8 + 15.2 + 15.1) = 14.95.$$

查标准正态分布表有 $P\{|Z| < 1.96\} = 0.95$,即 $z_{\frac{\alpha}{2}} = 1.96$. 于是

$$\frac{\sigma}{\sqrt{n}} z_{\frac{\alpha}{2}} = \sqrt{\frac{0.05}{6}} \times 1.96 \approx 0.18,$$

所以所求置信区间为$(14.95 - 0.18, 14.95 + 0.18) = (14.77, 15.13)$.

(2) 方差 σ^2 未知

在方差未知时,可用样本方差 S^2 代替总体方差 σ^2,并由定理 8.6,有

$$t = \frac{\overline{X}-\mu}{S/\sqrt{n}} \sim t(n-1),$$

给出置信度 $1-\alpha$,通过查附表 D 求得临界值 $t_{\frac{\alpha}{2}}$,再由

$$P\left\{\left|\frac{\overline{X}-\mu}{S/\sqrt{n}}\right|<t_{\frac{\alpha}{2}}(n-1)\right\}=1-\alpha,$$

即
$$P\left\{\overline{X}-\frac{S}{\sqrt{n}}t_{\frac{\alpha}{2}}(n-1)<\mu<\overline{X}+\frac{S}{\sqrt{n}}t_{\frac{\alpha}{2}}(n-1)\right\}=1-\alpha.$$

得到均值 μ 的置信度为 $1-\alpha$ 的置信区间为$\left(\overline{X}-\frac{S}{\sqrt{n}}t_{\frac{\alpha}{2}}(n-1),\overline{X}+\frac{S}{\sqrt{n}}t_{\frac{\alpha}{2}}(n-1)\right)$.

例5 某商场从一季度的销售日报表中随机抽查了日用品柜25天的销售额,并计算出该柜日平均销售额 $\overline{x}=8$(万元),样本标准差 $s=1.2$(万元),已知日销售额服从正态分布,给出置信度 $1-\alpha=95\%$,试计算本季度日平均销售额 μ 的置信区间.

解 根据题意,知 $1-\alpha=0.95$, $\frac{\alpha}{2}=0.025$, $s=1.2$, $n=25$,对自由度 $n-1=24$,查附表D得 $t_{\frac{\alpha}{2}}(n-1)=2.0639$,则

$$\frac{s}{\sqrt{n}}t_{\frac{\alpha}{2}}(n-1)=\frac{1.2}{\sqrt{25}}\times 2.0639\approx 0.495,$$

所以 μ 的置信度为 95% 的置信区间为(7.505,8.495).

2. 方差 σ^2 的区间估计

由 χ^2 分布的性质(3)知,$\frac{(n-1)S^2}{\sigma^2}\sim\chi^2(n-1)$.对于给定的置信度 $1-\alpha$,查附表C求得临界值 $\chi^2_{\frac{\alpha}{2}}(n-1)$, $\chi^2_{1-\frac{\alpha}{2}}(n-1)$,使

$$P\{\chi^2_{1-\frac{\alpha}{2}}(n-1)<\chi^2<\chi^2_{\frac{\alpha}{2}}(n-1)\}=1-\alpha,$$

将 $\chi^2=\frac{(n-1)S^2}{\sigma^2}$ 代入上式,得

$$P\left\{\chi^2_{1-\frac{\alpha}{2}}(n-1)<\frac{(n-1)S^2}{\sigma^2}<\chi^2_{\frac{\alpha}{2}}(n-1)\right\}=1-\alpha,$$

由此求得方差 σ^2 的置信度为 $1-\alpha$ 的置信区间为$\left(\frac{(n-1)S^2}{\chi^2_{\frac{\alpha}{2}}(n-1)},\frac{(n-1)S^2}{\chi^2_{1-\frac{\alpha}{2}}(n-1)}\right)$.

同理,对同一置信度,标准差 σ 的置信区间为$\left(\sqrt{\frac{n-1}{\chi^2_{\frac{\alpha}{2}}(n-1)}}S,\sqrt{\frac{n-1}{\chi^2_{1-\frac{\alpha}{2}}(n-1)}}S\right)$.

例6 为了估计灯泡使用时数的均值 μ 和标准差 σ,测试了10个灯泡,得 $\overline{x}=1500$ 小时,$s=20$ 小时,已知灯泡使用时数服从正态分布,求均值 μ 及标准差 σ 的置信区间(置信度 $1-\alpha=95\%$).

解 因为 $\alpha=0.05$,自由度 $n-1=9$,查附表D得 $t_{\frac{\alpha}{2}}(n-1)=2.2622$ 则

$$\frac{s}{\sqrt{n}}t_{\frac{\alpha}{2}}(n-1)=\frac{20}{\sqrt{10}}\times 2.2622\approx 14.3,$$

所以均值 μ 的置信度为 95% 的置信区间为(1 485.7,1 514.3).

对同一自由度及 α，查 χ^2 分布表，得 $\chi^2_{1-\frac{\alpha}{2}}(n-1)=2.700$，$\chi^2_{\frac{\alpha}{2}}(n-1)=19.022$，所以标准差 σ 的置信度为 95% 的置信区间为(13.76,36.51).

习题 8-3

1. 已知总体 $X\sim N(150,25^2)$，从中抽取容量为 25 的简单随机样本，求 $P\{140<\overline{X}\leqslant 147.5\}$ 的值.

2. 已知总体 $X\sim N(\mu,\sigma^2)$，其中 μ 未知，$\sigma>0$ 已知，$X_1,X_2,\cdots,X_n$ 是 X 的简单随机样本. 试指出下列各式中哪个是统计量：

(1) $(X_1-\mu)^2+(X_2-\mu)^2+\cdots+(X_n-\mu)^2$；

(2) $\dfrac{(X_1+X_2+\cdots+X_n)}{\sigma^2}$；

(3) $\min(X_1,X_2,\cdots,X_n)$.

3. 给定 $\alpha=0.05$，$n=19$，求 $\chi^2(19)$ 的临界值 $\chi^2_{\frac{\alpha}{2}}(n-1)$，$\chi^2_{1-\frac{\alpha}{2}}(n-1)$，使得

$$P\{\chi^2_{1-\frac{\alpha}{2}}(n-1)<\chi^2<\chi^2_{\frac{\alpha}{2}}(n-1)\}=1-\alpha.$$

4. 设 $X_1,X_2,\cdots,X_{10}$ 为总体 $X\sim N(0,0.3^2)$ 的一个样本. 求 $P\left\{\sum_{i=1}^{10}X_i^2>1.44\right\}$.

5. 查表求下列临界值.

(1) $\chi^2_{0.05}(9)$，$\chi^2_{0.99}(21)$，$\chi^2_{0.90}(18)$；　(2) $t_{0.05}(30)$，$t_{0.025}(16)$，$t_{0.01}(34)$.

6. 测得自动车床加工的 10 个零件与规定尺寸(单位：μm)的偏差如下.

$$2,1,-2,3,2,4,-2,5,3,4,$$

试用矩估计法估计零件尺寸偏差 X 的均值与偏差.

7. 设 $X\sim N(\mu,\sigma^2)$，X 的一组样本观察值为 3.3，-0.3，-0.6，-0.9，给出 $\alpha=0.05$，σ 未知，求 μ 的置信区间.

8. 进行 30 次重复独立试验，测得零件加工时间的平均值 $\overline{x}=5.5$ 秒，样本标准差 $s=1.7$ 秒. 设零件加工时间服从正态分布，求零件加工时间的均值及标准差的置信区间($\alpha=0.05$).

9. 为了解某种新型灯泡的质量，灯泡厂随机抽取 40 只灯泡，测得其平均使用寿命为 4 800 小时，样本标准差为 300 小时. 假设新型灯泡的寿命服从正态分布. 试以 0.95 的置信度估计灯泡寿命的方差和标准差的置信区间.

*第四节　利用 Mathematica 解决概率统计问题

Mathematica 可以解决概率统计方面的计算，有关的命令都在 Mathematica 自带的统计软件包中，使用相关命令时，需要先调用统计软件包.

一、基本命令及示例

在概率统计方面，Mathematica 系统提供了下列基本命令：

命令格式	代表含义
Mean[data]	计算样本数据 data 的均值
Variance[data]	计算样本数据 data 的方差
StandardDeviation[data]	计算样本数据 data 的标准差
Random[]	生成区间[0,1]上的一个伪随机数
BernoulliDistribution[p]	均值为 p 的二项分布
BinomialDistribution[n,p]	参数为 n,p 的二项分布 $B(n,p)$
PoissonDistribution[λ]	参数为 λ 的泊松分布
PDF[distribution,x]	distribution 的分布律 $P(X=x)$ 或密度函数 $f(x)$
CDF[distribution,x]	求点 x 处的分布函数值
Random[distribution]	产生具有分布 distribution 的一个伪随机数
NormalDistribution[μ,σ]	均值为 μ 标准差为 σ 的正态分布 $N(\mu,\sigma^2)$
UniformDistribution[min,max]	[min,max]区间上的均匀分布
ExponentialDistribution[λ]	参数为 λ 的指数分布
Fit[data,funs,vars]	对数据 data 按指定函数 funs 拟合曲线,自变量为 vars
Binomial[n,m]	计算 n 取 m 的组合数,即 C_n^m

二、计算样本数据的均值、方差和标准差

例 1 产生[0,1]上的 20 个随机数,并计算它们的均值、方差和标准差.

解

```
In[1]:= data = Table[Random[],{20}]
Out[1]:= {0.604706,0.120832,0.328422,0.928178,0.369161,0.400758,
          0.0000759655,0.888955,0.899457,0.426823,0.385441,
          0.732478,0.0561677,0.446631,0.0347105,0.958611,
          0.990787,0.93743,0.924538,0.406218}
In[2]:= Mean[data]
Out[2]:= 0.542019
In[3]:= Variance[data]
Out[3]:= 0.117914
In[4]:= StandardDeviation[data]
Out[4]:= 0.343386
```

三、离散型随机变量的概率

例 2　设随机变量 X 服从参数为 0.8 的泊松分布.

(1) 求随机变量 X 的均值、方差、标准差和分布律；

(2) 求随机变量 $X \leqslant 4$ 的概率.

解

```
In[1]:=<< Statistics`DiscreteDistributions`    (* 调用统计软件包 *)
In[2]:= s = PoissonDistribution[0.8]
Out[2]:= PoissonDistribution[0.8]
In[3]:= {Mean[s],Variance[s],StandardDeviation[s]}
Out[3]:= {0.8,0.8,0.894427}
In[4]:= PDF[s,k]        (* Poisson 分布的分布律 *)
```

$$\text{Out[4]:=}\ \frac{0.449329\times 0.8^{k}}{k!}$$

```
In[5]:= CDF[s,4]       (* 利用分布函数计算概率 P{X≤4} *)
Out[5]:= 0.998589
```

四、连续型随机变量的概率

例 3　设随机变量 X 服从正态分布 $N(0,3^2)$.

(1) 求出对应的密度函数；(2) 求随机变量 $X \leqslant 2$ 的概率.

解

```
In[1]:= dis = NormalDistribution[0,3]
Out[1] = NormalDistribution[0,3]
In[2]:= PDF[dis,x]
```

$$\text{Out[2]} = \frac{e^{-\frac{x^2}{18}}}{3\sqrt{2\pi}}$$

```
In[3]:= CDF[dis,2]    (* 求随机变量 X≤2 的概率 *)
```

$$\text{Out[3]} = \frac{1}{2}\left(1+\text{Erf}\left(\frac{\sqrt{2}}{3}\right)\right)$$

```
In[4]:= N[%]          (* 求上述结果的浮点值 *)
Out[4] = 0.747507
```

五、随机事件的概率

例 4　袋内有 6 个白球 4 个黑球，从中任取 2 个球，求取出的 2 个球都是白球的概率.

解

```
In[1]:= Binomial[6,2]/ Binomial[10,2]
```

Out[1] = 1/3

例 5 已知在 1 000 个灯泡中坏灯泡的个数从 0 到 5 均等可能，求从中任取 100 个都是好灯泡的概率.

解 In[1]：= p = Table[1/6,{6}]

Out[1] = {1/6,1/6,1/6,1/6,1/6,1/6}

In[2]：= pt = Table[Binomial[1000 − i,100],{i,0,5}]/ Binomial[1000,100]

Out[2] = $\left\{1,\frac{9}{10},\frac{899}{1110},\frac{403651}{553890},\frac{120691649}{184076110},\frac{13517464688}{22917475695}\right\}$

In[3]：= pa = Sum[p[[i]] * pt[[i]],{i,1,6}]

Out[3] = 21469826287/27500970834

In[4]：= N[pa]

Out[4] = 0.780693

* 习题 8-4

1. 设样本数据为

110.1,25.2,50.5,50.5,55.7,30.2,35.4,30.2,

4.9,32.3,50.5,30.5,32.3,74.2,60.8,

求该样本的均值、方差和标准差.

2. 设 $X \sim N(1.0,0.6^2)$，求 $P\{X > 1.96\}$ 和 $P\{0.2 < X < 1.8\}$.

复习题八

一、填空题

1. 盒中有红色、黄色、白色的球各一个，从中任取一球，看后放回，再从中任取一球，记录两球颜色的样本空间为________.

2. 从 5 个不同颜色的球中有放回地取两次，每次取一个，则基本事件总数为________.

3. 设离散型随机变量 X 的分布律为 $P\{X = k\} = a\left(\frac{1}{3}\right)^{k-1}$，$k = 1,2,\cdots$，则常数 $a =$ ________.

4. 设连续型随机变量 X 的密度函数为 $f(x) = \begin{cases} Ax, & 0 \leqslant x \leqslant 1, \\ 0, & 其他, \end{cases}$ 则 $A =$ ________.

5. 设随机变量 X 与 Y 独立，且 $X \sim B(n,p)$，Y 服从 $(0-1)$ 分布，则 $E(XY) =$ ________.

6. 设 $X_1,X_2,\cdots,X_{10}$ 是相互独立的随机变量，且服从同一参数为 λ 的泊松分布，则 $E(\frac{1}{n}\sum_{i=1}^{n}X_i) =$ ________，$D(\frac{1}{n}\sum_{i=1}^{n}X_i) =$ ________.

二、选择题

1. 设 A,B 为两事件，则 $AB \cup A\overline{B} =$（　　）.

A. 不可能事件　　B. 必然事件　　C. A　　D. $A \cup B$

2. 若 $X \sim N(0,1)$，则 $Y = 2X + 4$ 服从（　　）.

A. $N(2,4)$　　B. $N(4,4)$　　C. $N(0,2)$　　D. $N(0,4)$

3. 设随机变量 X 在区间 $(0,1)$ 服从均匀分布，则 $E(2X) =$（　　）.

A. 0　　B. 0.5　　C. 1　　D. 2

4. 设随机变量 X 与 Y 独立，且 $X \sim N(1,4)$，$Y \sim N(1,9)$，则 $D(2X - Y) =$（　　）.

A. -1　　B. 1　　C. 25　　D. 17

5. 设总体 $X \sim N(\mu,\sigma^2)$，其中 μ 已知，σ^2 未知，$X_1, X_2, \cdots, X_n$ 是来自总体 X 的一个样本，则下列式中不是统计量的是（　　）.

A. $\dfrac{1}{n}\sum\limits_{i=1}^{n}(X_i - \mu)^2$　　B. $\sum\limits_{i=1}^{n}\left(\dfrac{X_i - \mu}{\sigma}\right)^2$

C. $\dfrac{1}{n}\sum\limits_{i=1}^{n}(X_i - \overline{X})^2$　　D. $\dfrac{1}{n-1}\sum\limits_{i=1}^{n}(X_i - \overline{X})^2$

三、综合题

1. 随机抽检 3 件产品，设 $A = \{3$ 件中至少有 1 件是次品$\}$，$B = \{3$ 件中至少有 2 件是正品$\}$，$C = \{3$ 件全是正品$\}$，则 $\overline{A}, \overline{B}, A \cup C, A \cap C, A - B$ 各表示什么事件.

2. 把 10 本书任意地放在书架上，求其中指定的 3 本书放在一起的概率.

3. 盒中有 20 个球，其中 18 个是白的，2 个是红的. 如果(1) 不放回地抽取 3 次，每次抽取 1 球；(2) 有放回地抽取 3 次，每次抽取 1 球. 求所取得的 3 球中恰有 2 个白球的概率.

4. 某城市有 50% 的住户订日报，有 65% 的住户订晚报，有 85% 的住户订这两种中的一种. 求同时订这两种报纸的住户的比例.

5. 某种动物由出生活到 20 岁的概率是 0.8，活到 25 岁的概率是 0.4，求现在 20 岁的这种动物活到 25 岁的概率.

*6. 某工厂有甲、乙、丙三个车间，生产同一种产品，每个车间的产量分别占全厂的 25%，35%，40%，各车间产品的次品率分别为 5%，4%，2%，求全厂产品的次品率.

*7. 上题中，如果从全厂产品中抽取一件产品抽得的是次品，求它依次是甲、乙、丙车间生产的概率.

8. 一个工人看管 3 台机床，在 1 小时内每台机床不需要工人照管的概率分别是 0.9，0.8，0.7. 求 1 小时内最多有 1 台需要照管的概率.

9. 设某型号的高射炮发射一发炮弹击中敌机的概率是 0.6. 现若干门该型号的高射炮同时各发射一发炮弹，如果要以 99% 的把握击中敌机，至少需要配备几门高射炮.

10. 同时掷两颗骰子. 设 X 表示两颗骰子的点数之和，试求 X 的分布律.

11. 已知连续型随机变量 X 的密度函数为 $f(x) = \begin{cases} kx^2 e^{-x}, & x \geqslant 0, \\ 0, & x < 0, \end{cases}$ 求：

(1) 待定系数 k；(2) $P\{X \geqslant 1\}$；(3) $P\{|X| < 1\}$.

12.已知连续型随机变量 X 的密度函数为 $f(x)=\begin{cases}x, & 0\leqslant x<1,\\ 2-x, & 1\leqslant x\leqslant 2,\\ 0, & 其他,\end{cases}$ 求 X 的分布函数.

13.设 $X\sim N(-1,16)$,借助于标准正态分布函数值表计算下列各式.

(1)$P\{X<2.44\}$;(2)$P\{X>-1.5\}$;(3)$P\{|X|<4\}$;(4)$P\{-5<X<2\}$.

*14.设离散型随机变量 X 的分布律为

X	-2	-0.5	0	2	4
P	$\frac{1}{8}$	$\frac{1}{4}$	$\frac{1}{8}$	$\frac{1}{6}$	$\frac{1}{3}$

求 $X+2,-X+1,X^2$ 的分布律.

15.对于 14 题中的离散型随机变量 X,求 $E(X),E(X^2),E(3X^2+1),D(X)$.

16.在总体 $X\sim N(52,6.3^2)$ 中随机抽取一容量为 36 的样本.求样本均值 $\overline{X}$ 落在 50.8～53.8 之间的概率.

17.从一批零件中随机抽取 10 个,测得每个零件的重量如下(单位:克):

215,222,220,218,225,217,223,220,216,228,

试估计该批零件中每个零件重量的均值和方差.

18.某彩色电视机的使用寿命服从正态分布,现随机抽取 25 台进行测试,测得平均使用寿命为 6 720 小时,样本均方差为 200 小时,给定置信度为 90%,求:

(1) 使用寿命均值 μ 的置信区间;(2) 使用寿命方差 σ^2 的置信区间.

附　　录

附表 A　泊松分布表

$$1-F(x-1)=\sum_{k=x}^{\infty}\frac{e^{-\lambda}\lambda^{k}}{k!}$$

x	$\lambda=0.2$	$\lambda=0.3$	$\lambda=0.4$	$\lambda=0.5$	$\lambda=0.6$
0	1.0000000	1.0000000	1.0000000	1.0000000	1.0000000
1	0.1812692	0.2591818	0.3296800	0.393469	0.451188
2	0.0175231	0.0369363	0.0615519	0.090204	0.121901
3	0.0011485	0.0035995	0.0079263	0.014388	0.023115
4	0.0000568	0.0002658	0.0007763	0.001752	0.003358
5	0.0000023	0.0000158	0.0000612	0.000172	0.000394
6	0.0000001	0.0000008	0.0000040	0.000014	0.000039
7			0.0000002	0.000001	0.000003

x	$\lambda=0.7$	$\lambda=0.8$	$\lambda=0.9$	$\lambda=1.0$	$\lambda=1.2$
0	1.0000000	1.0000000	1.0000000	1.0000000	1.0000000
1	0.503415	0.550671	0.593430	0.632121	0.698806
2	0.155805	0.191208	0.227518	0.264241	0.337373
3	0.034142	0.047423	0.062857	0.080301	0.120513
4	0.005753	0.009080	0.013459	0.018988	0.033769
5	0.000786	0.001411	0.002344	0.003660	0.007746
6	0.000090	0.000184	0.000343	0.000594	0.001500
7	0.000009	0.000021	0.000043	0.000083	0.000251
8	0.000001	0.000002	0.000005	0.000010	0.000037
9				0.000001	0.000005
10					0.000001

x	$\lambda=1.4$	$\lambda=1.6$	$\lambda=1.8$	$\lambda=2.5$	$\lambda=3.0$
0	1.000000	1.000000	1.000000	1.000000	1.000000
1	0.753403	0.798103	0.834701	0.917915	0.950213
2	0.408167	0.475069	0.537163	0.712703	0.800852
3	0.166502	0.216642	0.269379	0.456187	0.576810
4	0.053725	0.078813	0.108708	0.242424	0.352768
5	0.014253	0.023682	0.036407	0.108822	0.184737
6	0.003201	0.006040	0.010378	0.042021	0.083918
7	0.000622	0.001336	0.002569	0.014187	0.033509

续表

x	$\lambda=1.4$	$\lambda=1.6$	$\lambda=1.8$	$\lambda=2.5$	$\lambda=3.0$
8	0.000107	0.000260	0.000562	0.004247	0.011905
9	0.000016	0.000045	0.000110	0.001140	0.003803
10	0.000002	0.000007	0.000019	0.000277	0.001102
11		0.000001	0.000003	0.000062	0.000292
12				0.000013	0.000071
13				0.000002	0.000016
14					0.000003
15					0.000001
x	$\lambda=3.5$	$\lambda=4.0$	$\lambda=4.5$	$\lambda=5.0$	
0	1.000000	1.000000	1.000000	1.000000	
1	0.969803	0.981684	0.988891	0.993262	
2	0.864112	0.908422	0.938901	0.959572	
3	0.679153	0.761897	0.826422	0.875348	
4	0.463367	0.566530	0.657704	0.734974	
5	0.274555	0.371163	0.467896	0.559507	
6	0.142386	0.214870	0.297070	0.384039	
7	0.065288	0.110674	0.168949	0.237817	
8	0.026739	0.051134	0.086586	0.133372	
9	0.009874	0.021363	0.040257	0.068094	
10	0.003315	0.008132	0.017093	0.031828	
11	0.001019	0.002840	0.006669	0.013695	
12	0.000289	0.000915	0.002404	0.005453	
13	0.000076	0.000274	0.000805	0.002019	
14	0.000019	0.000076	0.000252	0.000698	
15	0.000004	0.000020	0.000074	0.000226	
16	0.000001	0.000005	0.000020	0.000069	
17		0.000001	0.000005	0.000020	
18			0.000001	0.000005	
19				0.000001	

附表 B　标准正态分布表

$$\Phi(x)=\int_{-\infty}^{x}\frac{1}{\sqrt{2\pi}}\mathrm{e}^{-\frac{t^2}{2}}\mathrm{d}t=P\{X\leqslant x\}$$

x	0	1	2	3	4	5	6	7	8	9
0.0	0.5000	0.5040	0.5080	0.5120	0.5160	0.5199	0.5239	0.5279	0.5319	0.5359
0.1	0.5398	0.5438	0.5478	0.5517	0.5557	0.5596	0.5636	0.5675	0.5714	0.5753
0.2	0.5793	0.5832	0.5871	0.5910	0.5948	0.5987	0.6026	0.6064	0.6103	0.6141
0.3	0.6179	0.6217	0.6255	0.6293	0.6331	0.6368	0.6406	0.6443	0.6480	0.6517
0.4	0.6554	0.6591	0.6628	0.6664	0.6700	0.6736	0.6772	0.6808	0.6844	0.6879
0.5	0.6915	0.6950	0.6985	0.7019	0.7054	0.7088	0.7123	0.7157	0.7190	0.7224
0.6	0.7257	0.7291	0.7324	0.7357	0.7389	0.7422	0.7454	0.7486	0.7517	0.7549
0.7	0.7580	0.7611	0.7642	0.7673	0.7704	0.7734	0.7764	0.7794	0.7823	0.7852
0.8	0.7881	0.7910	0.7939	0.7967	0.7995	0.8023	0.8051	0.8078	0.8106	0.8133
0.9	0.8159	0.8186	0.8212	0.8238	0.8264	0.8289	0.8315	0.8340	0.8365	0.8389
1.0	0.8413	0.8438	0.8461	0.8485	0.8508	0.8531	0.8554	0.8577	0.8599	0.8621
1.1	0.8643	0.8665	0.8686	0.8708	0.8729	0.8749	0.8770	0.8790	0.8810	0.8830
1.2	0.8849	0.8869	0.8888	0.8907	0.8925	0.8944	0.8962	0.8980	0.8997	0.9015
1.3	0.9032	0.9049	0.9066	0.9082	0.9099	0.9115	0.9131	0.9147	0.9162	0.9177
1.4	0.9192	0.9207	0.9222	0.9236	0.9251	0.9265	0.9278	0.9292	0.9306	0.9319
1.5	0.9332	0.9345	0.9357	0.9370	0.9382	0.9394	0.9406	0.9418	0.9429	0.9441
1.6	0.9452	0.9463	0.9474	0.9484	0.9495	0.9505	0.9515	0.9525	0.9535	0.9545
1.7	0.9554	0.9564	0.9573	0.9582	0.9591	0.9599	0.9608	0.9616	0.9625	0.9633
1.8	0.9641	0.9649	0.9656	0.9664	0.9671	0.9678	0.9686	0.9693	0.9699	0.9706
1.9	0.9713	0.9719	0.9726	0.9732	0.9738	0.9744	0.9750	0.9756	0.9761	0.9767
2.0	0.9772	0.9778	0.9783	0.9788	0.9793	0.9798	0.9803	0.9808	0.9812	0.9817
2.1	0.9821	0.9826	0.9830	0.9834	0.9838	0.9842	0.9846	0.9850	0.9854	0.9857
2.2	0.9861	0.9864	0.9868	0.9871	0.9875	0.9878	0.9881	0.9884	0.9887	0.9890
2.3	0.9893	0.9896	0.9898	0.9901	0.9904	0.9906	0.9909	0.9911	0.9913	0.9916
2.4	0.9918	0.9920	0.9922	0.9925	0.9927	0.9929	0.9931	0.9932	0.9934	0.9936
2.5	0.9938	0.9940	0.9941	0.9943	0.9945	0.9946	0.9948	0.9949	0.9951	0.9952
2.6	0.9953	0.9955	0.9956	0.9957	0.9959	0.9960	0.9961	0.9962	0.9963	0.9964
2.7	0.9965	0.9966	0.9967	0.9968	0.9969	0.9970	0.9971	0.9972	0.9973	0.9974
2.8	0.9974	0.9975	0.9976	0.9977	0.9977	0.9978	0.9979	0.9979	0.9980	0.9981
2.9	0.9981	0.9982	0.9982	0.9983	0.9984	0.9984	0.9985	0.9985	0.9986	0.9986
3.0	0.9987	0.9990	0.9993	0.9995	0.9997	0.9998	0.9998	0.9999	0.9999	1.0000

表中末行为 $\Phi(3.0)$,$\Phi(3.1)$,…,$\Phi(3.9)$ 的值.

附表C　χ^2 分布表

$$P\{\chi^2(n) > \chi_\alpha^2(n)\} = \alpha$$

n \ α	0.995	0.99	0.975	0.95	0.90	0.10	0.05	0.025	0.01	0.005
1	—	—	0.001	0.004	0.016	2.706	3.843	5.025	6.637	7.882
2	0.010	0.020	0.051	0.103	0.211	4.605	5.992	7.378	9.210	10.597
3	0.072	0.115	0.216	0.352	0.584	6.251	7.815	9.348	11.344	12.837
4	0.207	0.297	0.484	0.711	1.064	7.779	9.488	11.143	13.277	14.860
5	0.412	0.554	0.831	1.145	1.610	9.236	11.070	12.832	15.085	16.748
6	0.676	0.872	1.237	1.635	2.204	10.645	12.592	14.440	16.812	18.548
7	0.989	1.239	1.690	2.167	2.833	12.017	14.067	16.012	18.474	20.276
8	1.344	1.646	2.180	2.733	3.490	13.362	15.507	17.534	20.090	21.954
9	1.735	2.088	2.700	3.325	4.168	14.684	16.919	19.022	21.665	23.587
10	2.156	2.558	3.247	3.940	4.865	15.987	18.307	20.483	23.209	25.188
11	2.603	3.053	3.816	4.575	5.578	17.275	19.675	21.920	24.724	26.755
12	3.074	3.571	4.404	5.226	6.304	18.549	21.026	23.337	26.217	28.300
13	3.565	4.107	5.009	5.892	7.041	19.812	22.362	24.735	27.687	29.817
14	4.075	4.660	5.629	6.571	7.790	21.064	23.685	26.119	29.141	31.319
15	4.600	5.229	6.262	7.261	8.547	22.307	24.996	27.488	30.577	32.799
16	5.142	5.812	6.908	7.962	9.312	23.542	26.296	28.845	32.000	34.267
17	5.697	6.407	7.564	8.682	10.085	24.769	27.587	30.190	33.408	35.716
18	6.265	7.015	8.231	9.390	10.865	25.989	28.869	31.526	34.805	37.156
19	6.843	7.632	8.906	10.117	11.651	27.203	30.143	32.852	36.190	38.580
20	7.434	8.260	9.591	10.851	12.443	28.412	31.410	34.170	37.566	39.997
21	8.033	8.897	10.283	11.591	13.240	29.615	32.670	35.478	38.930	41.399
22	8.643	9.542	10.982	12.338	14.042	30.813	33.924	36.781	40.289	42.796
23	9.260	10.195	11.688	13.090	14.848	32.007	35.172	38.075	41.637	44.179
24	9.886	10.856	12.401	13.848	15.659	33.196	36.415	39.364	42.980	45.558
25	10.519	11.523	13.120	14.611	16.473	34.381	37.652	40.646	44.313	46.925
26	11.160	12.198	13.844	15.379	17.292	35.563	38.885	41.923	45.642	48.290
27	11.807	12.878	14.573	16.151	18.114	36.741	40.113	43.194	45.962	49.642
28	12.461	13.565	15.308	16.928	18.939	37.916	41.337	44.461	48.278	50.993
29	13.120	14.256	16.147	17.708	19.768	39.087	42.557	45.772	49.586	52.333
30	13.787	14.954	16.791	18.493	20.599	40.256	43.773	46.979	50.892	53.672
31	14.457	15.655	17.538	19.280	21.433	41.422	44.985	48.231	52.190	55.000
32	15.134	16.362	18.291	20.072	22.271	42.585	46.194	49.480	53.486	56.328
33	15.814	17.073	19.046	20.866	23.110	43.745	47.400	50.724	54.774	57.646
34	16.501	17.789	19.806	21.664	23.952	44.903	48.602	51.966	56.061	58.964
35	17.191	18.508	20.569	22.465	24.796	46.059	49.802	53.203	57.340	60.272
36	17.887	19.233	21.336	23.269	25.643	47.212	50.998	54.437	58.619	61.581
37	18.584	19.960	22.105	24.075	26.492	48.363	52.192	55.667	59.891	62.880
38	19.289	20.691	22.878	24.884	27.343	49.513	53.384	56.896	61.162	64.181
39	19.994	21.425	23.654	25.695	28.196	50.660	54.572	58.119	62.426	65.473
40	20.706	22.164	24.433	26.509	29.050	51.805	55.758	59.342	63.691	66.766

附表D　t分布表

$$P\{t(n) > t_\alpha(n)\} = \alpha$$

n \ α	0.25	0.10	0.05	0.025	0.01	0.005
1	1.0000	3.0777	6.3138	12.7062	31.8207	63.6574
2	0.8165	1.8856	2.9200	4.3037	6.9646	9.9248
3	0.7649	1.6377	2.3534	3.1824	4.5407	5.8409
4	0.7407	1.5332	2.1318	2.7764	3.7469	4.6041
5	0.7267	1.4759	2.0150	2.5706	3.3649	4.0322
6	0.7176	1.4398	1.9432	2.4469	3.1427	3.7074
7	0.7111	1.4149	1.8946	2.3646	2.9980	3.4995
8	0.7064	1.3968	1.8595	2.3060	2.8965	3.5554
9	0.7027	1.3830	1.8331	2.2622	2.8214	3.2498
10	0.6998	1.3722	1.8125	2.2281	2.7638	3.1693
11	0.6974	1.3634	1.7959	2.2010	2.7181	3.1058
12	0.6955	1.3562	1.7823	2.1788	2.6810	3.0545
13	0.6938	1.3502	1.7709	2.1604	2.6503	3.0123
14	0.6924	1.3450	1.7613	2.1448	2.6245	2.9768
15	0.6912	1.3406	1.7531	2.1315	2.6025	2.9467
16	0.6901	1.3368	1.7459	2.1199	2.5835	2.9208
17	0.6892	1.3334	1.7396	2.1098	2.5669	2.8982
18	0.6884	1.3304	1.7341	2.1009	2.5524	2.8784
19	0.6876	1.3277	1.7291	2.0930	2.5395	2.8609
20	0.6870	1.3253	1.7247	2.0860	2.5280	2.8453
21	0.6864	1.3232	1.7207	2.0796	2.5177	2.8314
22	0.6858	1.3212	1.7171	2.0739	2.5083	2.8188
23	0.6853	1.3195	1.7139	2.0687	2.4999	2.8073
24	0.6848	1.3178	1.7109	2.0639	2.4922	2.7969
25	0.6844	1.3163	1.7081	2.0595	2.4851	2.7874
26	0.6840	1.3150	1.7056	2.0555	2.4786	2.7787
27	0.6837	1.3137	1.7033	2.0518	2.4727	2.7707
28	0.6834	1.3125	1.7011	2.0484	2.4671	2.7633
29	0.6830	1.3114	1.6991	2.0452	2.4620	2.7564
30	0.6828	1.3104	1.6973	2.0423	2.4573	2.7500
31	0.6825	1.3095	1.6955	2.0395	2.4528	2.7440
32	0.6822	1.3086	1.6939	2.0369	2.4487	2.7385
33	0.6820	1.3077	1.6924	2.0345	2.4448	2.7333
34	0.6818	1.3070	1.6909	2.0322	2.4411	2.7284
35	0.6816	1.3062	1.6896	2.0301	2.4377	2.7238
36	0.6814	1.3055	1.6883	2.0281	2.4345	2.7195
37	0.6812	1.3049	1.6871	2.0262	3.4314	2.7154
38	0.6810	1.3042	1.6860	2.0244	2.4286	2.7116
39	0.6808	1.3036	1.6849	2.0227	2.4258	2.7079
40	0.6807	1.3031	1.6839	2.0211	2.4233	2.7045
41	0.6805	1.3025	1.6829	2.0195	2.4208	2.7012
42	0.6804	1.3020	1.6820	2.0181	2.4185	2.6981
43	0.6802	1.3016	1.6811	2.0167	2.4163	2.6951
44	0.6801	1.3011	1.6802	2.0154	2.4141	2.6923
45	0.6800	1.3006	1.6794	2.0141	2.4121	2.6896

习题参考答案

第一章

习题 1-1

1.(1) 否;(2) 是;(3) 否;(4) 否.

2.(1)$[-1,5]$;(2)$[1,2)\cup(2,4)$;(3)$[-1,2)$.

3. $-\dfrac{\sqrt{2}}{2}$,0.

5.(1) 偶函数;(2) 奇函数;(3) 非奇非偶函数;(4) 偶函数.

6.(1)$y=\dfrac{1}{2}(x+3)$;(2)$y=1+e^{x-1}$;(3)$y=x^3-1$.

7.(1)π;(2) 非周期函数;(3)4π.

8.(1)$y=\sqrt{u},u=1+v^2,v=\sin x$;(2)$y=\ln u,u=1+\sqrt{v},v=x^2+1$;

(3)$y=u^2,u=\cos v,v=w+1,w=\sqrt{x}$;(4)$y=\arctan u,u=\ln x$.

9.(1)$\{(x,y)\mid 1<x^2+y^2\leqslant 4\}$;(2)$\{(x,y)\mid y\leqslant x^2,x\geqslant 0,y\geqslant 0\}$;

(3)$\{(x,y)\mid |x|\leqslant 1,|y|\geqslant 1\}$;(4)$\{(x,y)\mid x<y\leqslant -x$且$x<0\}$.

习题 1-2

1.(1)1;(2) $\dfrac{3}{2}$;(3)2;(4)0.

2.(1)0;(2)1;(3)π;(4)0.

3. $\lim\limits_{x\to 0^-}f(x)=1,\lim\limits_{x\to 0^+}f(x)=0$,不存在.

5.(1) 无穷大;(2) 无穷小;(3) 无穷大;(4) 无穷大.

6.(1) 当$x\to 1$时为无穷大,当$x\to -2$时为无穷小;

(2) 当$x\to +\infty,x\to 0^+$时为无穷大,当$x\to 1$时为无穷小;

(3) 当$x\to \pm 1$时为无穷大,当$x\to -3,x\to\infty$时为无穷小.

7.(1)0;(2)0;(3)0.

习题 1-3

1. (1)1;(2)2;(3)∞;(4)8;(5)$2x$;(6) $\frac{1}{2}$;(7)1;(8)3;(9)∞;(10)2.

2. $a=-1$.

3. (1)2;(2)3;(3)-1;(4)x;(5)e^{-3};(6)e^2;(7)e.

5. (1)2;(2)1;(3)2.

习题 1-4

1. (1)$x=1$ 处连续,$[0,2]$;
   (2)$x=-1$ 为跳跃间断点,$x=1$ 处连续,$(-\infty,-1)\cup(-1,+\infty)$;
   (3)$x=0$ 为无穷间断点,$(-\infty,0)\cup(0,+\infty)$;
   (4)$x=0$ 为可去间断点,$(-\infty,0)\cup(0,+\infty)$.

2. $a=b=2$.

3. (1)0;(2) $\frac{1}{\ln a}$;(3) $\frac{1}{2}$.

4. (1)$x=-1$ 为无穷间断点;(2)$x=0$ 为震荡间断点;
   (3)$x=k\pi(k=\pm1,\pm2,\cdots)$ 为无穷间断点,$x=0$ 为可去间断点,补充 $y|_{x=0}=1$;
   (4)$x=0$ 为可去间断点,补充 $y|_{x=0}=e$;
   (5)$x=0$ 无穷间断点;
   (6)$x=0$ 为可去间断点,补充 $y|_{x=0}=1$.

8. (1)0;(2) $\frac{1}{4}$.

*** 习题 1-5**

1. In[1]:= {Sin[0],Sin[Pi/6],Sin[Pi/3],Sin[Pi/2]}
   Out[1] = {0,1/2,$\sqrt{3}$/2,1}

2. In[1]:= f[x_]:= x^2 + Log[x]/Log[10]
   In[2]:= {f[10^{-1}],f[1],f[10]}
   Out[2] = {{$-(\frac{99}{100})$},1,101}

3. In[1]:= Plot[Sin[1/x],{x,-0.1,0.1}]

Out[1] =

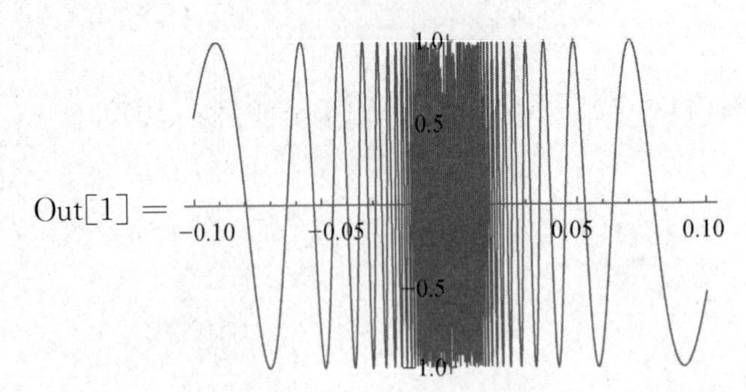

4. In[1]: = Clear[f]

In[2]: = f[x_]: = x^2 + 1/; x < 0

In[3]: = f[x_]: = x/; x >= 0

In[4]: = Plot[f[x], {x, -1, 1}]

Out[4] =

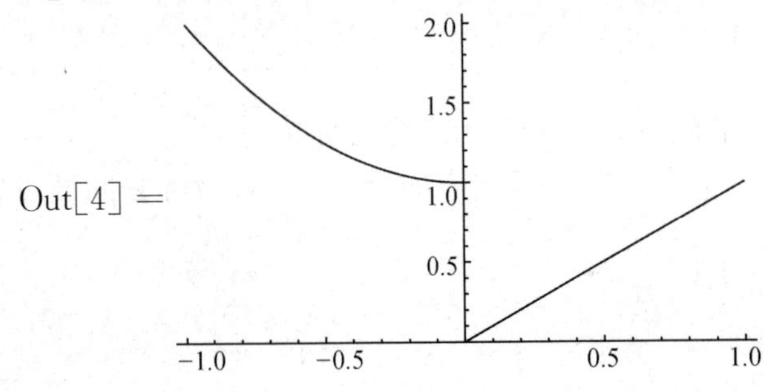

5. In[1]: = Clear[f, g]

In[2]: = f[x_]: = (x - 1)^2

In[3]: = g[x_]: = 1/(x + 1)

In[4]: = {f[g[x]], g[f[x]], f[x^2], g[x - 1]}

Out[4] = {$(-1+1/(1+x))^2$, $1/(1+(-1+x)^2)$, $(-1+x^2)^2$, 1/x}

6. (1) In[1]: = Limit[2^n * Sin[x/2^n], n -> Infinity]

Out[1] = x

(2) In[2]: = Limit[ArcTan[x], x -> - Infinity]

Out[2] = - (π/2)

(3) In[3]: = Limit[(1 - 1/x)^Sqrt[x], x -> + Infinity]

Out[3] = 1

(4) In[4]: = Limit[((2 * x + 3)/(2 * x + 1))^(x + 1), x -> Infinity]

Out[4] = e

(5) In[5]: = Limit[2/(1 - x^2) - 1/(1 - x), x -> 1]

Out[5] = 1/2

(6) In[6]:= Limit[Sqrt[1 − Cos[2 * x]]/Tan[x], x −> 0, Direction −> +1]

Out[6] = $-\sqrt{2}$

(7) In[7]:= Limit[Abs[x]/x, x −> 0, Direction −> −1]

Out[7] = 1

复习题一

一、1. $[-1,2)$;2. -3;3. 0,1;4. 1;5. 2.

二、1. A;2. D;3. C;4. D;5. B.

三、1. (1)**R**;(3)0,1,不存在,2;(4) 间断,跳跃间断点.

2. (1) 无穷大;(2) 无穷小;(3) 无穷小;(4) 无穷大.

3. (1)0;(2)3;(3) $\frac{\sqrt{3}}{6}$;(4)1;(5)e^2;(6) -1;(7) $\frac{1}{2\pi}$;(8) $\frac{2}{3}$.

4. $a=0, b=5$.

5. (1)$x=1$ 为可去间断点,$x=2$ 为无穷间断点;

(2)$x=0$ 为跳跃间断点;

(3)$x=0$ 为震荡间断点.

第二章

习题 2-1

1. $\frac{1}{4}$.

2. (1)$f'(x_0)$;(2)$f'(0)$;(3)$2f'(x_0)$;(4)$f'(x_0)$.

3. 12.

4. (4,8).

5. $a=2, b=-1$.

6. 0, -1, $f'(0)$ 不存在.

习题 2-2

1. (1)$2x-\frac{5}{2}x^{-\frac{7}{2}}-3x^{-4}$;(2) $\frac{7}{8}x^{-\frac{1}{8}}$;(3)$2x\sin x+x^2\cos x$;(4) $\frac{\sin x-1}{(x+\cos x)^2}$;

(5)$\sin x\ln x+x\cos x\ln x+\sin x$;(6) $-\frac{2}{x(1+\ln x)^2}$.

2. (1)$6\ln a-3$;(2) $\frac{8}{(\pi+2)^2}$.

3. $(-2,21)$ 和$(1,-6)$.

4. (1) $6(x^3-x)^5(3x^2-1)$; (2) $-\frac{1}{2\sqrt{x}}\sin\sqrt{x}$; (3) $\frac{-1}{\sqrt{2x-x^2}}$; (4) $\frac{2x-\sin x}{x^2+\cos x}$;

(5) $\frac{1}{x\ln x\ln(\ln x)}$; (6) $e^{\alpha x}[\alpha\sin(\omega x+\beta)+\omega\cos(\omega x+\beta)]$; (7) $-\frac{1}{x^2}e^{\sin^2\frac{1}{x}}\sin\frac{2}{x}$;

(8) $\frac{1}{2\sqrt{x+\sqrt{x+\sqrt{x}}}}\left[1+\frac{1}{2\sqrt{x+\sqrt{x}}}\left(1+\frac{1}{2\sqrt{x}}\right)\right]$.

5. (1) $2xf'(x^2)$; (2) $\frac{f(x)f'(x)+g(x)g'(x)}{\sqrt{f^2(x)+g^2(x)}}$;

(3) $[f'(\sin^2 x)-f'(\cos^2 x)]\sin 2x$; (4) $e^x f'(e^x)e^{g(x)}+f(e^x)e^{g(x)}g'(x)$.

6. (1) $-4e^x\cos x$; (2) $-\csc^2 x$; (3) ne^x+xe^x; (4) $\frac{(-1)^{n-1}(n-1)!}{(1+x)^n}$.

习题 2-3

1. (1) $\frac{y-x^2}{y^2-x}$; (2) $-\frac{\sin(x+y)}{2y+\sin(x+y)}$.

2. (1) $\frac{(2x+3)\sqrt[4]{x-6}}{\sqrt[3]{x+1}}\left[\frac{2}{2x+3}+\frac{1}{4(x-6)}-\frac{1}{3(x+1)}\right]$;

(2) $(\sin x)^{\cos x}(-\sin x\ln\sin x+\cos x\cot x)$.

3. (1) $\frac{t-1}{t+1}$; (2) -1.

4. 切线方程为 $x=0$,法线方程为 $y=0$.

*5. $\frac{1}{2}e^{-3t}$.

习题 2-4

1. 当 $\Delta x=1$ 时,$\Delta y=18$,$dy=11$;当 $\Delta x=0.1$ 时,$\Delta y=1.161$,$dy=1.1$;当 $\Delta x=0.01$ 时,$\Delta y=0.110\,601$,$dy=0.11$.

2. (1) $\frac{1}{2}\cot\frac{x}{2}dx$; (2) $e^{-x}[\sin(3-x)-\cos(3-x)]dx$.

3. (1) 0.795 4; (2) 0.01; (3) 9.993 3.

5. 565.5 cm^3.

习题 2-5

1. (1) $\frac{\partial z}{\partial x}=3x^2y-y^3$, $\frac{\partial z}{\partial y}=x^3-3xy^2$;

(2) $\frac{\partial z}{\partial x}=\frac{1}{y}\cot\frac{x}{y}\sec^2\frac{x}{y}$, $\frac{\partial z}{\partial y}=-\frac{x}{y^2}\cot\frac{x}{y}\sec^2\frac{x}{y}$;

(3) $\frac{\partial z}{\partial x}=\frac{1}{y}\cos\frac{x}{y}\cos\frac{y}{x}+\frac{y}{x^2}\sin\frac{x}{y}\sin\frac{y}{x}$,

$$\frac{\partial z}{\partial y}=-\frac{x}{y^2}\cos\frac{x}{y}\cos\frac{y}{x}-\frac{1}{x}\sin\frac{x}{y}\sin\frac{y}{x};$$

(4) $\frac{\partial z}{\partial x}=y^2(1+xy)^{y-1},\frac{\partial z}{\partial y}=(1+xy)^y\left[\ln(1+xy)+\frac{xy}{1+xy}\right]$;

(5) $\frac{\partial z}{\partial x}=\frac{y\sqrt{x^y}}{2x(1+x^y)},\frac{\partial z}{\partial y}=\frac{\ln x\sqrt{x^y}}{2(1+x^y)}$;

(6) $\frac{\partial u}{\partial x}=y^z x^{y^z-1},\frac{\partial u}{\partial y}=zx^{y^z}y^{z-1}\ln x,\frac{\partial u}{\partial z}=y^z x^{y^z}\ln x\ln y$.

2. $\frac{2}{5},\frac{1}{5}$.

3. $60x^2y+20y^3,60x^2y,20x^3+60xy^2$.

5. (1) $\mathrm{d}z=\left(y+\frac{1}{y}\right)\mathrm{d}x+x\left(1-\frac{1}{y^2}\right)\mathrm{d}y$;(2) $\mathrm{d}z=\frac{2(x\mathrm{d}x+y\mathrm{d}y)}{x^2+y^2}$;

(3) $\mathrm{d}z=\frac{y\mathrm{d}x-x\mathrm{d}y}{x^2+y^2}$;(4) $\mathrm{d}u=x^{yz}\left(\frac{yz}{x}\mathrm{d}x+z\ln x\mathrm{d}y+y\ln x\mathrm{d}z\right)$.

6. $\Delta z\approx 0.0714,\mathrm{d}z=0.075$.

7. 0.96.

8. 2.95.

9. 55.292 cm^3.

10. (1) $\frac{\partial z}{\partial x}=3x^2\sin y\cos y(\cos y-\sin y),\frac{\partial z}{\partial y}=x^3(\sin y+\cos y)(1-3\sin y\cos y)$;

(2) $\frac{\mathrm{d}z}{\mathrm{d}t}=\mathrm{e}^{\sin t-2t^3}(\cos t-6t^2)$.

11. (1) $\frac{\partial z}{\partial x}=2xf_1+y\mathrm{e}^{xy}f_2,\frac{\partial z}{\partial y}=-2yf_1+x\mathrm{e}^{xy}f_2$;

(2) $\frac{\partial u}{\partial x}=2xf',\frac{\partial u}{\partial y}=2yf',\frac{\partial u}{\partial z}=2zf'$.

12. (1) $\frac{y^2-\mathrm{e}^x}{\cos y-2xy}$;(2) $\frac{\partial z}{\partial x}=\frac{z}{x+z},\frac{\partial z}{\partial y}=\frac{z^2}{y(x+z)}$.

习题 2-6

1. (1)2;(2) -1;(3) $\frac{1}{3}$;(4) $\frac{2}{\pi}$;(5) $\frac{1}{2}$;(6)1;(7) $\mathrm{e}^{-\frac{2}{\pi}}$;(8)1.

2. (1) 在$(0,2]$上单调减少,在$[2,+\infty)$上单调增加;

(2) 在$(-\infty,0),(0,0.5],[1,+\infty)$上单调减少,在$[0.5,1]$上单调增加.

3. (1) 极大值 $f(-1)=28$,极小值 $f(2)=1$;(2) 极大值 $f\left(\frac{3}{4}\right)=\frac{5}{4}$.

5. (1) 最大值 $f(4)=8$，最小值 $f(0)=0$；

(2) 最大值 $f\left(-\frac{\pi}{2}\right)=\frac{\pi}{2}$，最小值 $f\left(\frac{\pi}{2}\right)=-\frac{\pi}{2}$.

6. 高 $H=\frac{20\sqrt{3}}{3}$ cm.

7. 应建在河边离甲城 $50-\frac{100}{\sqrt{6}}$ km 处.

*8. (1) 在 $\left(-\infty,\frac{5}{3}\right]$ 内是凸的，在 $\left[\frac{5}{3},+\infty\right)$ 内是凹的，拐点为 $\left(\frac{5}{3},-\frac{250}{27}\right)$；

(2) 在 $(-\infty,1]$，$[1,+\infty)$ 内是凸的，在 $[-1,1]$ 内是凹的，拐点为 $(-1,\ln 2)$，$(1,\ln 2)$.

*9. 水平渐近线为 $y=0$，垂直渐近线为 $x=-1$.

*11. (1) 极小值 $f(1,0)=f(-1,0)=-1$；

(2) 极小值 $f(0,0)=1$，极大值 $f(2,0)=\ln 5+\frac{7}{15}$.

*12. -3.

*13. 长度为 100 m，高为 75 m.

*** 习题 2-7**

1. In[1]: = D[Cos[Sqrt[x]], x]

Out[1] $=-\frac{\text{Sin}[\sqrt{x}]}{2\sqrt{x}}$

In[2]: = D[Cos[Sqrt[x]], {x, 2}]

Out[2] $=-\frac{\text{Cos}[\sqrt{x}]}{4x}+\frac{\text{Sin}[\sqrt{x}]}{4\sqrt{x^3}}$

2. In[1]: = x = a * Cos[t]^3; y = a * Sin[t]^3; s = D[y, t]; r = D[x, t]; Simplify[s/r]

Out[1] = − Tan[t]

3. In[1]: = Plot[Evaluate[D[Exp[− x] * Cos[5 * x], {x, 4}]], {x, 0, 3}]

Out[1] =

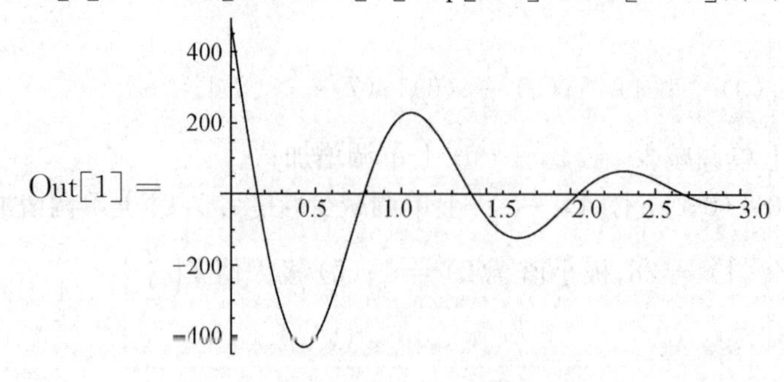

4. In[1]: = f[x_]: = ((x^2 - 2 * x)^2)^(1/3)

In[2]: = Plot[f[x], {x, 0, 3}]

Out[2] =

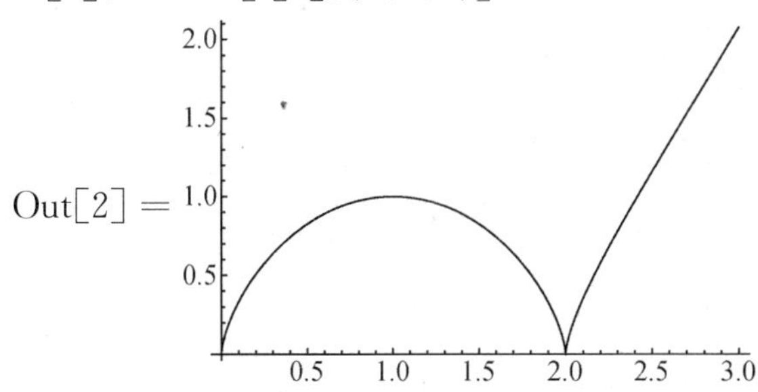

In[3]: = FindMinimum[f[x], {x, 2}]

Out[3] = {0., {x -> 2.}}

In[4]: = FindMinimum[- f[x], {x, 0.5}]

Out[4] = {- 1., {x -> 1.}}

(* 综上述,函数 $f(x)$ 在 $x = 2$ 处有极小值 0;在 $x = 1$ 处有极大值 1 *)

In[5]: = Maximize[{f[x], 0 <= x <= 3}, {x}]

Out[5] = {$3^{2/3}$, {x -> 3}}

In[6]: = Minimize[{f[x], 0 <= x <= 3}, {x}]

Out[6] = {0, {x -> 0}}

复习题二

一、1. $\frac{f'(\sin\sqrt{x})\cos\sqrt{x}}{2\sqrt{x}}$;2. $-\frac{8}{3}$;3. 0;4. $\frac{\partial z}{\partial x} = y\mathrm{e}^{xy} + 2xy, \frac{\partial z}{\partial y} = x\mathrm{e}^{xy} + x^2$;

5. $\frac{\mathrm{d}y}{\mathrm{d}x} = -\frac{y+1}{x+1}$.

二、1. B;2. C;3. B;4. C;5. D.

三、1. (1) $\frac{4x\arctan x^2}{1+x^4}$;(2)$2\sqrt{1-x^2}$;(3)$2\left(4x - \frac{1}{x^2}\right)\csc\left(4x^2 + \frac{2}{x}\right)$;

(4)$y' = 1 + \frac{1}{y^2}$;(5)$\left(\frac{x-1}{x+1}\right)^{\sin x}\left[\cos x\ln\frac{x-1}{x+1} + \sin x\left(\frac{1}{x-1} - \frac{1}{x+1}\right)\right]$;

(6) $\frac{\sqrt{x-2}(3-x)^4}{\sqrt[3]{x+1}}\left[\frac{1}{2(x-2)} - \frac{4}{3-x} - \frac{1}{3(x+1)}\right]$;(7) $\frac{t}{2}$.

2. (1) $-\frac{2(1+x^2)}{(1-x^2)^2}$;(2)$(1-x^2)\cos x - 4x\sin x$.

3. (1) $\frac{1-x^2}{(1+x^2)^2}\mathrm{d}x$;(2)$\mathrm{e}^{ax}(a\cos bx - b\sin bx)\mathrm{d}x$;(3) $\frac{y\cos xy}{1-x\cos xy}\mathrm{d}x$.

4. (1)0.507 6;(2)2.005 2.

5. (1)∞;(2)$-\frac{1}{8}$;(3)1;(4)e^{-1}.

6. (1) $\frac{\partial z}{\partial x}=e^x\sin y,\frac{\partial z}{\partial y}=e^x\cos y$;(2) $\frac{\partial z}{\partial x}=\frac{1}{x},\frac{\partial z}{\partial y}=-\frac{1}{y}$;

(3) $\frac{\partial z}{\partial x}=-\frac{yz}{xy-z^2},\frac{\partial z}{\partial y}=-\frac{xz}{xy-z^2}$.

7. (1)$dz=2x\cos(x^2+y^2)dx+2y\cos(x^2+y^2)dy$;

(2)$du=\frac{1}{x+y^2+z^3}(dx+2ydy+3z^2dz)$.

9. (1) 极小值 $f(0)=0$;(2) 极小值 $z(-4,1)=-1$.

10. $AD=15$ km.

第三章

习题 3-1

1. (1) 错误;(2) 正确;(3) 错误;(4) 错误.

2. (1)$3x,3x+C$;(2)$\arcsin x,\arcsin x+C$;(3)$-\frac{1}{x^2}$;(4)$\sin\sqrt{x}$.

3. (1)$-\frac{2}{3}x^{-\frac{3}{2}}+C$;(2)$\frac{2^x}{\ln 2}+\tan x+C$;(3)$2\arctan x-3\arcsin x+C$;

(4)$\tan x+\sec x+C$;(5)$x-\arctan x+C$;(6)$-\cot x-\tan x+C$;

(7) $\frac{1}{2}(x+\sin x)+C$;(8) $\frac{10^x}{\ln 10}-\cot x-x+C$;

(9) $\frac{a^x e^x}{1+\ln a}-\arcsin x+C$.

4. $y=\ln|x|+1$.

5. (1) $\frac{1}{2}\sin(2x+3)+C$;(2) $-\frac{1}{22}(3-2x)^{11}+C$;

(3) $\frac{1}{2}\ln(1+x^2)+C$;(4) $\frac{3}{2}\ln(x^2+9)+C$;

(5) $-\cos e^x+C$;(6)$\arctan(\ln|x|)+C$;

(7) $-\frac{1}{3}(2-3x)^{\frac{1}{2}}+C$;(8) $\frac{1}{3}\sin^3 x-\frac{1}{5}\sin^5 x+C$;

(9) $\frac{1}{4}\tan^4 x+C$;(10) $\frac{10^{2\arcsin x}}{2\ln 10}+C$;

(11)$2\arctan\sqrt{x}+C$;(12)$\arccos\frac{1}{|x|}+C$.

6. (1)$-\frac{1}{3}(x+\frac{1}{3})e^{-3x}+C$;(2) $\frac{1}{5}(x\sin 5x+\frac{1}{5}\cos 5x)+C$;

(3) $\frac{1}{3}x^3(\ln|x|-\frac{1}{3})+C$;(4) $\frac{1}{2}e^{2x}+\frac{x}{2}+\frac{1}{4}\sin 2x-e^x(\sin x+\cos x)+C$;

(5) $-\frac{1}{15}(\sin 6x-2\cos 6x)e^{-3x}+C$;(6)$xf'(x)-f(x)+C$.

习题 3-2

1. $A=\int_0^2(x^2+1)dx=\frac{14}{3}$.

2. (1)2;(2) $\frac{\pi}{4}$;(3)0;(4)4.

3. (1)$\leqslant$;(2)$\geqslant$;(3)$\geqslant$;(4)$\leqslant$.

4. (1)$6\leqslant\int_1^4(x^2+1)dx\leqslant 51$;(2)$-\frac{2}{e}\leqslant\int_{-2}^0 xe^x dx\leqslant 0$.

5. (1)$x\sin^2 x$;(2)$\sin x\cos^3 x$;(3)$-2x\sqrt{(x^2+1)^2+1}\cos(x^2+1)$.

6. $\cot t$.

7. (1)$45\frac{1}{6}$;(2) $\frac{\pi}{3}$;(3)1;(4)2;(5) $\frac{9}{4}$.

8. $\frac{59}{24}$.

9. (1)3;(2) $\frac{2}{3}$;(3) $\frac{2}{3}$;(4) $\frac{\pi}{4}$;(5)$\arctan e-\frac{\pi}{4}$;(6) $\frac{\pi}{4}-\frac{1}{2}$.

10. (1)0;(2) $\frac{\pi^3}{324}$;(3) $\frac{2}{3}$.

12. e.

习题 3-3

1. (1) 发散;(2)$\ln 2$;(3) $\frac{1}{2}$;(4)π;(5) $\frac{\pi}{2}$;(6) $\frac{8}{3}$;(7) 发散;(8) 发散.

2. (1) 当$k>1$时收敛于$\frac{1}{(k-1)(\ln 2)^{k-1}}$,当$k\leqslant 1$时发散;(2) 当$k<1$时收敛于$\frac{1}{1-k}(b-a)^{1-k}$,当$k\geqslant 1$时发散.

习题 3-4

1. (1) $\frac{3}{2}-\ln 2$;(2) $\frac{32}{3}$.

2. $3\pi a^2$.

3. $\frac{a^2}{4}(e^{2\pi}-e^{-2\pi})$.

4. $\frac{4}{3}\sqrt{3}R^3$.

5. $\frac{\pi}{5},\frac{\pi}{2}$.

6. (1) $\frac{2}{5}\pi$;(2) $\frac{32}{105}\pi a^3$.

7. $1+\frac{1}{2}\ln\frac{3}{2}$.

8. $8a$.

9. $6a$.

*10. $\frac{9k}{5}$.

*11. $\frac{10^4}{4}\pi R^4$.

*12. $\frac{2}{3}\rho g a^2 b$.

*习题 3-5

1. In[1]:= Integrate[1/(x^2*(x^2+1)),x]

   Out[1] =-(1/x)-Arctan[x]

2. In[1]:= Integrate[Abs[Log[x]],{x,1/E,E}]

   Out[1] = $2\left(1-\frac{1}{e}\right)$

复习题三

一、1. $dF(x)$ 或 $F'(x)dx$;2. $\sin 2x$;3. $\frac{1}{2}f(2x)+C$;4. 0;5. $\frac{1}{3}$.

二、1. B;2. C;3. B;4. C;5. C.

三、1. (1) $\frac{2}{5}x^{\frac{5}{2}}+\frac{1}{2}x^2+4x^{\frac{1}{2}}+C$;(2) $\frac{1}{2}x-\frac{1}{2}\sin x+C$;(3) e^t+t+C;

(4) $-e^{\frac{1}{x}}+C$;(5) $\sin e^x+C$;(6) $\frac{1}{3}\sec^3 x-\sec x+C$;

(7) $\frac{1}{2}\arctan\frac{x+1}{2}+C$;(8) $\sqrt{x^2-9}-3\arccos\frac{3}{x}+C$,

(9) $-e^{-x}(x+1)+C$；(10) $x\ln\frac{x}{2}-x+C$.

2. (1) 2；(2) $\frac{\pi}{2}$；(3) $\frac{\sqrt{3}}{2}+\frac{\pi}{3}$；(4) $2(2-\arctan 2)$；

(5) $(e+1)\ln(e+1)-e-2\ln 2+1$；(6) 1；(7) $\frac{1}{2}(25-\ln 26)$.

3. (1) 1；(2) 2.

4. (1) $\frac{8}{3}$；(2) $\frac{9}{2}$.

5. (1) $V_x=7.5\pi, V_y=24.8\pi$；(2) $V_x=\frac{128}{7}\pi, V_y=\frac{64}{5}\pi$.

6. $\frac{8}{27}(10\sqrt{10}-1)$.

7. $\frac{x\cos x-2\sin x}{x}+C$.

第四章

习题 4-1

1. (1) 二阶；(2) 不是；(3) 一阶；(4) n 阶.
2. (1) 不是；(2) 通解；(3) 特解；(4) 不是.
3. 特解为 $y=2x^3$.
4. $y'=x^2$，且 $y|_{x=1}=0$.

习题 4-2

1. (1) $y=Ce^{x^2}$；(2) $(x^2+3)\sin y=C$；

(3) $y=e^{Cx}$；(4) $\frac{1}{x}+\arctan x+\frac{1}{2}\ln(1+y^2)=C$.

2. (1) $y=Ce^{-\frac{x}{y}}$；(2) $y=Ce^{-\frac{x^2}{2y^2}}$；(3) $y^2=x^2(4+\ln x^2)$.

3. (1) $y=Ce^{-x}+\frac{1}{2}e^x$；(2) $y=x^3(2+xe^x-e^x)$；

(3) $y=(1+x^2)(x+C)$；(4) $x=\left(\frac{y^2}{2}+1\right)e^{-y^2}$.

4. $y=2(e^x-x-1)$.

习题 4-3

1. (1) $y=(x-3)e^x+\frac{1}{2}C_1x^2+C_2x+C_3$；(2) $y=\frac{x^4}{24}+\cos x+C_1x^2+C_2x+C_3$；

(3) $y=(x-1)e^x+C_1x^2+C_2$；(4) $y=C_1e^x-\frac{1}{2}x^2-x+C_2$；

(5) $y=C_2e^{C_1x}$；(6) $y=C_1x^3+C_2x+C_3$.

2. (1) $y=\ln(x+1)$；(2) $y=x^3+3x+1$.

3. $y=\frac{x^3}{6}+\frac{x}{2}+1$.

***习题 4-4**

1. $y=(C_1+C_2x)e^{-x}$.

2. (1) $y^*=(ax^2+bx+c)e^x$；(2) $y^*=x(ax^2+bx+c)e^x$；

(3) $y^*=x^2(ax^2+bx+c)e^x$；(4) $y^*=a\sin 2x+b\cos 2x$；

(5) $y^*=x(a\sin 2x+b\cos 2x)e^x$；(6) $y^*=e^x(ax\cos x-bx\sin x+c\cos x-d\sin x)$.

3. (1) $y=C_1e^{2x}+C_2e^{4x}+\frac{1}{2}$；

(2) $y=C_1e^{\frac{1}{2}x}+C_2e^{-x}+e^x$；

(3) $y=C_1e^{-3x}+C_2e^x-\frac{4}{5}\sin x-\frac{2}{5}\cos x$；

(4) $y=C_1\cos 2x+C_2\sin 2x+\frac{1}{5}(\cos x+\frac{1}{2}\sin x)e^x$；

(5) $y=(C_1+C_2x)e^{3x}+\frac{x^2}{2}(\frac{x}{3}+1)e^{3x}$；

(6) $y=C_1\cos x+C_2\sin x+\frac{1}{2}e^x+\frac{x}{2}\sin x$.

4. (1) $y=(2+x)e^{-\frac{x}{2}}$；(2) $y=-\cos x-\frac{1}{3}\sin x+\frac{1}{3}\sin 2x$.

5. $y=(9x-14)e^{4-2x}$.

***习题 4-5**

1. In[1]：= DSolve[{y''[x] − 5 * y'[x] + 6 * y[x] == 0, y[0] == 2, y'[0] == 0}, y[x], x]

out[1] = {{y[x] −> $6e^{2x}-4e^{3x}$}}.

2. In[1]：= DSolve[{2 * y[t] == − z'[t], z[t] == y'[t]}, {z[t], y[t]}, t]

Out[1] = {{z[t] −> C[1]Cos[$\sqrt{2}$t] − $\sqrt{2}$C[2]Sin[$\sqrt{2}$t], y[t] —> C[2]Cos[$\sqrt{2}$t] + $\frac{1}{\sqrt{2}}$C[1]Sin[$\sqrt{2}$t]}}

(* C[1],C[2] 为任意常数 *).

复习题四

一、1. $y = e^x + C_1x + C_2$;2. $y = C_1e^x + C_2e^{-2x}$;3. $y = e^{-x^2}(x^2 + C)$.

二、1. A;2. D;3. B;4. B.

三、1. (1)$(1-x)(1+y) = C$;(2)$(1+x^2)(1+2y) = C$;

(3)$\ln^2 x + \ln^2 y = C$;(4)$x^2 + y^2 = 25$.

2. (1)$2xy - y^2 = C$;(2)$2xy + x^2 = C$;

(3)$y = (x + C)e^{-x}$;(4)$y = \frac{1}{x}(-\cos x + \pi - 1)$.

3. (1)$y = x\arctan x - \ln\sqrt{1+x^2} + C_1x + C_2$;

(2)$y = \frac{1}{12}x^4 + \cos x + C_1x^2 + C_2x + C_3$;

(3)$y = (C_1 + C_2x)e^{2x}$;(4)$y = e^{-2x}(C_1\cos x + C_2\sin x)$.

4. (1)$y = e^{3x}(C_1\cos 2x + C_2\sin 2x) + \frac{14}{13}$;(2)$y = C_1e^x + C_2e^{-3x} + \frac{1}{5}e^{2x}$;

(3)$y = (C_1 - 2x)\cos 2x + C_2\sin 2x$;(4)$y = \sin 2x + 2x$.

第五章

习题 5-1

1. (1)$(-1)^{n-1}\frac{n+1}{n}$;(2)$(-1)^{n-1}\frac{a^{n+1}}{2n+1}$.

2. (1) 发散;(2) 收敛;(3) 发散;(4) 收敛;(5) 发散;(6) 发散;(7) 发散;(8) 发 散.

习题 5-2

1. (1) 收敛;(2) 发散.

2. (1) 发散;(2) 收敛.

3. (1) 绝对收敛;(2) 绝对收敛;(3) 条件收敛;(4) 条件收敛.

习题 5-3

1. (1)$+\infty, (-\infty, +\infty)$;(2)3,$[-3,3)$;(3)1,$[-1,1]$;(4)1,$[4,6)$.

2. (1) $\frac{1}{4}\ln\frac{1+x}{1-x} + \frac{1}{2}\arctan x - x$;(2) $\frac{1}{(1-x)^2}$,$\frac{3}{4}$.

习题 5-4

1. (1) $\sum\limits_{n=0}^{\infty}\dfrac{x^n}{3^{n+1}}, -3<x<3$; (2) $\dfrac{1}{2}+\sum\limits_{n=0}^{\infty}(-1)^n\dfrac{(2x)^{2n}}{2(2n)!}, -\infty<x<\infty$;

   (3) $\sum\limits_{n=0}^{\infty}\dfrac{(\ln a)^n}{n!}x^n, -\infty<x<\infty$; (4) $\ln a+\sum\limits_{n=0}^{\infty}\dfrac{(-1)^n x^{n+1}}{(n+1)a^{n+1}}, -a<x<a$.

2. $\sum\limits_{n=0}^{\infty}(\dfrac{1}{3^{n+1}})(x-1)^n, -2<x<4$.

3. $\dfrac{\sqrt{2}}{2}\left[1+\left(x-\dfrac{\pi}{4}\right)-\dfrac{1}{2!}\left(x-\dfrac{\pi}{4}\right)^2-\dfrac{1}{3!}\left(x-\dfrac{\pi}{4}\right)^3+\dfrac{1}{4!}\left(x-\dfrac{\pi}{4}\right)^4+\dfrac{1}{5!}\left(x-\dfrac{\pi}{4}\right)^5-\cdots\right]$,

$-\infty<x<\infty$.

* **习题 5-5**

1. (1) In[1]: = Sum[(-1)^n * n/3^n, {n, 1, Infinity}]

   Out[1] =-(3/16)

   (2) In[2]: = Sum[(-1)^n * (1 + 1/n)^n, {n, 1, Infinity}]

   Out[2] = Sum: : div: Sum does not converge.

2. In[1]: = Sum[k, {k, 1, n}]

   Out[1] = n(1 + n)/2

   In[2]: = Sum[k^2, {k, 1, n}]

   Out[2] = n(1 + n)(1 + 2n)/6

3. In[1]: = Series[ArcSin[x], {x, 0, 8}]

   Out[1] = $x+\dfrac{x^3}{6}+\dfrac{3x^5}{40}+\dfrac{5x^7}{112}+O[x]^9$

4. In[1]: = Series[Log[x], {x, 1, 4}]

   Out[1] = $(x-1)-\dfrac{1}{2}(x-1)^2+\dfrac{1}{3}(x-1)^3-\dfrac{1}{4}(x-1)^4+O[x-1]^5$

5. In[1]: = Clear[f, a, b, n]

   In[2]: = f[x_]: = x^(n + 1)/(n + 1)

   In[3]: = a[n_]: = 1/(n + 1)

   In[4]: = b = Limit[Abs[a[n]/a[n + 1]], n -> Infinity]

   Out[4] = 1

   In[5]: = Print["R =", b]

   R = 1

   In[6]: = Sum[f[1], {n, 1, Infinity}]

```
Out[6] = Sum::div: Sum does not converge.
In[7]: = Sum[f[-1],{n,1,Infinity}]
Out[7] = 1 - Log[2]
(* 因而本级数的收敛域为[-1,1) *)
In[8]: = Sum[f[x],{n,1,Infinity}]
Out[8] =- x - Log[1 - x]
```

复习题五

一、1. 发散;2. $|r|<1$;3. $0<p\leqslant 1$;4. $\sum_{n=0}^{\infty}(-1)^n\frac{x^{2n+1}}{(2n+1)!}(-\infty<x<+\infty)$;

5. $(0,2]$.

二、1. C;2. A;3. B;4. B.

三、1. (1) 发散;(2) 收敛;(3) 发散;(4) 收敛.

2. (1) 收敛,条件收敛;(2) 收敛,绝对收敛;(3) 发散.

3. (1)$R=2$,收敛域为$(-2,2)$;(2)$R=1$,收敛域为$[-2,0)$.

4. (1) $-x-\frac{1}{2}\ln\frac{1+x}{1-x}, x\in(-1,1)$;(2) $\frac{x(2-x)}{(1-x)^2}, x\in(-1,1)$.

5. (1) $\sum_{n=0}^{\infty}\frac{x^{2n+1}}{(2n+1)!}(-\infty<x<+\infty)$;(2) $\frac{1}{3}\sum_{n=0}^{\infty}(1-\frac{1}{4^{n+1}})x^n, x\in(-1,1)$.

6. $\sum_{n=0}^{\infty}(-1)^n\frac{(x-2)^n}{2^{n+1}}, x\in(0,4)$.

第六章

习题 6-1

1. 125,12.5,5.

2. 当产量为 100 吨时,平均每吨成本最小为 150 万吨.

3. (1)$\eta(p)=2p$;(2)$\eta(2)=4$.

4. (1)$F(x)=0.2x^2-12x+80$;(2)$L(x)=32x-0.2x^2-80$. 当 $x=80$(单位)时,总利润最大,最大利润为 1 200 元.

5. $q=650-5p-p^2$.

*6. 106.7.

*7. 0.5.

习题 6-2

提示：

(1) 设圆周半径为 a；(2) 每段弧中的顾客只可能到该段弧端点上的两家商店去购买此种商品，例如 A 只可能到 A_1，A_3 店中去购买；(3) 位于 A 点的顾客到 A_1 商店购买商品的总开销为

$$p_1+2(2\pi-\theta)ac,$$

其中 c 为单位距离的交通费用.

复习题六

一、1. A；2. B；3. C；4. C.

二、1. (1)250(件)，850(元)；(2)11.6(元/件)，15(元/件).

2. 75 000(元)，25 000(元)，75(元/件).

第七章

习题 7-1

1. (1)$x=2,y=-1$；(2)$a=3,b=2$；(3)$x=1,y=-1,z=3$；(4)$a=3,b=4,c=5$.

2. (1)5；(2)8；(3) $\dfrac{n(n-1)}{2}$；(4) $\dfrac{n(n+1)}{2}$.

3. 负号.

4. (1)25；(2)-8；(3)$4abcdef$；(4)0.

5. (1)-270；(2)-9；(3)-3.

6. (1)$n!$；(2)$2n+1$；(3)$-a_1a_2\cdots a_{n-1}\left(\dfrac{1}{a_1}+\dfrac{1}{a_2}+\cdots+\dfrac{1}{a_{n-1}}\right)$.

8. (1)$x=0,y=2,z=0$；(2)$a=2,b=1,c=-3,d=1$.

9. $\lambda=1$ 或 $\mu=0$.

习题 7-2

1. $\boldsymbol{A}+\boldsymbol{B}=\begin{bmatrix}4&-3&3\\-2&3&6\end{bmatrix}$，$\boldsymbol{A}-\boldsymbol{B}=\begin{bmatrix}-2&-1&1\\2&3&4\end{bmatrix}$，

$\boldsymbol{AB}^{\mathrm{T}}=\begin{bmatrix}7&0\\2&5\end{bmatrix}$，$3\boldsymbol{A}-2\boldsymbol{B}=\begin{bmatrix}-3&-4&4\\4&9&13\end{bmatrix}$.

2. (1)10；(2)$\begin{bmatrix}-2&1\\-2&1\\-8&4\end{bmatrix}$；(3)$\begin{bmatrix}a_{11}x_1+a_{12}x_2+a_{13}x_3\\a_{21}x_1+a_{22}x_2+a_{23}x_3\\a_{31}x_1+a_{32}x_2+a_{33}x_3\end{bmatrix}$；(4)$\begin{bmatrix}2&0\\0&3\end{bmatrix}$；

(5) $\begin{bmatrix} 6 & -7 & 8 \\ 20 & -5 & -6 \end{bmatrix}$.

3. (1) $\dfrac{1}{ad-bc}\begin{bmatrix} d & -b \\ -c & a \end{bmatrix}$;(2) $\begin{bmatrix} \cos\theta & \sin\theta \\ -\sin\theta & \cos\theta \end{bmatrix}$;

(3) $\begin{bmatrix} 1 & 4 & 6 \\ 0 & -1 & -2 \\ 0 & -1 & -1 \end{bmatrix}$;(4) $\begin{bmatrix} -3 & 2 & 0 & 0 \\ 2 & -1 & 0 & 0 \\ 7 & -5 & 3 & 1 \\ 2 & -\dfrac{3}{2} & 1 & \dfrac{1}{2} \end{bmatrix}$.

4. (1)$\boldsymbol{X} = \begin{bmatrix} 1 & 2 \\ 3 & 4 \end{bmatrix}$;(2)$\boldsymbol{X} = \begin{bmatrix} 6 & 4 & 5 \\ 2 & 1 & 2 \\ 3 & 3 & 3 \end{bmatrix}$.

5. (1)$x = 1, y = 3, z = 2$;　　(2)$x = 1, y = 0, z = 0$.

6. (1) $\begin{bmatrix} 1 & 0 & 0 \\ 0 & 1 & 0 \\ 0 & 0 & 1 \end{bmatrix}$;　　(2) $\begin{bmatrix} 1 & 0 & 0 & -1 \\ 0 & 1 & 0 & -2 \\ 0 & 0 & 1 & 2 \\ 0 & 0 & 0 & 0 \end{bmatrix}$;　　(3) $\begin{bmatrix} 1 & 0 & 0 & 0 & -8 \\ 0 & 1 & 0 & -1 & 3 \\ 0 & 0 & 1 & -2 & 6 \\ 0 & 0 & 0 & 0 & 0 \end{bmatrix}$.

7. (1) $\begin{bmatrix} \dfrac{5}{12} & \dfrac{1}{6} & -\dfrac{1}{12} \\ -\dfrac{5}{6} & \dfrac{2}{3} & \dfrac{1}{6} \\ \dfrac{7}{12} & -\dfrac{1}{6} & \dfrac{1}{12} \end{bmatrix}$;(2) $\begin{bmatrix} -\dfrac{5}{4} & \dfrac{3}{4} & \dfrac{1}{4} \\ \dfrac{3}{4} & -\dfrac{3}{4} & \dfrac{1}{4} \\ \dfrac{1}{4} & \dfrac{1}{4} & -\dfrac{1}{4} \end{bmatrix}$;

(3) $\begin{bmatrix} 22 & -6 & -26 & 17 \\ -17 & 5 & 20 & -13 \\ -1 & 0 & 2 & -1 \\ 4 & -1 & -5 & 3 \end{bmatrix}$;(4) 逆矩阵不存在.

8. (1)2;(2)3;(3)3;(4)3;(5)2.

9. 可能有;可能有;没有.

习题 7-3

1. $\boldsymbol{\alpha} = [-2, -5, 0, -3]$.

2. (1) 线性相关;(2) 线性无关.

3. (1)$\lambda \neq 5$;(2)$\lambda = 5, \boldsymbol{\alpha}_3 = 2\boldsymbol{\alpha}_2 - \boldsymbol{\alpha}_1$.

5. (1) $\boldsymbol{X}_1=[-2,1,0,0]^{\mathrm{T}},\boldsymbol{X}_2=\left[\frac{1}{5},0,-\frac{3}{10},1\right]^{\mathrm{T}},\boldsymbol{X}=k_1\boldsymbol{X}_1+k_2\boldsymbol{X}_2(k_1,k_2\in\mathbf{R})$;

(2) $\boldsymbol{X}_1=[1,-2,1,0]^{\mathrm{T}},\boldsymbol{X}_2=[1,-2,0,1]^{\mathrm{T}},\boldsymbol{X}=k_1\boldsymbol{X}_1+k_2\boldsymbol{X}_2(k_1,k_2\in\mathbf{R})$.

6. (1) 有解, $\boldsymbol{X}=[-3,-4,0,0]^{\mathrm{T}}+k_1[1,1,1,0]^{\mathrm{T}}+k_2[-1,1,0,1]^{\mathrm{T}}(k_1,k_2\in\mathbf{R})$;

(2) 无解.

7. $\lambda\neq-2,\lambda\neq1$ 时有唯一解; $\lambda=-2$ 时无解; $\lambda=1$ 时有无穷多组解,

$\boldsymbol{X}=[1,0,0]^{\mathrm{T}}+k_1[-1,1,0]^{\mathrm{T}}+k_2[-1,0,1]^{\mathrm{T}}(k_1,k_2\in\mathbf{R})$.

*** 习题 7-4**

1. In[1]: = MatrixForm[A = {{1,2,2},{0,1,-2},{0,-1,1}}]

Out[1]//MatrixForm =

$$\begin{pmatrix}1&2&2\\0&1&-2\\0&-1&1\end{pmatrix}$$

In[2]: = Det[A]

Out[2] =-1 (* 行列式不为0,所以矩阵A可逆 *)

In[3]: = Transpose[A]

Out[3] = {{1,0,0},{2,1,-1},{2,-2,1}}

In[4]: = Inverse[A]

Out[4] = {{1,4,6},{0,-1,-2},{0,-1,-1}}

2. In[1]: = A = {{2,1,3},{3,-5,1},{4,-7,1}}

Out[1] = {{2,1,3},{3,-5,1},{4,-7,1}}

In[2]: = B = {9,-4,5}

Out[2] = {9,-4,5}

In[3]: = RowReduce[A]

Out[3] = {{1,0,0},{0,1,0},{0,0,1}} (* 系数矩阵**A**的秩为3,满秩矩阵 *)

In[3]: = LinearSolve[A,B]

Out[3] = {93,42,-73}(* 此即为本线性方程组的唯一解 *)

复习题七

一、1. -8;2. -3;3. $\boldsymbol{C}^{-1}\boldsymbol{B}^{-1}\boldsymbol{A}^{-1}$;4. $n=r,m\times s$;5. m,左.

二、1. A;2. C;3. D;4. B;5. C.

三、1. (1) -24;(2) $(a+b+c)(a-b)(b-c)(c-a)$;(3) 22;(4) $(a-b)^3(a+b)$.

2. $F(x)=2x^3,F'(x)=6x^2$.

3. (1) $x=3,y=4,z=5$;(2) $a=0,b=2,c=0,d=0$.

4. $k=5$ 或 $k=2$ 或 $k=8$.

5. (1) $\begin{bmatrix}-1 & 2\\ -2 & 4\\ -3 & 6\\ -4 & 8\end{bmatrix}$；(2) $\begin{bmatrix}10 & 4 & -1\\ 4 & -3 & -1\end{bmatrix}$；(3) $\begin{bmatrix}-3\\ -8\end{bmatrix}$.

6. (1) $\begin{bmatrix}-1 & 2\\ 3 & -5\end{bmatrix}$；(2) $\begin{bmatrix}1 & -2 & 7\\ 0 & 1 & -2\\ 0 & 0 & 1\end{bmatrix}$；(3) $\begin{bmatrix}1 & -4 & -3\\ 1 & -5 & -3\\ -1 & 6 & 4\end{bmatrix}$；

(4) $\begin{bmatrix}-\frac{5}{2} & \frac{3}{2} & 0 & 0\\ 2 & -1 & 0 & 0\\ 0 & 0 & 1 & -\frac{1}{2}\\ 0 & 0 & -3 & 2\end{bmatrix}$.

7. (1)2；(2)4；(3)4.

9. (1)，(2) 线性相关；(3)，(4) 线性无关.

10. (1) $[6,-4,0,0,0]^{\mathrm{T}}+k_1[-2,1,1,0,0]^{\mathrm{T}}+k_2[-2,1,0,1,0]^{\mathrm{T}}+k_3[-6,5,0,0,1]^{\mathrm{T}}(k_1,k_2,k_3\in\mathbf{R})$；

(2) $\frac{1}{6}[1,1,1,0]^{\mathrm{T}}+k[5,-7,5,6]^{\mathrm{T}}(k\in\mathbf{R})$.

11. 当 $a\neq1$ 时，有唯一解；当 $a=1,b\neq-1$ 时，原方程组无解；当 $a=1,b=-1$ 时，原方程组有无穷多组解，其通解为 $\boldsymbol{X}=[-1,1,0,0]^{\mathrm{T}}+k_1[1,-2,1,0]^{\mathrm{T}}+k_2[1,-2,0,1]^{\mathrm{T}}(k_1,k_2\in\mathbf{R})$.

第八章

习题 8-1

1. (1){(正，正，正)，(反，正，正)，(正，反，正)，(正，正，反)，(正，反，反)，(反，正，反)，(反，反，正)，(反，反，反)}；

(2){甲乙，甲丙，甲丁，乙丙，乙丁，丙丁，乙甲，丙甲，丁甲，丙乙，丁乙，丁丙}.

2. (1) $A\overline{B}\,\overline{C}$；(2) $\overline{A}\cup\overline{B}\cup\overline{C}$；(3) $\overline{A}\,\overline{B}\,\overline{C}$；(4) $\overline{A}\overline{B}\cup\overline{A}\overline{C}\cup\overline{B}\overline{C}$；(5) $AB\cup AC\cup BC$.

3. (1) $\{x\,|\,2<x<4$ 或 $6\leqslant x<9\}$；(2) $\{x\,|\,4\leqslant x<6\}$；

(3) $\{x\,|\,2<x\leqslant3$ 或 $7<x<9\}$；(4) Ω；(5) $\varnothing$；(6) $\{x\,|\,3<x\leqslant7\}$.

4. (1)0.202 2；(2)0.000 1；(3)0.786 4；(4)0.213 6；(5)0.988 6.

5. 0.738 1 $\left(\frac{C_2^2C_8^3+C_2^1C_3^3C_5^1+C_2^1C_3^2C_5^2+C_2^1C_3^1C_5^3}{C_{10}^5}\right.$ 或 $\left.1-\frac{C_8^5+C_2^1C_5^4}{C_{10}^5}\right)$.

6. $\frac{C_{13}^2}{C_{52}^2} \approx 0.058\ 8$.

7. 30%.

8. (1)0.67;(2)0.60;(3)0.26.

9. 0.008 3.

*10. $\frac{a(c+1)+bc}{(a+b)(c+d+1)}$.

*11. 0.977.

*12. 第一台机床加工的可能性大.

*13. 0.97.

14. 0.6.

15. (1)0.612;(2)0.997.

16. (1)$r^2(2-r)^3$;(2)$1-(1-r^2)^3$.

17. 6.

习题 8-2

1.

X	0	1	2	3
P	$\frac{91}{228}$	$\frac{105}{228}$	$\frac{30}{228}$	$\frac{2}{228}$

2. $P\{X=0\}=\frac{1}{3}, P\{X=1\}=\frac{2}{3}$.

3. (1)0.000 024;(2)0.999 975.

4. $(1-p)^{k-1}p, k=1,2,\cdots$.

5. (1)0.029 8;(2)0.980 4.

6. (1)$a=0.5$;(2) $\frac{\sqrt{2}}{4}$.

7. 0.027 2.

8. (1)

X	3	4	5
P	0.1	0.3	0.6

(2)$F(x)=\begin{cases}0, x<3,\\ 0.1, 3\leqslant x<4,\\ 0.4, 4\leqslant x<5,\\ 1, x\geqslant 5;\end{cases}$ (3)0;(4)0.9.

9. $F(x)=\begin{cases}0, & x<0,\\ \frac{x^2}{2}, & 0\leqslant x<1,\\ -\frac{x^2}{2}+2x-1, & 1\leqslant x<2,\\ 1, & x\geqslant 2,\end{cases}$ $\frac{47}{72}$.

10. (1) $\frac{3}{4}-\frac{1}{2e},\frac{1}{4}$;(2) $f(x)=\begin{cases}\frac{1}{2}e^x, & x<0,\\ \frac{1}{4}, & 0\leqslant x<2,\\ 0, & x\geqslant 2.\end{cases}$

11. $k_1=\frac{1}{4\sqrt{2\pi}},k_2=4,\mu=2,\sigma=4$.

12. 0.158 7,0.341 3,0.617 0,0.241 7.

*13.

Y	−3	−1	1	3	7
P	0.25	0.2	0.25	0.2	0.1

*14. $f(y)=\begin{cases}\frac{1}{2\sqrt{\pi(y-1)}}e^{-\frac{y-1}{4}}, & y>1,\\ 0, & \text{其他}.\end{cases}$

15. −0.2,−1.4,2.8,2.76.

16. 1,$\frac{1}{6}$.

17. $\frac{3}{16},\frac{1}{2},\frac{192}{175}$.

18. 0.

习题 8-3

1. 0.285 7.

2. (2)(3) 是统计量.

3. $\chi^2_{\frac{\alpha}{2}}(18)=31.526,\chi^2_{1-\frac{\alpha}{2}}(18)=8.231$.

4. 0.1.

5. (1)16.919,8.897,10.865;(2)1.697 3,2.119 9,2.441 1.

6. 2,5.78.

7. (−2.751,3.501).

8.(4.86,6.14),(1.353,2.278).

9.(60 393.33,148 389.28),(245.75,385.21).

*习题 8-4

1. In[1]:= data={110.1,25.2,50.5,50.5,55.7,30.2,35.4,30.2,4.9,32.3,50.5,30.5,32.3,74.2,60.8}

Out[1]:={110.1,25.2,50.5,50.5,55.7,30.2,35.4,30.2,4.9,32.3,50.5,30.5,32.3,74.2,60.8}

In[2]:= Mean[data]

Out[2]:= 44.8867

In[3]:= Variance[data]

Out[3]:= 614.89

In[4]:= StandardDeviation[data]

Out[4]:= 24.797

2. In[1]:= dis = NormalDistribution[1.0,0.6]

Out[1] = NormalDistribution[1.,0.6]

In[2]:= 1-CDF[dis,1.96](* 求随机变量 $X>1.96$ 的概率 *)

Out[2] = 0.0547993

In[3]:= CDF[dis,1.8]-CDF[dis,0.2]

(* 求随机变量 $0.2<X<1.8$ 的概率 *)

Out[3] = 0.817578

复习题八

一、1. $S=\{$(红,红),(红,黄),(红,白),(黄,红),(黄,黄),(黄,白),(白,红),(白,黄),(白,白)$\}$;2. 25;3. $\frac{2}{3}$;4. 2;5. np^2;6. $\lambda,\frac{1}{n}\lambda$.

二、1. C;2. B;3. C;4. C;5. B.

三、1. $\overline{A}=\{$3件都是正品$\}$,$\overline{B}=\{$3件中至少有2件正品$\}=\{$3件中至多有1件次品$\}$,$A\cup C=\Omega$(必然事件),$A\cap C=\varnothing$(不可能事件),$A-B=\{$3件中恰有1件次品$\}$.

2. $\frac{1}{15}\left(\frac{P_8^8P_3^3}{P_{10}^{10}}\right)$.

3. (1)0.268$\left(\frac{C_{18}^2C_2^1}{C_{20}^3}\right)$;(2)0.243$\left(\frac{18^2\cdot 2\cdot 3}{20^3}\right)$.

4. 30%.

5. 0.5.

*6. 3.45%.

*7. 0.362 3, 0.405 8, 0.231 9.

8. 0.902.

9. 6.

10.

X	2	3	4	5	6	7	8	9	10	11	12
P	$\frac{1}{36}$	$\frac{2}{36}$	$\frac{3}{36}$	$\frac{4}{36}$	$\frac{5}{36}$	$\frac{6}{36}$	$\frac{5}{36}$	$\frac{4}{36}$	$\frac{3}{36}$	$\frac{2}{36}$	$\frac{1}{36}$

11. (1)0.5; (2)0.919 7; (3)0.080 3.

12. $F(x)=\begin{cases} 0, & x<0, \\ \frac{1}{2}x^2, & 0\leqslant x<1, \\ 2x-\frac{1}{2}x^2-1, & 1\leqslant x<2, \\ 1, & x\geqslant 2. \end{cases}$

13. (1)0.805 1; (2)0.549 8; (3)0.667 8; (4)0.614 7.

*14.

$X+2$	0	1.5	2	4	6
P	$\frac{1}{8}$	$\frac{1}{4}$	$\frac{1}{8}$	$\frac{1}{6}$	$\frac{1}{3}$

$-X+1$	-3	-1	1	1.5	3
P	$\frac{1}{3}$	$\frac{1}{6}$	$\frac{1}{8}$	$\frac{1}{4}$	$\frac{1}{8}$

X^2	0	0.25	4	16
P	$\frac{1}{8}$	$\frac{1}{4}$	$\frac{7}{24}$	$\frac{1}{3}$

15. 1.291 7, 6.562 5, 20.687 5, 4.894 1.

16. 0.829 3.

17. $\overline{x}=220.4$, $s^2=17.16$.

18. (6 652, 6 788), (26 363, 69 324)

参 考 文 献

[1] 祁忠斌.高等数学[M].北京:中国轻工业出版社,2008.
[2] 侯风波,李仁芮.工科高等数学[M].沈阳:辽宁大学出版社,2006.
[3] 勾丽杰,刘枫.应用高等数学[M].北京:高等教育出版社,2013.
[4] 岳晓宁,张彩华,王盛海.概率论与数理统计[M].沈阳:东北大学出版社,2004.
[5] 何明伟,铁军.线性代数[M].兰州:兰州大学出版社,2005.
[6] 姜启源,谢金星,叶俊.数学模型[M].3版.北京:高等教育出版社,2003.
[7] 阳明盛,林建华.Mathematica基础及数学软件[M].2版.大连:大连理工大学出版社,2006.
[8] 胡桂平,白健.高等应用数学[M].北京:北京理工大学出版社,2014.